UNREAL
ENGINE 4
蓝图完全学习教程

Tuyano SYODA
[日] 掌田津耶乃 / 编著

王娜　李利 / 译

中国青年出版社
CHINA YOUTH PRESS

MITE WAKARU UnrealEngine4 BLUE PRINT CHONYUMON   by Tsuyano Shoda
Copyright © Tsuyano Shoda 2015
All rights reserved.
Original Japanese edition published in 2015 by Shuwa System Co., Ltd.

This Simplified Chinese edition published by arrangement with
Shuwa System Co., Ltd., Tokyo in care of Tuttle-Mori Agency, Inc., Tokyo
through Beijing GW Culture Communications Co., Ltd., Beijing

律师声明

北京市中友律师事务所李苗苗律师代表中国青年出版社郑重声明：本书由著作权人授权中国青年出版社独家出版发行。未经版权所有人和中国青年出版社书面许可，任何组织机构、个人不得以任何形式擅自复制、改编或传播本书全部或部分内容。凡有侵权行为，必须承担法律责任。中国青年出版社将配合版权执法机关大力打击盗印、盗版等任何形式的侵权行为。敬请广大读者协助举报，对经查实的侵权案件给予举报人重奖。

侵权举报电话

全国"扫黄打非"工作小组办公室
010-65233456 65212870
http://www.shdf.gov.cn
中国青年出版社
010-50856028
E-mail: editor@cypmedia.com

版权登记号：01-2016-0574

图书在版编目(CIP)数据

Unreal Engine 4蓝图完全学习教程：典藏中文版／（日）掌田津耶乃编著；王娜，李利译．— 北京：中国青年出版社，2017.1
ISBN 978-7-5153-4550-5
I.①U… II.①掌… ②王… ③李… III.①游戏程序－程序设计－教材 IV.①TP311.5
中国版本图书馆CIP数据核字（2016）第260279号

策划编辑　张　鹏
责任编辑　张　军
封面设计　彭　涛

Unreal Engine 4蓝图完全学习教程：典藏中文版
（日）掌田津耶乃／编著　王娜　李利／译

出版发行：中国青年出版社
地　　址：北京市东四十二条21号
邮政编码：100708
电　　话：(010) 50856188 / 50856199
传　　真：(010) 50856111
企　　划：北京中青雄狮数码传媒科技有限公司
印　　刷：天津融正印刷有限公司
开　　本：787 x 1092 1/16
印　　张：28
版　　次：2017年6月北京第1版
印　　次：2020年9月第5次印刷
书　　号：ISBN 978-7-5153-4550-5
定　　价：168.00元

本书如有印装质量问题，请与本社联系
电话：(010) 50856188 / 50856199
读者来信：reader@cypmedia.com
投稿邮箱：author@cypmedia.com
如有其他问题请访问我们的网站：http://www.cypmedia.com

前 言

掌握蓝图者，掌握虚幻引擎！

Unreal Engine（虚拟引擎）是通过具有高度表现力的工具与能控制这些工具创建Actor等程序进行游戏开发的引擎。很多挑战制作游戏的人，往往都被"编程"绊住了前进的脚步。

制作3D graphic画面，对于已经习惯使用3D的人来说不成问题。但是编程呢，特别是对于那些从图形海洋来到Unreal Engine世界的人来说，可能就无从下手了。在以往的Unreal Engine版本中，一提到创建编程，就会说"用C语言啊"。可这对外行人来说，那是一个难以融入的世界。

然而，随着时代的变迁，在如今的Unreal Engine 4中，我们可以用"蓝图"来制作程序了。蓝图是一种可视化的语言，将各个小的部件排列好，再用线来连接起来，就能创建一个程序。有了它，不必死记硬背那些天书般的命令和函数也能完成编程。

蓝图是对众多业余编程人员开放的。不过，也并非"人人都能够使用蓝图"。毕竟，需要准备用来编程的部件之数量相当庞大。每个部件都有什么作用，光把这些记下来就已经很劳神费力了。

所以，我想只精选那些特别重要的、经常使用的和最基本的部件，整理编纂成一本容易上手的教程。"至少，使用这些就能够完成一些处理。"——正是出于这样的思考，我才开始执笔撰写本书。

在本书中，将分别从用途和功能对一些需要掌握的部件的作用和使用方法进行说明，比如基本的事件、控制程序、Actor操作等。实际制作、运行，这样反复操作的过程中，不知不觉就能够掌握创作游戏所必须的处理方法了。

仅有3D图形是成不了游戏的，需要再加上"动作"，才能转化为游戏。掌握蓝图，把你的3D图形变成"游戏"吧！

（日）掌田 津耶乃

Contents 目录

前言 ·· 3

Chapter 1 试着使用蓝图！

1-1 准备Unreal Engine ··· 12
什么是Unreal Engine编程? ·· 12
登录Unreal Engine账户 ·· 13
安装Unreal Engine ··· 15
Mac版的安装 ·· 16
关于启动器 ··· 16
安装引擎 ·· 17
启动Unreal Engine ··· 18
打开Unreal Engine关卡编辑器 ·· 19
关卡编辑器的基本操作 ·· 21

1-2 试着使用蓝图 ··· 23
打开蓝图编辑器 ·· 23
打开关卡蓝图编辑器 ··· 24
运行程序！ ··· 25
图表编辑器的基本操作 ·· 27
连接节点 ·· 29
让程序运行起来！ ·· 31
最后保存！ ··· 33
本章重点知识 ··· 34

Chapter 2 掌握关于值的知识！

2-1 掌握节点的基本知识 ··· 36
节点的种类 ··· 36
关于事件节点（event node） ·· 37
关于命令节点 ··· 38
Begin Play事件节点 ·· 38
关于Print String ··· 39
关于创建节点的菜单 ··· 40
关于情境关联 ··· 41
关于节点的注释 ·· 42
创建注释组 ··· 43
连接文本值 ··· 45
关于"Make Literal String"节点 ·· 46
用线连接节点 ··· 46
运行！ ··· 47
试着显示数字吧！ ·· 48

2-2 变量与计算 ··· 51
值的类型! ·· 51
一起来做加法! ·· 52
关于加法运算节点 ·· 53
用加法运算节点计算 ··· 54
关于四则运算的节点 ··· 56
如何进行复杂的计算? ··· 56
运用数学表达式节点 ··· 59
实际应用数学表达式节点 ··· 61
了解数学表达式的内容 ·· 62
使用"变量"! ·· 63
设置变量 ·· 65
运用变量! ·· 66
进行变量的设置 ··· 67
使用整型变量计算! ·· 70
查看数学表达式的内容 ·· 73

2-3 使用数组 ··· 74
什么是数组? ·· 74
准备数组 ··· 74
设置数组的初始值 ··· 75
给数组设置值 ··· 76
关于"Set Array Elem"节点 ··· 77
从数组中取值 ··· 78
添加新项目 ·· 80
关于"ADD"节点 ··· 81
删除项目 ·· 83
关于"Remove Index"节点 ··· 84
在编程的过程中,创建数组! ·· 85
关于"创建数组"节点 ·· 86
本章重点知识 ··· 89

Chapter 3 掌握流程控制!

3-1 分支与开关 ·· 92
什么是流程控制? ·· 92
关于"分支(Branch)" ·· 93
关于"分支"节点 ·· 94
试着使用分支 ··· 95
值的比较! ··· 95
关于"Equal"节点 ·· 96
确认值是否为偶数! ··· 97
确认程序运行时的图表 ··· 99
可完成很多转移的"开关" ··· 100
"开启字符串(Switch On String)"节点 ·· 100
创建转移 ·· 101
关于Default ·· 104

3-2 循环 ……………………………………………………………………107
通过"ForLoop"进行循环…………………………………………107
关于"ForLoop"节点……………………………………………108
连接文本………………………………………………………………108
数组与ForEachLoop…………………………………………………111
使用ForEachLoop……………………………………………………112
创建以ForEachLoop进行的循环处理………………………………114
准备Print String的内容……………………………………………116
条件循环"WhileLoop"………………………………………………118
关于"WhileLoop"……………………………………………………119
创建判定质数的计算程序……………………………………………120
准备变量………………………………………………………………120
为WhileLoop创建所需的节点………………………………………121
创建变量counter的加法处理………………………………………122
创建处理以查验值是否除尽…………………………………………123
根据计算结果进行转移………………………………………………124
检查counter是否等于num……………………………………………125
完成整体程序…………………………………………………………127

3-3 将程序结构化 …………………………………………………………129
如何使程序一目了然？………………………………………………129
合并节点………………………………………………………………129
宏与函数………………………………………………………………133
创建宏…………………………………………………………………133
创建输入输出项………………………………………………………134
为宏图表创建处理……………………………………………………135
创建函数！……………………………………………………………138
为函数创建输入输出项………………………………………………139
使用局部变量…………………………………………………………140
创建计算处理…………………………………………………………141
使用函数！……………………………………………………………144

3-4 运用事件 ………………………………………………………………146
什么是自定义事件？…………………………………………………146
关于带Break的Loop…………………………………………………150
关于触发器（FlipFlop）……………………………………………155
关于序列………………………………………………………………158
本章重点知识…………………………………………………………162

Chapter 4 掌握Actor的基本操作！

4-1 熟练使用Transformation ……………………………………………166
准备Actor………………………………………………………………166
准备材质………………………………………………………………168
关于控制Actor的节点…………………………………………………173
关于Tick事件…………………………………………………………174
旋转Actor的"AddActorLocalRotation"……………………………176

旋转角度和滚转、俯仰、偏航 ·· 178
　　移动Actor ·· 179
　　同时执行移动和旋转 ·· 181

4-2　熟练运用Transform! ·· 183
　　同时执行移动、旋转的节点 ·· 183
　　关于"AddActorLocalTransform"节点 ·· 184
　　什么是Transform? ·· 184
　　局部坐标与世界坐标 ·· 186
　　关于世界坐标使用的节点 ·· 187
　　使用"AddActorWorldTransform" ·· 188
　　关于移动与Vector（向量） ·· 190
　　用变量来移动! ·· 193
　　用"分支"进行处理 ·· 195
　　检查程序 ·· 199
　　用世界坐标设置Actor的位置 ·· 200

4-3　使用键盘移动! ·· 203
　　关于按键输入事件 ·· 203
　　关于按键事件节点 ·· 204
　　建立移动Actor的处理 ·· 205
　　如何连续移动? ·· 208
　　用"Is Input Key Down"来检查按键状态 ·· 213
　　使用控制器节点 ·· 215
　　设置Is Input Key Down的Key ·· 216

4-4　使用鼠标输入 ·· 222
　　鼠标输入与游戏模式 ·· 222
　　创建游戏模式 ·· 223
　　打开蓝图编辑器 ·· 226
　　使用鼠标按键事件 ·· 226
　　如何按住鼠标按键移动? ·· 228
　　使用鼠标移动的动作 ·· 231
　　从Tick事件中使用鼠标X/Y ·· 234
　　用"AddActorWorldOffset"创建移动处理 ·· 236
　　添加"序列" ·· 236
　　组织连接程序 ·· 237
　　用Delta Seconds调整速度 ·· 239
　　本章重点知识 ·· 242

Chapter 5　材质的编程!

5-1　材质也是蓝图! ·· 244
　　材质是"二维绘图程序" ·· 244
　　创建材质 ·· 245
　　关于材质编辑器 ·· 246
　　关于"最终材质输入"节点 ·· 248

通过"基础颜色"设置颜色 ··· 249
为Actor设置材质 ··· 251
从商城获取贴图 ··· 252
显示贴图 ··· 255
关于金属 ··· 257
高光即"反射" ··· 258
粗糙度即表面的"粗糙" ··· 261
自发光颜色即为发光体 ··· 263
不透明度与Blend Mode ··· 264

5-2 材质的编程 ··· 267

将材质参数化 ··· 267
创建"VectorParameter" ··· 268
计算贴图与颜色 ··· 269
通过"Add"将节点进行加法运算 ··· 270
删除节点，用"Subtract"进行减法运算 ··· 272
删除节点，用"Multiply"进行乘法运算 ··· 273
将高光与粗糙度参数化 ··· 274
关于"ScalarParameter"节点 ··· 275
创建材质实例 ··· 276
关于材质实例编辑器 ··· 277
设置参数组 ··· 278

5-3 使用参数进行的编程 ··· 280

关于材质参数集 ··· 280
材质参数集编辑器 ··· 281
使用材质参数集 ··· 283
Multiply显示发生错误！ ··· 285
在关卡蓝图中操作材质 ··· 286
准备其他节点 ··· 288
创建材质函数 ··· 289
创建返回实数0~1的函数 ··· 290
为my_material添加材质函数 ··· 292
从关卡蓝图中操作 ··· 293
本章重点知识 ··· 296

Chapter 6 编程Actor的"移动"！

6-1 使用物理引擎进行移动 ··· 298

使用物理引擎 ··· 298
准备球体Actor ··· 298
准备材质 ··· 300
调用静态网格的设置 ··· 304
添加碰撞 ··· 305
将物理引擎设置为可用 ··· 305
在蓝图中移动Actor ··· 306
检查移动球体的处理 ··· 309

6-2 关于Actor的碰撞处理 ··· 311
关于"碰撞"的碰撞 ·· 311
检查碰撞对象 ··· 313
使用标签 ··· 314
为Box_StaticMesh_1添加碰撞 ································· 315
创建判别标签的程序 ··· 316
物理引擎设置为OFF时也发生碰撞事件? ························ 317
重叠事件 ··· 318
预备重叠时的处理 ··· 320
关于触发器Trigger ··· 321
使用触发器 ··· 322
使用触发器事件 ··· 324

6-3 在过场动画中使用程序 ·· 326
通过过场动画实现移动! ·· 326
准备动画 ··· 327
编辑曲线 ··· 329
在蓝图中操作Matinee ·· 334
关于Play节点 ·· 336
Play与Matinee的位置 ··· 336
循环播放、停止与暂停 ·· 338
使用"Stop"节点 ·· 340
关于"Pause"节点 ··· 341
Matinee的结束处理与Matinee控制器 ·························· 343
如何"消除"Actor? ··· 344

6-4 Matinee与蓝图Actor ··· 346
Matinee与蓝图 ·· 346
创建蓝图Actor ··· 347
编辑蓝图Actor ··· 348
操作变量 ··· 350
创建Tick事件处理 ·· 350
放置BPActor ··· 353
添加Matinee ··· 353
在曲线中设置变量F_VAL的值 ·································· 355
本章重点知识 ··· 358

Chapter 7 创建正式的应用程序!

7-1 平视显示器(HUD) ·· 360
什么是平视显示器? ·· 360
创建控件蓝图 ··· 361
放置UI部件 ·· 364
显示HUD ·· 366
为GUI设置值 ·· 368
添加Text Box ·· 371
添加Button ·· 372

单击Button时的事件 ·················· 374
为TextBox添加变更时的处理 ·············· 375
从关卡蓝图中使用HUD ················ 377
开关HUD显示 ···················· 378
控制光标的显示 ···················· 380

7-2 Canon保龄球游戏！ ················ 382

射击+保龄球＝？ ··················· 382
创建关卡 ······················· 383
准备相机 ······················· 384
创建球体 ······················· 385
创建柱体的静态网格物体 ················ 388
创建HUD ······················· 391
创建能量槽 ······················ 392
创建方向条 ······················ 394
准备Text记录发球数 ·················· 396
添加显示信息的Text ·················· 399

7-3 创建蓝图 ······················· 403

打开关卡蓝图 ····················· 403
创建函数 ······················· 408
创建Set HUD函数 ··················· 408
创建"Create Ball"函数 ················ 410
创建"Create Boxes"函数 ················ 414
创建"Mouse Button Down"函数 ············ 418
创建"Mouse Button Up"函数 ············· 422
创建"Is Ball Stopped?"函数 ············· 426
创建"Check Boxes"函数 ················ 429
创建"Mouse Move H"函数 ··············· 433
创建"Mouse Move V"函数 ··············· 434
创建"End Game"函数 ················· 435
创建"Change Camera Eye"函数 ············ 436
创建事件"Begin Play" ················· 437
创建事件"Tick" ···················· 439
修改Mouse Button Up ················· 440
终于完成了！ ····················· 443
本章重点知识 ····················· 443

后记 ···························· 444

Chapter 1

试着使用蓝图！

蓝图是进行Unreal Engine编程的专用功能。尚未接触过的用户，先从掌握好基本的使用方法开始吧。

Chapter 1　试着使用蓝图！

Section 1-1 准备Unreal Engine

首先，需要准备好Unreal Engine。安装Unreal Engine、创建项目，为使用蓝图做好准备。

什么是Unreal Engine编程？

Unreal Engine的各位用户，大家好。想必很多用户都已经实际使用过Unreal Engine了吧。其中应该也不乏"感兴趣，却没有实际使用过"的用户。但是，大家至少都会有"想用Unreal Engine来试着制作游戏"的想法吧。

"用Unreal Engine制作游戏"时，有两大必不可少的部分。一是"制作3D游戏场景"。Unreal Engine中，为我们准备了可以高度渲染3D图形的工具，运用这些功能就可以制作逼真唯美的3D游戏场景。我们的用户中可能会有"已大致掌握工具的使用方法并可以简单制作一些小场景"的能手吧。

但是，不论我们制作出了多美妙的游戏场景，仅凭这个是做不出游戏的。制作游戏还有另外一个必不可少的重要操作，那就是"编程"。

游戏并不仅仅是展示三维的美丽风景和角色。通过操作让角色动起来，通过点击发射武器，击中就会爆炸，敌人死掉我们就得分，这些都不是工具可以完成的。"这样操作就做这样的动作""撞击后就这样处理"，所有的这些都必须通过编程才能实现。

为制作精美的3D模型人物赋予生命，这就是编程的作用。Unreal Engine软件被称为"游戏引擎"。它的程序包含了显示3D图形和让3D图形动起来的各项功能，我们制作3D图形及运行3D处理数据，游戏引擎正是基于这些让3D画面动起来的。"制作3D图形"和"让3D图形动起来的程序"，两者都具备才能够成为3D游戏。

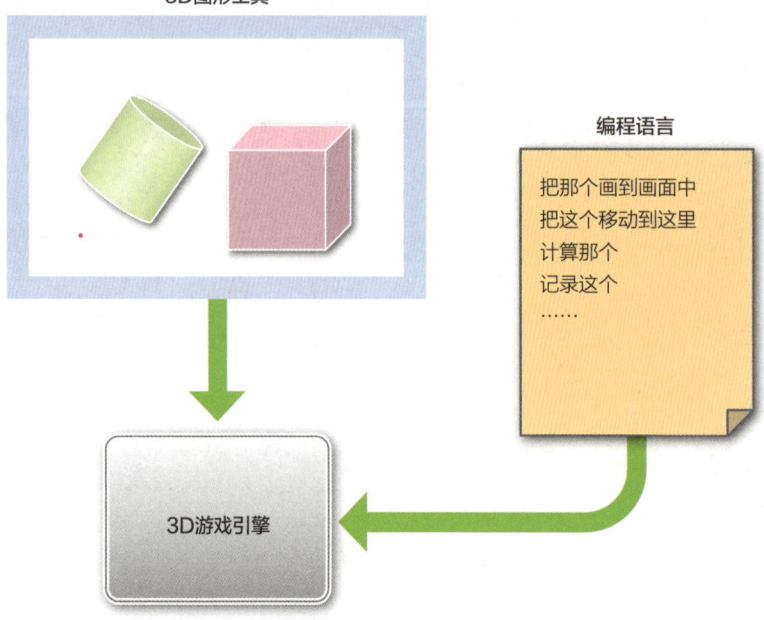

图1-1　Unreal Engine被称为"游戏引擎"。在3D图形中，执行编程语言描述的命令，让游戏动起来

什么是Unreal Engine编程？

那么，Unreal Engine编程是以怎样的形式来进行的呢？我们把它分为两大部分——C++和蓝图。

C++

C++作为一种规范的编程语言被广泛使用。它以"C语言"为基础并大大强化了其功能，应用于应用程序开发等这种对编程要求较高的领域。

很多专职程序员都在使用C++，因此这些程序员就可以马上进入到Unreal Engine的开发中。虽然具备这样的优点，但是，另一方面，对于没有编程经验的人来说，要去学习C++恐怕非常艰难，要进行开发就需要Unreal Engine以外的专门的开发环境了。

蓝图

蓝图是Unreal Engine中的一种可视化语言。事先将各种可执行的处理以"节点"（形状像是一块块的小板子）的形式创建，然后只需用鼠标将其排列、连接就可以实现编程。

对于有正式编程经验的人来说，可能会觉得用蓝图制作程序"好慢啊"。

但对想学习编程的人来说，蓝图可以说是一个便于上手使用的工具。此外，Unreal Engine中已具备编程所需要的工具，并不需要其他任何软件。

在创建项目阶段该使用两者中的哪一个呢？两者的目的是不同的。"有编程经验，可完成高度处理的用户"可以使用C++，"如果是基本没有编程经验的用户，创建处理时"可以使用蓝图。

蓝图，是从Unreal Engine 4起搭载的一种非常新的功能（蓝图本身是以前就存在的，只不过成为Unreal Engine整体的编程工具是从Unreal Engine 4开始的），Unreal Engine的开发者也将蓝图和C++并列定位为开发的两大支柱。所以，不必抱有"蓝图只能实现简单的内容吧"这样的担心。

登录Unreal Engine账户

那么，在开始Unreal Engine编程之前，当然得安装好Unreal Engine。各位持有本书的用户，大多应该都处于可以着手使用的状态了吧，也许还有用户"正要去准备Unreal Engine进行编程"。那么我们现在就针对Unreal Engine的准备工作进行一个简单的介绍吧！"已经可以开始"的用户，可以跳过这部分内容。

注册账户

首先，注册账户。

Unreal Engine并不是那种在售的套装软件（其中包含几个软件的），而是通过注册账户参加到Unreal Engine的社区中来获取使用Unreal Engine的权利。也就是说，"注册账号就可以免费使用"。

可从Unreal Engine网站注册账户。访问以下网址，然后单击页面右上方的"获得虚幻引擎"按钮。

图1-2 单击Unreal Engine页面的"获得虚幻引擎"按钮

中文网址：https://www.unrealengine.com/zh-CN/what-is-unreal-engine-4

创建账户

进入"加入社区"页面。此页是账户注册页面。按如下要求在这里填入注册账户的内容。

国家/地区	选择所在地区
姓名	分别填写"*名""*姓"
显示名称	网页上显示的昵称。此项非必须填写内容,可以不填写
电子邮件	账户以此电子邮箱作为ID。该电子邮箱可进行登录等操作
密码	登录时的密码
复选框	请务必勾选"我已经阅读并同意服务条款"复选框

填写完所有项目后,单击"注册"按钮。

图1-3 填写表格内容,单击"注册"按钮

同意用户许可协议

接下来会出现使用Unreal Engine的用户许可协议。此处显示的是英文的协议书,可以浏览一下。

阅读全文后,勾选下方的"我已经阅读并同意最终用户授权协议"复选框,单击下方的"接受"按钮。请务必勾选复选框,"不同意"的用户,是无法使用Unreal Engine的。

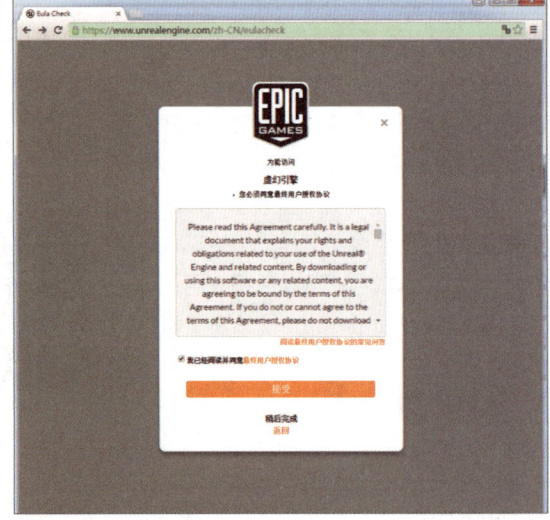

图1-4 同意协议方可使用Unreal Engine

下载Unreal Engine

注册成功后，将会显示Unreal Engine的下载页面。在下载页面单击"下载"按钮，开始下载。

顺便说一下，单击右上角的×，将会跳转至登录账户的各项设置页面（Unreal Engine网站的管理页面）。也可从该页面进行下载。

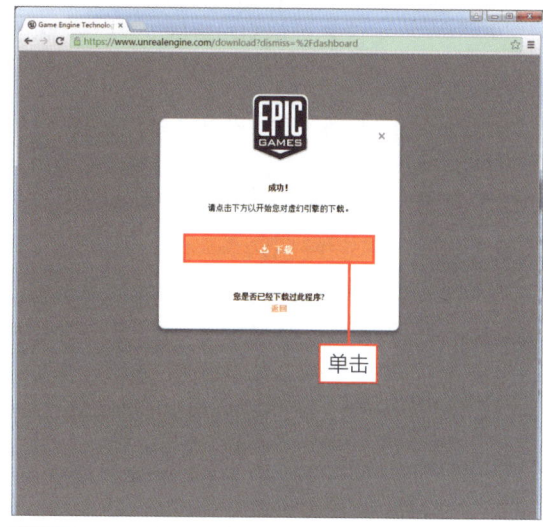

图1-5 欢迎页面。单击"下载"按钮来下载软件

安装Unreal Engine

安装下载好的软件。首先，来看看Windows版是如何安装的。有专门的Windows版安装程序。双击打开"UnrealEngineInstaller-xxx.msi"（xxx为任意版本编号）文件。打开后，出现"目标文件夹"窗口，在此处指定安装位置，默认为"Program Files"文件夹，没问题的话保持默认即可。单击"安装"按钮，开始安装。等待安装完成。

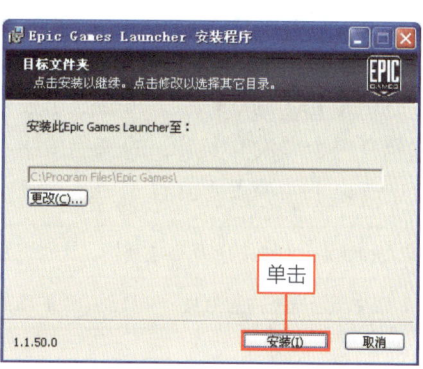

图1-6 打开安装程序，单击"安装"按钮

进入登录画面

安装完成后，将会自动出现"登录"界面。在界面中输入电子邮件和密码来启动程序。

图1-7 出现登录界面表示安装完成

Mac版的安装

接下来，我们来了解Mac版的安装。Mac版所下载的安装文件为"UnrealEngine-xxx.dmg"。这是一个光盘映像文件。双击该文件，加载安装盘。

安装盘中，将会显示Unreal Engine的应用程序图标及"Application"文件夹的别名（alias）。拖曳Unreal Engine图标至"Application"文件夹中。这样就将应用程序复制到了文件夹中，安装完成。

然后将已加载的"Unreal Engine"盘拖至垃圾箱中，解除加载，完成操作。双击已复制的应用程序，将其打开。第一次启动时，将出现和Windows版相同的账户密码输入界面，输入账户和密码登录。

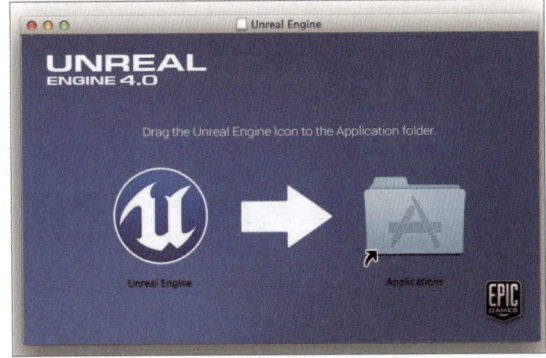

图1-8 在安装盘中，将应用程序图标拖曳至文件夹

关于启动器

"启动器"用来管理Unreal Engine的各种数据类别。首先，最上方排列有"EPIC GAME的标识""Unreal Engine""Fortnite""ShadowComplex""Unreal Tournament""ARK""Paragon"，从此处单击"Unreal Engine"标签，将会显示使用Unreal Engine的相关内容。

画面左侧有一个"没有安装"的灰色按钮，在它下面有几个链接。单击链接可切换显示。

该链接中有以下两项重要内容。

商城	Unreal Engine的专用在线商城。从此处可以下载内容
工作	集中显示准备中的游戏引擎及创建中的项目

从此外单击"工作"链接，准备对项目等进行管理。

图1-9 单击Launcher界面上部的"Unreal Engine"，在所出现界面的左侧链接中选择"工作"

关于工作

"工作"用于管理Unreal Engine中使用到的各类内容，大体分为3大类进行管理。

引擎版本：为Unreal Engine的游戏引擎，被认为是Unreal Engine的主体程序。可在此处对安装的多个版本进行管理。

我的项目：为Unreal Engine中正在创建的游戏程序数据。Unreal Engine中，开发的程序以"项目"的形式被创建，在这里进行集中管理。

保管库：从商城购买的内容，一般保存在此处。可在此处编入自己的项目，或创建新的项目。

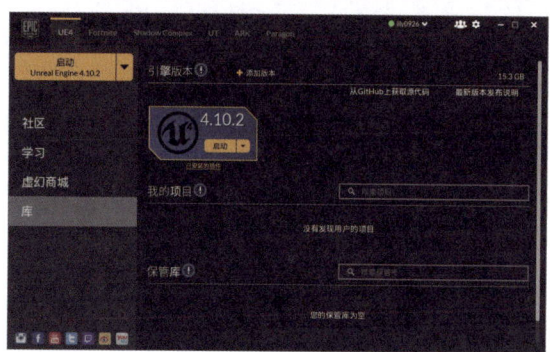

图1-10 工作界面显示。分为3项来管理内容

Column
关于Unreal Engine的更新和汉化

阅读本书说明，按照图片进行操作时，有时会觉得"咦？跟我的Unreal Engine界面有点不一样啊！"在Unreal Engine的使用中这是不可避免的现象，并不是有什么问题。

Unreal Engine会经常更新，启动器每个月会更新几次，Unreal Engine的主程序基本上每个月也会更新。因此，使用时可能经常会觉得"和昨天的界面显示不同"。

因此，可以不必在意显示上的细微不同继续往下阅读。界面显示虽有不同，但是基本的使用方法并没什么大的改变。大部分是一些显示位置的细微改变、视图的更新、项目名称的改变或增加。所以，虽说和本书的图片和说明有所不同，但仔细观察界面便可知功能和操作都是相同的。

需要注意的是"汉化"。Unreal Engine中仍留有许多英文表述，更新时可能会改用中文表述。

使用时遇到这种情况，可以找寻和本书的英文表述意思基本相同的中文表述。

安装引擎

要使用Unreal Engine，须从"工作"中安装"引擎"。该引擎是Unreal Engine的主体，没有它的话，将无法进行任何工作。

添加引擎

单击位于上方的"引擎版本"部位的"添加版本"即可添加引擎，可在此处添加多个引擎。

图1-11 单击"引擎版本"处的"添加版本"

单击"安装"按钮

"引擎"部分显示为一个方框，方框内显示有版本号，单击框内的"安装"按钮，便可开始安装。由于文件较大，所以下载与安装时间较长，请耐心等待。

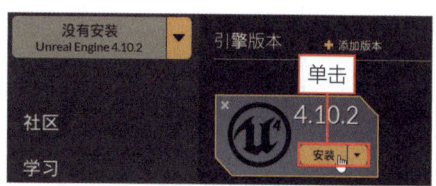

图1-12 单击"安装"按钮，开始安装

启动Unreal Engine

引擎安装完成后，面板上将会出现启动按钮，单击该按钮，就可启动该引擎。另外，窗口左侧也会显示启动按钮，在此处选择要启动的版本，单击启动按钮即可。

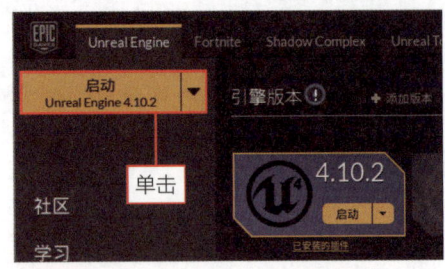

图1-13 单击"启动"按钮，启动引擎

打开项目浏览器

启动后，画面中会显示标题为"虚幻项目浏览器"的窗口。在此处可新建项目，或打开已有项目。

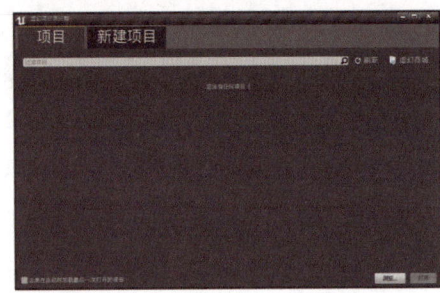

图1-14 项目浏览器窗口。在此处管理项目

选择"新建项目"选项卡

单击窗口上部的"新建项目"选项卡标签，切换到新建项目的设置界面。在此处进行如下设置。

选项卡标签	选择"蓝图"选项卡
图标选择	请选择"空白"。使用蓝图进行最简单的项目制作
桌面/游戏机	保持默认即可，即这里为电脑用程序开发模式
最高质量	保持默认即可
具有初学者内容	单击选择"没有初学者内容"选项
文件夹	默认状态下，已选择了"Unreal Projects"文件夹。保持默认即可
名称	在下面为项目命名。可认为是所制作的应用程序的名称。此处已命名为"我的项目"

设置完成后，单击"创建项目"按钮，完成新项目的创建并在Unreal Engine中打开。

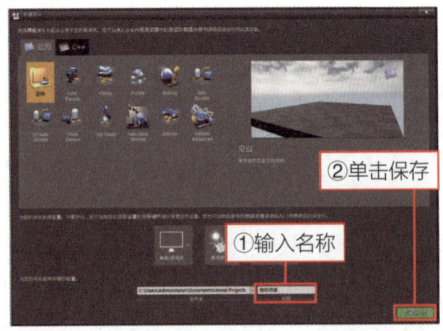

图1-15 命名为我的项目，保存

打开Unreal Engine 关卡编辑器

终于启动了Unreal Engine的主体（引擎），可以看到操作界面由若干小窗口组成，每个窗口内都排列有小工具面板。

（※创建项目时如果选择了"具有初学者内容"，初始操作界面中就会为用户显示已放置了简单部件的关卡。这里可从"文件"菜单中选择"新建关卡"命令来创建新关卡并进行后续操作。）

该窗口被称为"关卡编辑器"。在Unreal Engine中，设计3D场景的空间称为"关卡"，进行关卡编辑的窗口称为关卡编辑器。

现在来简单介绍下关卡编辑器中出现的各面板。

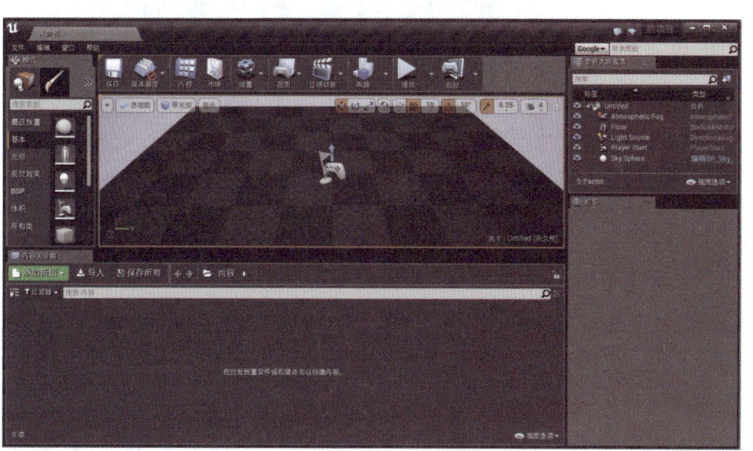

图1-16 关卡编辑器窗口，由多个面板组成

模式面板

位于左上方的面板，用于切换编辑模式。通常，蓝图中除了放置或移动3D模型这一模式外，还预备有生成风景的"地貌"模式、描画风景及用于编辑3D模型的模式等。

单击排列于上方的图标即可切换模式，其下方将会显示在该模式下可使用的功能项。

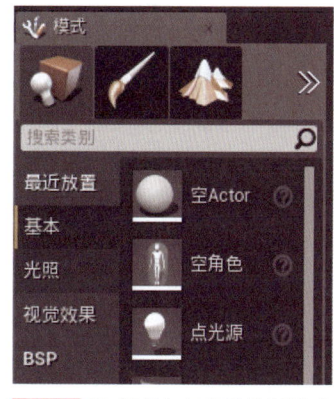

图1-17 模式面板，可切换编辑模式

内容浏览器

位于模式面板下方。用来管理项目中使用的各类资源（记录数据的各种文件）。可在此处打开所用的文件，移动其保存位置或删除。

图1-18 内容浏览器，管理项目中使用的文件

工具栏

工具栏为上方水平显示的一列图标。将主要功能以图标罗列。可在此处选择并执行一些常用功能。

图1-19 工具栏,将常用功能以图标罗列

视口

位于工具栏下方,用于显示三维空间的画面。在三维空间内实际放置并编辑各种部件。在实际制作3D场景时使用较多的面板。

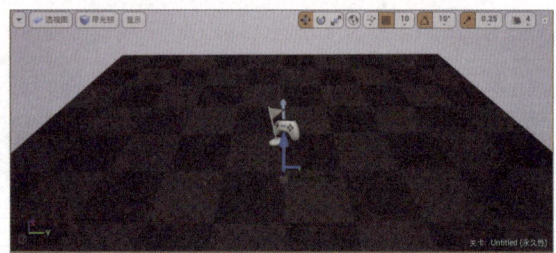

图1-20 视口,在这里编辑3D空间

世界大纲视图(场景大纲)面板

位于窗口右上方的面板,用于管理放置于编辑中关卡(3D空间)的部件。如果在视口中放置了某些部件,那么该部件的项目就会添加到此处。可在此处选择或编辑项目。

图1-21 世界大纲视图(场景大纲),管理放置于3D空间的部件

细节面板

位于右下方的面板,用于对放置于3D空间内的部件进行细项设置。在视口或世界大纲视图选中部件后,该部件的详细设置就会在此显示。编辑详细信息可以改变该部件的显示、性质等。

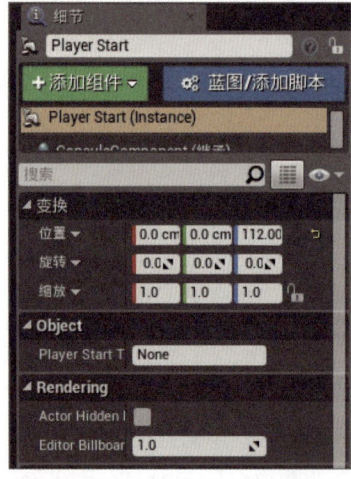

图1-22 细节面板。图中是针对默认放置于关卡中的Player Start部件所进行的设置。可显示所选部件的细项设置

关卡编辑器的基本操作

游戏场景是通过关卡编辑器中的各类面板来制作的。本书中对这些面板的使用方法进行了详细说明，由于篇幅限制，如何编程就不赘述了。详细的使用方法请参考相关书籍进行学习。

用鼠标操作视口

首先，就"视口的基本操作"进行简单介绍。Unreal Engine中，通过在视口中放置3D部件并编辑其位置、朝向、大小等来制作游戏场景。如果不了解如何移动视口的显示位置、调整放置部件的位置这些基本操作，就无法制作出游戏场景，因此我们首先应该掌握好最基本的操作。

首先从鼠标的操作开始。

用鼠标左键拖曳

按住鼠标左键前后拖动就可以前后移动显示位置，按住鼠标左键左右拖动就可以进行左右旋转。

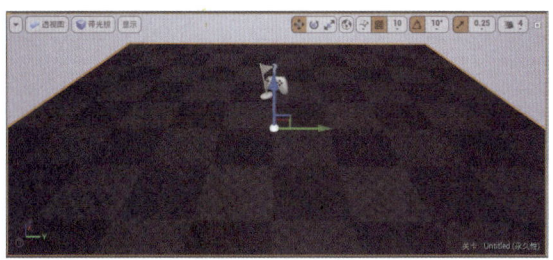

图1-23 按住鼠标左键左右拖曳就可以进行左右旋转显示

用鼠标右键拖曳

按住鼠标右键前后左右拖曳，便可上下左右旋转相机的朝向。左右操作执行的动作与鼠标左键相同，前后操作执行的动作与鼠标左键不同。

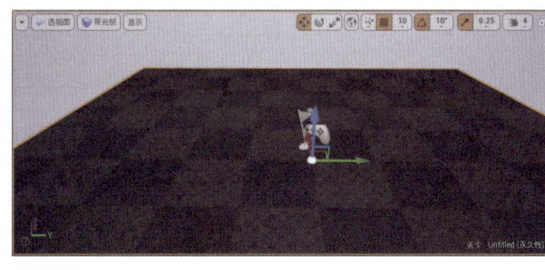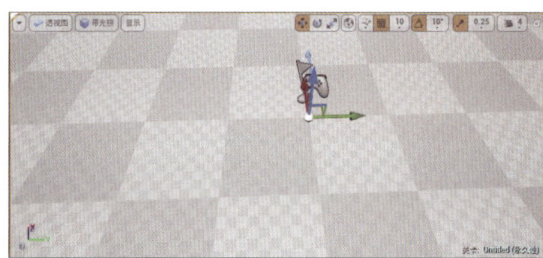

图1-24 按住鼠标右键前后拖曳就可以前后旋转世界空间

同时按住左右按键拖曳

同时按住左右键的状态下拖曳（或者按住鼠标滚轮、中键拖曳），可移动垂直方向的位置。前后拖动鼠标可上下移动显示位置，左右拖动鼠标可进行左右平移。

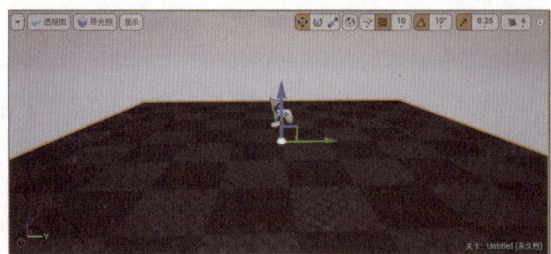

图1-25 同时按住鼠标左右键拖曳可改变高度

用键盘操作视口

利用键盘也可移动显示位置。操作时可以使用按键,掌握几个方便使用的即可。另外,使用字母按键时并不是直接按住,而是在按住鼠标左键的状态下同时按住方可实现,字母键的操作方法不同于数字键或箭头键的操作方法,请注意。

前后左右移动

向前移动	"W"键、数字键"8"、"↑"键
向后移动	"S"键、数字键"2"、"↓"键
向右移动	"D"键、数字键"6"、"→"键
向左移动	"A"键、数字键"4"、"←"键

上下移动

向上移动	"E"键、数字键"9"、"Page Up"键
向下移动	"Q"键、数字键"7"、"Page Down"键

缩放

放大	"C"键、数字键"3"
缩小	"Z"键、数字键"1"

暂且先掌握这些基本操作,就可以灵活移动视口的显示位置了。

Chapter 1　试着使用蓝图！

Section 1-2　试着使用蓝图

使用蓝图，即使用蓝图编辑器进行编程。掌握该编辑器的使用方法，试着实际制作运行简单的程序吧！

打开蓝图编辑器

准备好Unreal Engine后，就来尝试使用一下蓝图吧。蓝图是使用专门的编辑器进行编程。现在以"编程前的基础知识"为中心对蓝图编辑器的基本使用方法、蓝图特有的编程作业方法等知识进行展开说明。

很多地方都会用到蓝图，其最重要的内容都集中在工具栏的"蓝图"图标上。单击该图标，将会出现下拉菜单，其中集中显示蓝图的相关功能。

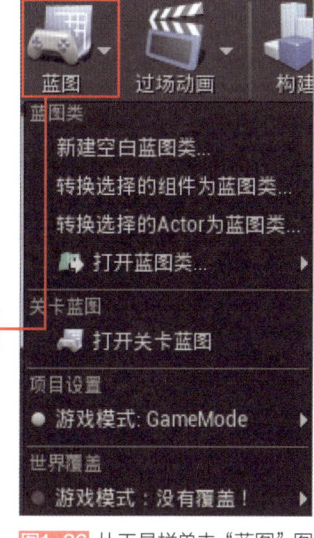

图1-26　从工具栏单击"蓝图"图标，出现菜单

3种蓝图

该菜单中有3类蓝图。我们来简单说明一下各自的作用。

关卡蓝图

"关卡（level）"是指在Unreal Engine中制成的游戏场景。关卡蓝图用于制作当前游戏场景的程序。可以说，在Unreal Engine中进行编程就是在创建关卡蓝图。

游戏模式

游戏模式（Game Mode），是与制作中的游戏整体相关的设置、动作。在最初的阶段基本不使用。了解如何开发Unreal Engine后才加以使用。

类蓝图

所谓类（Class），是集中处理几个相关功能及数据的小型程序。制作复杂程序时，创建类会使结构整体一目了然。类蓝图眼下也使用不到。

其他使用到蓝图的地方也很多。暂且就认为"编程=制作此3类蓝图"即可。

其中，比较重要的是"关卡蓝图"。眼下可以这么认为：通过蓝图进行编程就等于是"用关卡蓝图进行编程"。

打开关卡蓝图编辑器

现在就来尝试实际制作关卡蓝图吧。

单击工具栏上的"蓝图"图标,从下拉菜单中选择"打开关卡蓝图"命令。

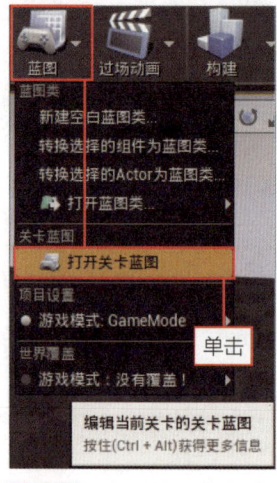

图1-27 选择"打开关卡蓝图"

关于蓝图编辑器窗口

画面中出现的新选项卡是用于编辑关卡蓝图的专用编辑器。蓝图的编辑是通过"蓝图编辑器"进行的。因为是用于编辑关卡蓝图的,所以称为"关卡蓝图编辑器"。它与其他蓝图编辑器的使用方法相同。

该窗口与关卡编辑器一样由几个面板组合而成。现在来简单说明一下。

图1-28 关卡蓝图编辑器窗口

工具栏

位于窗口最上方排列有图标的面板。与关卡编辑器一样,常用功能以图标的方式列出。通过单击图标来执行处理。

图1-29 工具栏,列出了常用功能

我的蓝图

位于工具栏左侧的面板。用于管理蓝图程序中所创建的变量、函数等,即"程序中所使用的部件"。各部件的创建方法、使用方法我们将另行说明,这里只需要了解"通过该面板可以创建并使用这些部件"即可。

图1-30 我的蓝图,用于管理程序中的部件

细节面板

用于对蓝图中使用的各种部件进行设置。在"我的蓝图"面板、后面提到的"图表编辑器"面板等中选中部件后,其细项设置将显示在此处。在此处可以变更项目的值、变更项目的动作。其使用方法在实际使用这些部件的过程中,就会渐渐明白。

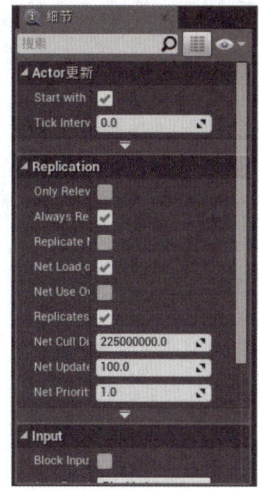

图1-31 细节面板。这里显示的是变量的细节面板,可对此时显示的部件进行细项设置

图表编辑器

位于窗口中央,带有"事件图表"标签的面板。被称为"图表",用于打开并编辑创建蓝图程序的部件。蓝图中,放置了用于编程的部件,将它们排列并用线连接以进行编程。

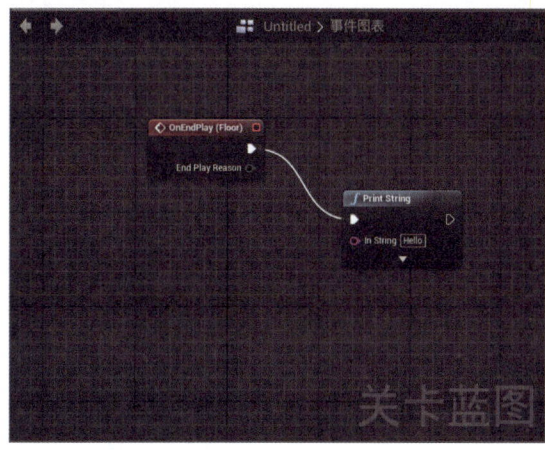

图1-32 图表编辑器。图示为排列的几个部件,把这些部件排列、连接来创建程序

运行程序!

我们来尝试制作并运行一些简单的程序吧。这里制作的是十分简单的程序,按照步骤进行操作即可。回到我们刚才打开的关卡蓝图编辑器中。

在蓝图中放置"节点"部件来创建程序。该操作在蓝图编辑器的图表编辑器(带有"事件图表"标签,不显示任何内容的面板)中进行。在该图表编辑器的空白部位单击鼠标右键,弹出菜单,然后从中选择制作节点的命令。

菜单中显示的命令会因关卡编辑器中选择的部件的不同而改变。而实际显示的命令基本没什么大的区别。

图1-33 右击图表编辑器，弹出制作节点的菜单

选择"事件BeginPlay"

仔细观察图表，会发现"事件BeginPlay"的节点。为其做必要的连接即可。

但是有的版本中默认没有该节点。如果没有找到这个节点，就自己来创建一个。右击图表，从出现的菜单中找出"添加事件"，单击其左端的▼，又会显示出几个项目。从中选择"事件BeginPlay"选项。

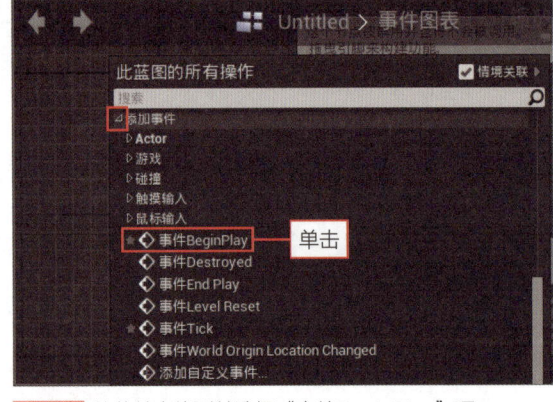

图1-34 从菜单中找到并选择"事件BeginPlay"项

添加了节点！

在图表的空白部位出现了标题为"事件BeginPlay"且标题栏为红色的方框，即为"节点"。

图1-35 添加了一个节点

再次单击鼠标右键！

在图表的空白部位单击鼠标右键呼出菜单。试着键入"print"，此时将会检索出仅包含print文本的项目。另外，右上角有一个"情境关联"复选框，默认为勾选状态。从检索出的项目中，找到并单击"Print String"项目。

图1-36 键入"print"，选择"Print String"

添加了第2个节点！

又添加了1个新的节点。现在就有2个节点了。

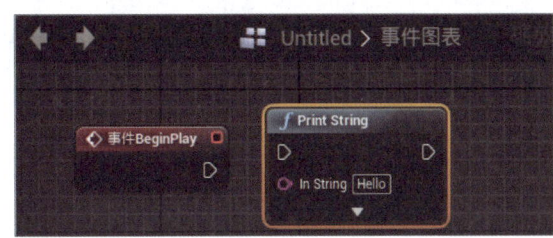

图1-37 添加了第2个节点

图表编辑器的基本操作

在进行下面的内容之前，先简单介绍下图表的基本使用方法。我们在图表区域放置节点，节点慢慢多起来，空间就变窄了，此时就要移动其显示位置或节点的位置，使节点可以自由放置，不然就无法制作理想的程序了。

显示位置的移动

图表的当前位置可通过鼠标右键拖曳来进行移动。拖曳时图表整体可上下左右进行移动。如果没有地方可放置节点，则可通过鼠标右键的拖曳来拖出新的位置用来放置节点。

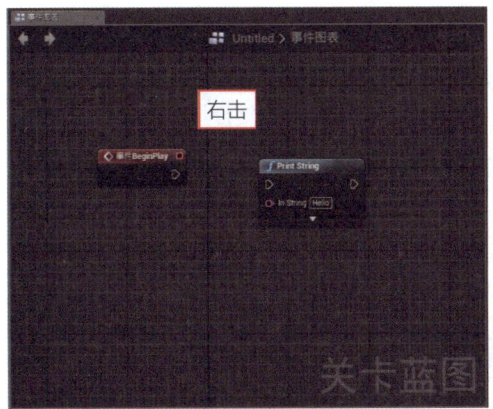
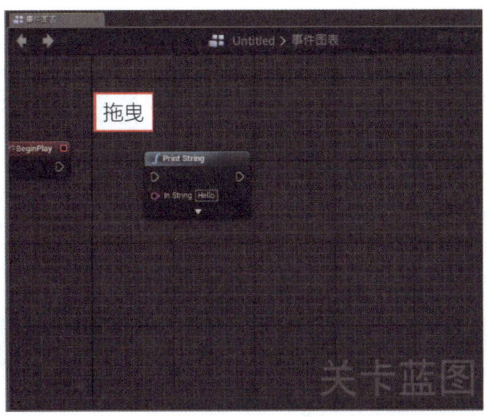

图1-38 用鼠标右键拖曳可移动当前显示位置

显示的放大缩小

图表的显示可通过滚动鼠标滚轮来放大或缩小。等倍（默认的放大比例）缩小的话，图表的右上角会显示"缩放：○○"这样的放大比例。

如果要放置大量节点，就需要俯瞰全局把握整体的处理流程。将图表缩小显示后，就可以一目了然地看出没有完全显示的节点是如何进行连接的。

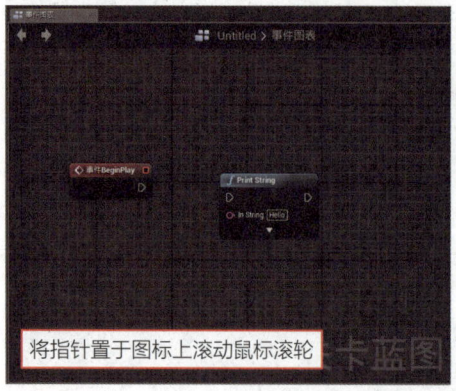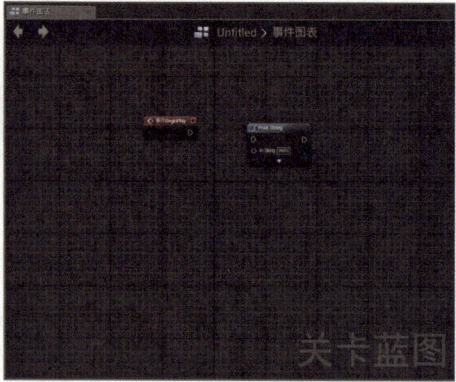

图1-39 使用鼠标滚轮，可以缩小或复原图表的显示

节点的选择

单击鼠标左键就可以选择一个一个的节点。选中的节点四周显示为黄色线条。

要选中多个节点，可以使用鼠标左键开始拖曳（从没有节点的位置起），整体圈中要选择的节点，其范围内的所有节点就被选中了。此外，还可以按住Ctrl键，一个一个地单击节点来选中多个节点。

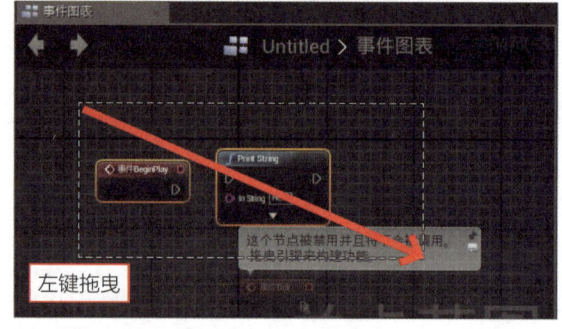

图1-40 通过鼠标左键拖曳一并选中多个节点

节点的移动

可通过鼠标左键拖曳来自由移动其放置位置。选中多个节点时，拖曳其中1个进行移动，选中的所有节点将一并移动。

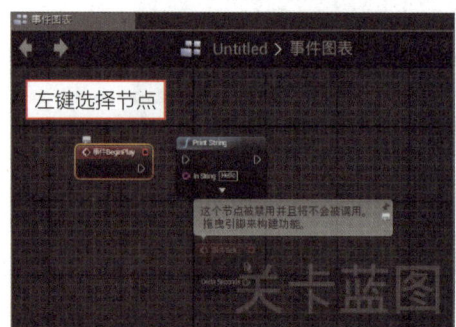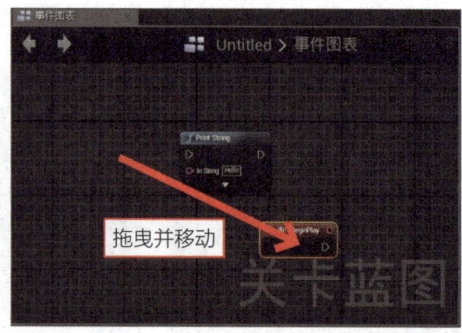

图1-41 通过鼠标左键拖曳节点可自由移动其位置

节点的删除、复制和粘贴

右击节点，会弹出快捷菜单。该菜单中有"删除""剪切""复制""粘贴"选项。选择相应的选项即可对该节点执行删除、复制、粘贴操作。

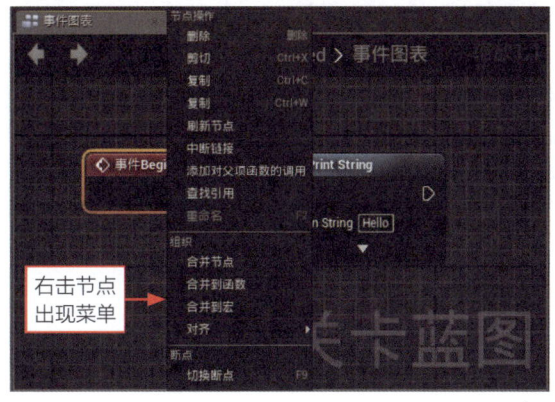

图1-42 右击节点弹出菜单

连接节点

再次回到蓝图编辑器中。蓝图编程是通过创建并"连接"节点来进行的。节点中有各种项目，将这些项目用线连接起来。

此次创建的"事件BeginPlay"节点中的右侧有一个五角形（类似于本垒的形状）标记，将鼠标指针移动到此处。此时标记的背景变为灰色，表示"可用"。

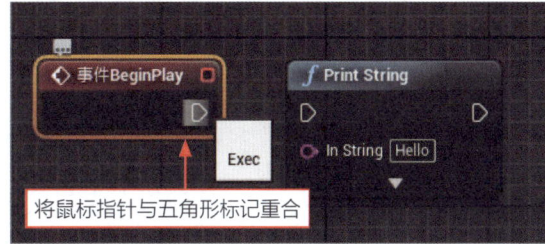

图1-43 将鼠标指针移动到"事件BeginPlay"的标记处

拖曳鼠标

在该五角形标记处按住鼠标左键拖曳。从此标记到鼠标指针处将引出一条线。

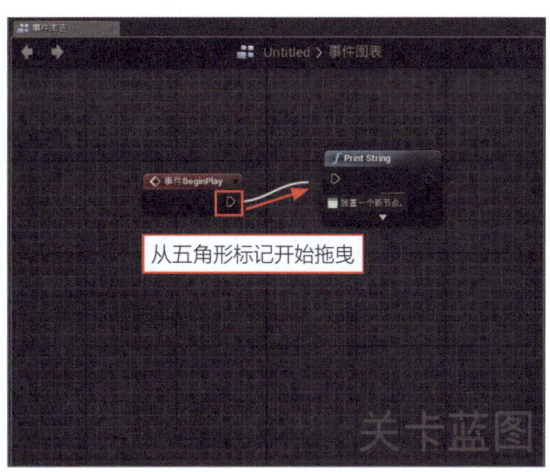

图1-44 按住鼠标左键拖曳，从五角形的标记处至鼠标指针处引出一条线

在Print String处释放

继续移动鼠标指针至另一个"Print String"节点左侧同样的五角形标记处。在鼠标指针的附近，出现一个确认标记。这意味着"已连接"。

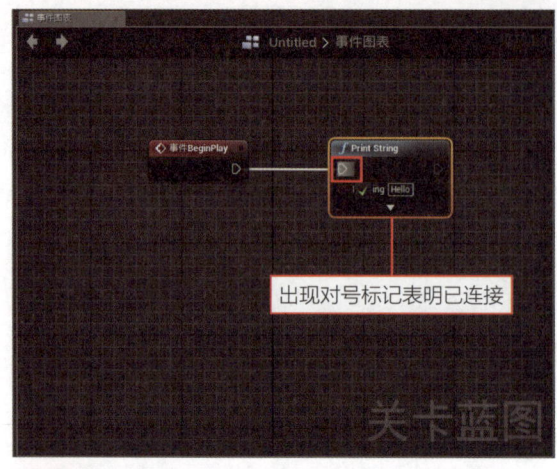

图1-45 重叠于Print String的五角形，出现对号标记

如果无法连接也会显示标记

节点中经常会显示有若干个项目。连接时并不是根据我们自己的喜好把它们连接，"把这个连接至这个""不连接这个和这个"是有明确规定的。

我们试着从"事件Begin Play"的五角形处起，拖曳至显示为粉色◎的"Print String"的"In String"项处，将会显示出类似于道路标识中的禁止通行标记，这意味着"不可连接"。

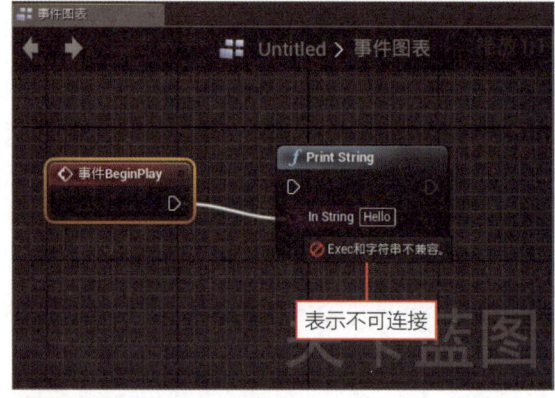

图1-46 将鼠标指针移动至无法连接的项目时，会显示出红色的禁止连接标记

可连接的是颜色相同的项目

什么样的项目可以连接呢？事实上明白一点即可，那就是项目前后显示的◎标记。◎的颜色相同便可以连接。如果是"颜色类似但稍有不同"的项，有时两者之间可以通过插入专用节点来进行连接，这里的专用节点是用于变换值的类型的。"颜色完全不同"的一般认为不可以连接。

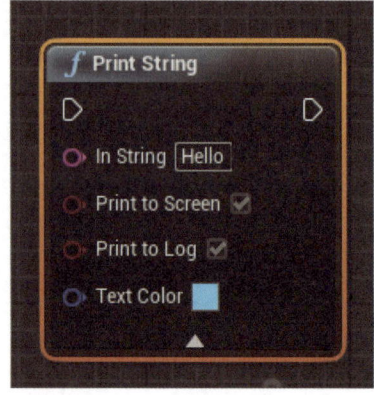

图1-47 节点中会显示各种项目。颜色相同的项目，基本上可以连接

试着连接！

那么，把从"事件BeginPlay"的五角形处拖曳的线释放在"Print String"左侧的五角形处。这样就把两个项目连接起来了。

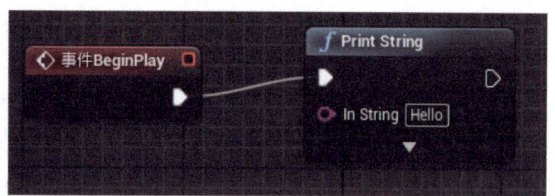

图1-48 连接好的节点。这样就完成了

断开连接

错接到其他位置时，可以断开连接。右击连接项目中的一方，将会弹出菜单，从中选择"断开到○○的连接"命令，就可以断开连接。

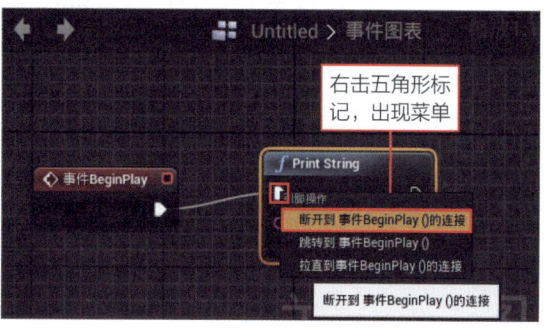

图1-49 右击连接项目，选择"断开到○○的连接"命令即可断开连接

让程序运行起来！

现在就让制作的程序动起来吧。蓝图编辑器的工具栏中一个"编译"按钮，如果该按钮上显示有一个"？"，就说明程序需要编译，单击该"编译"按钮。如果显示的是对号标记，就无需编译。

 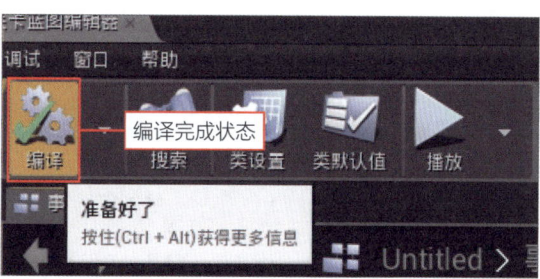

图1-50 单击"编译"按钮。编译结束时，显示对号标记

调整窗口位置

拖曳蓝图编辑器窗口的选项卡标签部分，使它下面的关卡编辑器视口得以显示。

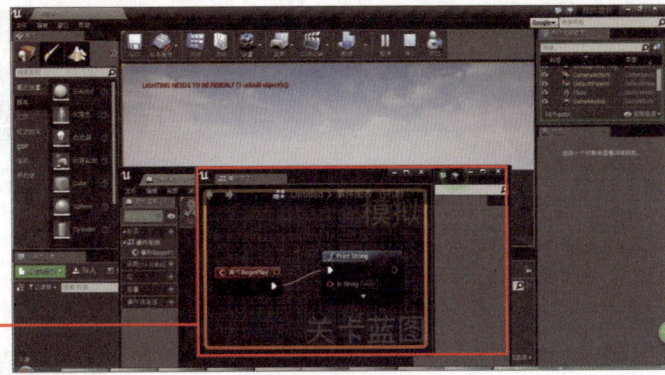

图1-51 拖曳蓝图编辑器的选项卡标签，以显示出它下面的视口

单击"播放"图标

单击"播放"图标运行编辑好的关卡。不仅蓝图编辑器的工具栏中有"播放"图标，关卡编辑器的工具栏中也有该图标，两个都可以使用。

图1-52 从工具栏中单击"播放"图标

视口中显示出"Hello"

在视口的左上方显示出淡蓝色的小字"Hello"，短暂显示后就会自动消失，所以单击"播放"图标后要迅速确认其显示，"Hello"文本就是此次程序要显示的内容。

虽说只是一个很简单的程序，但是通过它我们多少也能够知道"制作程序并运行"是怎样一个操作过程了吧。

图1-53 运行后，视口中显示"Hello"

"停止"运行

停止正在运行的程序。从工具栏单击"停止"图标，即可停止程序。

图1-54 单击"停止"图标，停止程序

最后保存!

至此，大家对蓝图程序是如何制作并运行的应该都心中有数了。最后，关闭蓝图编辑器，保存关卡。

单击"保存"按钮

单击蓝图编辑器右上方的关闭按钮关闭窗口，然后返回关卡编辑器窗口，单击工具栏左端的保存按钮。

图1-55 点击工具栏的"保存"图标

命名并保存

画面中显示出保存关卡的对话框。在名称处输入"level1"，单击"保存"按钮。

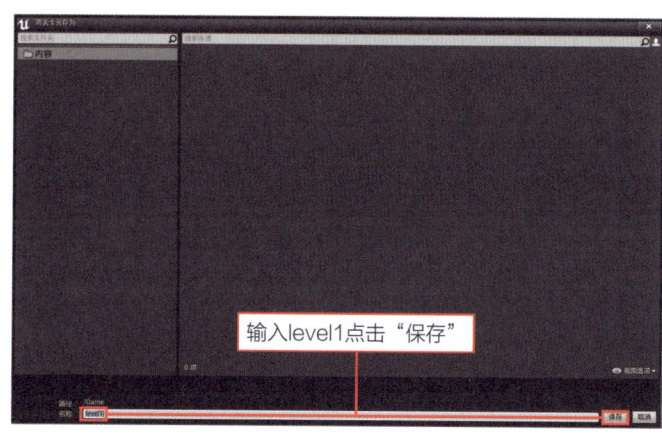

图1-56 名称中输入level1并保存

关卡文件已保存在内容浏览器中

内容浏览器中将会添加"level1"图标，是已保存的关卡文件。下次启动Unreal Engine编辑项目时，双击该"level1"图标，就可以打开已保存的关卡了。

> **Column**
> **常保存！**
>
> 使用Unreal Engine时，要注意时常保存。Unreal Engine中有自动保存功能，可进行定期保存，但是自动保存功能也可以取消，所以要尽量经常保存。
>
> Unreal Engine会定期更新，可能在你不知道的时候就会更新为新版本。这种情况下，如果发生意外状况可能会出现"一选择菜单就突然强制终止"的情况（随着版本的频繁更新，即便出现这样的意外状况，大多数情况下稍作等待即可）。
>
> 因此，作出一些大的修正或编辑等时要马上保存。即便突然强制终止，常保存也可将损失降至最低。

本章重点知识

从Unreal Engine的准备、项目的创建到制作并运行非常简单的蓝图程序，我们都已操作过了，用蓝图进行编程是怎样一个过程，大家也应该略知一二了。

我们的用户中，有可以熟练使用Unreal Engine的，也有一些用户几乎不了解。"完全不懂"的用户也不必把之前说明的内容一字不落地背下来。首先来掌握一些要点，等后面对Unreal Engine稍微有些了解后，再来复习。

我们来总结一下本章中的要点。

视口的基本操作

引擎的安装到项目的创建并不经常使用，示例中创建好项目后就不会再用到了，所以用过之后就可以抛到脑后了。

重要的是关卡编辑器的基本操作，如何自由移动视口的显示位置，这是我们一定要掌握的要点。

蓝图的图表操作

同样，蓝图编辑器中图表显示的基本操作也要牢牢掌握。如何移动显示位置、移动放置的节点，不掌握这些基本操作，是无法顺利进行编程的。

节点的连接

蓝图中，编程就是用线将节点中的项目连接起来，这种"用线连接"的操作方法请牢牢掌握，还要记住只有颜色相同的项目才可以连接，以及如何断开连接。

其中，掌握"编辑器的基本操作"是重中之重，不然将无法顺利进行后续的编程。使用示例中创建的节点，认真复习一下吧！

Chapter 2

掌握关于值的知识！

在编程中会使用各种值。在本章中,我们需要掌握关于数值的基本处理方法,包括基本的数值使用方法、使用变量数值的操作、计算方法,以及处理许多数值的"数组"等。

Chapter 2　掌握关于值的知识！

Section 2-1 掌握节点的基本知识

蓝图是使用"节点（Node）"进行编程的。那么该如何使用节点呢？本节我们就针对节点的基本操作方法以及用节点编程的基本操作，进行详细说明。

节点的种类

上一章我们学习到，可以让简单的程序动起来。可能你会觉得，没想到蓝图这么简单！其实，蓝图是一种很完美的编程语言。只因是用鼠标连接起来就行，所以看起来简单，但其实是一种逻辑非常严谨的语言。

因此，如果没有掌握蓝图的基本语言逻辑，是无法进行真正意义的编程的。所以，本章将会针对"基本的语言逻辑"进行详细说明。也许你会想尽快学习编程，让你的3D形象动起来，但凡事都需要扎实的基础。这部分你可能会觉得有点枯燥，但还是请忍耐一下吧。

节点包含标题、输入和输出

节点大致是由以下3个部分构成的。基本上，这是所有节点的共同特点，现简单描述如下。

标题

节点的上方，显示着节点的标题。标题部分会根据节点的类型而显示不同颜色，所以，看到颜色，就知道这是哪类节点了。

输入部分

显示在节点左侧的项目，用于"从其他节点接收数据"。通过这些项目与其他的节点连接，获取必要的数值。

输出部分

显示在节点右侧的项目，用于"传递数值到其他节点"。举个例子，将这个节点计算出结果，传递给其他节点。

位于输入输出部分的项目，称为"引脚（PIN）"。在蓝图中经常会用到引脚的说法，需牢记。

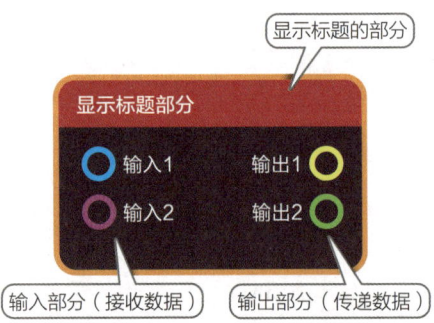

图2-1　节点由标题、输入部分、输出部分3部分构成

从左至右！

从"左侧输入""右侧输出"的结构就能明白，在蓝图中，处理操作是按"从左至右"的顺序进行的。排布节点的时候，也是将最先执行的放在最左边，然后依次向右侧排列，就会比较容易连接。

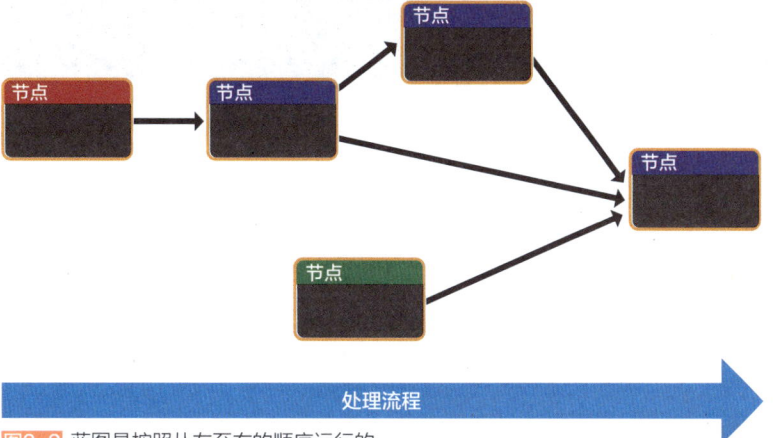

图2-2 蓝图是按照从左至右的顺序运行的

记住节点的3个特征！

蓝图操作是按照先配置节点，再将其连接起来的顺序进行的。节点并不完全相同，节点有很多种类。

最重要的是以下三种节点。首先要记住这三种节点的特征。当然节点也并不只有这三种，只是它们最为重要。

下面详细说明这三种节点。

关于事件节点（event node）

在上一章，我们使用了"事件BeginPlay"节点。这是专门用于"事件"的节点。在蓝图中，准备了各种事件节点，首先需要从配置事件节点开始编程。

什么是事件？

"事件"在Unreal Engine的编程中，起着非常重要的作用。当用户操作或者在游戏场景中发生了某件事时，就会触发事件，类似于一种信号。

例如，在启动游戏时，用户操作鼠标或键盘时、角色发生某种冲突时、游戏场景切换时等情况下，会根据这些事情引发事件。

所以，配置各种事件相应的节点，当发生该事件时采取程序处理，就能相应地执行各种命令了。

事件节点的标题部分显示为红色。回想一下，在前面我们也介绍过"事件BeginPlay"节点。大家看到红色的标题，就应想到这是事件节点。

事件节点中，一定会在右侧带有一个白色的五角形标志。这个标志代表"执行处理的流程"。事件

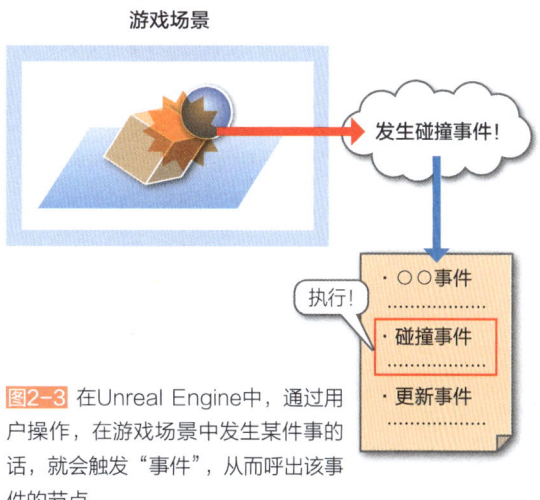

图2-3 在Unreal Engine中，通过用户操作，在游戏场景中发生某件事的话，就会触发"事件"，从而呼出该事件的节点

发生的话，事件节点的五角形标志所连接的节点，就会依次执行下去。

在前一章中，我们连接的是"Print String"节点。那么，当事件发生时，就会执行Print String，显示出文字内容。针对前一章使用过的节点，我们会在后面进行详细说明，现在需要牢记"只配置节点，是无法运行的。一定要将事件等节点连接起来，才能执行处理。"

图2-4 事件节点，特点是红色标题

关于命令节点

我们将执行各种处理的节点，称之为"命令节点"。不过这并不是它在Unreal Engine中的正式名称，但归类命名能让大家更容易明白，所以这么叫。

命令节点分为两大类：一类是"执行节点"；另一类是"读取节点"。

执行节点

上一章使用了"Print String"节点，那是显示文字内容的动作节点。像这样，用于执行什么的节点，在蓝图中有很多。

此类节点的特点，最鲜明的就是"蓝色标题"。Print String 的标题部分就是蓝色的。另一个特征是"左右两侧都有白色的五角形标志"。也就是说，通过与其他事件的五角形标志连接，而呼出节点。

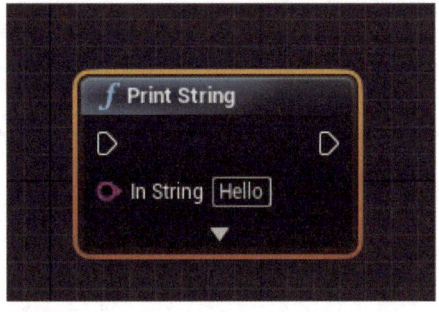

图2-5 执行节点，标题部分是蓝色的

读取节点

在游戏场景中的各种部件内，存储着细节的设置和信息，需要用读取节点把这些数据读取出来。具有这种作用的节点有很多，其重要性不逊于执行节点。

这类节点的特点是"绿色标题"。而另一个特点就是，没有设定处理顺序的"白色五角形标志"。也就是说，不能从事件连接到该节点。

"读取节点"的作用是向其他节点传递必要信息。所以，节点的右侧一定准备了用于接受读取出值的项目（通常显示为"Return Value"）。通过将这个项目与其他节点的项目连接，就能够设定必要的值了。

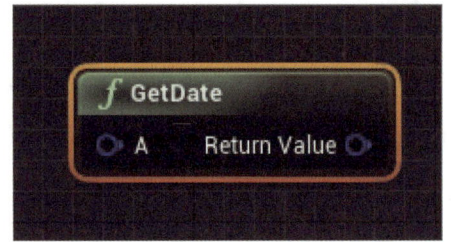

图2-6 读取节点的示例。绿色的标题，有"Return Value"项目

Begin Play事件节点

在知道了这"3种基本节点"之后，让我们再看一下上一章所做的例子。虽然只有两个，但其中所使用的节点十分重要。

关于BeginPlay事件节点

首先从"事件BeginPlay"节点开始。它是一个事件节点,这一点从它的红色标题就能知道(另外,它的名字就是"事件Begin Play")。

这是由"Begin Play"事件呼出的节点。Begin Play是打开这个关卡,即开始玩游戏时,最先发生的事件。同样,在游戏结束时,还有最后发生的"End Play"事件。

将处理连接到Begin Play节点上,就能让游戏开始时,自动执行了。经常用于游戏的初始化处理等时候。

该节点上的输入输出项,只有右侧的白色五角形项目。它用于连接下一个执行的节点。这个白色五角形项目名为"exec(执行)",被用于左侧(输入侧)和右侧(输出侧)双方。从输出侧(右侧)的exec到其他节点的输入侧(左侧)的exec,用线连接上的话,就能从一个节点呼出另一个节点的操作。

图2-7 BeginPlay事件用的节点

关于Print String

另一个就是"Print String(打印字符串)"节点,用于将文本输出到画面或日志内。这个节点上,除了有设置处理流程的白色五角形标志,还有一个名为"In String"的输入项。这是显示文本的项目。也就是说,如果将数值节点与这个项目连接的话,就能将数值显示出来了。

而这个"In String"项目的右侧,仔细看会发现一个写着"Hello"的小型输入区域。这显示的是In String的"默认值"。

基本上,输入项是与其他节点连接而获取值的。不过,设置了默认值项目的节点,即使什么都不输入,也能自动使用默认值。也就是说"不论是否与其他节点的值连接都OK"。非常方便吧!

图2-8 Print String节点。显示"In String"中设置的值

展开显示

将这个Print String节点与另外一个Begin Play节点相比较,你会发现,它们在显示上有点不同。在Print String节点中的最下方还有个▽的标志。这究竟是什么呢?

试着单击一下这个标志。单击后节点立即扩大,之前没有显示的项目也显示出来了。再单击△标志又能够将平时并不经常使用的项目隐藏起来,如此一来方便许多。

新添加的项目如下表所示。

Print to Screen	指定是否将文本内容显示在画面上。如果选择ON,就显示
Print to Log	指定是否将文本内容记录在日志(记录执行状况等的文件)中。如果选择ON,就记录
Text Color	设定文本颜色的选项。单击右侧正方形部分(显示为蓝色的部分),就会出现颜色选择器,可以改变颜色

知道有Text Color的话，使用起来可能会很方便。其他两个很少使用，所以忘了也无关紧要。

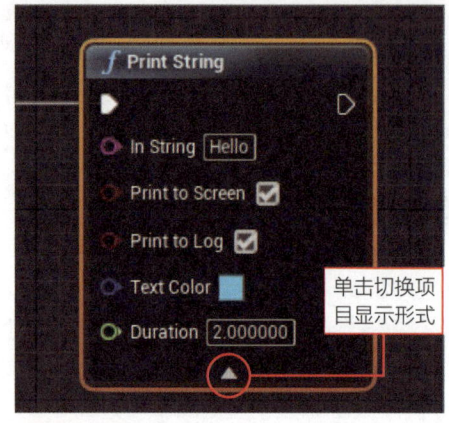

图2-9 展开后，增加显示了3个新的输入项目

关于创建节点的菜单

要创建节点的话，在图表上空白的位置右击，就会出现菜单，用这个菜单中的命令来创建所需的节点。蓝图中准备了很多节点，为了能够快速找到并创建自己需要的节点，一定要掌握这个菜单的使用方法。

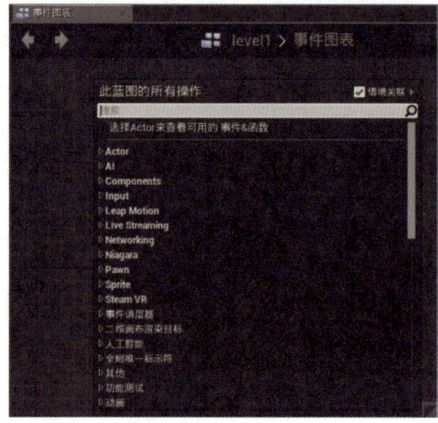

图2-10 单击鼠标右键弹出的菜单。从这里面寻找并选择所需要创建的节点

选项的显示顺序

其实，这个菜单中选项的显示顺序并非是一成不变的。它会根据关卡编辑器（Level Editor）上部件的选择状态而变化。

如果在关卡编辑器上，选择了在3D空间中配置的部件，那么在弹出的菜单上方，就会显示经常使用的、与该部件有关的选项，同时其他选项会顺移到其下方显示。

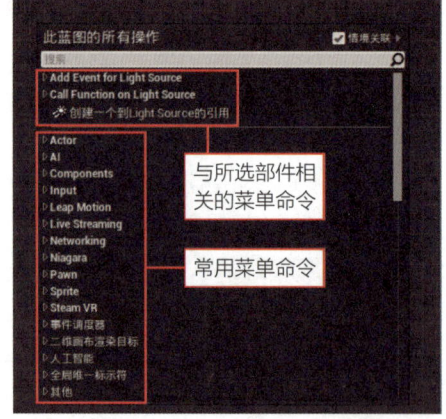

图2-11 如果在关卡编辑器上选择了某个部件的话，上方就会显示所有与该部件相关的命令。并且，在分隔的横线下方，显示常用的菜单命令

显示项目按照不同类型分层级

在菜单中显示的"Actor""AI"等项目，是按照字母表的顺序排列的。这些项目显示的是节点的类型。每个项目的左端有▷标志，单击之后，会显示出更多子项目。将各个项目汇总到一起的这个东西，就是用于创建节点的菜单。

有的节点类型下面会有子分类。这样就可以根据分类的层级依次展开，逐渐找到目标节点了。所以，正如这个"按分类整理节点"所说的，如果不知道所属类别和节点名称，就难以在短时间内找到节点。

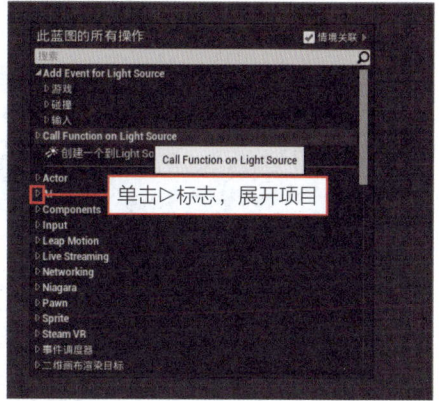

图2-12 单击当前显示项目的▷标志，就能展开其中包含的项目

应该善于利用检索！

那么，如何能快速找到节点呢？当然，记住经常使用的节点是属于哪个分类，也是一个方法。不过还有一种方法，只需知道节点的名字，就能检索找到。

菜单中有一处位置，是输入区域。这是实时检索区域。将文本输入到这里的话，就能将包含该文本的节点立即检索显示出来。

回想一下，之前在寻找Print String的时候，我们就是输入的"print"吧。没有必要全部拼写出来。"我记得名字里应该有这个单词"，这样输入的话，就会将候补选项也筛选出来。如果是Print String的话，输入"print"，候补选项就没几个了。从中再查找目标节点，就很简单了。

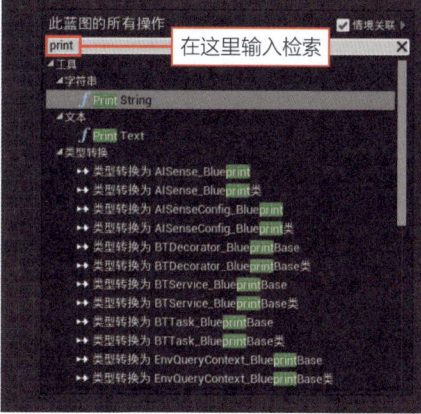

图2-13 在输入区域输入文本，就会显示包含该文本的项目

关于情境关联

在选择节点的菜单上，一定要注意菜单右上方的"情境关联"复选框。

其功能是从众多节点中，显示与当前状态关联度高的节点。刚才我们介绍了"在关卡编辑器中选择了某部件的话，与其相关的项目会显示在菜单上方"。这就是"情境关联"的功能。

虽然这个功能非常方便，但是不要忘了"情境关联为ON和OFF状态下，显示结果是不同的"。虽然可以把与选择的部件关联的内容显示在上方，但也并不仅仅如此。受ON和OFF状态的影响，显示的项目本身也有微妙的变化。实际上，也存在"只要情境关联为ON时，就不会显示的节点"。

此外，还有一个问题是，如果"情境关联"为ON的话，经常使用的东西或者重要的东西会转化为中文显示，但如果是OFF的话，就全部以英文显示了。

总而言之，情境关联是ON还是OFF，显示内容非常不同，需要铭记于心。检索的时候，找不到目标选项的话，就想一下"情境关联是否打开了"。只是关闭了情境关联，就找到了候补选项，这样的事情也时有发生。

话说回来，在这里，我们需要在"情境关联"为ON的状态下，创建节点。

图2-14 输入"事件"检索。若情境关联设置为OFF的话，就检索不出匹配选项

关于节点的注释

我们再一起了解一下"注释"的功能吧。随着创建的节点越来越多，有时会忘记自己当初为什么创建这个节点的了，"这是个什么东西来着？"为防止这样情况的发生，先给节点加上注释，会方便许多。

这个通过右击节点显示的菜单就能设置。例如，以刚才创建的"Begin Play"节点为例，右击该节点。此时就会发现菜单的最下方有"节点注释"项。

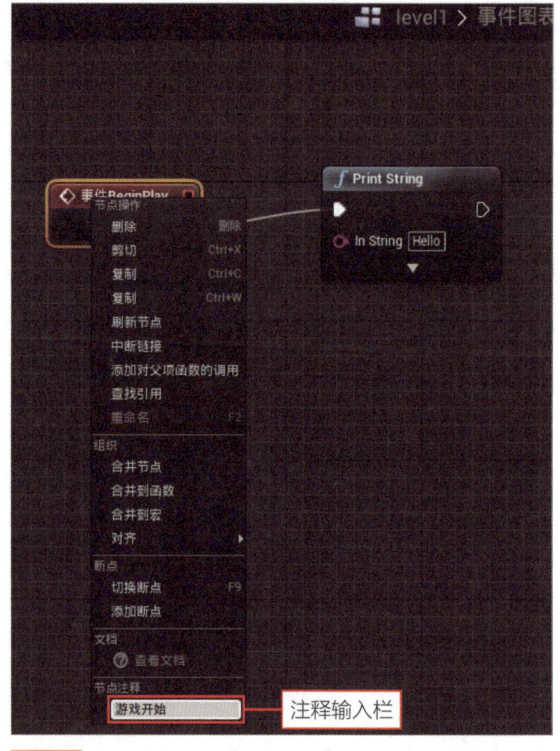

图2-15 右击节点，在"节点注释"中输入文本内容，就能设置注释

显示注释

在"节点注释"项处输入的文本内容,能够立即显示。在这里我们先写上一些内容试试。输入后,按Enter键或Return键,再在其他地方单击一下,菜单就消失了。"Begin Play"节点上,就会用气泡对话框显示注释内容。

图2-16 在节点的上方,出现气泡对话框,显示注释内容

创建注释组

除了像前面介绍的这样一个一个地给节点设置注释,还能给创建好的全部节点,整体添加注释。一起来试试吧。

选择节点

首先,在事件图表中拖曳框选之前制作好的两个节点。

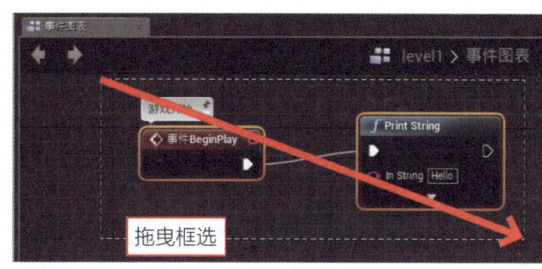

图2-17 拖曳框选节点

选择菜单命令

保持选中状态,在其中任意一个节点上,单击鼠标右击,再在弹出菜单中选择"从选中项中创建注释"命令。

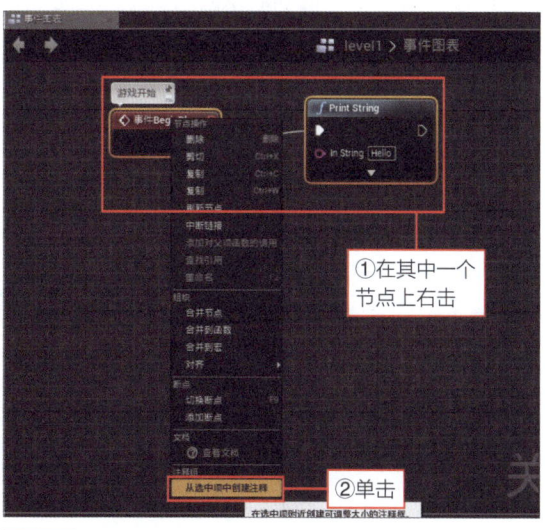

图2-18 从菜单中选择"从选中项中创建注释"

完成创建注释组

这就创建完成了注释框节点，可以将选中的节点全部包围起来。当前状态下，可以在节点的标题部分直接输入文本内容，所以直接输入注释即可。

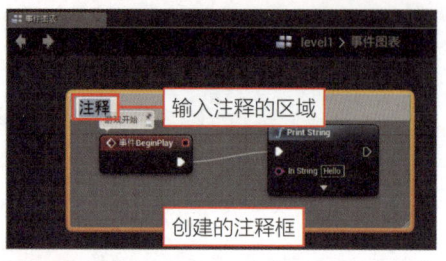

图2-19 创建完成注释框

设置文本内容，即可完成！

直接输入文本内容，按Enter或Return键（或者单击其他区域），就设定好了注释内容。创建了注释框，相当于对大致内容做了笔记"用这些节点进行这些操作"，能让编程变得简明扼要许多。

图2-20 创建完成的注释框。这样显得更加简明扼要

移动注释框

这个注释框，其实只是一个"添加显示文本的节点"。它并没有将所围起来的节点与其他分隔开管理。只是，按住鼠标拖曳注释框的标题部分，里面的节点也会一起移动。这样整体移动，整理显示区域也变得非常简单了。

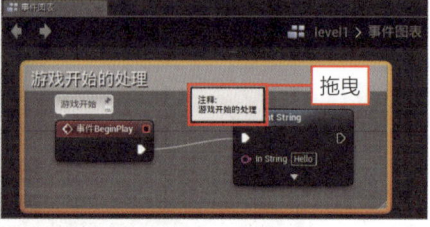
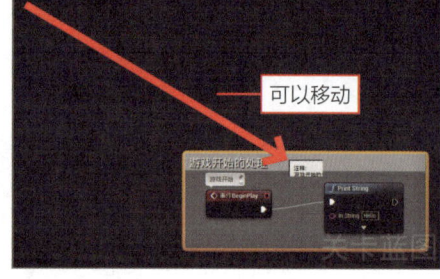

图2-21 拖曳注释框的话，其中所含的节点也一起移动

调整注释框的大小

单击注释框的标题部分，选中注释框。在选中的状态下，拖曳周围的黄色边框部分就能改变注释框的大小。若改变注释框的大小，将外部的节点也包含在内的话，那么再拖动这个注释框就会连同这个节点一起拖动。因此，之后创建的节点，也可以用这个方法来处理。

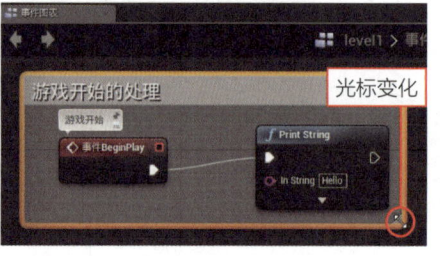

图2-22 选择注释框，拖曳边框，就能改变大小

连接文本值

通过刚才的例子,大家对节点的作用应该有了大概的了解。下面,就来再创建一个节点吧。

Print String用于显示In String的内容。它可以通过与单独创建的文本节点连接,显示出那个节点上的内容(实际上,后一种方式更常用)。

弹出菜单

在图表上空白区域右击,弹出菜单。在输入区域输入"make string",项目就会筛选出来。在其中的"工具"内的"字符串"里,选择"Make Literal String"项目。

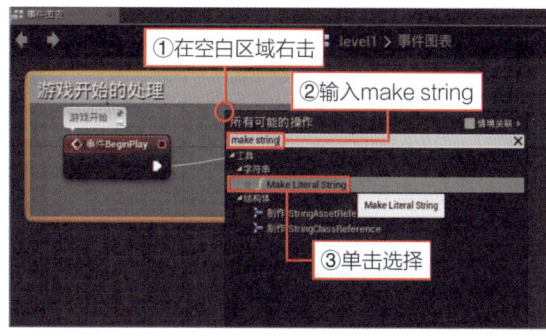

图2-23 输入"make string",选择"Make Literal String"

完成添加节点!

这样就成功创建了"Make Literal String"节点。只是用鼠标点一下就创建完了,非常简单。但是保持其原始的显示状态,用起来并不方便。

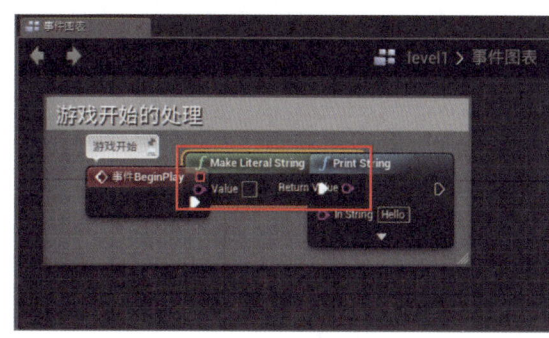

图2-24 完成添加节点

调整节点位置

拖曳刚创建的"Make Literal String"节点,移动到"Begin Play"事件节点的下方,并放在"Print String"节点的左侧位置,以方便操作。

图2-25 拖曳移动"Make Literal String"节点

调整注释框大小

将其放入已经建好的注释框中吧。点击注释框的标题，选择注释框，用鼠标拖曳边缘的黄色边框，大到能把"Make Literal String"包含起来即可。

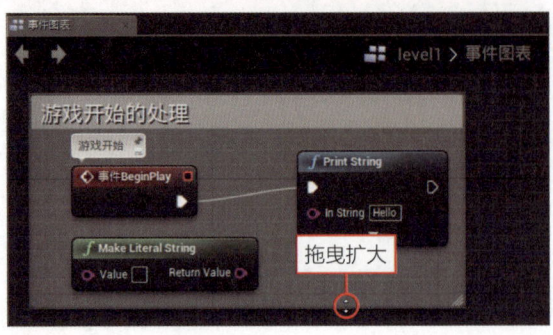

图2-26 调整注释框的大小

关于"Make Literal String"节点

让我们再来看一下刚才创建的"Make Literal String"节点吧。这是个绿色标题的节点。也就是说，它是用来"读取内容的"。

这个节点是为了创建"文本内容"而设计的。所谓的"Literal"是编程中经常使用的值。在编程中会运用到很多种值，如保存了变量的值、设定在游戏场景中使用的部件的值等等。Literal节点就是"表示值的节点"。

"Make Literal String"节点中，分别准备了一个输入和输出项目，它们的作用如下表所示。

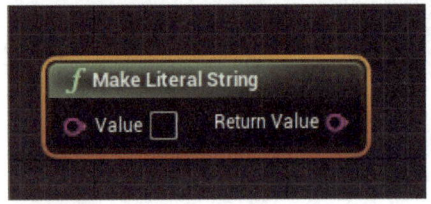

图2-27 添加的"Make Literal String"节点。输入侧有"Value"项，输出侧有"Return Value"项

"Value"输入项	显示这个Literal节点的值。直接在输入区域上输入文本，就能设定，还能从其他的节点接收文本值
"Return Value"输出项	用于读取该文本节点的值。用线从这里连接到其他节点的输入项，就能使用这个文本节点的值

用线连接节点

接下来就使用这个"Make Literal String"节点吧。首先单击"Value"的输入区域，直接输入文本。在这里写什么都可以。写上内容后，就能被显示出来。

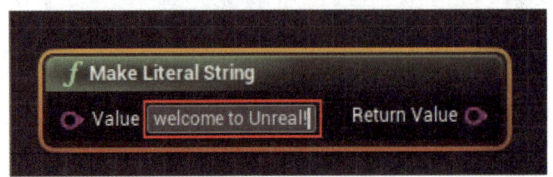

图2-28 在Value的输入区域输入文本内容

拖曳"Return Value"

将"Make Literal String"节点与"Print String"节点连接起来。将"Make Literal String"节点的"Return Value"项上的〇符号，用鼠标左键单击按住，直接拖曳移动。此时在图标与鼠标箭头之间产生一条线条。

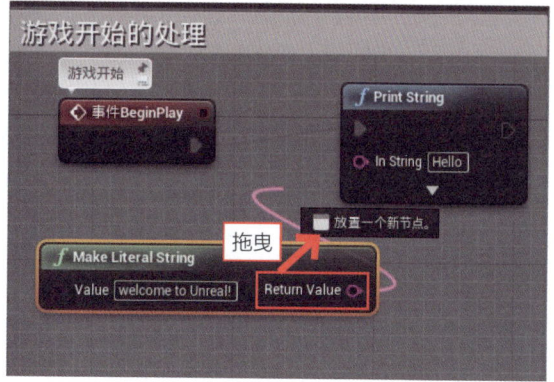

图2-29 从Return Value的〇符号开始拖曳，就能拉出一条线

连接至"In String"

直接将鼠标指针移动到"Print String"节点的"In String"输入项目的〇图标处，松开鼠标左键。这样就将节点连接起来了。

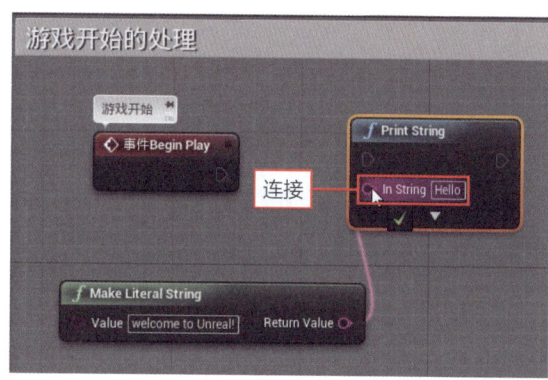

图2-30 从Return Value到In String，用线连接

运行！

现在，一起来试着播放运行一下吧。拖曳移动蓝图编辑器的窗口，露出下方的关卡编辑器的视口。然后，单击工具栏中的"播放"图标，启动运行。

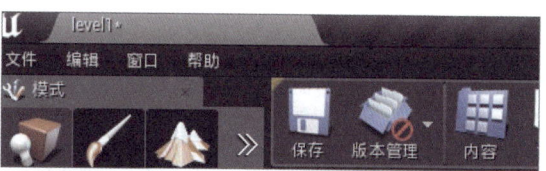

图2-31 移动标签，露出视口，单击"播放"图标

显示文本！

运行之后，画面上就显示出"Make Literal String"中设定的文本内容。将"Make Literal String"的值传递给"Print String"，显示在视口中。大家明白这个过程了吧！

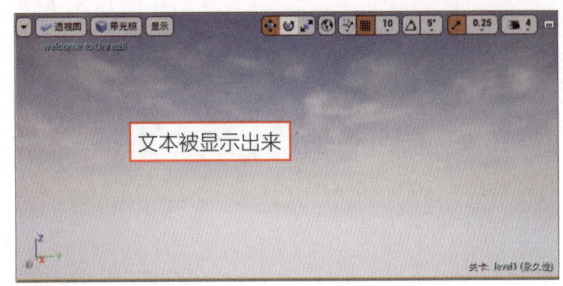

图2-32 显示文本

停止

确认完动作运行后，就单击工具栏上的"停止"图标，结束运行。

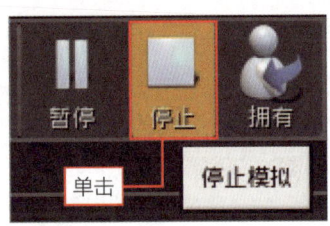

图2-33 单击"停止"图标，结束运行

试着显示数字吧！

接下来，我们试着显示一下数字吧。有的人可能以为"那就是把Make Literal String的Value值改用数字书写呗"，不！不是的！要使用"数字的值"。可能你还不知道这有什么区别，我们先来试试看。

选中节点

首先，用鼠标选中刚才建好的"Make Literal String"节点。

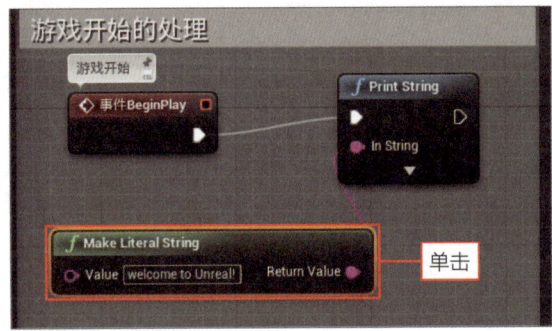

图2-34 选择"Make Literal String"节点

删除节点

直接按"Delete"键，或者选中节点并右击，在弹出菜单中选择"删除"命令。这样就将选择的节点删除了。

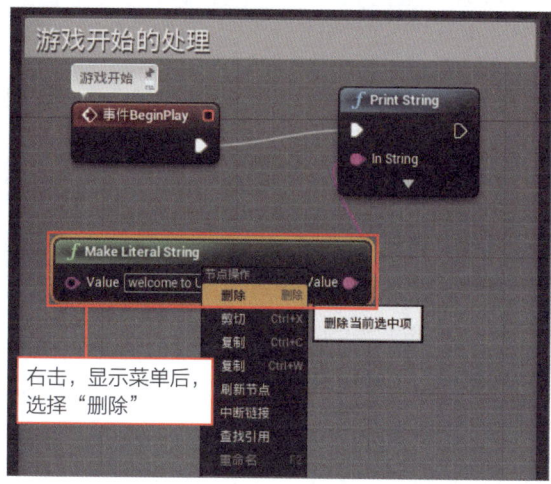

图2-35 右击选择"删除"命令,就能将所选节点删除了

输入 "make int"

在图表的空白处右击,在弹出菜单的输入区域中,输入"make int"。此时就会看到"Make Literal Int"选项。

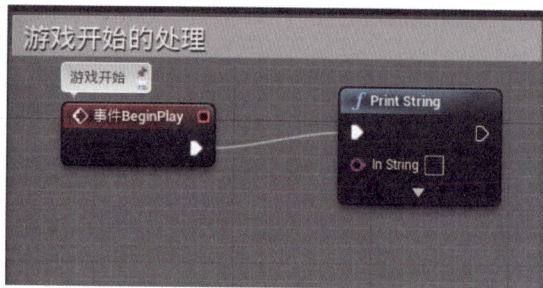

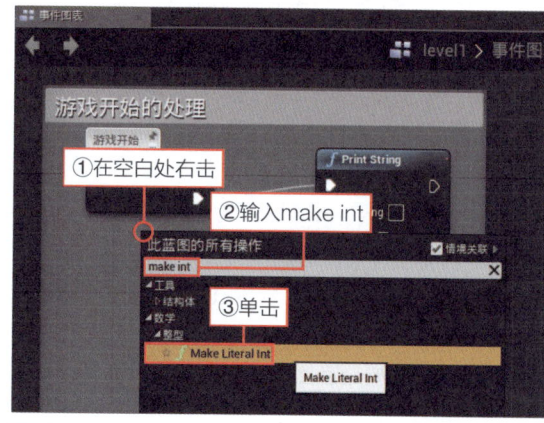

图2-36 右击输入"make int"

创建 "Make Literal Int"

选择"Make Literal Int"选项,就创建了新节点。这是个整型的文本节点。新建了节点之后,先用鼠标拖曳,调整显示位置。

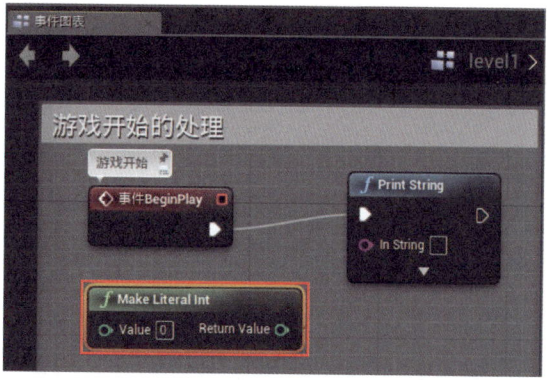

图2-37 新建"Make Literal Int"节点

输入值

新建的"Make Literal Int"节点与刚才的"Make Literal String"节点的构造相同。输入侧有"Value",输出侧有"Return Value"。如果在"Value"处设定了一个值,这个值就可以用"Return Value"来读取出来。

那么,就来单击一下"Value"的输入区域,写上整数值吧。

图2-38 在Value处输入整数值

将Return Value与In String连接

接下来连接节点。拖曳"Make Literal Int"的"Return Value"输出项目的○符号,移动鼠标指针头,连接到"Print String"的"In String"输入项目的○符号处。

当鼠标指针与○重合时,会出现"Convert整型to字符串"的字样,不用在意,直接松手即可。

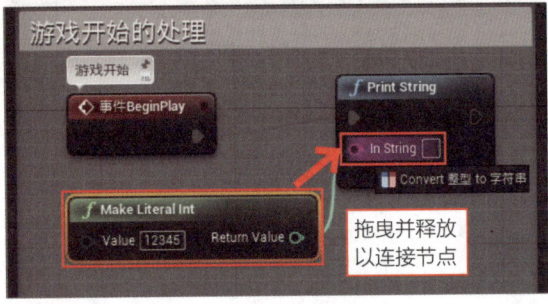

图2-39 从Make Literal Int连接到Print String

自动添加类型转换节点(cast node)

这样就将"Make Literal Int"与"Print String"连接起来了。仔细看的话,你会发现一个没有见过的节点被自动添加进来了吧。

这是进行"cast"处理的节点。所谓的cast,是一种转换数据类型的操作。通过类型转换节点,才能将整型值转换为字符值。

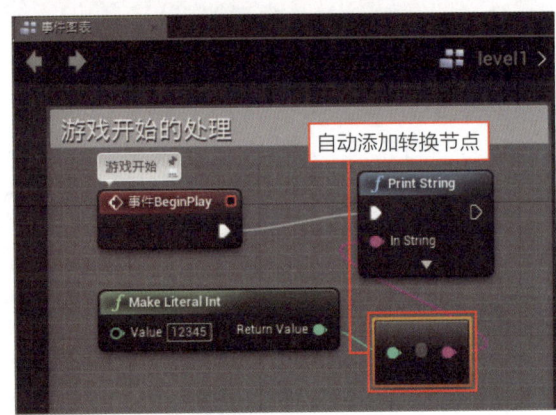

图2-40 自动添加类型转换节点

Chapter 2 掌握关于值的知识!

Section 2-2 变量与计算

蓝图中所使用的数据有什么性质？该如何计算？如何保存数据？关于这些数据的基础知识，我们在本节中，会在实际操作中慢慢学习并掌握。

值的类型！

在蓝图中会用到各种值。这些值有"类型"之分。可能说到类型，大家觉得难以理解，举例来说，文字"你好"和数字"123"，虽然都是值，但其作用不同。"你好"这个值是不能用来计算的，对吧？但不能如此简单地区分为"可以用于计算的值和不能用于计算的值"。所以，在蓝图中，将各种值按照用途分类整理，以便使用。

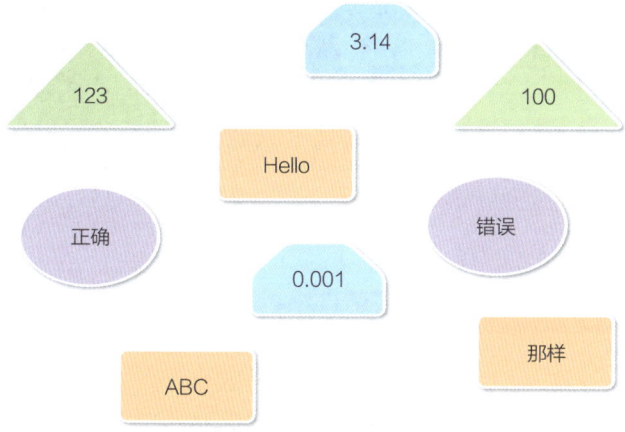

图2-41 在蓝图中使用的值有很多种，不同类型值的使用方法也不同

记住主要的类型！

那么，值都有哪些类型呢？在这里汇总了主要的一些来介绍。

文本、字符串（Text、String）

就是文本类型的值，表示为"Text"或"String"。虽然在蓝图中有"文本（Text）"和"字符串（String）"这两种文本相关的值，不过我们可以暂且将其当做"差不多的值"来看待。

整型、浮点型（Int、Float）

数字的数据有两种，即整型和浮点型。整型是"Int（也可记做Integer）"，浮点型是"Float"。它们是蓝图中准备的两类数字值。

布尔型（Bool）

这是编程中特有的值的类型。布尔型是在表示"真或假"二者选其一的状态时使用的。你可能会想，那到底是在什么地方使用呢？其实我们经常用到。

在编程的世界里，经常会先检查某程序的状态，再根据结果来采取处理操作。此时，为了表现"○○的数据是不是××"，就要用到这个布尔型的值。也就是说，该值用于表现"这个公式或计算是否正确"。

此外，在蓝图中还会用到很多更复杂的值，我们暂且将以上这些作为"基础类型"来看待吧。

关于布尔型，在以后有必要使用时，我们再进行介绍，在这里大家只需先记住文本和整型即可。这两类值是分别由"Make Literal String"和"Make Literal Int"生成的。

一起来做加法！

这些类型中，我们先对"整型"值进行各种运用。首先，是"计算"。说到数字，就离不开计算。在编程的世界里，需要进行各种复杂的计算。计算在编程中，是基础中的基础。

删除不需要的节点

现在，从简单的"加法"开始学习。将刚才连接"Make Literal Int"时自动生成的类型转换节点选中，右击，选择"删除"命令删除。

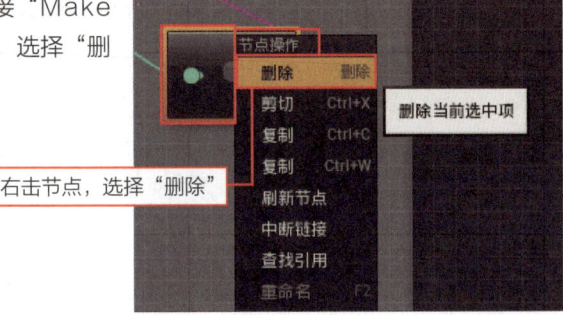

图2-42 右击类型转换节点，选择"删除"命令删除

复制"Make Literal Int"

再新建一个整型文本节点。右击刚才的"Make Literal Int"节点，在出现的菜单上选择"复制"选项。

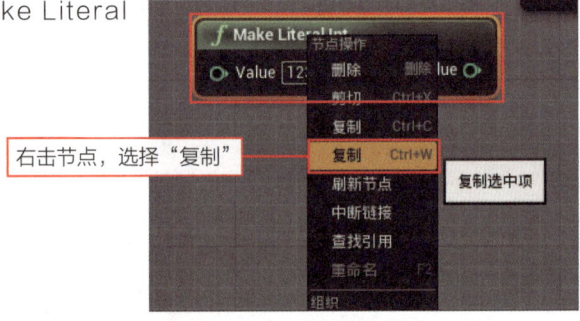

图2-43 复制"Make Literal Int"节点

调整复制节点的位置

这样"Make Literal Int"节点就增加到两个了。拖曳节点调整好位置。

图2-44 节点变为两个。先调整好位置

创建加法运算节点

要做加法运算，我们要先创建一个加法运算节点。在图表的空白处右击，在出现的菜单区域输入"+"。此时会立即出现加法运算的项目。从中选择"Integer+Integer"。"Integer"就是整型（刚才记做"Int"）。也就是说，这是一个"整型+整型"的节点。

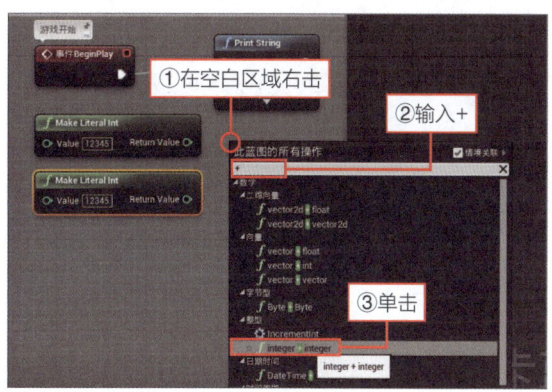

图2-45 选择"Integer + Integer"选项

关于加法运算节点

新建的节点是用于将整型值进行加法运算的。这个节点没有标题部分。运算节点是没有标题部分的，正如刚才出现的类型转换节点，也同样没有。

加法运算节点，在输入和输出两侧都有项目。

输入侧的项目

初始状态下，输入侧有两个输入项。这两个是进行加法运算的值。可以在这个区域直接输入值，不过，通常情况下是将整型的值连接到这里，再进行计算。

输出侧的项目

位于输出侧的项目是用于读取计算结果的。如果是"Integer + Integer"的话，读取出来的数值（计算结果）也还是整型。

添加引脚

所谓的引脚（pin），就是指位于输入侧的项目。输出项目的下方，显示有"添加引脚+"字样，单击就能再在输入侧添加项目。若不止用两个值，而是想要用3个或4个值进行加法运算的话，就单击这个，增加输入项目。

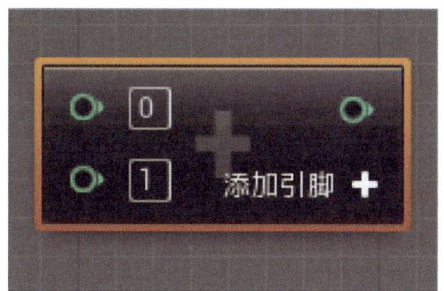

图2-46 加法运算的节点。将需要相加的值连接到输入侧的两个项目上

用加法运算节点计算

接下来，就使用加法运算节点进行计算吧。首先，在两个"Make Literal Int"节点的"Value"中，分别输入需要计算的数值。

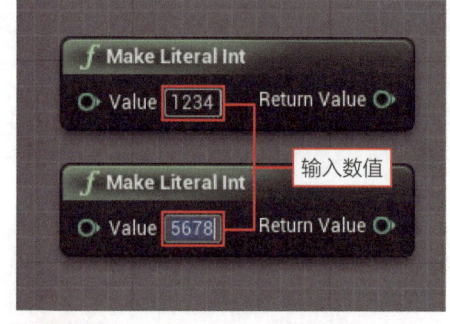

图2-47 在Make Literal Int中输入数值

将Make Literal Int连接到加法运算节点上

将值连接到加法运算节点上。首先，用鼠标从第一个"Make Literal Int"节点的"Return Value"拖曳到加法运算节点的第一个输入项目处放开，这样就连接上了。

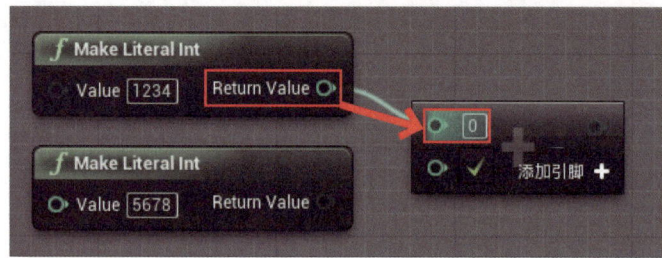

图2-48 将Make Literal Int连接到加法运算节点

将另一个Make Literal Int连接到加法运算节点上

拖曳另一个"Make Literal Int"节点的"Return Value"到加法运算节点的第二个输入项目处放开，完成连接。

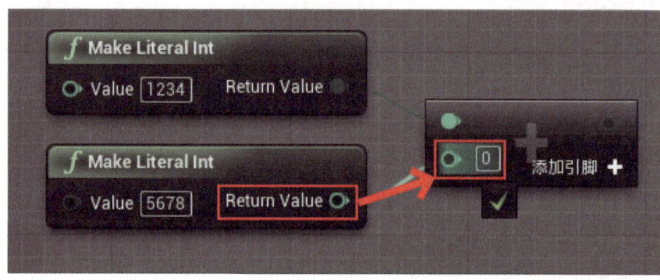

图2-49 将第2个Make Literal Int连接到加法运算节点

完成加法运算！

这样就能进行加法运算了。将两个整型文本值，通过加法运算节点来计算的流程，大家明白了吧。

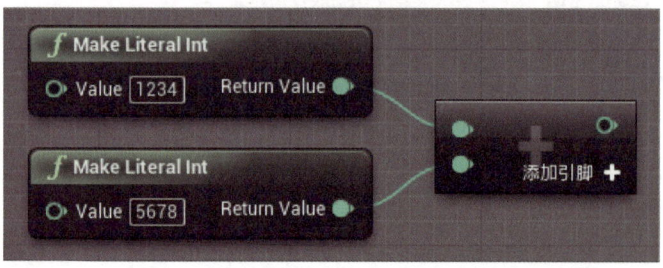

图2-50 完成的加法运算处理。这个计算的结果将从输出侧读取出来

将加法运算节点连接到Print String

然后，拖曳加法运算节点的输出项目，连接到"Print String"的"In String"处放开，就能显示结果了。

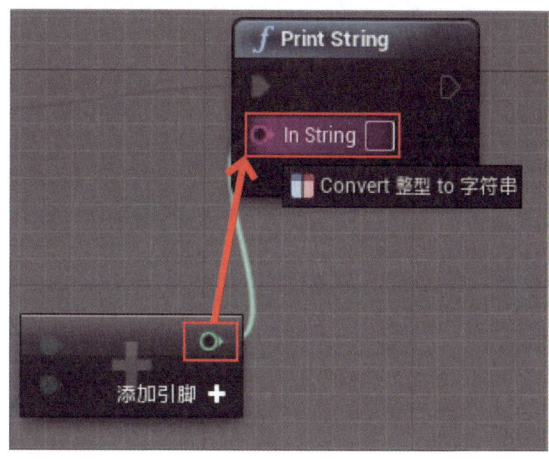

图2-51 将加法运算节点连接到Print String上

经过类型转换后连接起来

类型转换节点又自动添加出现了，其作用是将加法运算的结果转变为字符串，传递给"Print String"的"In String"。像这样，将不同类型的值连接到Print String的In String上的话，会自动生成类型转换节点。然而，类型转换节点并不是每当把不同类型的值连接到一起时，就会自动生成的。

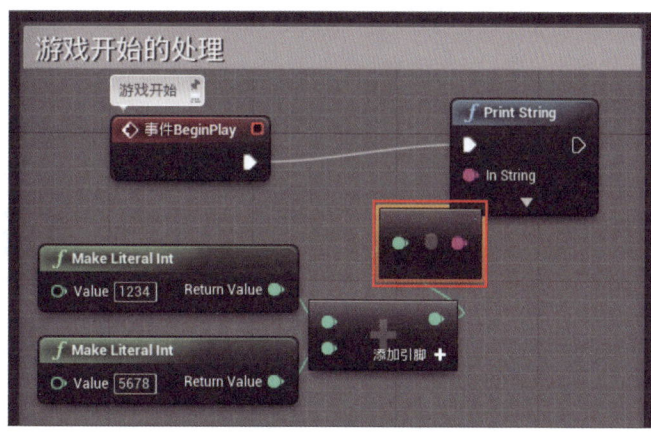

图2-52 连接起来时，会自动添加类型转换节点

播放运行！

单击工具栏中的"播放"图标进行试运行。此时在视口上就会显示出将两个整数相加计算出的结果。加法运算很成功吧？确认完动作之后，单击"停止"图标结束运行。

在接下来的编程工作中，会多次用到"播放"来试运行！请每次都"在确认了动作运行之后，单击'停止'图标结束"。之后会省略关于"停止"的说明，所以，在确认了每个动作之后，就结束，继续下一个操作。

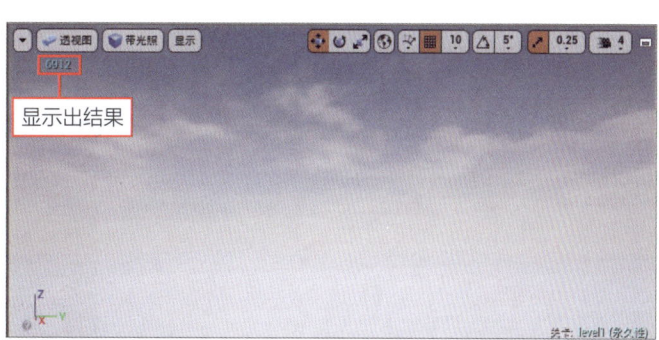

图2-53 运行播放，就显示出加法运算的结果

关于四则运算的节点

使用加法运算节点进行计算的方法，通过以上的讲解，大家就明白了吧。像这样计算的节点，共有四则运算四种（加法、减法、乘法、除法）。这些都可以通过单击鼠标右键，在出现的菜单中分别输入"+""－""*""/"，快速找到。

这些四则运算节点的使用方法，大致相同。其基本形式都是左侧有两个用于计算的输入项目，右侧有一个读取计算结果的输出项目。

加法运算和乘法运算，可以通过单击"添加引脚"，来添加输入值。但减法和除法不能这样添加。

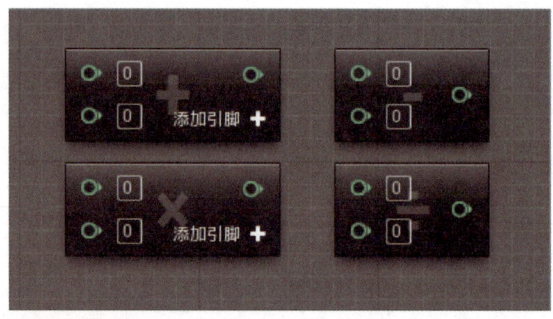

图2-54 四则运算节点。加法（左上）、减法（右上）、乘法（左下）、除法（右下）

减法和除法在输入时要注意！

在减法运算和除法运算节点中，需要注意，两个输入项目的作用已经被规定好了，都是上方的项目减去或除以下方的项目。

例如，减法运算中，上方是"10"、下方是"3"的话，结果就为7；但若是上下颠倒的话，结果就变成了"-7"。

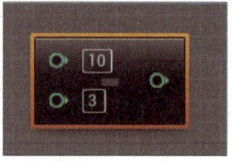

图2-55 减法运算节点中是用上方的项目减去下方的项目。要注意如果值的顺序颠倒，结果就不同了

如何进行复杂的计算？

让我们试着进行更复杂一些的计算吧。要说复杂的计算，大家还记得如何计算"三角形的面积"吗？是"底×高÷2"吧。那我们就以此为例，试着计算一下。

删除不需要的节点

首先，将刚才创建的加法运算节点和类型转换节点选中，再右击，选择"删除"选项删除。

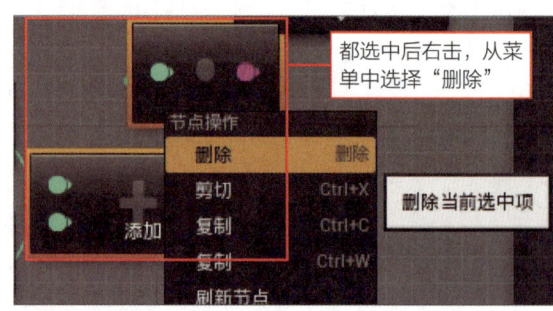

图2-56 删除加法运算和类型转换的节点

添加乘法运算节点

右击图表，在弹出菜单中输入"*"。然后选择"Integer * Integer"项目，就添加了整型的乘法运算节点。

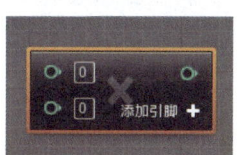
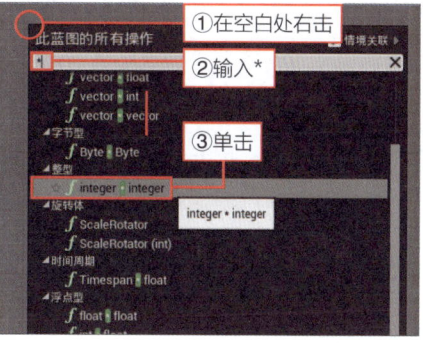

图2-57 选择"Integer * Integer"命令，添加整型的乘法运算节点

添加除法运算节点

然后，添加除法运算节点。右击图表，在弹出菜单里输入"/"。然后选择"Integer / Integer"选项，就添加了除法运算节点。

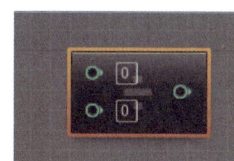
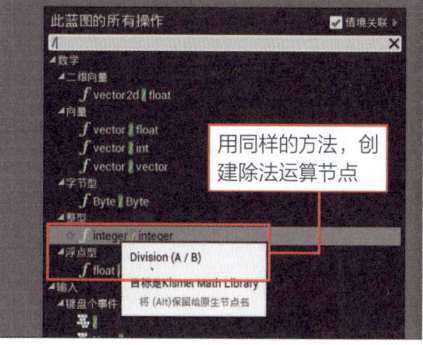

图2-58 选择"Integer / Integer"命令，添加除法运算节点

设置两个整数

在新建的两个"Make Literal Int"上，输入底边的长度和高度的数值。分别写入一个恰当的数值（作为范例，这里输入"100"和"30"）。

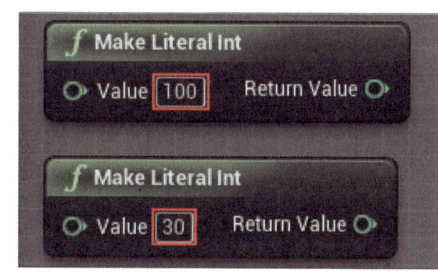

图2-59 设定两个Make Literal Int节点的值

将数值连接到乘法运算节点上

将两个"Make Literal Int"节点的Return Value连接到乘法运算节点的输入项上。乘法运算节点的各输入项之间的作用没有区别，所以连接到哪个上都可以。

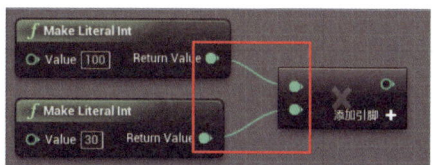

图2-60 将两个"Make Literal Int"连接到乘法运算节点上

将乘法运算节点与除法运算节点相连

将乘法运算节点的输出项,连接到除法运算节点的上方输入项。除法运算节点的上下输入项目作用不同,在这里一定要连接上方的项目。

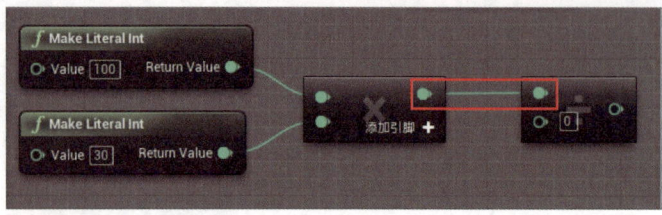

图2-61 将乘法运算节点连接到除法运算节点上方的输入项

设置除法运算节点下方的输入值

选择除法运算节点下方的输入项目区域,输入"2"。

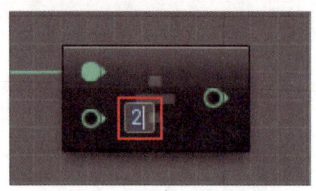

图2-62 在除法运算节点下方的项目处,输入"2"

将除法运算节点与Print String节点连接

将除法运算节点的输出项与"Print String"的"In String"连接。因为大家举的例子不同,有的可能会自动添加类型转换节点。

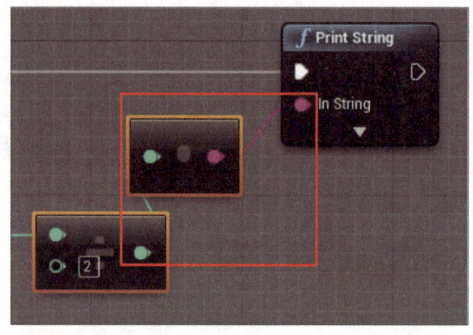

图2-63 将除法运算节点与Print String节点连接

完成计算!

这样就完成了计算的程序处理。仔细确认一下有没有出错。

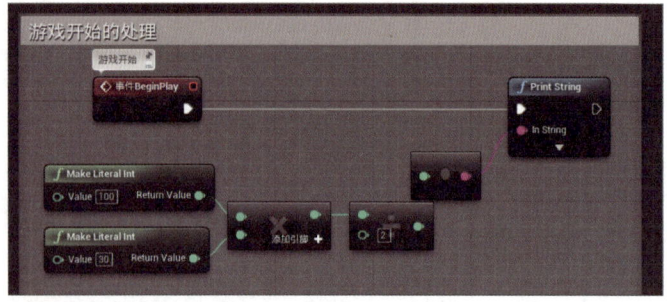

图2-64 完成的程序。仔细检查节点的连接关系

运行以确认结果！

接下来单击工具栏上的"播放"图标，试运行程序。此时结果就会显示在视口中。你的运算得出结果了吗？（按本书所举例子，结果为"1500"。）

图2-65 播放运行，就会显示出结果

运用数学表达式节点

大家已经知道如何进行复杂的计算操作了。虽然说是复杂计算，但也只是用了两个运算节点而已，不过已经让人感觉挺繁琐的了。

其实，进行如此复杂的计算时，还有更简单的方法。那就是使用"数学表达式"节点。一起来试试看吧。

删除不需要的节点

首先，将刚才创建的乘法运算、除法运算、类型转换节点都选中，然后右击节点，选择"删除"命令，删除这些多余的节点。

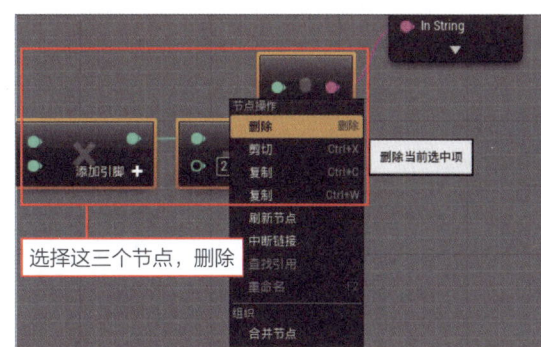

图2-66 使用"删除"菜单，删除3个节点

创建数学表达式节点

右击图表，在菜单的最下方，选择"添加数学表达式..."命令。这个命令的作用是新建用于复杂计算的数学表达式节点。

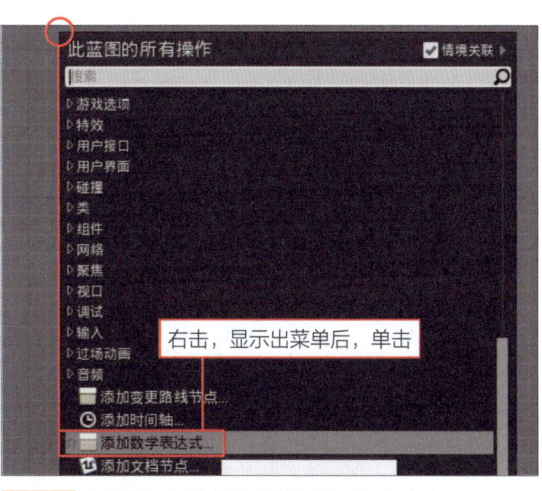

图2-67 从菜单中选择"添加数学表达式..."命令

关于数学表达式节点

新添加的数学表达式节点，看上去很简单，里面只有一个输入节点名称的区域。当在节点的这个名称区域，设置了计算表达式之后，它就成了用做计算该表达式的节点。这么说，可能大家不太明白，下面先来操作试试。

图2-68 节点很简单，只有一个名称输入区域

输入表达式

那么，就在数学表达式节点的输入区域，输入"(a*b)/2"吧。这是计算三角形面积的公式。输入之后，按Enter键或者Return键确定。

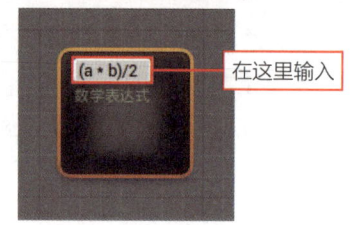

图2-69 在输入区域输入"(a*b)/2"

完成输入！

设置好了表达式后，节点的显示形式立即发生了变化：自动生成了输入项目"A"和"B"，以及读取结果的"Return Value"输出项。

数学表达式节点会分析名称区域处输入的表达式，自动生成计算该表达式所必须的输入项目和读取结果的输出项目Return Value。如此一来，无论多么复杂的计算，都能进行了！

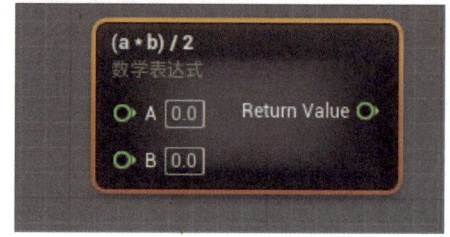

图2-70 自动生成输入、输出项目

如果输入错误，怎么办？

如果还没有写表达式就确定了，或者表达式输入错误的话，可以右击数学表达式节点，选择"重命名"命令。这样就能在名称输入区域重新编辑内容了。只要在这里重新输入正确的表达式，并且确认后，就能重新设置输入和输出项了。

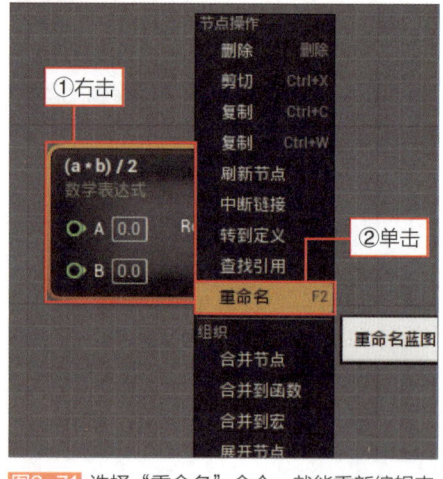

图2-71 选择"重命名"命令，就能重新编辑表达式

实际应用数学表达式节点

现在，我们就来试着使用数学表达式节点。首先，将两个"Make Literal Int"节点的输出项目与刚才创建的数学表达式节点的输入项目"A"和"B"连接。

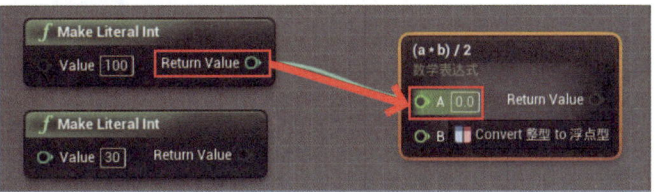

图2-72 从"Make Literal Int"连接到数学表达式节点的输入项目

数学表达式是以"浮点型（Float）"计算的！

此时，在连接上的"Make Literal Int"和数学表达式节点之间，自动添加了类型转换节点。可能你会疑惑，将数字设置成表达式，为什么需要类型转换呢？

其实，这是因为在数学表达式中，所有输入输出的值所运用的都是"实数（浮点型）"。因此，原本是"整型（Integer）"的"Make Literal Int"值，会自动与类型转换节点连接，转换为浮点型（Float）。

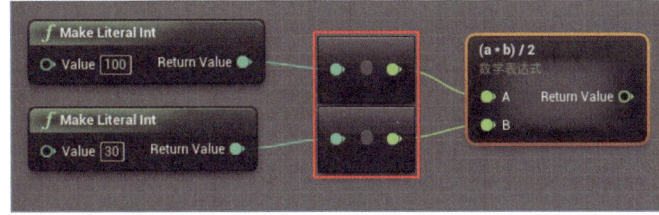

图2-73 连接到数学表达式节点时，会通过类型转换节点，转化为浮点型之后连接

将数学表达式节点连接到Print String节点

现在将数学表达式节点的"Return Value"连接到"Print String"的"In String"上。此时也会自动生成类型转换节点，将数值转化为字符串（String）。

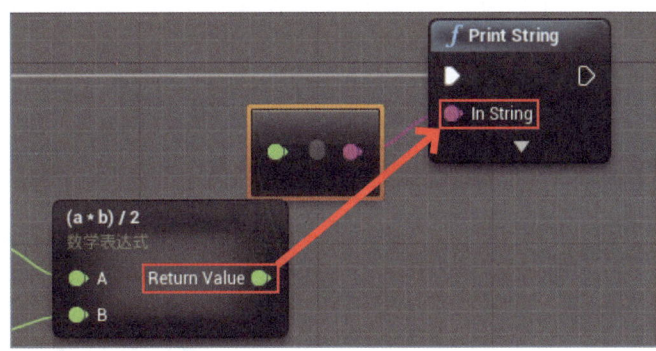

图2-74 将数学表达式的结果连接到Print String节点上

确认所完成的操作！

这样就完成了计算处理。因为计算的部分只有一个节点，只需将输入值和输出值依次连接，就完成了计算处理。是不是比刚才的方法简单多了？

图2-75 完成编程。减少了节点，程序变得更简单

| Chapter 2 | 掌握关于值的知识！

运行！

单击"播放"图标，运行试试。此时视口中显示出与刚才相同的结果。只是，仔细看会发现，不是"1500"，而是"1500.0"。这是因为由数学表达式计算的结果是实数（浮点型）。实数的值会显示出小数点之后的位数。

图2-76 运行一下，就显示出浮点型的结果

了解数学表达式的内容

即便如此，数学表达式节点还真是不可思议。只是写个表达式，就能自动准备好这次计算处理中所需要的输入、输出项。其内部究竟是如何处理的呢？还是想一探究竟吧。

让我们一起来了解一下数学表达式的内容。请看蓝图编辑器左侧的"我的蓝图"面板。你会发现这里添加了一个名为"Math Expression"的项目。这就是数学表达式的项目。数学表达式节点不同于普通的节点，是作为特别的节点来处理的。

图2-77 在我的蓝图中，添加了名为"Math Expression"的数学表达式项目

打开数学表达式

双击这个"Math Expression"选项，会打开一个新的事件图表，数学表达式的内容就显示在这里。

在这个图表中，有几个节点相连接。数学表达式节点其实就是由计算节点自动组成的。

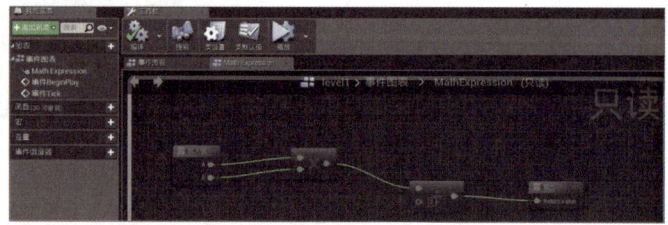

图2-78 数学表达式的内容。由处理计算的节点组成

输入节点

看数学表达式的图表，最左端是名为"输入值"的节点。这是这个数学表达式节点的输入项目。正如在前面使用的计算表达式中，有"A"和"B"的输入项目。与这些相连的数值，会传递给这个"输入值"节点的"A"和"B"。

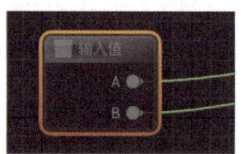

图2-79 输入节点是读取数学表达式的输入项目中的数值的

输出节点

在图表的最后,有名为"输出"的节点。与此相连的数值,会作为数学表达式的"Return Value"而被读取出来。

图2-80 输出节点与计算的结果相连接

如何修改计算表达式的内容?

这个数学表达式节点的内容图表,在Unreal Engine 4.6之前的版本都与普通的图表一样,是可以编辑的(但从4.6.1之后就不能编辑了)。如果改变这个计算表达式的写法,会如何呢?我们试着删除除法运算节点,直接将乘法运算节点的结果连接到输出节点上吧。

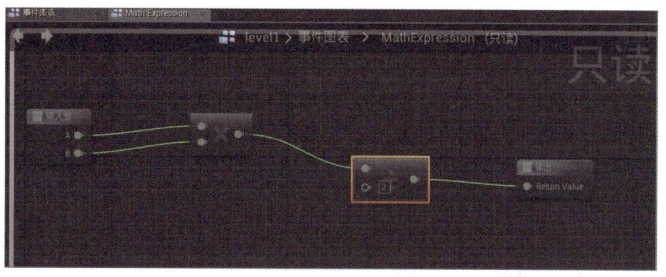

图2-81 删除除法运算节点,变为将乘法运算的结果直接输出

外观不变,结果却改变了!

在编辑器中,单击"事件图表"的选项卡,切换到原来的图表上,数学表达式的显示没有变,然而,单击"播放"图标运行的话,显示的结果就改变了。

由此可见,数学表达式节点是为了计算而自动生成处理结构的节点。基本上,它与先准备好一个个数值和运算节点,再连接起来的形式,没有什么不同。

然而,刚才说过,从Unreal Engine 4.6.1之后的版本,就不能编辑数学表达式的内容了。所以,其实大家是不能打开数学表达式并进行操作的。这只是为了让用户了解"数学表达式的内部是如何的"一个方式,让用户可以查看表达式的内容而已。

(确认了动作操作之后,让我们先关掉"Math Expression"的选项卡吧。)

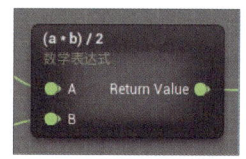

图2-82 "事件图表"中的数学表达式节点的显示并没有改变,但是运算结果变了

使用"变量"!

在了解了计算的基本知识之后,接下来我们对保管数值的"变量"进行说明。

所谓变量,就是保存了各种值的"器皿"。在编程中,会根据需要将各种计算的结果或部件的设定值等,拿来进行处理操作。为此,需要事先将必要的值保管在某个地方,这就是变量的作用。

正如值有类型一样,变量也有类型之分。创建变量时就指定了该变量所保存值的类型,如"这个变量用于保管○○类型的数据"。

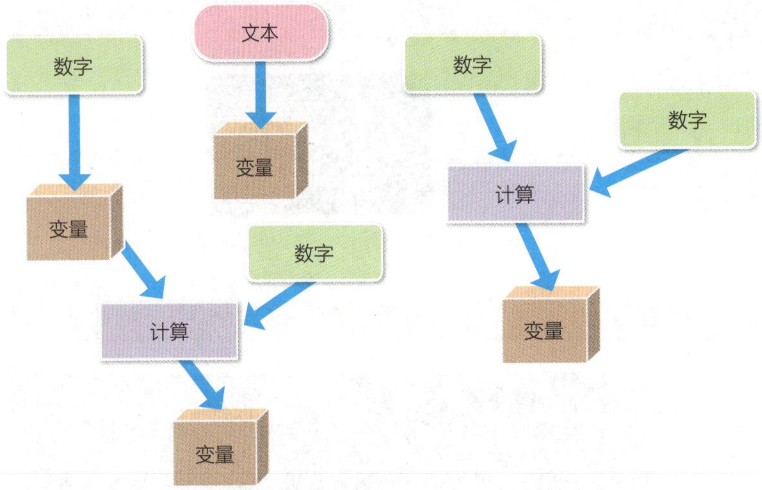

图2-83 在蓝图中，将各种数据存放于变量中保存，用它们进行计算等处理操作

创建变量！

让我们开始运用变量吧。变量是由位于蓝图编辑器左侧的"我的蓝图"管理的。这里有"变量"项目。其右端显示着"+"号，是用于添加变量的。可以单击试试。

图2-84 在"我的蓝图"中，单击"变量"后的+，就创建了新的变量

变量的细节设置

单击"+"号后，在"我的蓝图"中"变量"的下方添加了名为"NewVar_0"的项目。这就是新生成的变量。NewVar_0是默认的变量名称，可以重新设置变量名称。

在其下方的"细节"面板中，显示了新建变量的详细内容设置。变量并不仅仅是"输入值就行"的，而是要事先设置很多细节。下面，就简单总结一下。

变量名称

就是变量的名称。在"我的蓝图"中显示的就是变量名称。如果这里修改为新的名称，在蓝图中的显示名称也会随之改变。

变量类型

变量类型决定了所保管的值的类型。这个项目就是用来设置值类型的。这是个下拉菜单，可以在这里设置该变量所保管的数据类型。

可编辑
正如其名，规定了是否可以编辑该变量。不是单纯地修改值，而是表示"是否可以公开编辑该变量"。它是为了在公开的蓝图实例上能够处理变量。不过，现在大家可能并不明白。暂且不用管它。

工具提示
设置当鼠标指针悬停到该变量上时，显示该变量的工具提示信息。

在生成时显示
设置生成此蓝图时，是否让此变量显示为引脚。在我们了解其必要性之前，可暂且不提。

私有
这是为了限制所有外部访问的属性。在需要使用它之前，也可暂且不提。

显示到Matinee
控制这个变量是否要暴露给Matinee以进行修改。在用到它之前，也可暂且不提。

分类
指定变量的类别。可以整理很多变量。

复制
规定是否应该通过网络复制这个变量。当然，这一项也可暂且不提。

默认值
位于最下方的是该变量默认的初始值。可事先在这里设置刚开始使用变量时的数值。这部分的显示，会根据变量的类型而变化。

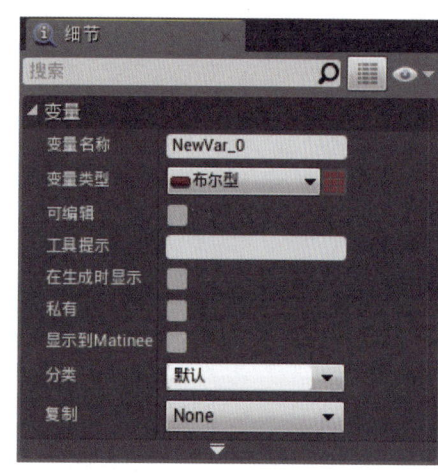

图2-85 变量的"细节"面板。可以设置变量的详细属性

设置变量

现在开始设置变量。在这里，我们先准备一个用于保管信息的变量。首先，选择变量名称的部分，输入"msg"，按Enter或Return键。这样就修改好了变量名称。

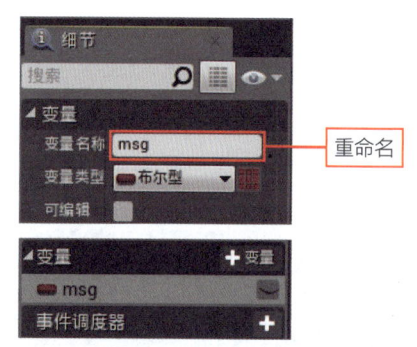

图2-86 重新输入"变量名称"后按Enter或Return键，"我的蓝图"中的变量名称就修改完成了

修改变量类型

然后,单击"变量类型"下拉按钮,会弹出下拉菜单。从这里选择"字符串",就变成了保管字符串的变量。

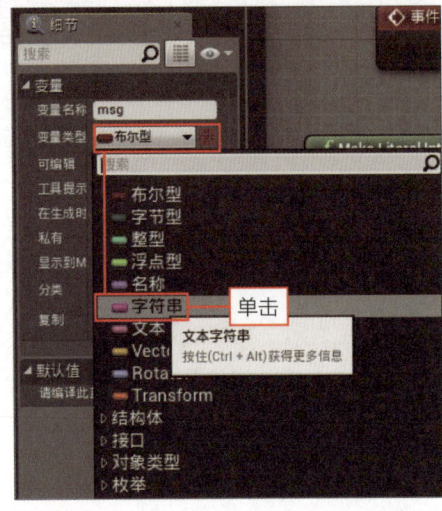

图2-87 单击变量类型,从菜单中选择"字符串"

编译

在这里需要注意的一点是,要单击工具栏上的"编译"图标,进行编译。这就能保存所有的修改。如果不编译的话,可能会影响之后的"默认值"设置。

图2-88 单击"编译"图标,进行编译

输入默认值

返回"细节"面板,在最下方"默认值"区域"Msg"的后方,输入文本内容。请用半角输入。而且,4.7.2之前的版本不能很好地支持中文,请注意。

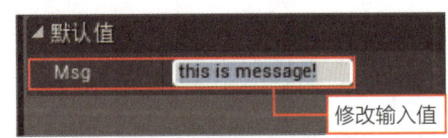

图2-89 在默认值的Msg处输入文本内容

ⓤ 运用变量!

接下来,运用一下刚才创建的变量。从上次编程的节点中,选中两个"Make Literal Int"、数学表达式以及各自生成的类型转换节点,删除。

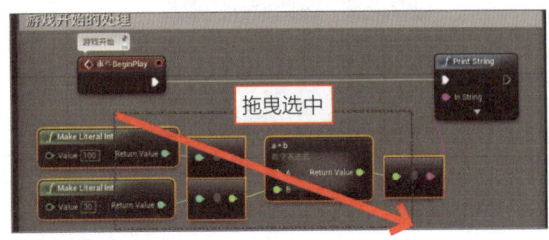

图2-90 选中不需要的节点,删除

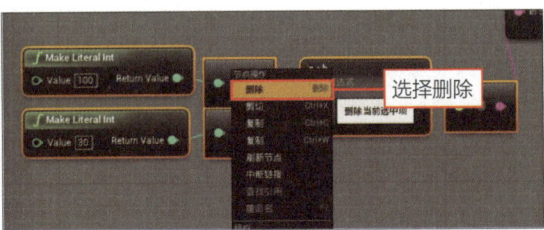

将变量拖曳&释放到图表内

接下来，开始使用变量。首先，将变量的数据读取出来，用Print String显示。将显示在"我的蓝图"中的变量"msg"项目拖曳出来，放置在图表的空白处放下。

图2-91 将"msg"项目拖曳&释放到图表中

选择"获得"选项

在放置的位置，立即弹出菜单，上面显示着"获得"和"设置"菜单选项。"获得"是获取变量数值的节点，而"设置"是设置变量数值的节点。

这次，我们选择"获得"选项。

图2-92 从弹出的菜单中选择"获得"

创建"Msg"变量节点！

在刚才出现菜单的位置，就创建出名为"Msg"的节点。这就是变量msg的获得节点。节点的右侧只有一个输出项，从这里读取变量值。

图2-93 创建的变量msg节点

将"Msg"连接到"Print String"

用鼠标拖曳"Msg"节点的输出项到"Print String"节点的"In String"处放开，使其连接上。

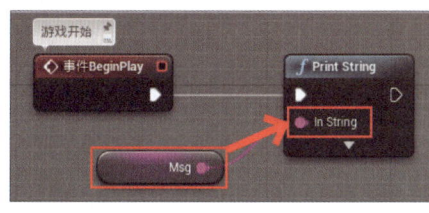

图2-94 从"Msg"连接到"Print String"

进行变量的设置

再新建一个变量msg的设置节点吧。从"我的蓝图"中拖曳"msg"到"Print String"节点的右侧放开。

图2-95 将msg拖放到Print String的右侧

选择"设置"选项

释放鼠标的位置会弹出菜单。这次我们选择"设置"选项。

图2-96 选择"设置"选项

创建完成"设置"节点

这样就创建完成了"设置"节点。这个节点用于设置变量的值。看到左侧的输入项处有"Msg"项目吧，将数值连接到这里的话，该值就会被设置到变量msg中。也可以直接在这个区域输入数值，进行设置。

图2-97 "设置"节点。在"Msg"输入项中设置变量的值

从"Print String"连接到"设置"

拖曳"Print String"右侧的白色五角形图标（Exec项目），连接到"设置"左侧的五角形图标。设置变量值的"设置"节点，不同于"获得"节点，如果不按照运行顺序连接节点的话，就无法运行。

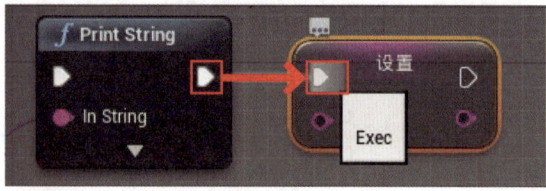

图2-98 从Print String连接到设置节点

输入"设置"的值

单击"设置"节点上的"Msg"输入项区域，输入新文本内容。

图2-99 在设置的Msg项目内，输入文本内容

选中"Msg"和"Print String"

要让变量msg再显示一次，需先将图表内的"Msg"节点（读取变量msg的节点）和"Print String"节点，用鼠标拖曳选中。

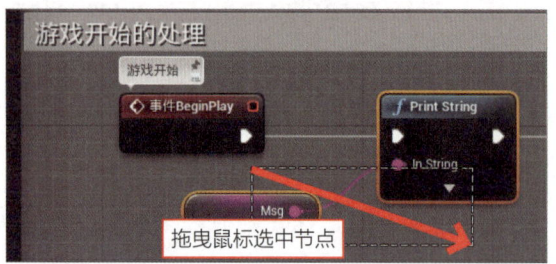

图2-100 选中Msg和Print String节点

复制节点

右击选中的节点,选择"复制"命令,复制节点。

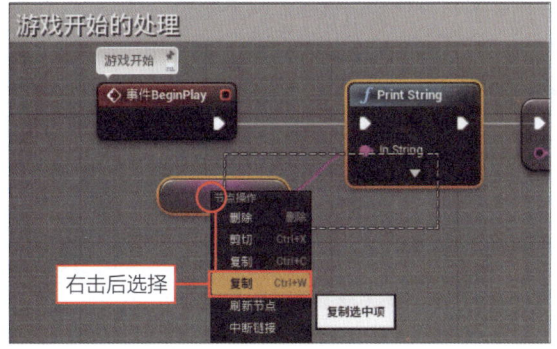
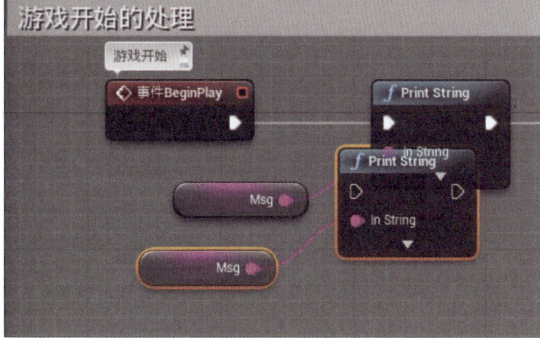

图2-101 使用"复制"命令,复制选中的节点

移动节点

拖曳复制的"Msg"和"Print String"节点,移动到"设置"节点的右侧。

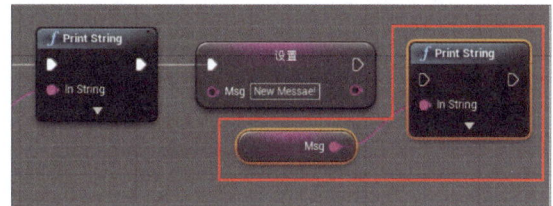

图2-102 移动复制的节点

连接"设置"与"Print String"节点

拖曳"设置"右侧的白色五角形图标(Exec节点),到右侧"Print String"节点的左侧白色五角形图标上,以连接节点。

图2-103 用线连接"设置"到复制的新"Print String"节点

确认节点!

至此,这个程序就完成了。显示出全部节点,再确认一下连接方式是否正确。这次是按照以下顺序连接的。

事件Begin Play→Print String→设置→Print String

你连接得正确吗?在Print String节点上,是否将变量msg的值连接到了In String上?需要全部确认一遍。

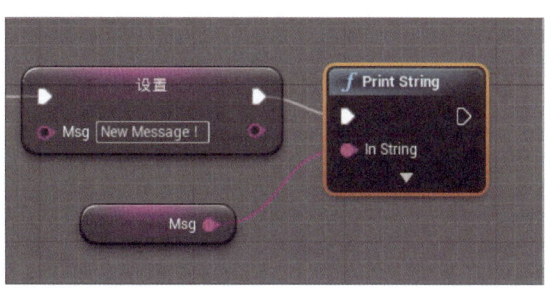

图2-104 确认节点的连接

运行！

单击工具栏中的"播放"图标，试运行。视口中就会出现变量"msg"的默认值以及在"设置"节点中设置的值。这里能清楚地显示出，变量msg值的读取和设置是否正确。看到显示出来的文字，可能有人发现了问题：默认值在下方，而在设置中修改的值却显示在了上方。可能有人因此而以为Print String是由上而下输入文本内容的。其实，并非如此。

Print String是在最上方输入文本的。每当重新调用一次Print String值，就会将已经显示的文本内容向下移一行，将新文本内容显示在最上方。也就是说，所输入的文本是自上而下移动的，因此，先输入的内容在下方，而最后输入的内容位于最上方。

图2-105 试运行后，变量msg的值会被输出两次

使用整型变量计算！

这次我们使用数字变量来计算。之前我们在"Make Literal Int"的部分，使用过整型值了，所以就把整型值放入变量中来处理。将整型值放到变量中保存的话，就能进行更复杂的计算了。

删除不需要的节点

首先，从已创建的程序中，删除不需要的节点。选中两个"Msg"节点、1个"Print String"节点、1个"设置"节点（简单地说，就是除了一开始的"Begin Play"和最后的"Print String"之外，其他的全部选中），按Delete键或者右击，选择"删除"命令，删除这些节点。

 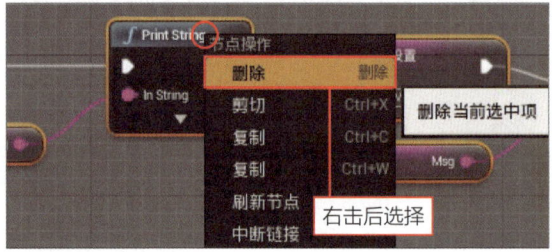

图2-106 选中不需要的节点，删除

创建"tax"变量

单击"我的蓝图"中"变量"项目后面的"+"图标，创建新的变量。创建完成后，直接修改变量名称为"tax"。

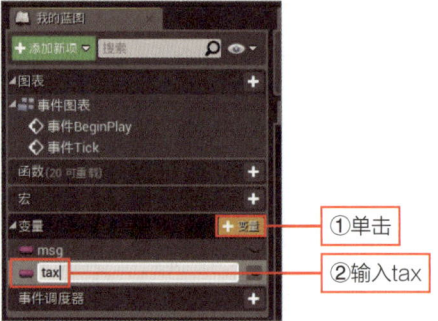

图2-107 单击"+"图标，再将新建变量的名称设置为"tax"

修改变量tax的设置

选择新建变量"tax",在"细节"面板中将"变量类型"和"默认值"分别按照下表内容设置。注意,修改了变量类型后,需要先单击"编译"图标进行编译,之后才能设置默认值。

变量类型	从下拉菜单中选择"整型"
默认值	输入"8"

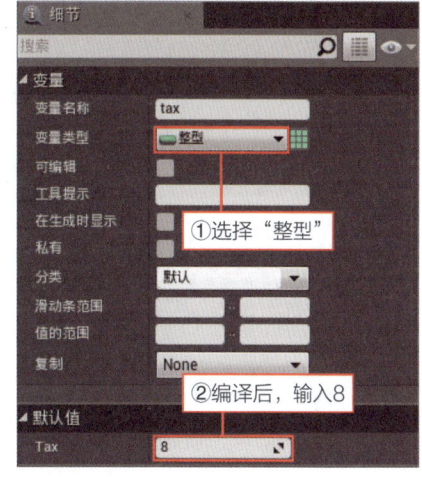

图2-108 设置变量类型和默认值

创建"price"变量

再新建一个变量。单击"我的蓝图"中"变量"项目后面的"+"图标,新建变量,这次修改变量名称为"price"。

图2-109 新建变量,设置为"price"

修改变量price的设置

选择新建变量"price",在"细节"面板中修改设置。将"变量类型"改成"整型",然后在"默认值"处输入适当的金额。不要忘了,在设置默认值之前,需要先编译。

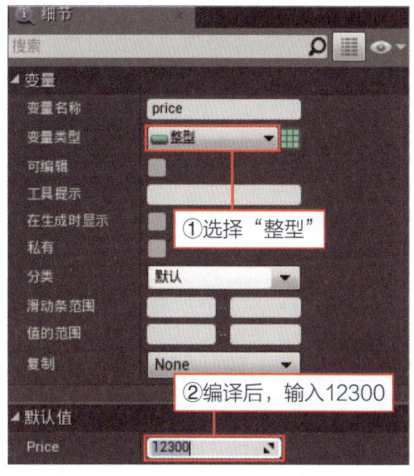

图2-110 设置变量price的变量类型和默认值

添加数学表达式

添加数学表达式节点来用于计算。右击图表，从菜单中选择"添加数学表达式…"命令。

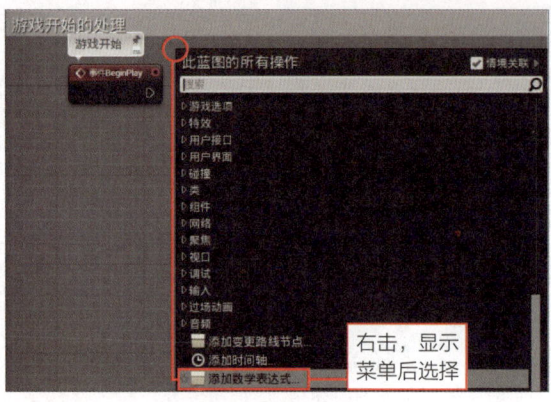

图2-111 选择"添加数学表达式…"命令

在数学表达式节点中，输入表达式

创建完数学表达式节点后，直接在名称处输入"price * tax / 100"，按Enter或Return键。

图2-112 在创建的数学表达式节点中输入表达式

完成数学表达式节点！

创建数学表达式节点后，你会发现该节点布局与以前的有些不同。它只有一个"Return Value"的输出项，却没有表达式中使用的price和tax的输入项。虽然有点怪，不过关于这一点，我们之后再说明，现在继续进行吧。

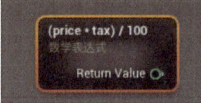

图2-113 创建完的数学表达式节点

连接"Begin Play"和"Play String"

接下来把节点连接到一起。首先，从位于"Begin Play"节点输出侧的exec输出项（白色五角形标志）拖曳到"Print String"的exec输入项（位于左侧的白色五角形标志），将二者连接起来。

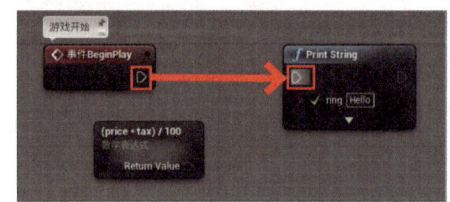

图2-114 从Begin Play连接至Print String

从"Return Value"连接到"In String"

然后，拖曳数学表达式的"Return Value"到"Print String"的"In String"处放开，使其连接。

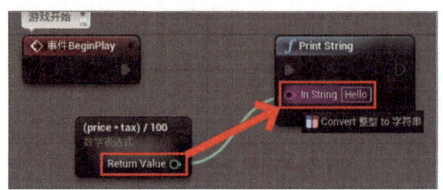

图2-115 从数学表达式连接到Print String

完成编程！

这样，当Begin Play事件启动后，数学表达式就能输出结果了。有的时候，在数学表达式和"Print String"之间，会自动生成类型转换节点。

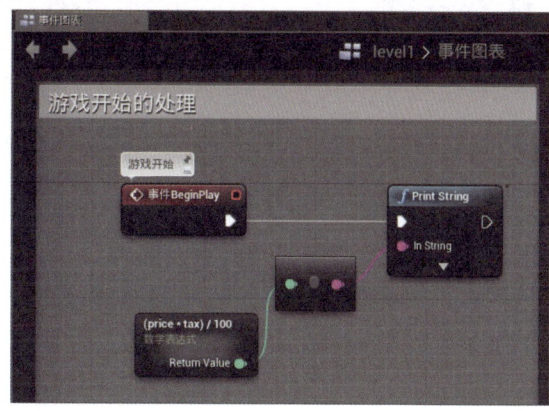

图2-116 完成编程。数学表达式和"Print String"之间通过类型转换节点连接

运行！

下面，我们试运行。单击工具栏中的"播放"图标，就能根据变量price的金额计算出消费税（8%）然后显示出来。这样，原本需要复杂编程语言的计算，也能变得如此简单！

图2-117 运行播放，就能计算price的税额并显示出来了

查看数学表达式的内容

没想到计算如此简单吧，数学表达式节点确实很不可思议。这次明明什么都没有输入，却还能计算正确。

我们一起来调查一下原因。将"我的蓝图"中的"Math Expression"双击打开。

图2-118 在"我的蓝图"中双击打开Math Expression

实际使用了变量！

打开数学表达式节点的内容来看，就会发现刚才创建的"price"和"tax"变量也被运用到了计算操作中。

这是因为在数学表达式中，在分析设置名称的表达式时，如果"我的蓝图"中已经准备了所需使用的变量（不准备输入项），就会直接使用变量值进行操作处理。

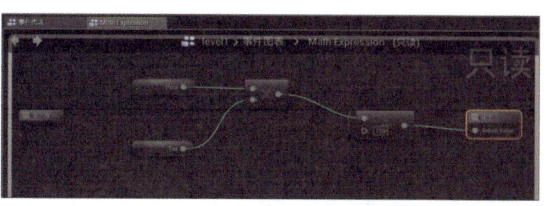

图2-119 数学表达式节点的内容。使用tax和price的变量，构成计算操作

Chapter 2 掌握关于值的知识!

Section 2-3 使用数组

处理很多数值的时候,不是用普通的变量,而是使用名为"数组"的特殊变量。在本节我们需要牢牢掌握数组的基本使用方法。

什么是数组?

变量,基本上是一个容器保存一个值。然而当需要处理大量数据时,若还采用这个方式,就需要数量相当庞大的变量。例如,如果要保存100个值进行计算的话,就要准备100个变量,还要相应地准备100个数学表达式。这样做效率太低。

此时就要运用"数组"了。数组是能统一保存若干数值的特殊变量。数组中,有很多保管库用来存储值,每个保管库分别有不同的编号。就像"3号保管这个""取出7号的值"等,可以指定编号、运用其中的值,所以能够有序地管理大量数据。

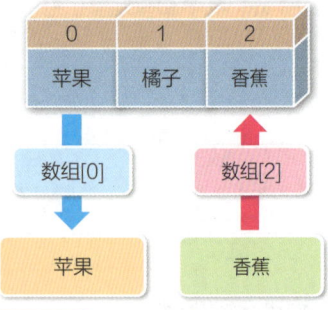

图2-120 数组是用编号来管理若干数值的结构

删除不需要的节点

现在开始使用数组。首先,在之前添加的节点中,删掉不需要的内容。选中图表中的数学表达式和类型转换节点,按Delete键或者右击选择"删除"命令,进行删除。然后右击"Begin Play"与"Print String"的连接部分,选择"断开到○○的连接"命令,解除连接关系。

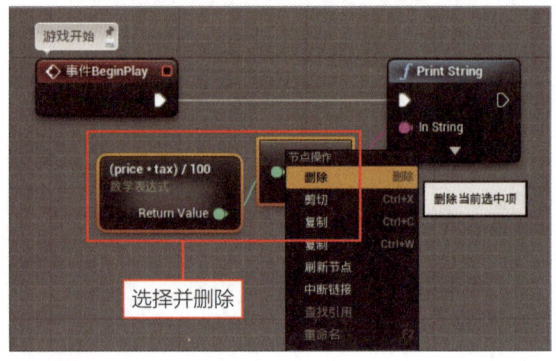

图2-121 删除不需要的节点

准备数组

开始准备数组。其实,数组的创建方法和普通变量的创建方法完全不同。在设置变量类型时,只需要设置为数组,就能将该变量变成数组。

将变量修改为数组

举例来说，我们试着将刚才创建的"price"变量修改为数组。从"我的蓝图"中选择"price"变量。然后在"细节"面板中，找到变量类型的部分。

在变量类型"整型"的右侧，有一个■标志，像是由3×3个小正方形集合起来的图标。这就是数组的图标。单击这个图标。此时画面上会显示出确认的警告框，单击"修改变量类型"按钮。

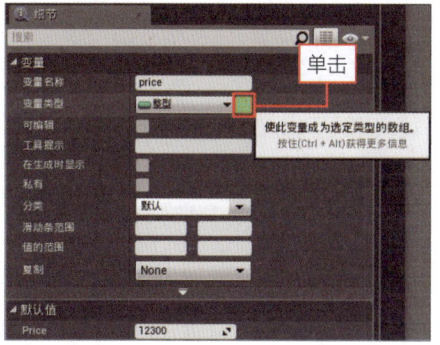

图2-122 单击变量类型右侧的图标

变量变成了数组！

变量类型的图标变成了数组的图标。这样就把变量变成了数组。很简单吧！修改完成后，单击工具栏中的"编译"图标，进行编译。

如果再单击一次变量类型右侧的图标，就又从数组恢复到普通的变量了。（现在先不要这样做哦！）

图2-123 变量的图标变成了数组

设置数组的初始值

新建的数组中，没有保管任何值。这并不只是"没有值"，而是"连保管值的场所也没有"。要使用数组，需要事先确保有保管值的场所（虽然也可以后续添加，但是若不能确保有保管的场所，那么就无法将值保管到编号位置）。因此，最好是一开始就准备好必要数量的值、指定保管场所及其保管的初始值。

数组的初始值

选中已经修改为数组的"price"，查看"细节"面板，可以看到"默认值"的位置显示了"Price"。"Price"旁边的"0个元素"就是设置数组初始值的地方。

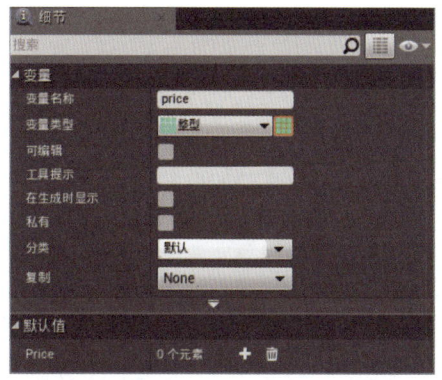

图2-124 数组的默认值。在这里设置初始值

单击"+"图标,添加保管场所

在默认值的位置,有一个小小的"+"图标。单击一下,就生成1个项目,可以输入数值。这就是数组中保管的值。可在这里直接输入数值。

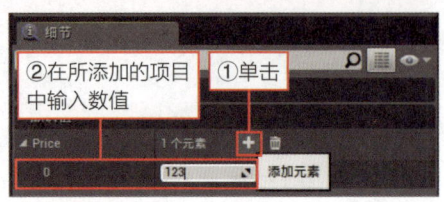

图2-125 单击"+"图标,添加1个项目。这就是数组保管数值的场所。如果修改数值的话,就能改变其保管的数值

可以继续添加!

只要单击"+",就能继续添加值的项目。我们多添加几个吧。由于之后要使用数组,所以目前至少要准备两个数值。

这些值,从0号开始,会进行自动编号。数组一直是这样从0开始自动编号的。因为在数组中是使用编号来取值的,所以需要记住"从0号到几号,都准备的是什么数值"。

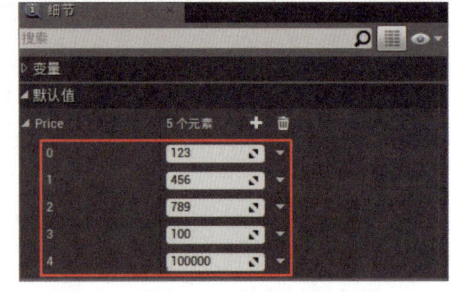

图2-126 单击"+",就能陆续添加数值

给数组设置值

接下来,开始使用这个数组。由于数组是用编号来管理很多值的,所以不能像普通的变量一样用鼠标拖放来创建变量节点。需要记住操作数组的节点的方法。

创建数组节点

我们先从"读取数组内容"开始。首先,创建数组"price"的节点。从"我的蓝图"中,将"price"拖曳并释放到图表中,选择"获得"选项。

图2-127 将price拖放到图表中,选择"获得"选项

添加数组节点!

在图表中放开鼠标的位置,就创建了"price"节点。该节点用于从数组中获取数值,基本上与普通的变量没有什么不同。数组是用编号来管理数值的,这就是"读取数组本身"的,但是不能将数组中所保管的数值都一一读取出来(针对这一点,我们在后面会再说明)。注意不要忘记"数组本身"和"数组中所含的数值"的处理方式是不同的。

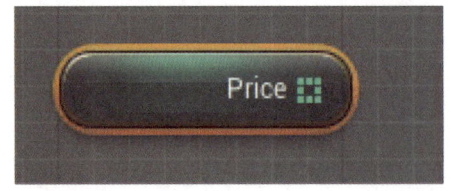

图2-128 创建的数组price节点。和普通的变量几乎没什么不同

选择"Set Array Elem"选项

然后再创建一个"Set Array Elem"节点。右击图表，在弹出的菜单中输入"set"。此时，选项就相应减少了，在其中的"数组"项目里，选择"Set Array Elem（设置数组元素）"选项。Set Array Elem节点用于修改数组中保管的数值。

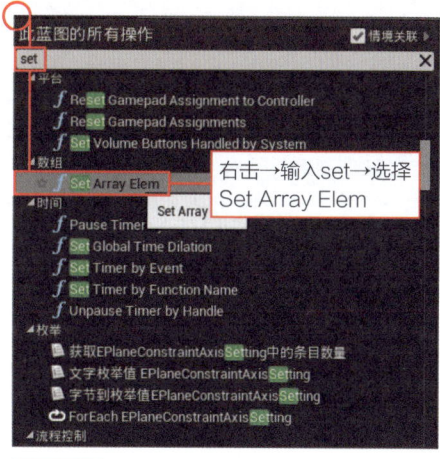

图2-129 选择"Set Array Elem"选项

关于"Set Array Elem"节点

新建的"Set Array Elem"节点上，有很多输入项，形式有点复杂。大家已经认识exec输入项（白色五角形的图标）了吧。除此以外的标识，我们简单介绍一下。

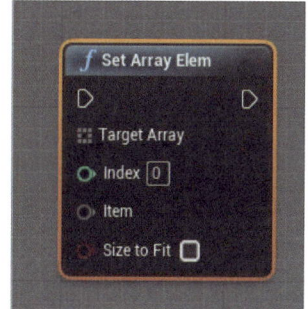

图2-130 "Set Array Elem"节点。有很多输入项

Target Array	用于连接设置数值的数组
Index	用于规定设置项目的编号。在这里可以修改指定编号的值
Item	用于连接设置值。将与Item连接的值保存在Index指定的编号中
Size to Fit	如果有项目未使用，就删除掉，负责整理保留使用的项目

将"Price"连接到"Target Array"

下面，开始连接节点。首先从设置使用的数组开始。拖曳"Price"节点的输出项到"Set Array Elem"的"Target Array"处放开，使其连接上。

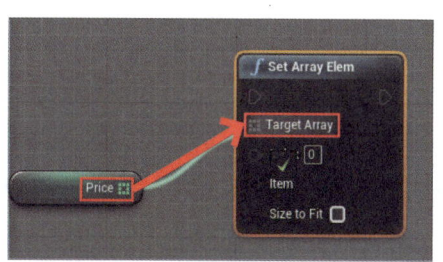

图2-131 将Price连接到Set Array Elem上

设置编号和数值

在"Set Array Elem"节点中,修改项目编号和设置各自数值。在"Index"的位置设置"0"(应该与默认的数值一样),从工具栏中单击"编译"图标后,就能输入"Item"的值了。在这里输入修改的数值。

图中是将Index设置为"0",Item设置为"98765"。也就是说,这样就将数组的0号数值设置为98765了。

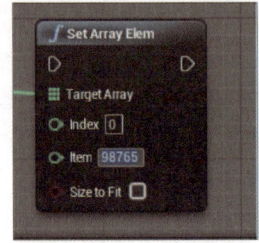

图2-132 在Index中输入"0",在Item处输入适当的数值

连接exec

这样就将数值添加到数组中了,但光这样还不能运行。还需要连接exec项目。

拖曳"Begin Play"的exec输出项,连接到"Set Array Elem"的exec输入项上,就能运行Begin Play事件了。

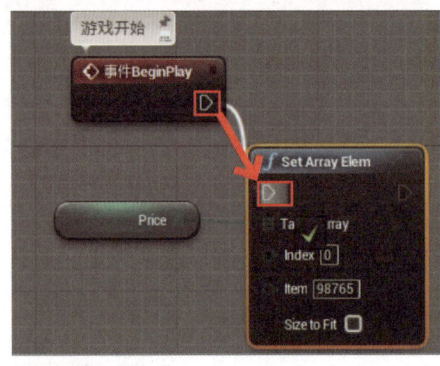

图2-133 将Begin Play与Set Array Elem的exec项连接起来

从数组中取值

添加操作节点,显示数组中设置的数值。右击图表,输入"get",筛选出相关选项。从中选择"工具"中"数组"项目下的"Get"选项。这就是获取数组中所保管的数值的节点。

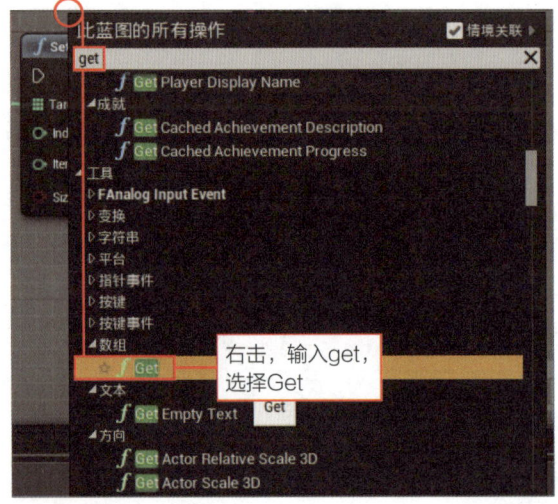

图2-134 选择"Get"选项

创建完成"GET"节点！

这样就创建完了"GET"节点。在这个节点中分别有输入项和输出项。我们将各自的作用整理如下。

输入项目

Target Array	位于输入侧的数组图标，应该与配型数组连接
Index	指定取值的编号

图2-135 在"GET"节点上，有2个输入项和1个输出项

输出项目

只有1个，用于读取Index指定编号的数值。

将"Price"连接到"GET"

接下来连接"GET"。首先，指定配型数组。用鼠标从"Price"节点拖放到"GET"节点的数组输入项处。在下方指定编号的位置，保持为0即可。

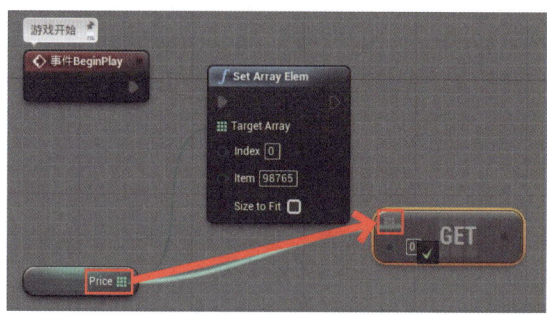

图2-136 从"Price"拖曳&释放到"GET"，将二者连接起来

将GET连接到Print String上

用"Print String"来显示"GET"的数值。将"GET"的输出项拖到"Print String"的"In String"上放开。连接上后，依然会自动添加类型转换节点。

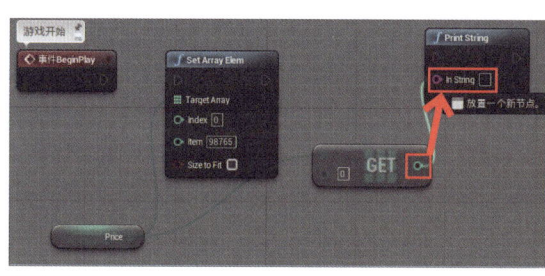

图2-137 将GET连接到Print String上

将Print String的exec连接上

拖曳鼠标指针，从"Set Array Elem"的exec输出项目连接到"Print String"的exec输入项目。这样就能在Set Array Elem之后，运行Print String了。

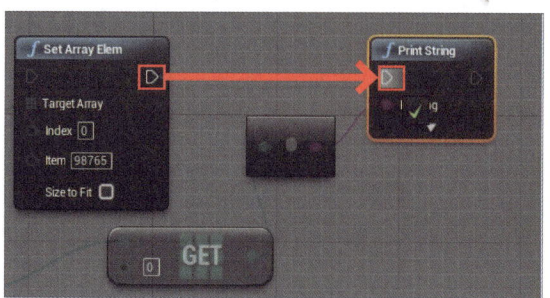

图2-138 从Set Array Elem连接到Print String

确认已连接的节点！

这样就完成了布局与连接。再来确认一遍刚才创建的节点。当Begin Play发生时，由Set Array Elem修改0号的数值。然后Print String通过GET获取0号的数值，并显示出来。

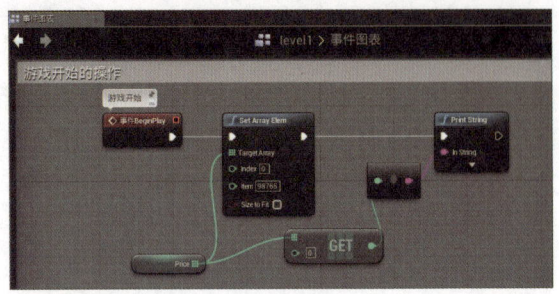

图2-139 编辑完成的程序。需再次确认节点的连接是否正确

试运行，确认动作结果！

单击工具栏中的"播放"图标，试运行看看吧。这样就显示出"Set Array Elem"中设置的数值了。在数组指定的编号中保管数值，可以准确地读取出来！

图2-140 运行的话，就能显示出从Set Array Elem中设置的数值

添加新项目

学会了从数组中取值、修改数值等基本操作，为了能顺利地使用数组，还需要掌握几个必要的功能。

其一就是"新建项目"。在数组中，如果不事先准备好保管区域，就无法保存值。例如，在一个数组中，准备了编号为"0""1""2"的保管区域，但如果运行"将值保管到3号区域"的话，就会发生错误。

当事先没有保管区域，而是需要新建保管区域来存放值的时候，就需要使用"Add"节点了。这是将值添加到数组中的节点。其并不是将值放到已有的保管区域，而是作为新的保管区域，来给数组添加值。

删除不需要的节点

首先删掉刚才的节点。右击"Set Array Elem"节点，选择"删除"命令进行删除。

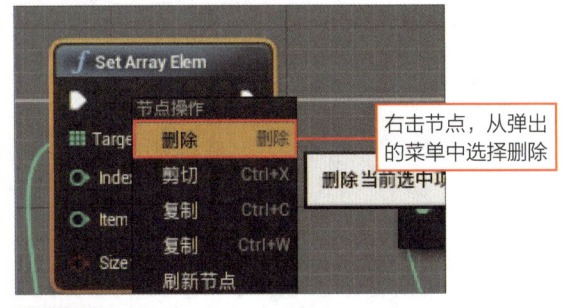

右击节点，从弹出的菜单中选择删除

图2-141 删除Set Array Elem节点

选择"Add"选项

右击图表，在显示的菜单中输入"add"。在检索出的项目中，选择位于"工具"内"数组"项里的"Add"选项。这就是给数组添加值的节点。

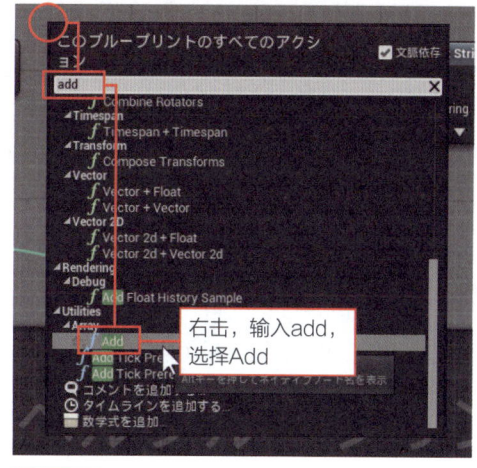

图2-142 选择"Add"选项

关于"ADD"节点

选择了"ADD"选项之后，在图表中就新建了"ADD"节点。"ADD"节点的输入项和输出项都不止一个。Exec图标（白色五角形），是设置处理顺序的。关于其他的项目，就在下方汇总说明吧。

图2-143 "ADD"节点。有多个输入项和输出项

输入项目

Target Array	位于左侧，有着数组图标的输入项。这是连接配符数组的
Add Item to Array	位于下方的该输入项是与添加的数值相连接的

输出项目

Return Value	位于输出侧的项目，是给添加数值分配的编号。由此可知是给哪个编号的区域添加数值

将数组连接到"ADD"

开始使用"ADD"。首先，拖曳"Price"节点的输出部分，连接到"ADD"上数组图标的位置。连接完后，单击工具栏中的"编译"图标，进行编译。

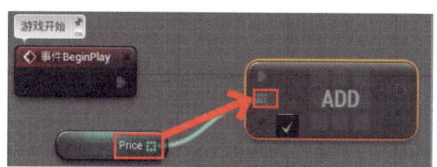

图2-144 将Price连接到ADD

设置数值

编译后，在"ADD"上出现了显示设置数值的区域，就能输入数值了。先在这里输入添加的数值。

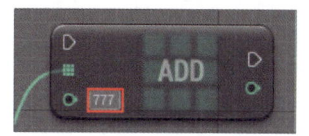

图2-145 在ADD上输入数值

连接"Begin Play"和"ADD"

拖曳鼠标指针从"Begin Play"的exec输出项连接到"Add"的exec输入项,这样当"Begin Play"事件发生时,就会运行"ADD"了。

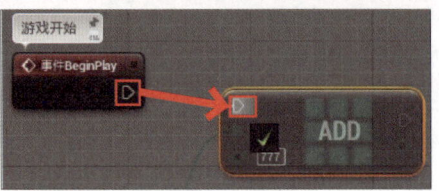

图2-146 从Begin Play连接到ADD

从"ADD"连接到"GET"

拖曳"Add"的输出项,连接到刚才创建好的"GET"中指定编号的输入项上。这样,就能将通过ADD添加的编号,作为GET可读取的编号来使用了。

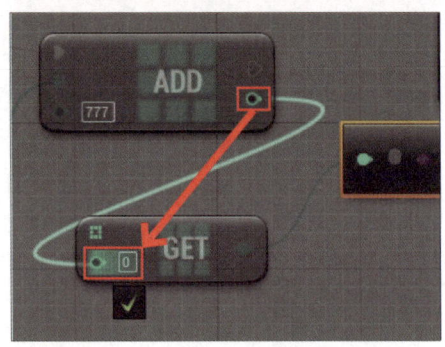

图2-147 将ADD输出项连接到GET的输入项

将"ADD"连接到"Print String"

最后,拖曳"ADD"的exec输出项,连接到Print String的exec输入项上。设置好运行的顺序就完成了。

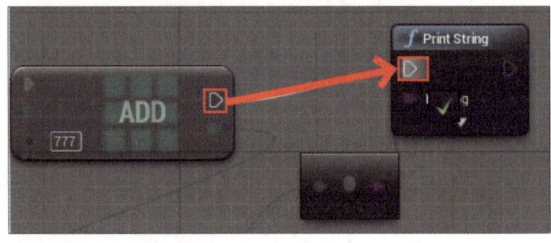

图2-148 将ADD连接到Print String上

确认完成的节点!

再检查一遍刚完成的编程。这次将"Price"连接到了"ADD"和"GET",并将"ADD"的输出项连接到了"GET"的输入项,整体连接关系比较复杂。需要仔细检查好每个节点是以怎样的顺序运行的。

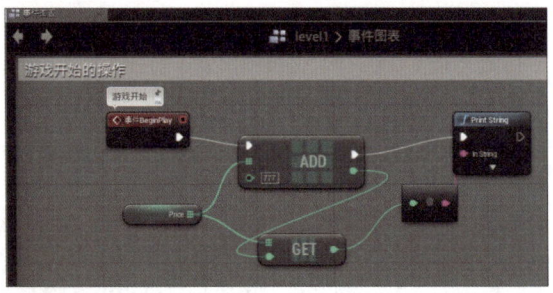

图2-149 编辑完的程序

播放检查动作运行！

完成编程之后，试着运行看看。你的视口中能显示出ADD中添加的数值吗？这次是将ADD添加设置的编号中的值，直接通过GET读取出来。在数组中添加几个值，都可以通过这个方式，将添加时设置的项目编号中的值读取出来。

图2-150 运行起来，就能显示出通过ADD添加的数值

删除项目

然后，试着将保管的项目删除。此时需要用"Remove"节点。"Remove"节点又分两种。一种用于指定编号，一种用于指定数值。这次我们使用最基础的，就是"指定编号，删除数值"的节点。

删除不需要的节点

首先，选中刚才添加的"ADD"节点，右击选择"删除"命令，删除不需要的节点。

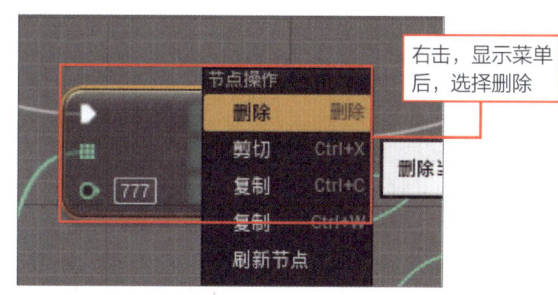

图2-151 删除"ADD"

选择"Remove Index"选项

新建节点。右击图表，输入"remove"。在筛选出的项目中，选择"Remove Index"选项。

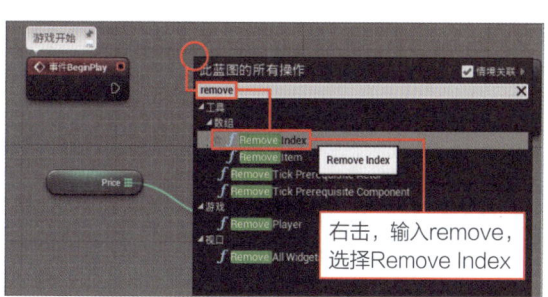

图2-152 选择"Remove Index"选项

Chapter 2 | 掌握关于值的知识!

关于"Remove Index"节点

新建的"Remove Index"节点与"ADD"相同，它也有两个输入项。各个输入项的特点整理如下。

Target Array	位于输入侧的数组图标项目。连接配符数组
Index to Remove	输入删除项目的编号

图2-153 Remove Index节点。有两个输入项

将数组连接到"Remove Index"

连接到"Remove Index"。先从数组开始，拖曳"Price"的输出项，连接到"Remove Index"的数组图标。在下方指定编号的位置，输入"0"。

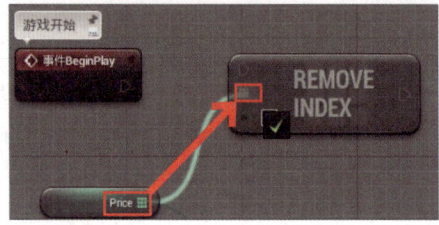

图2-154 从Price连接到Remove Index

从"Begin Play"连接到"Remove Index"

然后用鼠标拖放，将"Begin Play"的exec输出项连接到"Remove Index"的exec输入项。这样，当Begin Play事件发生时，"Remove Index"就会运行了。

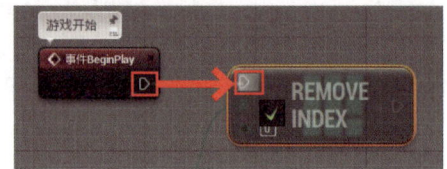

图2-155 从Begin Play连接到Remove Index

从"Remove Index"连接到"Print String"

拖曳鼠标，从"Remove Index"的exec输出项，连接到"Print String"的exec的输入项。这样就能在"Remove Index"之后，运行"Print String"操作。

图2-156 从Remove Index连接到Print String

确认已创建的节点

至此，编程就完成了。其他部分（"Price→GET→类型转换→ Print String"的流程部分），可以直接使用上一次创建的部分。

这样就能通过"Remove Index"来删除0编号的数值，然后，使用"Print String"将0编号的数值显示出来。"啊？原来是先删除0号的啊！"可能你会觉得惊讶。正是如此。

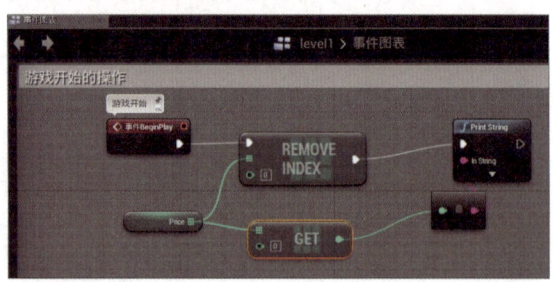

图2-157 编辑完成的程序。可以认为是把上一次"ADD"节点直接换成了"Remove Index"

运行试试看！

单击工具栏中的"播放"图标，运行试试看。显示的结果很有趣，因为是将之前1号中保管的值显示了出来。这个程序就是，通过"Remove Index"删除了编号为0的数值。于是原来是1号的，就变成了0号。

因为数组的编号是顺序编号（是从0开始0、1、2……依次分配顺序号的），中途删除或者添加项目的话，会相应地重新分配编号，保持一直是从"0开始排序"。

所以，每个值所对应的保管编号并不是固定不变的。对数组项目进行操作的话，保管某个数值的编号也有可能增大或者减小。这一点非常重要，请牢记。

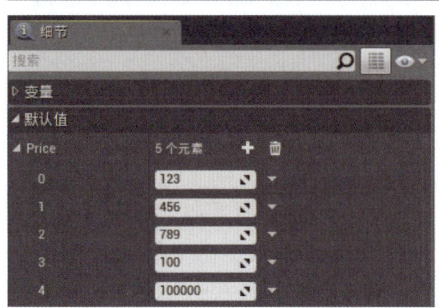

图2-158 运行的话，原来是1号的数值被作为0号的数值显示出来

在编程的过程中，创建数组！

直到现在，我们操作的都是作为"变量"而事先准备好的数组。然而，在编程过程中往往会涉及到众多数据，有时需要即时创建数组来使用。数组是可以在编程中新建的！

删除不需要的节点

我们也来操作试试吧。首先，右击刚才的"Remove Index"节点，选择"删除"命令进行删除。

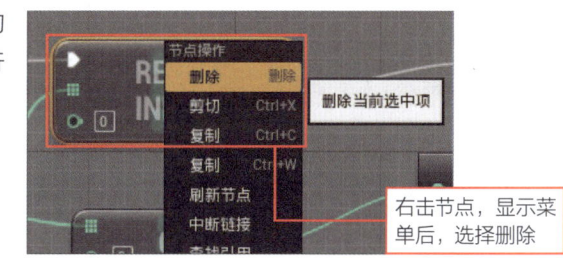

图2-159 删除Remove Index

选择"创建数组"选项

右击图表，在显示菜单中输入"make array"。此时只显示出"工具"内"数组"项目中的"创建数组"选项。我们就选择这一项。

图2-160 选择"创建数组"选项

关于"创建数组"节点

"创建数组"节点的形式是,左侧有1个显示"[0]"的输入项,右侧有一个带着数组图标的输出项目。下方显示着"添加引脚",此项与输入输出无关,是用于增加项目的。

左侧用于输入准备保管到数组的数值,通过右侧的输出项目,就能读取数组的数值。

图2-161 "创建数组"节点。除了输入和输出项目,还有"添加引脚"

创建字符串文本

要使用"创建数组"节点,首先需要连接一个值。在这里我们就新建一个字符串的文本节点来连接吧。右击图表,输入"make string",选择"Make Literal String"选项。

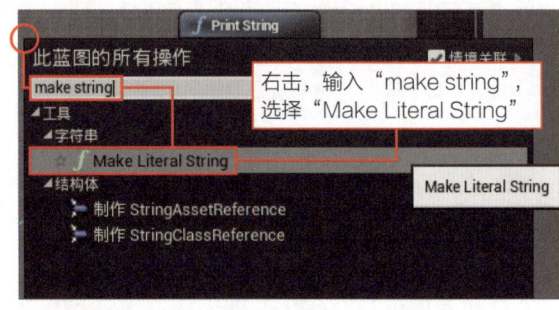

图2-162 选择"Make Literal String"选项

连接"Make Literal String"和"创建数组"

"Make Literal String"节点就创建完成了。将其位置移到"创建数组"的左侧,拖曳"Return Value"连接到"创建数组"节点上"[0]"的输入项目上。

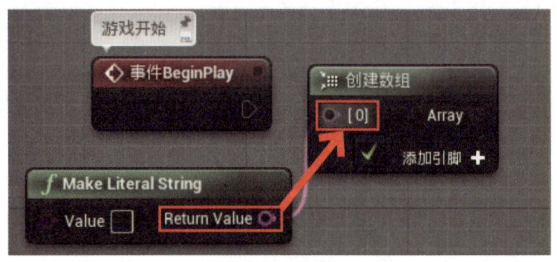

图2-163 将Make Literal String连接到[0]

设置数组的值的类型

连接上的话,位于"创建数组"节点右侧的数组图标就变成了玫红色。这表明这个数组是保管字符串数值的。连接上了数值,就决定了这个数组所保管的值的类型。

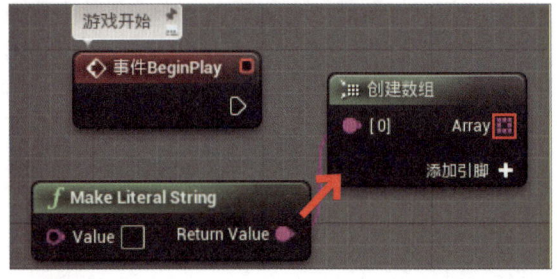

图2-164 连接上Make Literal String节点,就决定了数组的数值类型

输入文本

在"Make Literal String"的Value输入区输入文本。这个数值会成为数组的0号数值。

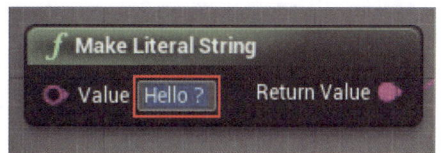

图2-165 在Make Literal String上输入数值

增加数组的项目

单击"创建数组"节点上的"添加引脚"。于是,会随之增加左侧的输入项目。这些是在创建的数组中准备的数值。[0]、[1]、……都带着编号。这些就是分别保管各个数值的区域。

先创建几个项目,输入数值吧。

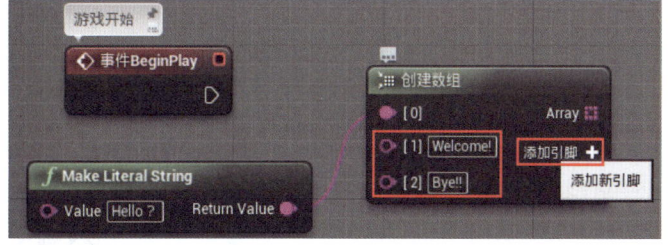

图2-166 添加项目,输入数值

删除"GET"前后连接的节点

然后将"创建数组"连接到"GET"上。首先,将"GET"前后所连接的节点删除。选中左侧的"Price"和右侧的类型转换节点,删除。

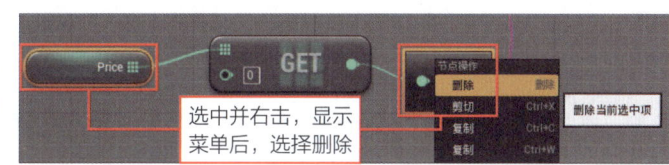

图2-167 选中并删除Price和类型转换节点

连接"创建数组"和"GET"

拖曳"创建数组"右侧的数组图标部分,连接到"GET"节点的输入项上。

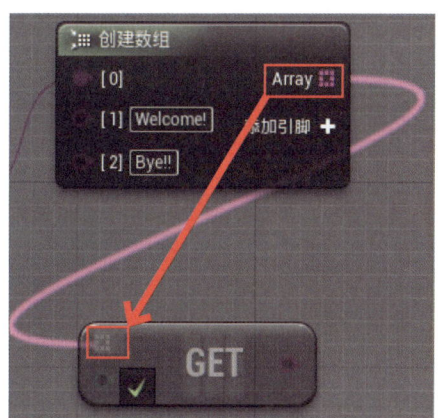

图2-168 从"创建数组"连接到"GET"

| Chapter 2 | 掌握关于值的知识!

将"GET"连接到"Print String"

将"GET"的输出项连接到"Print String"的"In String"输入项上。这样就能显示出GET中指定编号的数值了。暂且将"GET"编号保持为0吧。

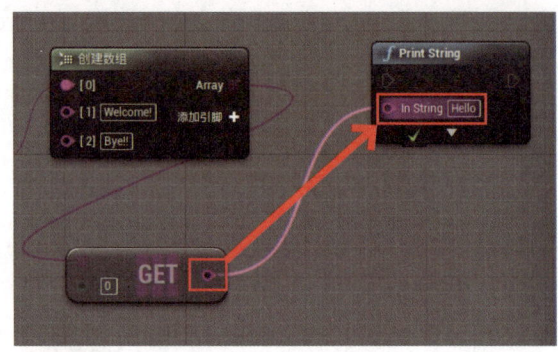

图2-169 将"GET"连接到"Print String"

将"Begin Play"连接到"Print String"

最后，从"Begin Play"的exec输出项连接到"Print String"的exec输入项上，这样，启动Begin Play事件就能运行Print String了。

图2-170 从"Begin Play"连接到"Print String"

检查完成的节点!

这样就完成编程了。检查各个节点的连接情况，看看是否有错误。

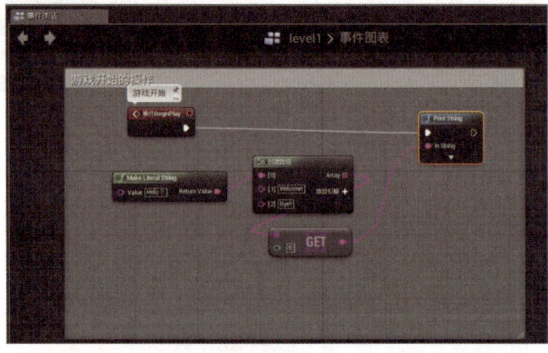

图2-171 编程完成。从创建的数组中读取数值，并显示出来

运行!

运行程序试试看。单击工具栏中的"播放"图标运行，就显示出与"创建数组"节点中[0]号相连接的"Make Literal String"节点上的文本了。

图2-172 运行起来，就会显示出数组的0号中的文本内容

若修改编号的话？

确认完运行动作之后，修改一下"GET"的输入项中的编号，再运行一次看看。这次应该会显示修改后的编号内容。将创建的数组中所有数值都试着读取一遍吧。这样你就会明白，这与作为变量而事先准备好的数组一样，可以使用多个数值。

此外还有很多与数组有关的功能，暂且掌握这些基本操作即可。此后，必要的时候，我们再一起学习新的节点吧。

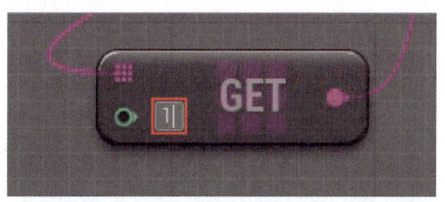

图2-173 在GET的编号里输入[1]的话，就显示出"创建数组"的[1]号数值

本章重点知识

从本章开始，就开始进行蓝图编程了。首先作为基础中的基础，我们针对"数值""变量""计算""数组"等基本内容的处理方法，进行了说明。大家都明白了吗？可以说，如果对于本章的知识没有一个整体的了解的话，是无法继续进行真正的编程的。请大家一定要掌握。

可能有人觉得"一下子记不了这么多！"。为了照顾这些读者，我们整理了一些重点，"首先从这些开始攻克吧！"。

节点的基本操作，必须掌握！

节点的创建方法、显示场所的移动、节点的连接方法和删除方法。这些基本的操作一定要记住。如果连这些都不会的话，那就无法使用蓝图。不要偷懒，需要牢记！

值的创建方法

字符串和整型的值，在这里我们是用"Make Literal String"和"Make Literal Int"节点来创建的。这两种数值，是编程基本中的基本，需要牢记。

用数学表达式节点计算

数字的值，可以通过运算关系的节点来计算。暂且只需要记住"数学表达式"节点，就是那个只需要书写表达式，就能自动处理的节点。如果会用这个了，无论什么计算都能做了。加法运算或减法运算的节点，不用也没关系。

先牢记这几点。其他的知识点可以慢慢记。那么变量呢？下一章全是变量，不想记也会记住的。不用担心。而数组呢？在需要使用之前，忘记也没关系，不影响整体学习。

知道这3个基本点之后，马上继续学习"流程控制"吧。了解了这个，就能进行正式的编程了哦！

Chapter 3

掌握流程控制！

程序，并不只是按照顺序运行，有时须根据需要来变更处理流程。为此，蓝图中预备有"流程控制"节点。本章中来集中学习一下程序控制吧！

Chapter 3 掌握流程控制！

Section 3-1 分支与开关

流程控制的基础在于"转移"，即根据程序状态来决定该执行多个处理中的哪一个。本节中对流程控制的基础中的基础"分支"与"开关"进行说明。

什么是流程控制？

上一章节中，我们大致掌握了使用值与变量来创建简单的处理。但是，程序并不只是"将准备好的处理按照顺序运行"。更为重要的是"处理流程的控制"。

例如，按下按键，角色活动，这一处理就包括执行"按下按键时"和"没按下按键时"这两个不同的处理。此时，游戏程序将根据各种各样的情况来判定该"执行哪个处理"，然后执行。

为此蓝图中预备了"流程控制"功能以执行这类处理。本章中将针对流程控制来进行说明。

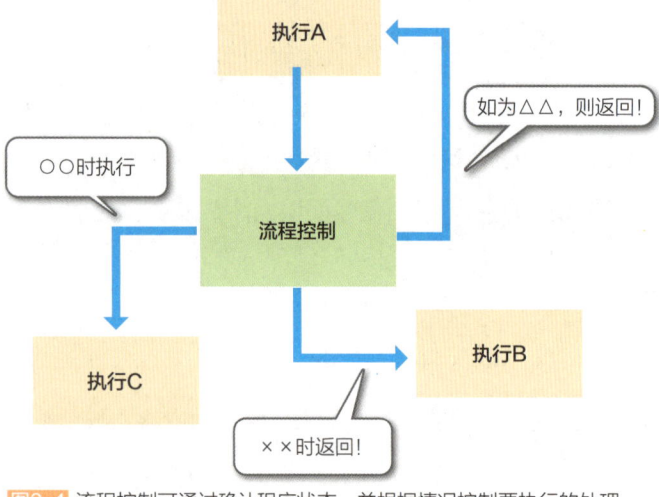

图3-1 流程控制可通过确认程序状态，并根据情况控制要执行的处理

控制的基础——"转移"与"循环"

流程控制功能并非只有一种，按照控制方法可分为几种，这几种又可大致分为两类。

▎转移

根据需要将处理进行转移。"○○的话这样执行""××的话那样执行"，像这样变更所要执行的处理。

转移是程序控制基础中的基础。没有转移，无论程序怎么运行，都只是执行完同样的处理就结束了，也只能制作出这样的程序。转移是为赋予程序"变化"时所必需的功能。

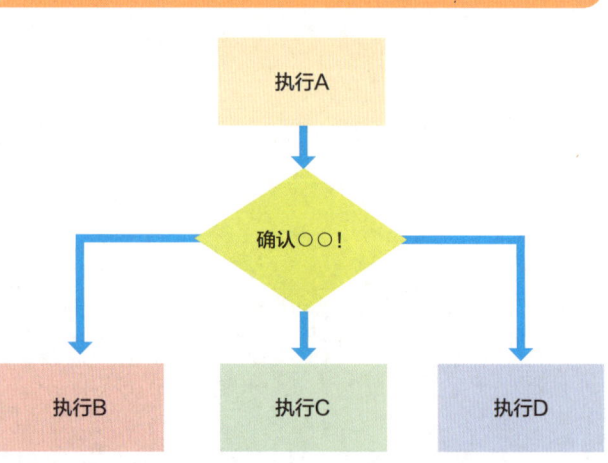

图3-2 转移就是通过确认程序状态，并据此执行不同处理的一种功能

| 分支与开关 | 3-1 |

循环

循环就是多次循环执行预先设置好的处理。可能有的用户认为"有必要进行多次的循环吗？"。而事实上，经常需要在程序中循环执行相同的处理。例如，许多敌人在行动这样的场景，如果将每个敌人的行动都写成"让A去这边""让B去那边"的话程序是非常麻烦的。与其如此，不如将敌人汇总为数组，"从数组中取出〇〇号敌人使其动作"，多次循环执行这样的处理，岂不是更有效率？

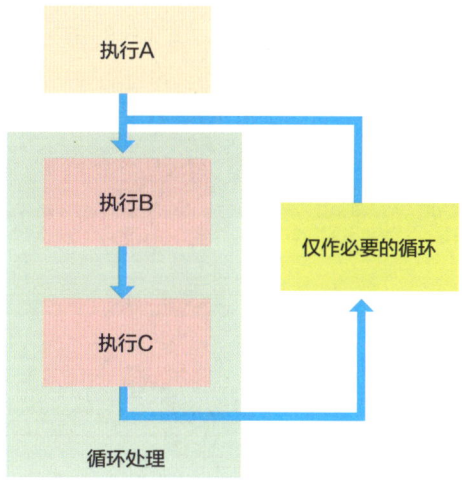

图3-3 通过循环，可根据需要多次执行一定的处理

流程控制也是通过"节点"来创建的！

流程控制是如何实现的呢？事实上也是通过我们一直使用的"节点"来完成的。蓝图中为我们预备了用于流程控制的节点，放置该节点并使用即可。

关于"分支（Branch）"

接下来就流程控制进行说明。首先，从"转移"中最基本的"分支（Branch）"功能说起。

分支就是通过检查某个值，然后根据结果来决定该执行两个处理中的哪一个，即所谓的"二选一"。

程序中有一种值，用于表示"是两个状态中的哪一个"，可以理解为"是还是不是""对还是不对""对还是错"类似这样的"是〇〇不是〇〇"的值，即"真假值"，在蓝图中为"布尔型"值。分支就是用于处理真假值的一项功能，通过检查真假值的值并根据值的状态来决定执行两者中的哪一个处理。

删除不需要的节点

接下来我们通过实际操作来认识分支功能。首先，从上一章制作的程序中，删除不需要的节点。只留下"Begin Play"、"Print String"这两个，从图表中删除所有多余的节点。

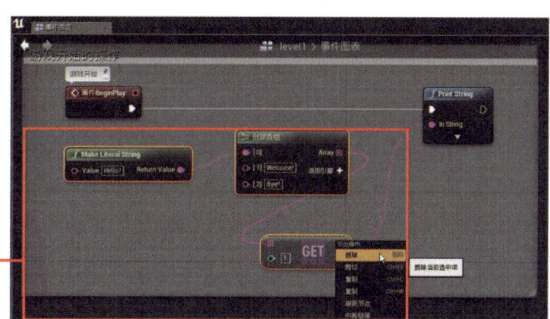

右击节点，出现菜单后选择删除

图3-4 删除Begin Play、Print String以外的所有节点

删除变量

删除上一章中添加的变量。我们已经掌握了变量的创建方法，后面需要的时候可以再行添加。

在"我的蓝图"的"变量"处，右击"msg"。从出现的菜单中选择"删除"，这样就删除了"msg"变量。

以同样的方法，删除"tax"和"price"这两个变量。

图3-5 右击变量，选择"删除"命令。重复操作，删除所有变量

选择"分支"选项

现在来创建分支。右击图表，从出现的菜单中键入"分支"。这样，"工具"内的"流程控制"项中将会显示出"分支"这一选项，选择该选项。

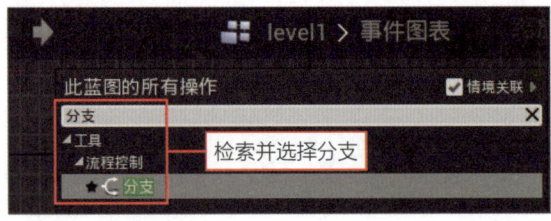

图3-6 右击图表并选择"分支"选项

关于"分支"节点

创建的"分支"节点中有多个输入和输出项，使用"分支"节点前首先要理解这些项目，现总结如下。

Condition

输入项目。在分支中用于连接要确认的值（真假值），旁边有一个复选框，未连接值时默认为勾选状态，通过是否勾选复选框就可以进行分支。

真/假

输出项目中预备有"真""假"这两个项目，用于连接分支处理流程。这两个项目为白色五角形标记，不是用于取出值，而是用于连接"下面即将执行的处理"。

"真"与"假"为真假值的值。真假值用于表示值的真假，Condition的复选框为勾选状态时，执行连接到"真"的处理，没有勾选时，执行连接到"假"的处理。

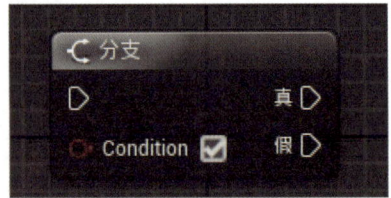

图3-7 "分支"节点。包括用于对值进行确认的Condition和连接分支处理的真/假项

试着使用分支

下面来实际使用一下分支吧。首先，将节点连接，确认分支的动作。

将"Begin Play"的exec输出项连接到"分支"的exec输入项，然后将"分支"的"真"连接到"Print String"的exec输入项。

"Begin Play→分支（真）→Print String"

形成这样的流程。最后在"Print String"的"In String"中输入"真！"。

图3-8 连接Begin Play→分支→Print String，在In String中输入文本

运行！

从工具栏单击"播放"图标运行程序。"分支"复选框勾选时，Print String中显示出文本；没有勾选时，不显示文本。通过实际勾选复选框来确认动作，就会明白勾选或不勾选状态下所执行的处理不同。

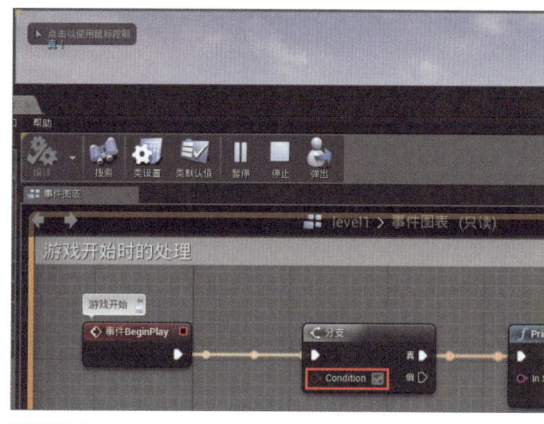

图3-9 "分支"的复选框勾选时，执行Print String并显示出文本

值的比较！

在分支中可将真假值连接到Condition来进行确认。可能有很多用户会问"真假值是如何使用的呢？"。不同于文本和数字，真假值并不是日常生活中经常会用到的值。

接下来使用处理真假值时最为普遍的示例"对值进行比较的表达式"进行说明，对值进行比较的表达式，是将"○○等于××""○○大于××"之类的关系通过表达式来进行确认。

在刚才的程序中添加对值进行比较的处理。右击图表，在出现的菜单中键入"="，从检索出的项目中选择位于"数学"内"整型"项目中的"Equal(integer)"选项。

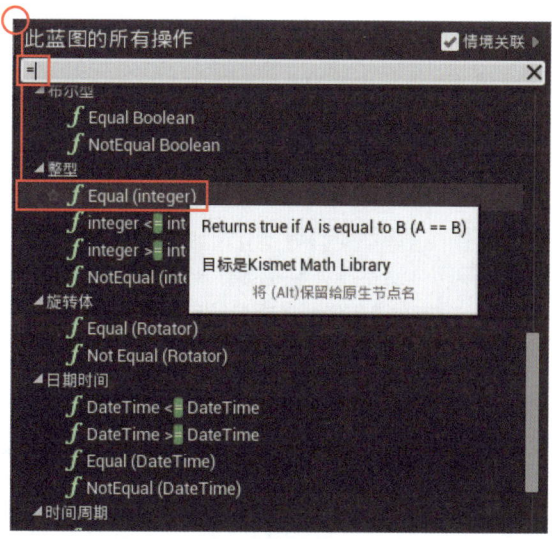

图3-10 选择"Equal(integer)"选项

关于"Equal"节点

刚才创建的节点被称为"Equal"节点,是表示等号(=)的节点。该节点可检查输入的两个值是否相等。蓝图中依据对象值的种类预备有多个"Equal"节点。本次使用的"Equal(integer)"用于比较整数值。

该"Equal"中有两个输入项和一个输出项。

图3-11 "Equal"节点。有2个输入项和1个输出项

两个输入项	用于连接两个比较对象值
输出项	用于将结果以真假值的形式取出。该值为真的话表示两个值相等,为假的话表示两个值不相等

连接到"Equal"节点

接下来进行"Equal"节点的连接。首先,在两个输入项中分别填写相同的数字。

图3-12 在Equal的两个输入项中填入相同的数字

将"Equal"连接到"分支"

接着将"Equal"节点连接到"分支"。拖曳"Equal"的输出项,在"分支"输入项的"Condition"处释放。

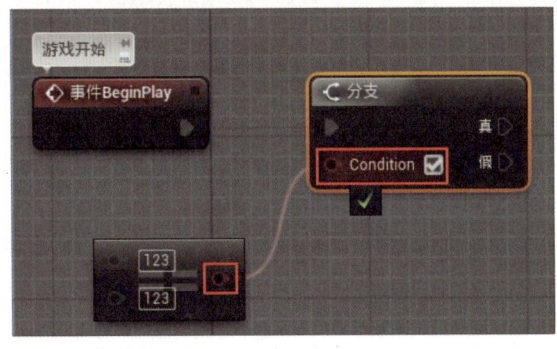

图3-13 通过拖曳&释放将"Equal"节点连接到"分支"

确认创建的节点!

接下来观看做好的程序。单击工具栏的"播放"图标运行程序,程序运行后通过"Equal"来检查两个值,二者相同的话将执行Print String。

如果两个值不同,将不显示文本。我们可以为Equal输入项变更不同的值来确认程序的运行。

图3-14 运行后,如果Equal的两个值相同就会显示出文本

确认值是否为偶数！

接下来使用分支进行一些有实际意义的处理吧。这里我们做一个简单的示例，"检查数字是奇数还是偶数"。

创建变量节点

首先，准备一个变量，用于放入要检查的值。单击"我的蓝图"中"变量"处的"+"标记来创建一个变量，命名为"num"。

图3-15 单击"变量"图标，创建名为"num"的变量

在"细节"面板中进行设置

选择创建的变量"num"，在"细节"面板中将变量类型变更为"整型"。然后单击工具栏的"编译"图标进行编译，在默认值"Num"处填写恰当的数字作为检查对象。

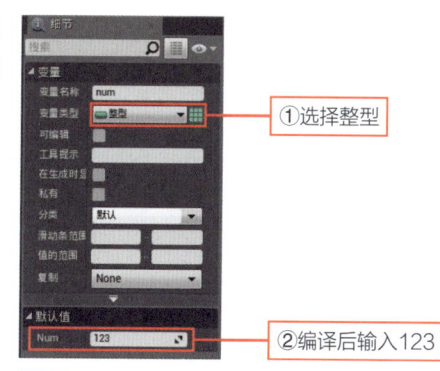

①选择整型
②编译后输入123

图3-16 将变量类型变更为"整型"，填写默认值

选择"添加数学表达式…"选项

右击图表，在出现的菜单中选择"添加数学表达式…"选项，添加数学表达式节点。

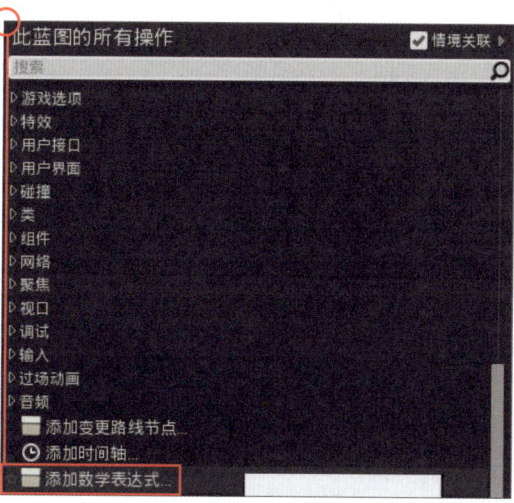

图3-17 选择"添加数学表达式…"选项

输入表达式

创建数学表达式节点后，输入表达式"num%2"，按下Enter或Return键进行确认。该表达式可计算变量num除以2后所得的余数。"%"是计算机的专用语言，是用于计算余数的专有计算符号。

确认表达式后，可看到节点中仅设置了"Return Value"输出项。

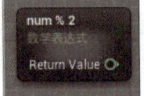

图3-18 设置"num%2"表达式

将数学表达式节点连接至"Equal"

拖曳创建的数学表达式节点的"Return Value"输出项，在"Equal"节点的输入项（两个输入项皆可）处释放即可连接，然后将剩下的另一个输入项的值变更为"0"。

这样，检查"变量num%2"的值是否为零的表达式就完成了。除以2后的余数为零的话则为偶数，不为0的话（为1）则为奇数。

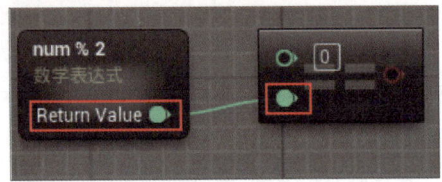

图3-19 将数学表达式连接至Equal

复制Print String

添加"Print String"节点。右击"Print String"，选择"复制"选项进行复制。这样，就有两个"Print String"了。

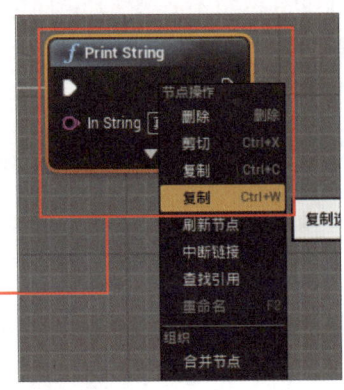

右击节点后，从菜单中选择复制

图3-20 复制Print String

连接Print String并输入值

将复制的"Print String"节点的exec项与"分支"的"假"通过拖曳&释放来连接。这样，"分支"的"真"和"假"就分别与两个"Print String"连接了。

连接后，为两个"Print String"的"In String"重新填写文本。真分支填写"EVEN!!"表示偶数，假分支填写"ODD!!"表示奇数。

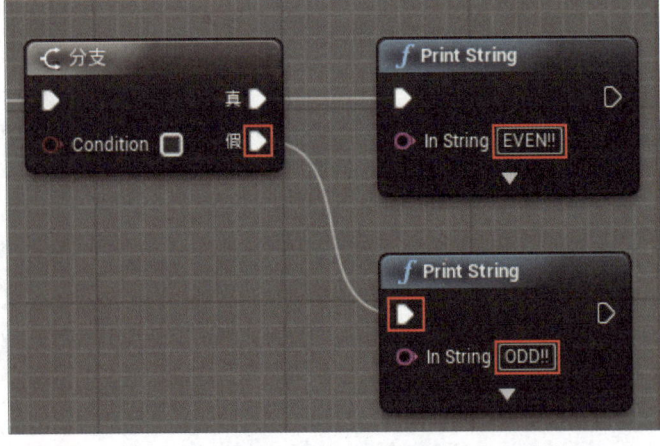

图3-21 将Print String连接至"假"，变更两个Print String的In String

确认节点的连接

至此，程序就完成了。再次确认各节点的连接、设置值。

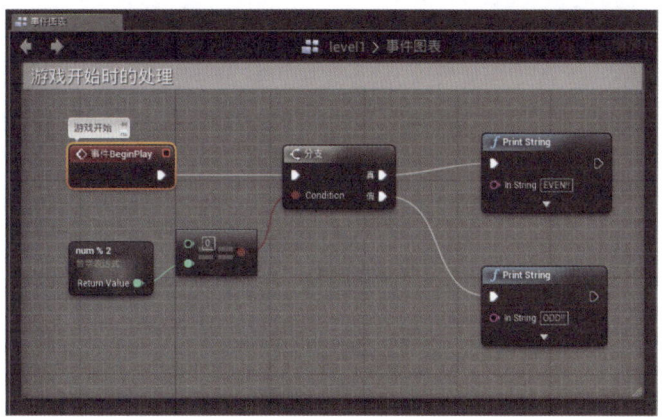

图3-22 完成的程序。仔细检查一下节点的连接

运行！

单击工具栏中的"播放"图标，运行程序。变量num的默认值为偶数的话，显示"EVEN!!"文本；为奇数的话，显示"ODD!!"。我们可以变更变量num的值来确认程序的动作。不论试多少次，都会给出准确的判断。

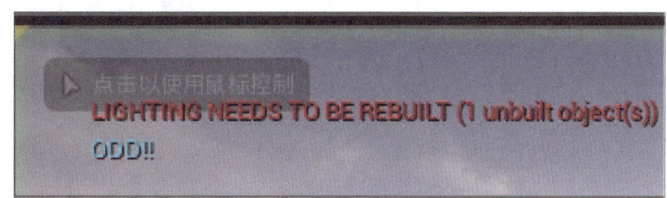

图3-23 运行程序，num为奇数的话文本显示为"ODD!!"

确认程序运行时的图表

用分支这样的流程控制后，就会逐渐难以弄清运行中的程序正在运行哪个节点。若程序更复杂一些，要是弄不清程序在何处转移、如何进行转移，那么程序能否正常动作就更不甚明了了。

事实上，仔细观察蓝图编辑器的图表就会弄清"处理流程"了。播放过程中，将会以动画的形式来展现事件发生后从事件节点至将执行节点的连接。

我们可以通过为变量num变更不同的值来确认画面显示，当前在运行哪个节点就一目了然了，由此程序的动作也不难理解了。今后，制作复杂程序时，可在程序运行时通过确认图表显示来确认"是哪个节点在运行，是如何运行的"。

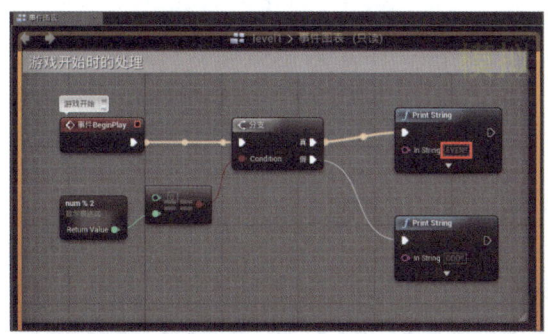

图3-24 变量num为偶数时的图表显示。可以看出真分支的Print String在运行

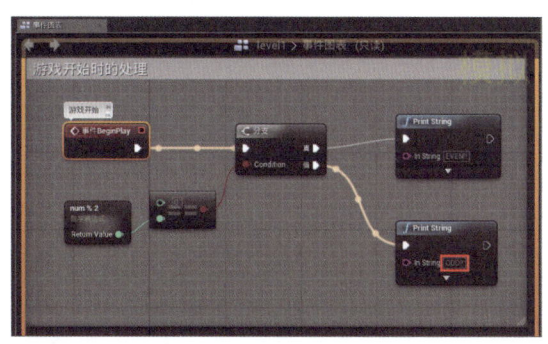

图3-25 变量num为奇数时的图表显示。假分支的Print String在运行

可完成很多转移的"开关"

分支是使用真假值所做的转移,也就是"2选1"的转移。如果想"3选1"的话,分支是无法做到的。

有时会需要这种3个及3个以上的转移。例如,要做一个猜拳程序的话,肯定是需要"石头""剪刀""布"这样三个转移的。

此时,就需要用到"开关(Switch)"转移了。开关的转移数可自行添加。可以添加3个、4个或任何需要的数量。

蓝图中根据要检查的对象值,预备有几类开关节点。分支要确认的只有真假值,而开关需要确认的值或为数字或为字符串,因此它们都需要有各自的节点。

删除不需要的节点

那么,在使用开关前,需删除刚才程序中创建的节点。照例删除"Begin Play""Print String"以外的所有节点。两个"Print String"都保留。

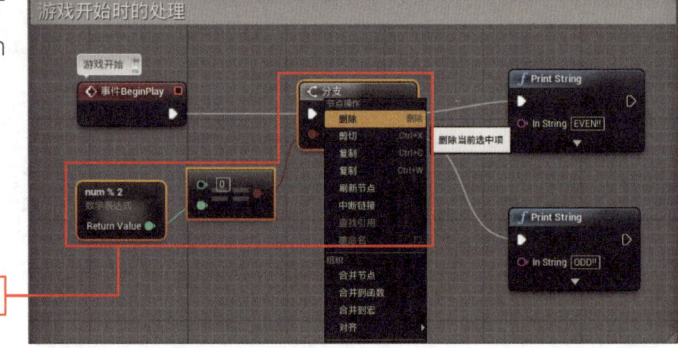

图3-26 选择Begin Play和Print String以外的节点,通过"删除"命令删除

"开启字符串(Switch On String)"节点

接下来,我们尝试使用字符串的开关来制作刚才提到的"猜拳程序"吧(虽说是猜拳,但仅以文字展示)。

创建节点

右击图表,在出现的菜单中键入"switch on"。从检索出的菜单项中选择位于"工具"内的"流程控制(切换)"项中的"开启字符串"选项。

图3-27 选择"开启字符串"选项

关于"开启字符串"节点

已创建的"开启字符串"节点英文名称为"Switch On Switch",意思为"以字符串替换"。也就是说,用字符串的值来进行替换。"开启字符串"节点可以认为是"替换○○"的节点。

"开启字符串"节点中有几个输入输出项,整理如下。

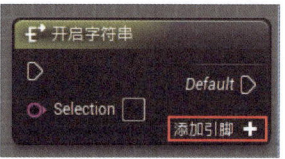

图3-28 开关中有输入输出项及"添加引脚"链接

Selection	用于连接检查对象值。可在旁边的文本框内直接填写文本进行设置。运行时,运行该值和右侧的项
Default	找不到与Selection相同的项时运行
"添加引脚"链接	单击来添加转移输出项。默认状态为没有转移,在此制作转移后才可以使用

创建转移

现在来使用"开启字符串"节点吧。首先,创建转移。单击"添加引脚"链接,在节点中创建输出项目,这里我们用它创建3个项目。

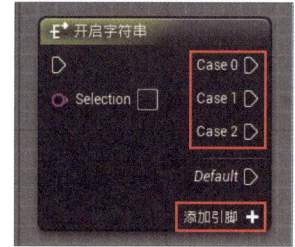

图3-29 单击"添加引脚"创建3个项目

设置引脚的名称

选中"开启字符串"节点,"细节"面板中出现"Pin Names"设置项目。单击▼标记展开,出现"0""1""2"这几个项目,这就是刚才单击"添加引脚"所创建的输出项的名称。

"开启字符串"节点基于"引脚名称"来进行转移。检查Selection的值,如果存在与引脚的名称相同的项,则运行该项。我们来变更一下它们的名称,分别将0、1、2的名称改为"石头""剪刀""布"。

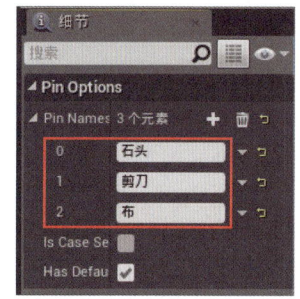

图3-30 分别为Pin Names以猜拳名称命名

创建变量

准备保管猜拳手的变量。单击"我的蓝图"中"变量"处的"+"图标,创建新的变量,命名为"猜拳"。

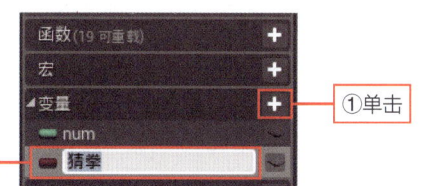

图3-31 创建新的变量,命名为"猜拳"

设置变量类型与默认值

选中创建的变量"猜拳",将"细节"面板中的变量类型变更为"字符串"。然后单击工具栏中的"编译"图标进行编译。

编译后即可在"细节"面板的"默认值"中输入"猜拳"。填写"石头""剪刀""布"中的任意一个。

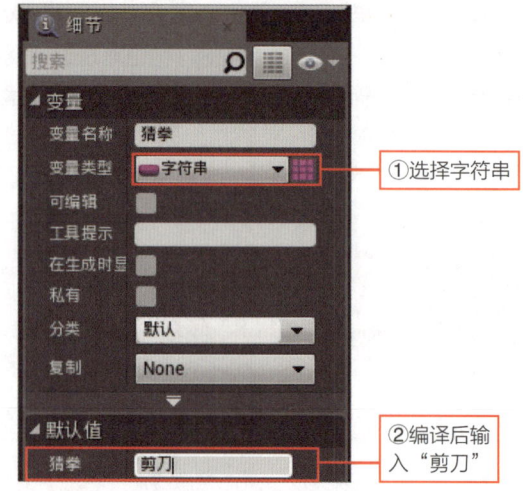

图3-32 变量类型为字符串,输入默认值

创建猜拳节点

创建获得变量"猜拳"值的节点。从"我的蓝图"中将"猜拳"拖曳并释放到图表中,从弹出菜单中选择"获得"选项。

图3-33 将"猜拳"拖曳并释放,选择"获得"选项

将"猜拳"连接到"开启字符串"

从"猜拳"节点的输出项起进行拖曳,至"开启字符串"节点的"Selection"项处释放以连接这两个节点。这样就可以在"开启字符串"节点中检查猜拳变量的值并选择转移。

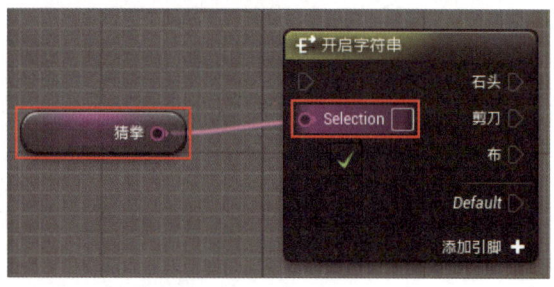

图3-34 将"猜拳"连接到"开启字符串"

再添加一个"Print String",共3个

接下来创建从"开启字符串"节点中转移运行的"Print String"。目前已经有两个"Print String"了,再创建一个即可。

右击两个"Print String"中的任意一个,选择"复制"命令,"Print String"节点增加到3个。

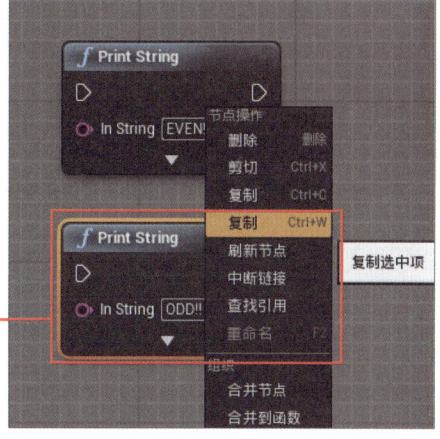

右击节点,从菜单中选择"复制"

图3-35 通过"复制"命令添加到3个Print String

为Print String输入值

为3个"Print String"分别输入各自的值。在"In String"处为猜拳手输入"石头!!""剪刀!!""布!!"。

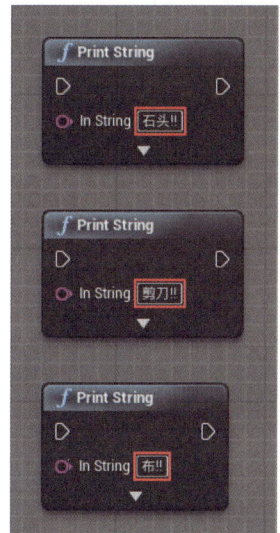

图3-36 为3个Print String分别输入文本

连接"Begin Play"与"开启字符串"

连接准备好的节点。首先,将"Begin Play"的exec输出项拖曳并释放到"开启字符串"的exec输入项处进行连接。这样,发生Begin Play事件后就会运行"开启字符串"节点了。

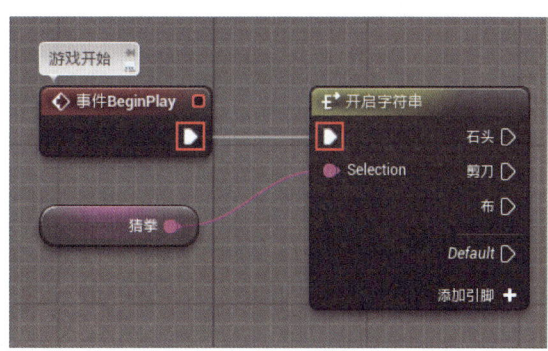

图3-37 将"Begin Play"与"开启字符串"连接

连接"开启字符串"与"Print String"连接

将"开启字符串"节点中创建的3个输出项像分支那样连接到接下来的处理中。为这3个项目分别连接"Print String"的exec输入项。

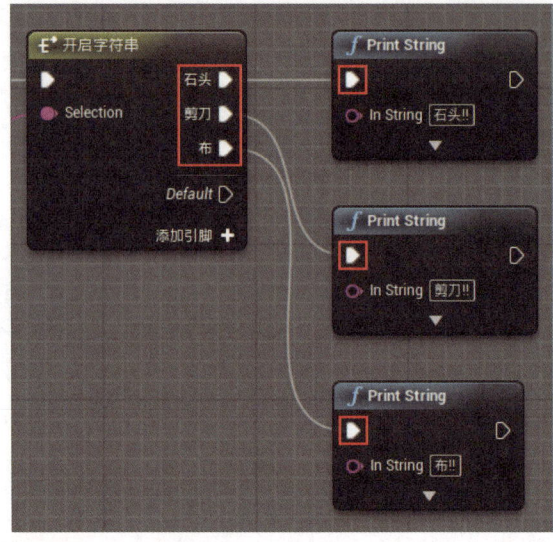

图3-38 为"开启字符串"的3个输出项连接Print String

确认完成的节点！

完成编程，检查一下创建的节点的连接和值。

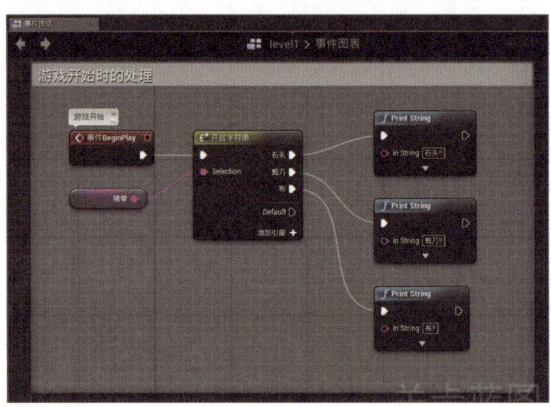

图3-39 完成的程序。确认没有遗漏连接

运行！

单击工具栏中的"播放"图标运行程序，屏幕显示与"猜拳"变量中所设文本相符的信息。

确认显示后，可以试着改写"猜拳"变量的文本并运行程序，便可知变量值改变后，显示出的文本也发生了改变。

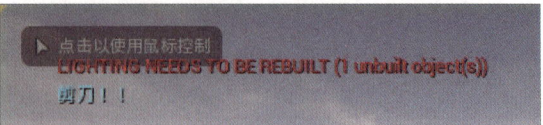

图3-40 运行后，显示出与变量的猜拳手相符的文本

关于Default

尝试多次改写"猜拳"变量的值就会逐渐认识到"开启字符串"节点的功能。其中，比较有趣的一种情况是"找不到值"时所进行的处理。

将变量的值"石头""剪刀""布"都清空，程序将不做任何显示。处理止步于"开启字符串"节点处，不继续运行。

但是，"处理止步不前"的话就麻烦了，如果在"开启字符串"节点后面还有需要进行的处理，可却找不到值，那么程序就会在此终结。

遇到这样的情况，可以使用"开启字符串"中的"Default"。当Selection的值与"开启字符串"节点中所预备的值不匹配时，通过Default便可连接至相关的处理。虽然没有显示为白色五角形，但用它也可以"连接至接下来的处理当中"。

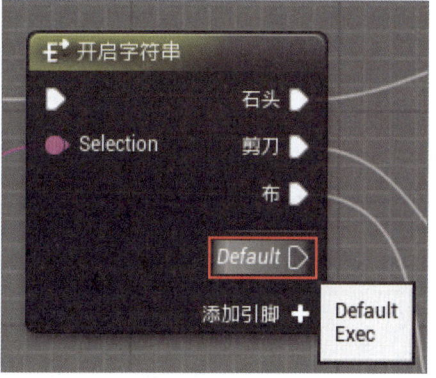
图3-41 Default实际上也是exec输出项

创建修改"猜拳"变量的节点

遇到与任何值都不匹配的情况时，就利用"Default"来创建相关的处理吧。这里，我们将这种情况下的"猜拳"变量的值变更为"石头"。

首先，创建用于设置"猜拳"变量的节点。从"我的蓝图"中将"猜拳"拖曳并释放至图表中，在弹出的菜单中选择"设置"选项。

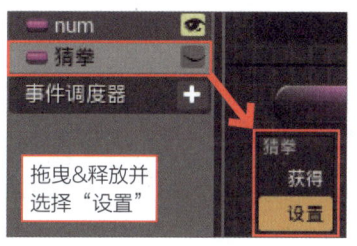
图3-42 创建用于设置猜拳的节点

将"猜拳"的值变更为"石头"

选择位于"猜拳"变量"设置"节点中"猜拳"项处的文本框，输入文本"石头"。

图3-43 将"猜拳"的值修改为"石头"

从"Default"连接至"设置"

现在将"设置"节点连接至"开启字符串"节点的"Default"。拖曳"Default"项到"设置"左侧的exec输入项（输入侧，位于节点的左侧）处释放以连接。

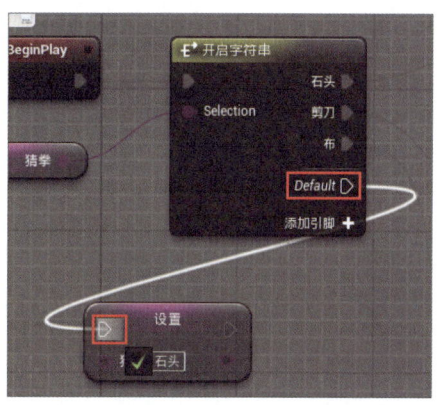
图3-44 将Default连接至"设置"的输入侧

从"设置"返回"开启字符串"

然后，从"设置"的exec输出项起拖曳，至"开启字符串"节点的exec输入项处释放以进行连接。

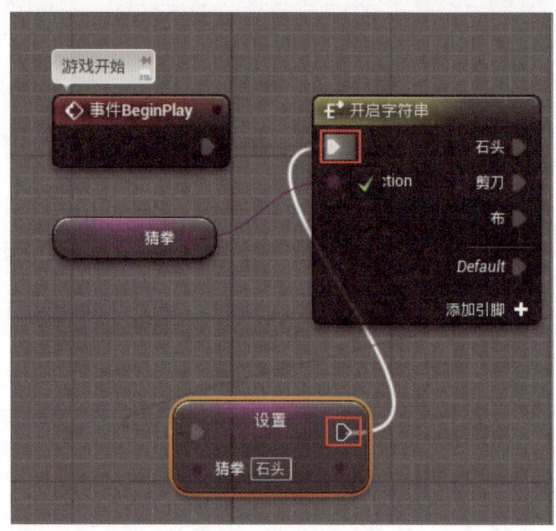

图3-45 连接以使设置再次返回开关

检查节点！

这样，如果"开启字符串"中没有值，就会从Default项进入"设置"，再返回"开启字符串"，以这样的形式连接。检查一下节点的连接吧。

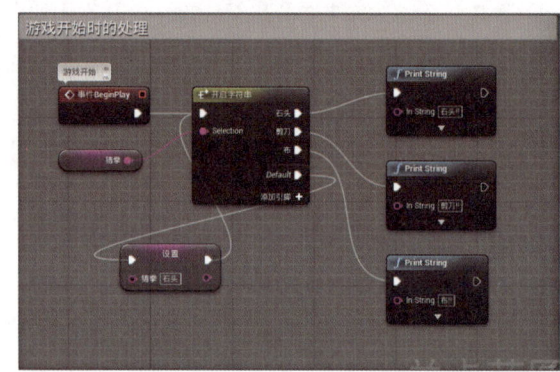

图3-46 完成的程序

运行程序并确认处理流程

适当改写"猜拳"变量的值运行程序。可以看出，指定的文本既不是"剪刀"也不是"布"时，均判定为"石头"。

运行程序后，仔细观察图表中的处理是如何进行的。可以看出处理是以"Begin Play→开启字符串→设置→开启字符串→Print String"两次经过开关这样的流程进行的。

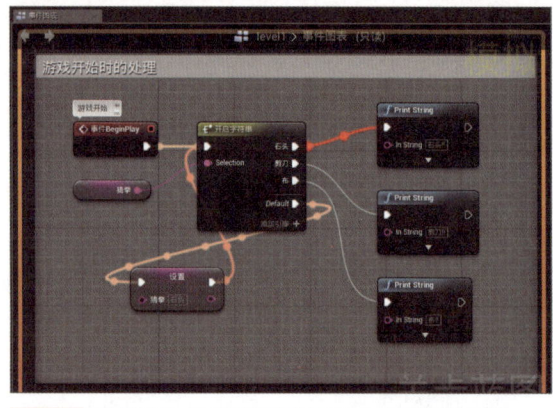

图3-47 观察流程，可以看出经过了两次"开启字符串"

Chapter 3 掌握流程控制！

Section 3-2 循环

循环是用于多次重复执行特定处理的一种流程控制，有多种不同的循环结构。在此集中进行说明。

通过"ForLoop"进行循环

接下来，就另一个流程控制"循环"进行说明。循环，实际上也分为几类，首先从最常使用的"ForLoop"说起。

"ForLoop"是利用"计数器"所具备的计算循环次数功能来进行处理的。例如"计数器由3到5循环"，事先分别指定循环开始时的值和完成时的值，每次循环计数器就像3、4、5这样增长，达到完成时的值时退出循环，进入之后的处理，循环就是以这样的结构进行的。

同样，让我们在实际创建示例的过程中来掌握循环的使用方法吧。

删除不需要的节点

首先删除之前的节点。"Begin Play"、"Print String"都只留下1个，其余的全部选中并删除。

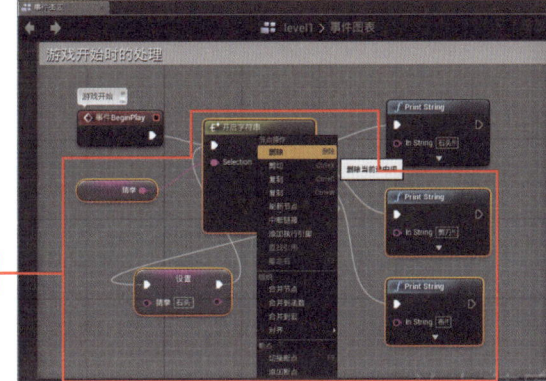

图3-48 "Begin Play"、"Print String"都只留下1个，其余的全部删除

选择"ForLoop"选项

右击图表，在出现的菜单中键入"loop"。从检索出的项目中，选择位于"工具"内"流程控制"中的"ForLoop"选项。

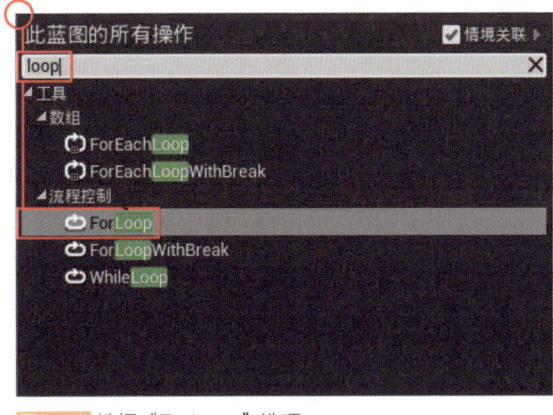

图3-49 选择"ForLoop"选项

关于"ForLoop"节点

创建的"ForLoop"节点中预备有各种输入输出项,首先就各项目进行集中说明。

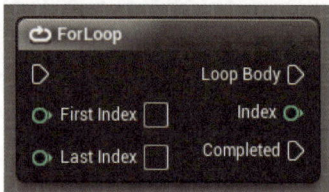

图3-50 ForLoop节点。需对计数器的初始值、结束值、循环处理、下一步进行的处理等进行设置

输入项

exec输入项	位于最上方的白色五角形。用于连接执行处理的顺序
First Index	为计数器设置的初始值。进入该节点后,计数器被设置为该First Index的值
Last Index	计数器的结束值。计数器每循环一次就加1,当达到该Last Index值后,执行完循环处理后直接进入之后的处理中

输出项

Loop Body	用于连接循环所执行的处理。多次执行连接到此处的处理
Index	取出当前计数器的值。想知道是第几次循环时使用
Completed	连接循环完成后的处理。循环结束后,进入连接到此处的处理

设置ForLoop的值

设置"ForLoop"中的项目。将First Index设置为"1",Last Index设置为"5"。

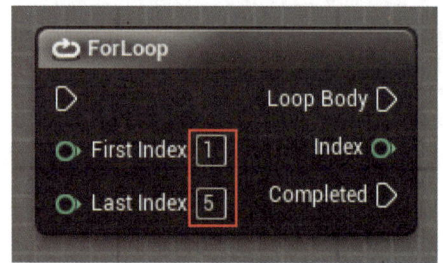

图3-51 为First Index与Last Index设置值

连接文本

为"ForLoop"的循环处理连接"Print String"后就可以显示循环文本了,如果只显示相同的文本未免过于单调,为此我们对循环次数进行检查并显示。

创建Append节点

要实现上述目的,首先需要一个"连接文本"的节点。右击图表,在出现的菜单中键入"append",从检索出的项目中,选择位于"工具"内"字符串"项目中的"Append"选项。

图3-52 选择"Append"选项

关于"Append"节点

所创建的"Append"节点用于将2个文本连接为1个文本。节点左侧有"A""B"两个输入项,右侧为"Return Value"输出项,其作用是将输入项"A""B"文本连接成的1个文本从"Return Value"取出。

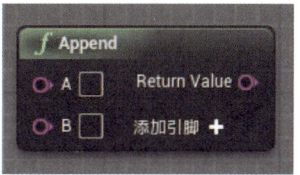

图3-53 Append中有2个输入项和1个输出项

连接"ForLoop"的Index与"Append"的"A"

现在为"Append"连接值。拖曳"ForLoop"的"Index"项,在"Append"的"A"处释放以进行连接。

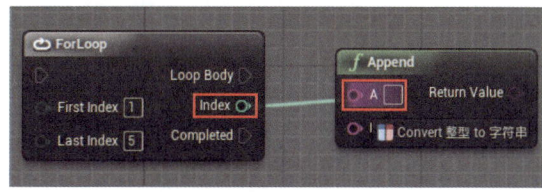

图3-54 将ForLoop连接至Append

在B中填写文本

释放后,照例会自动追加一个用于类型转换的节点。在下方的"B"中填写"time"。这样将会显示"○○time"文本。

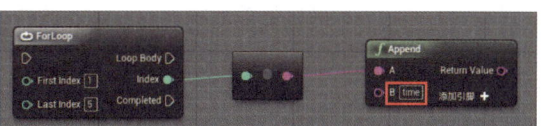

图3-55 在Append的B中填写文本

将"Begin Play"连接至"ForLoop"

连接节点。首先,从"Begin Play"的exec输出项开始拖曳,拖至"ForLoop"的exec输入项处释放以进行连接。这样Begin Play事件发生后,就会调用"ForLoop"。

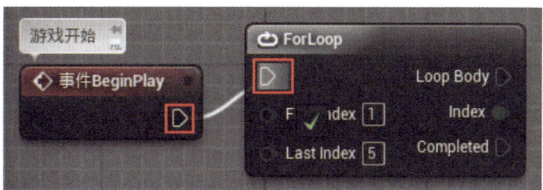

图3-56 将Begin Play连接至ForLoop

将"ForLoop"的Loop Body连接至"Print String"

然后,拖曳"ForLoop"中的"Loop Body"项,在"Print String"的exec输入项处释放以进行连接。这样"Print String"就仅执行"ForLoop"中指定的循环。

图3-57 为Loop Body连接Print String

将"Append"连接至"Print String"

拖曳"Append"的"Return Value",在"Print String"的"In String"处释放。这样就会显示"Append"中生成的信息。

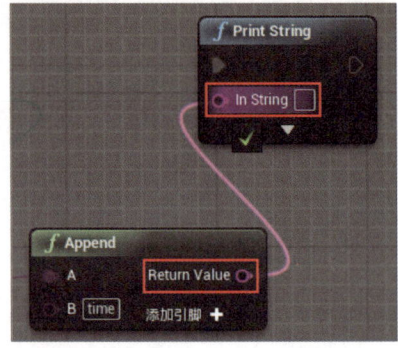

图3-58 从Append到Print String的连接

检查创建的节点!

这样程序就完成了。仔细确认一下节点的连接、所设置的值等是否无误。

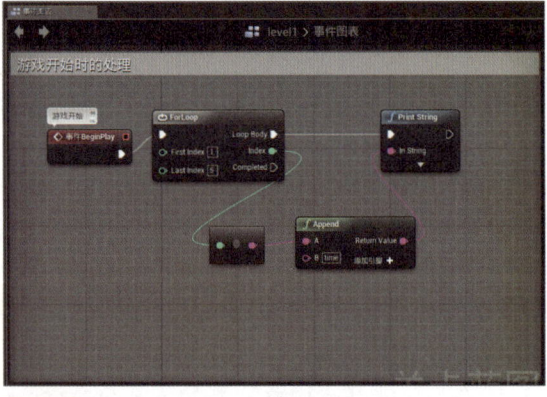

图3-59 完成的程序。确认没有遗漏连接

运行程序!

单击工具栏中的"播放"图标运行程序。运行后,将会显示出"1 time""2 time"直至"5 time"这样的文本。虽说次序上下颠倒,看上去有些别扭,但也不妨碍我们确认Print String的执行。另外,每循环一次值就加1,直至达到Last Index的值时退出循环,这点我们也可以从运行结果中看得很明白。

ForLoop就是随着计数器的值的增加来进行循环的。

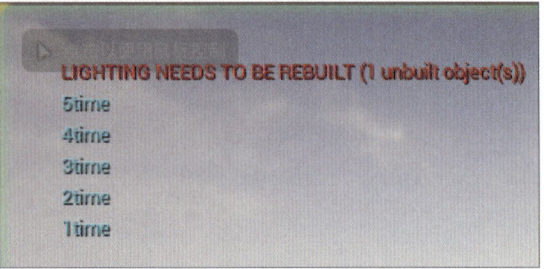

图3-60 运行程序后,Print String仅运行指定的次数

数组与ForEachLoop

循环处理在什么情况下使用呢？虽然它有很多用途，但是用到最多的恐怕还是"数组的处理"吧。

数组是一种特别的值，可对多个值进行集中管理。处理保管于数组中的所有数据时会用到循环，例如利用敌人角色的数组使它们同时动作，可以想象出是什么样的场景吧。

"处理数组中的所有元素"有比ForLoop更合适的循环，即"ForEachLoop"。它是专门处理数组的ForLoop循环。传递数组后，可按顺序从数组中取出值并进行处理。

删除不需要的节点

同样，让我们在使用过程中来了解它的作用吧。首先删除不需要的节点。从图表中，选择刚才创建的"ForLoop""Append"及类型转换节点进行删除，只留下"Begin Play"和"Print String"。

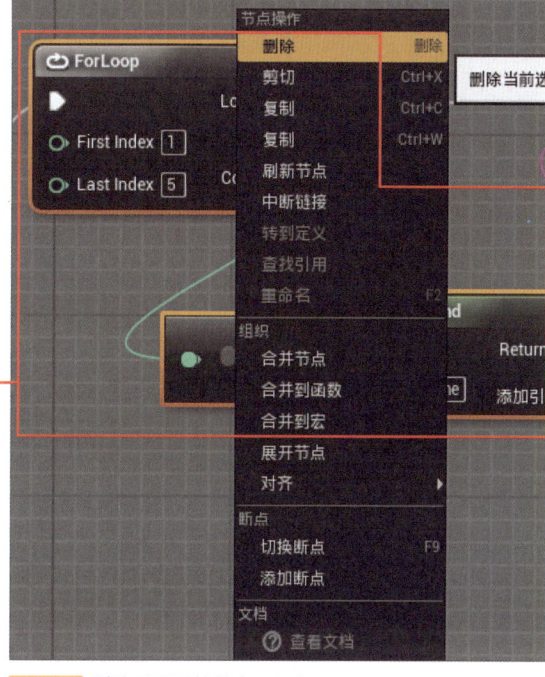

图3-61 删除不需要的节点，只留下Begin Play和Print String

准备数组

现在来准备ForEachLoop中所要用到的数组。单击"我的蓝图"中"变量"处的"+"标记，创建新的变量，命名为"data"。

图3-62 单击"变量"图标，创建新的变量"data"

变更变量类型

选中创建的变量"data",在"细节"面板中将变量类型变更为"整型",单击右侧的数组标记,将变量变更为数组。

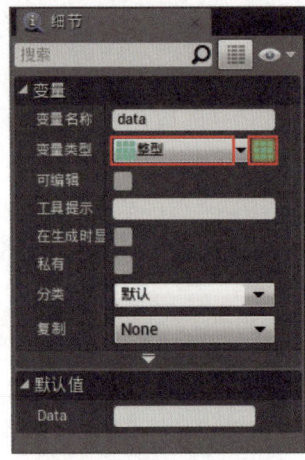

图3-63 将变量类型设置为整型并变更为数组

准备值

单击工具栏中的"编译"图标进行编译,为"细节"面板"默认值"中的"Data"创建值。单击"+"标记添加项目并填写值。示例中我们创建了5个项目,实际操作中并没有数量上的限制。

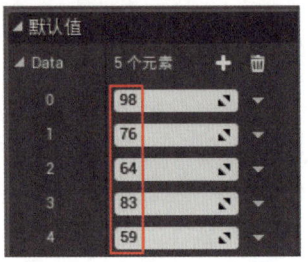

图3-64 添加默认值项并输入值

使用ForEachLoop

创建"ForEachLoop"节点。右击图表,在菜单中键入"foreach"。从检索出的项目中选择位于"工具"内"数组"项目中的"ForEach-Loop"选项。

图3-65 选择"ForEachLoop"选项

关于ForEachLoop

"ForEachLoop"是用于处理数组的专用节点,其输入输出项也是结合数组由ForLoop演变而来的,现整理如下。

输入项

Exec	连接执行处理的顺序
Array	连接要处理的数组

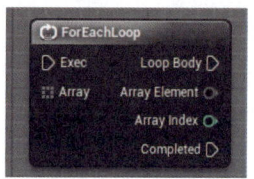

图3-66 ForEachLoop节点。预备有用于处理数组的项目

输出项

Loop Body	将循环处理的内容连接至此以创建处理
Array Element	在ForEachLoop中将以顺序从数组中取出值,所取出的值从此处获得
Array Index	可获得取出值的Index编号
Completed	数组处理全部完成后,用于连接至后续的处理

放置数组节点

为ForEachLoop创建连接。首先将数组节点放置到图表中,从"我的蓝图"中将"data"拖曳并释放到图表中,选择"获得"选项。

图3-67 拖曳并释放"data",选择"获得"选项

将"Data"连接至"ForEachLoop"

拖曳"Data"节点的输出项至"ForEachLoop"的"Array"输入项处释放以进行连接。这样,就可以用ForEachLoop来处理data数组的值了。

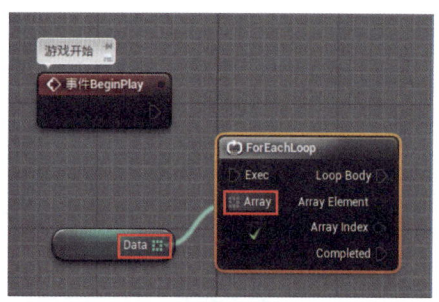

图3-68 将Data连接至ForEachLoop

创建以ForEachLoop进行的循环处理

接下来创建以ForEachLoop进行的循环处理，以计算data数组的平均值为例，思考一下，计算平均值是由2个处理构成的。

- 计算数据的总数。
- 总数除以数据的数量。

使用ForEachLoop，首先来计算data数组的总数，然后将所得的值除以data值的数量来得出平均数。

设置变量节点

首先，创建一个计算总数的处理。先前我们创建了整型变量"num"，将变量与值相加来计算总数。

从"我的蓝图"选择"num"，在"细节"面板的默认值处将"Num"的值变更为"0"。

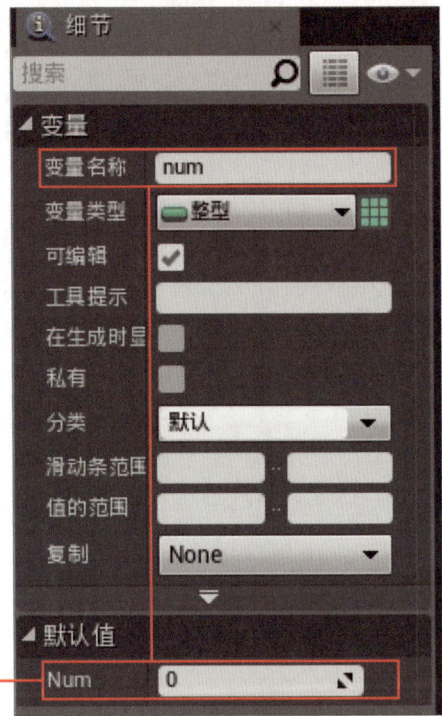

图3-69 将变量num的值设为0

创建变量num的设置节点

从"我的蓝图"拖曳并释放"num"，选择"设置"选项。

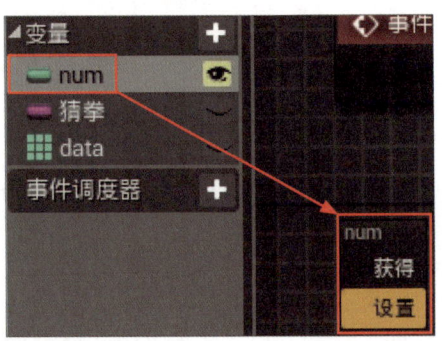

图3-70 拖曳并释放num，选择"设置"选项

变量num的"设置"节点创建完毕

图表中创建了"设置"节点。这样,就可以进行num与数组值的加法运算了。

图3-71 创建好的设置节点。在此处放入加法处理

选择"Integer+Integer"选项

创建加法节点。右击图表,在出现的菜单中键入"+",然后从检索出的项目中选择"integer+integer"选项。

右击,从出现的菜单中进行检索并选择

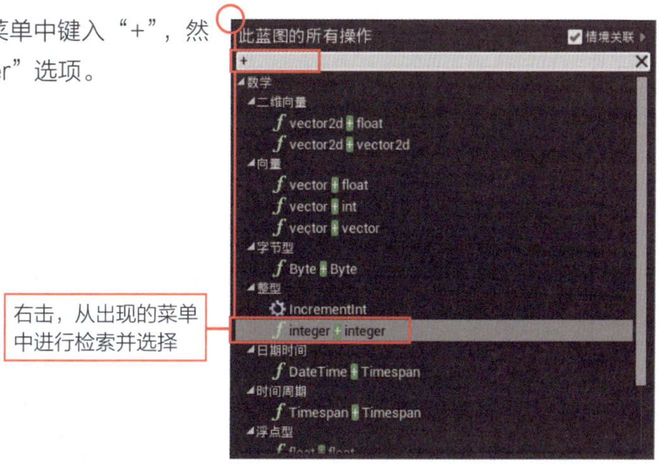

图3-72 选择"integer+integer"选项

创建变量num的"获得"节点

从"我的蓝图"中拖曳并释放"num",选择"获得"选项,创建获得num变量值的节点。

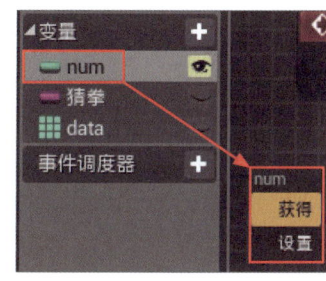

图3-73 拖曳并释放"num",选择"获得"选项

确认所需的节点

至此,循环处理所需的节点就全部创建完成了。我们来确认一下,共包括"ForEachLoop""Num""+""设置"4个节点。将它们连接来创建循环处理。

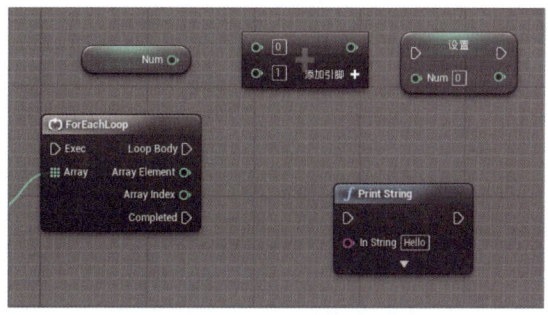

图3-74 准备好的节点。包括循环节点在内需要4个节点

连接节点

现在来连接节点。首先是计算处理，需将3个部位进行连接。按照如下内容进行操作。

- 将"Num"节点连接至"+"节点的任意一个输入项。
- 将"ForEachLoop"的"Array Element"连接至"+"节点的另一个输入项。
- 将"+"节点的输出项连接至"设置"节点的"Num"。

这样就可将变量num与ForEachLoop取出的值相加并设置到变量num中。至此，加法处理就创建完成了。

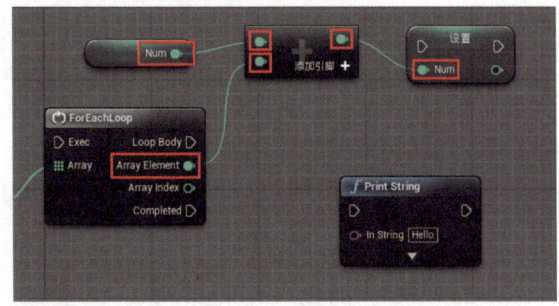

图3-75 将num与Array Element相加，并设置到num中

连接处理流程

然后，连接处理流程（连接exec），这里也需进行3处连接。

- 将"Begin Play"的exec输出项连接至"ForEachLoop"的"Exec"。
- 将"ForEachLoop"的"Loop Body"连接至"设置"的exec输入项。
- 将"ForEachLoop"的"Completed"连接至"Print String"的exec输入项。

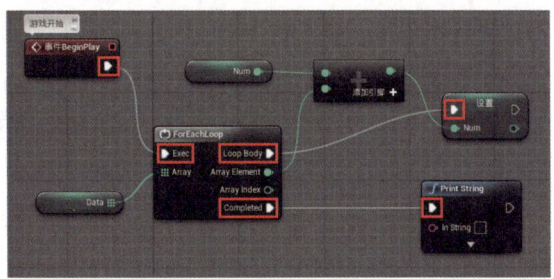

图3-76 连接Begin Play→ForEachLoop→设置、ForEachLoop→Print String这一处理流程

准备Print String的内容

最后来准备通过Print String显示的平均值。总数已经可以从变量num中获得，接下来要进行的是用变量num除以data的元素数量来求得平均值并通过Print String显示。

复制节点

首先，准备获得num变量值的节点。可以使用已有的"Num"，但由于连接变得复杂比较难以分辨，所以再预备1个"Num"。右击，选择"复制"选项进行创建。

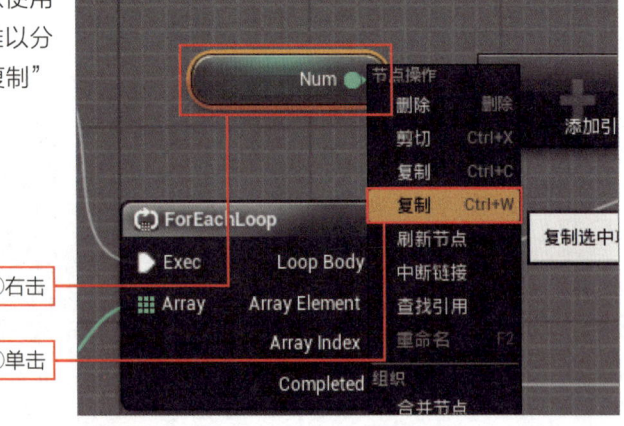

图3-77 右击"Num"并选择"复制"选项

添加"integer/integer"节点

要计算平均值,就需要添加除法运算节点。右击图表,键入"/",从检索出的项目中选择"integer/integer"选项。

右击,从出现的菜单中进行检索并选择

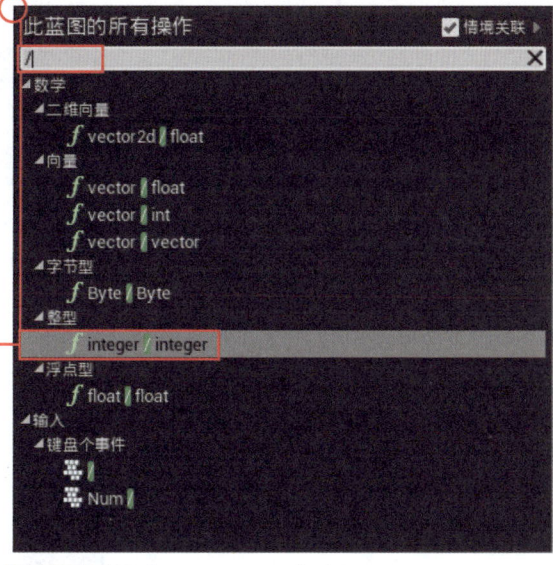

图3-78 选择"integer/integer"选项

创建"Length"节点

创建检查数组元素数量的节点。右击图表,键入"length",找到"工具"内"数组"中的"Length"选项并选择。

右击,从出现的菜单中进行检索并选择

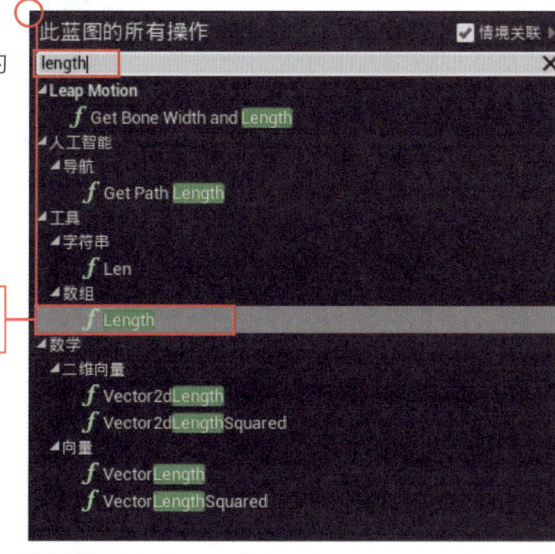

图3-79 选择"Length"选项

计算平均值的节点准备完毕!

这样从总数计算平均值并进行显示的所有节点就都准备好了。所需节点为"Data""LENGTH""Num""÷""Print String"。"Data"使用之前创建的即可。

图3-80 创建的节点。将它们连接以计算平均值

连接以创建计算处理

现在创建计算处理，一共需要连接4处。按如下操作进行。

- 将"Data"连接至"LENGTH"。
- 将"Num"连接至"÷"上方的输入项。
- 将"LENGTH"连接至"÷"下方的输入项。
- 将"÷"连接至"Print String"的"In String"。

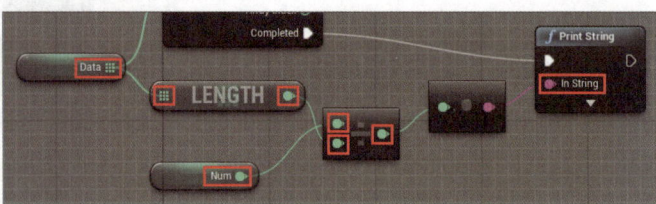

图3-81 创建平均值的计算处理。将4处全部连接。注意，连接至Print String时，会自动添加类型转换节点

确认完成的程序

这样，程序就完成了。这次的程序比较复杂，所以需要仔细确认整体连接是否正确。

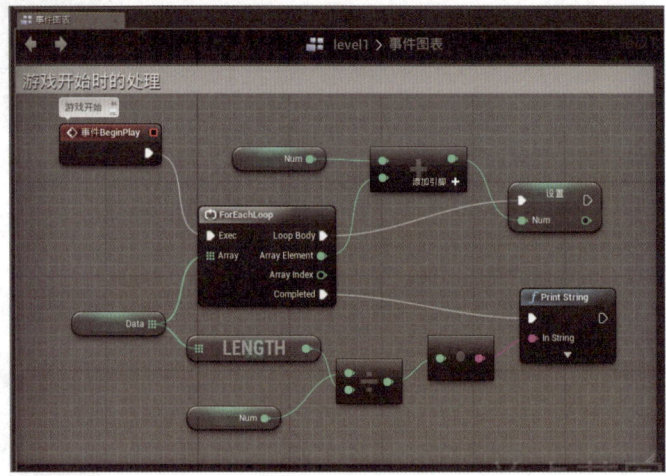

图3-82 完成的程序。确认连接是否有遗漏

运行程序！

单击工具栏中的"播放"图标运行程序。运行后，将计算并显示data数组值的平均值。

该处理的优点在于"不论数组元素的数量有多少，都可以计算出结果"。让我们试着增减data数组"细节"面板中的默认值项来确认程序吧。不论数据有多少都能够准确计算出其总数并求出平均值。

使用ForEachLoop，不论数组元素的数量有多少，都可以将它们全部按顺序取出。我们可以使用数组进行多次尝试，那样就能够体会到它的便利之处了。

图3-83 运行后，计算并显示数组data值的平均值

条件循环"WhileLoop"

循环还包括其他类型，即"通过检查条件来继续循环"。"WhileLoop"中有用于条件检查的输入项，可根据输入项的值来决定是否继续循环。

循环 | 3-2

删除不需要的节点

同样，使用WhileLoop来创建循环。首先，删除之前程序中的节点。从图表中选择"Begin Play"及"Print String"两个节点以外的节点并删除。

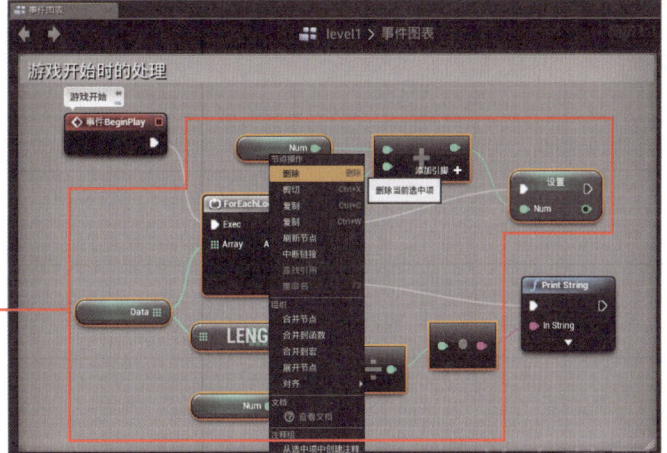

删除不需要的节点

图3-84 选择并删除不需要的节点

选择"WhileLoop"选项

创建"WhileLoop"节点。右击图表，在出现的菜单中键入"while"，仅显示出"工具"内"流量控制"中的"WhileLoop"选项，选择该选项。

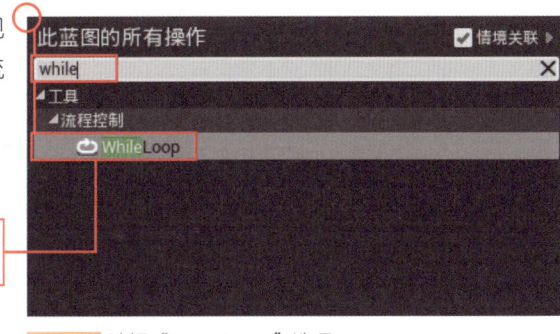

右击，从出现的菜单中进行检索并选择

图3-85 选择"WhileLoop"选项

ⓤ 关于"WhileLoop"

"WhileLoop"节点比之前提到的循环节点要相对简单些。其输入项（不含exec）仅有1个，输出项仅有2个，内容整理如下。

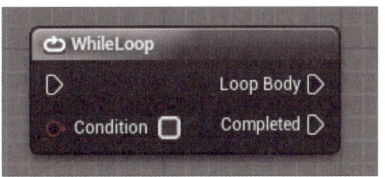

图3-86 WhileLoop节点。条件输入项与2个输出项

输入项

Condition	该项用于检查循环。可连接真假值的值、变量等。每次循环都会检查该Condition，Condition为真则继续进行循环，为假则退出循环

输出项

Loop Body	用于连接循环所执行的处理。Condition为真时执行
Completed	用于连接循环结束后所进行的处理。Condition为假时执行

119

创建判定质数的计算程序

现在我们以"查验某个数字是否为质数"为例来进行编程。还记得什么是"质数"吗？质数就是除了1和此整数自身外没法被其他自然数整除的数。例如：5、7，只能被1和它自身整除，即为质数；6可以被其他数字整除（2或3），所以不是质数。

要查验某个数字是否为质数，人工计算略为麻烦，用计算机就简单多了。总而言之，就是用某个数字依次除以2到该数字之间的所有数字，如果其中有1个数可将它除尽则表明它不是质数。

准备变量

从创建变量开始吧。要查验一个值是否为质数，首先需要为该值创建一个变量，使用之前项目中创建的变量"num"即可。此外，还需要创建另外一个变量，依次进行除法运算时需要一个"用于对数字进行计数的变量"。

准备这2个变量，使用WhileLoop进行"用于对数字进行计数的变量"除以"要查验的值"的运算。该计数变量每循环一次就会像2，3，4……这样加1。使用该计数变量进行除法运算，中途如果有数字可以除尽，则可判定其不为质数。

创建变量counter

首先创建用于计数的变量。单击"我的蓝图"中"变量"里的"+"标记，创建名为"counter"的变量。

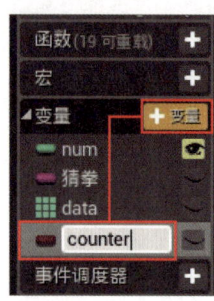

图3-87 创建名为"counter"的变量

对counter进行设置

选择创建的"counter"，在"细节"面板中将变量类型变更为"整型"（非数组）普通变量。因为设置变量类型时可能会沿用之前创建变量时的设置，不留意的话该变量可能就成为整型数组变量了，单击变量类型右端的数组标记，将变量变更为普通变量。

设置好类型后，通过工具栏的"编译"图标进行编译，在"细节"面板的"默认值"处Counter的值变更为"1"。

变更为普通变量后，进行编译并更改默认值

图3-88 设置counter的变量类型与默认值

创建变量flag

还需要再创建1个变量,即通过WhileLoop的Condition所要查验的值。单击"我的蓝图"中"变量"里的"+"标记创建变量,命名为"flag"。

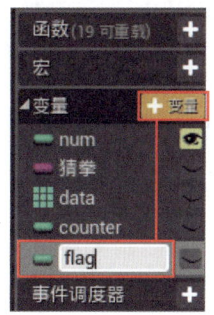

图3-89 创建名为"flag"的变量

对flag进行设置

选择已创建的"flag"变量,在"细节"面板中将变量类型设置为"布尔型",非数组的普通值。通过工具栏的"编译"图标进行编译后,勾选默认值的"Flag"复选框。

变更为布尔型后,进行编译并更改默认值

图3-90 从flag的"细节"面板处设置变量类型与默认值

为WhileLoop创建所需的节点

为WhileLoop循环做必要的准备。首先是变量flag。从"我的蓝图"中将"flag"拖曳并释放至图表中,在出现的菜单中选择"获得"选项。

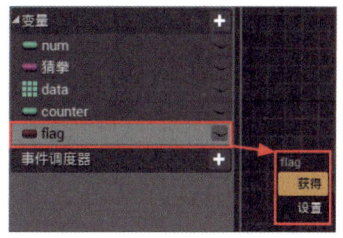

图3-91 拖曳并释放flag,选择"获得"选项

将"Flag"连接到"Condition"

将放置好的"Flag"输出项拖曳并释放到"WhileLoop"的"Condition"处以进行连接。

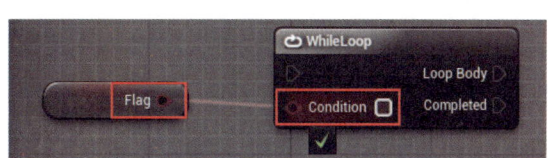

图3-92 将Flag连接到WhileLoop

创建变量counter的加法处理

接下来为WhileLoop计算进行必要的准备。

首先，为计数变量counter作加1处理。这就需要使用counter的设置节点了，从"我的蓝图"中将"counter"拖曳并释放至图表中，选择"设置"选项创建"设置"节点。

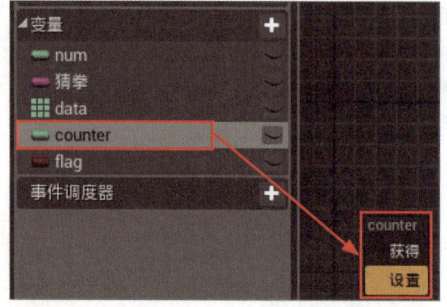

图3-93 拖曳并释放"counter"，选择"设置"选项

创建变量counter的获得节点

然后，创建获得counter值的节点。从"我的蓝图"中将"counter"拖曳并释放至图表中，选择"获得"选项。

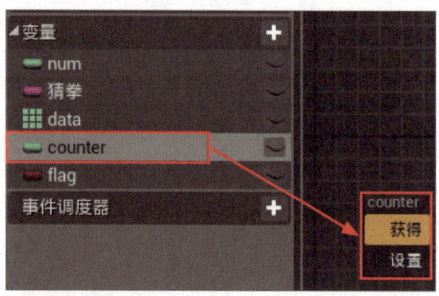

图3-94 拖曳并释放"counter"，选择"获得"选项

创建"integer+integer"

右击图表，键入"+"，从检索出的项目中选择"integer+integer"选项。

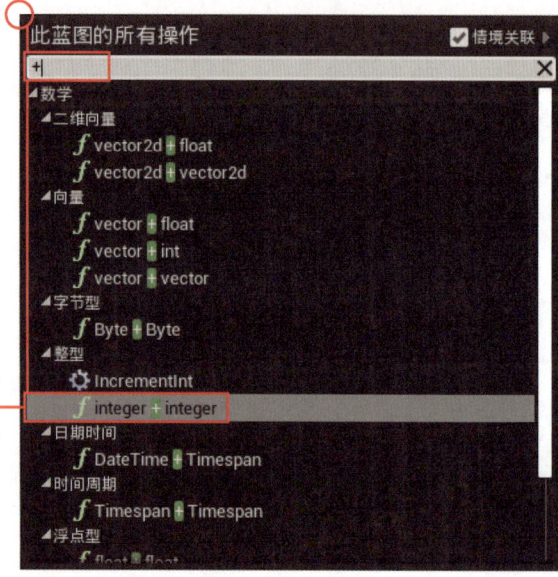

右击，从出现的菜单中进行检索并选择

图3-95 选择"integer+integer"选项

为counter加1的节点创建完成

为counter的值加1所需的节点就创建完成了，共需要3个。

图3-96 共准备3个节点

连接节点

连接节点并进行设置。连接两处节点，并设置一个值。这样就可以进行counter的加1处理了。
- 将"Counter"节点连接至"+"的一个输入项。
- 将"+"的另一个输入项的值变更为"1"。
- 将"+"节点连接至"设置"节点的"Counter"。

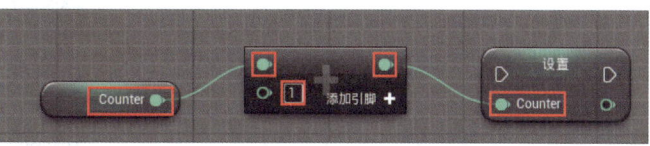

图3-97 连接节点，为"+"设置值

创建处理以查验值是否除尽

接下来，创建一个查验变量num是否能被counter除尽的处理，只要查验num除以counter的余数是否为零就可以了。

首先从计算余数开始。右击图表，在出现的菜单中键入"%"，选择"%(integer)"选项。"%"，之前我们提到过，还有印象吗？对，"%"是用于计算"除法的余数"的。

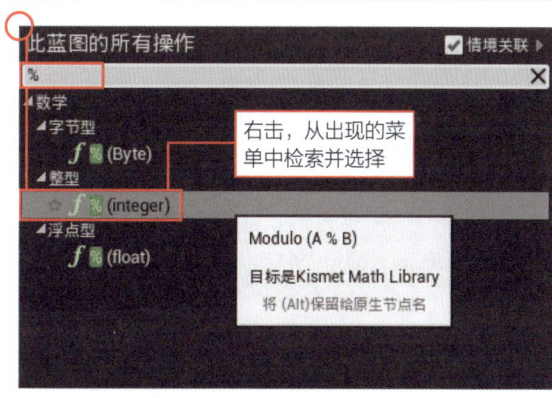

图3-98 右击图表，选择"%(integer)"选项

创建"Num"节点

从"我的蓝图"中拖曳并释放"num"至图表中，选择"获得"选项以创建"Num"节点。

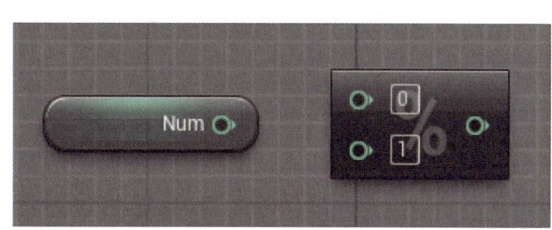

图3-99 放置变量num，创建"Num"节点

选择"NotEqual (integer)"选项

右击图表，键入"="，然后从检索出的菜单中找出并选择"NotEqual (Integer)"选项。该节点用于查验两个值是否不相等，与前面用过的"Equal"节点的作用正好相反。

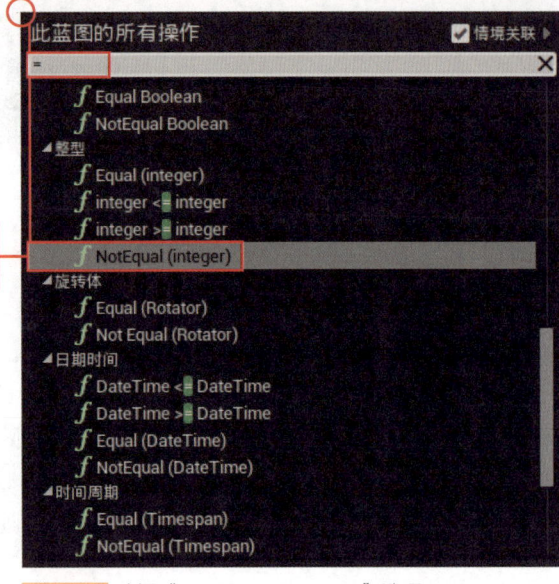

右击，从出现的菜单中检索并选择

图3-100 选择"Not Equal (integer)"选项

连接节点

接下来，连接创建好的节点。这里创建了"Num""%""!="3个节点，加上之前创建的"Counter"节点，连接这4个节点。

- 将之前创建的"Counter"连接到"%"下方的输入项目。
- 将"Num"连接到"%"上方的输入项目。
- 将"%"连接到"!="的任一输入项目。
- 将"!="另一个输入项目的值设为"0"。

这样，判定"Num % Counter"的计算结果是否不为零（"!="用于检查"不等于0"）的表达式就创建完成了。

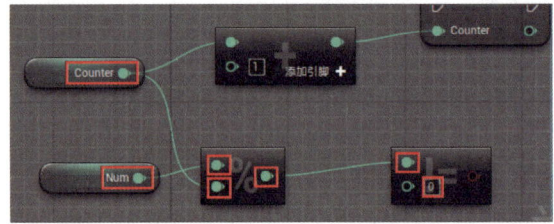

图3-101 连接节点，前面创建的Counter节点也一并使用

根据计算结果进行转移

这样，计算的部分就完成了。接下来，利用计算结果进行处理。若计算结果不为零，将flag变量的值变更为假，创建一个这样的处理。这样，WhileLoop的条件为假，就可以退出循环。

创建分支节点

首先来创建分支节点。右击图表，键入"branch"，选择"分支"选项。

右击，从出现的菜单中检索并选择

图3-102 右击选择"分支"选项

变更变量flag

从"我的蓝图"中将"flag"拖曳并释放至图表中，选择"设置"选项以创建flag的"设置"节点。

图3-103 拖曳并释放flag，创建flag的"设置"节点

连接节点

接下来，通过分支确认除法运算的结果并变更flag，创建这样一个处理。按照如下内容进行连接。
- 将"!="连接至"分支"的"Condition"。
- 将"分支"的"假"连接至flag的"设置"节点。
- 将"设置"连接至"Print String"。
- 将"Print String"的"In String"的值设为"not prime..."。

这样，处理就创建完成了。当"!="式的结果不正确（假）时，就可以将flag变更为OFF（假）并显示信息。

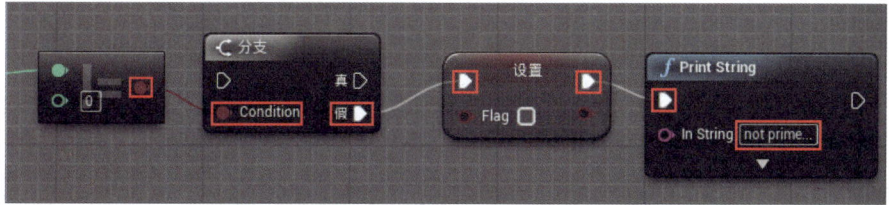

图3-104 连接"!=""分支""设置""Print String"节点

检查counter是否等于num

还需要创建一个计算处理，用于检查变量counter的值是否小于num。若小于，则继续处理；若相等，则结束处理。

复制节点

选择已创建的"分支"及flag的"设置"和"Print String"，右击节点选择"复制"选项，复制这3个节点。

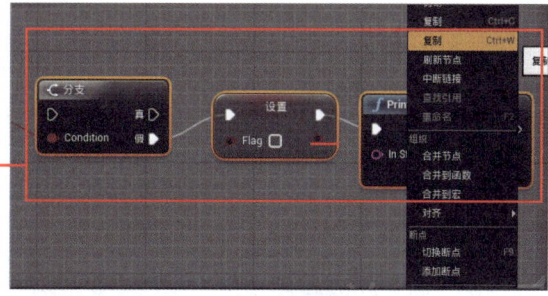

图3-105 复制"分支""设置""Print String"节点

选择"Equal (Integer)"选项

右击图表,键入"=",从检索出的项目中选择"Equal (integer)"选项。

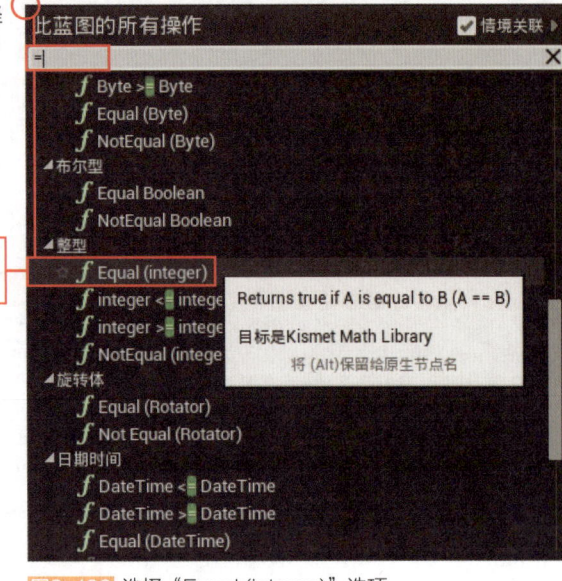

图3-106 选择"Equal (integer)"选项

4个节点准备完成!

这样,"= ="、"分支"、"设置"、"Print String"这4个节点就创建完成了。将它们与已经准备好的节点连接以创建处理。

图3-107 将4个节点和已有节点连接以创建处理

连接节点

现在将准备好的节点连接。因为也会用到已创建的"Counter"和"Num"节点,为了便于连接,调整一下节点的位置。

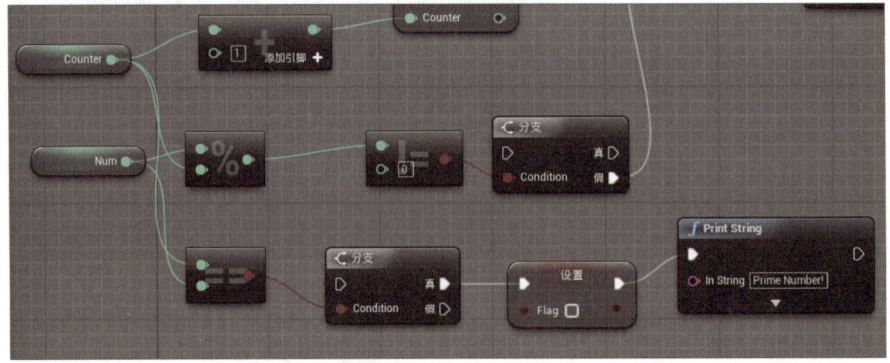

图3-108 连接节点。调整这些节点的位置

- 将已有的"Counter"连接至"= ="的其中一个输入项。
- 将已有的"Num"连接至"= ="的另一个输入项。
- 将"= ="连接至复制的"分支"的"Condition"。
- 将"分支"的"真"连接至复制的"设置"节点。
- 将"设置"连接至"Print String"。
- 将"Print String"的"In String"的值变更为"Prime Number!"。

完成整体程序

所需的节点类就都准备好了。接下来只需要把这些分散创建的处理全部连接就可以完成整体程序了。

连接节点

首先检查创建的节点和已连接好的处理,由于添加了许多节点,所以要仔细确认。

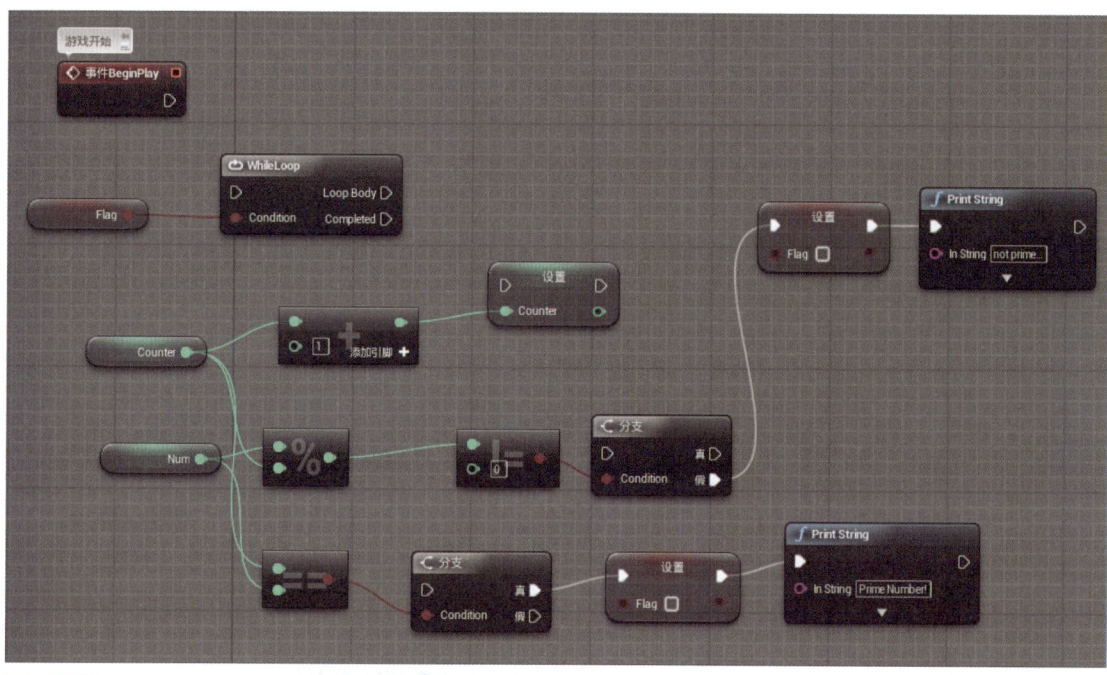

图3-109 目前完成的程序,最后将它们全部连接

连接节点完成程序!

现在来创建节点的处理流程(exec的连接)以完成程序,具体操作内容如下。
- 将"Begin Play"连接至"WhileLoop"。
- 将"WhileLoop"的"Loop Body"连接至"Counter"的"设置"节点。
- 将"Counter"的"设置"节点连接至第2个分支(查验Counter = = Num的分支)。
- 将第2个"分支"的"假"连接至第1个分支(查验num % Counter结果的分支)。

图3-110 将程序连接为一个整体

检查质数的计算流程

重新确认一下完成的程序是如何作用的吧。
- 变量"Flag"为真时，预备有持续循环的"WhileLoop"。
- 进行循环处理。
- 变量Counter的值加1。
- 如果变量Num等于Counter，就已完成对所有数字的检查，变量Flag设为假，显示"质数"这一信息（Flag为假，退出WhileLoop循环）。
- 计算Num除以Counter的余数，预备有查验结果是否为零的算式。
- 查验分支算式的结果。结果为零的话，表示可以除尽，Flag设为假，显示"不是质数"这一信息（Flag为假，退出WhileLoop循环）。

循环过程中执行"为Counter加1""Counter等于Num的话则判定为质数，退出循环""Num除以Counter的余数为零的话则判定不为质数，退出循环"这些内容，理解了这部分内容，就能够大体理解这个程序了。

运行程序！

现在来实际运行一下程序吧。首先，从"我的蓝图"中选择"num"，在"细节"面板中将默认值的值设置为比1大的整数值。然后单击"播放"图标运行程序。如果数字为质数的话显示"Prime Number!"，不为质数的话显示"not prime..."。我们可以尝试为num变更多种值来确认程序动作。

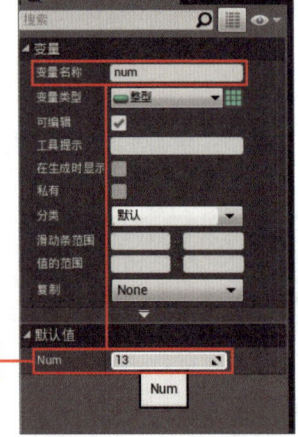

图3-111 输入num值，运行程序，计算该数字是否为质数并显示结果

选择num变更值

Chapter 3 掌握流程控制！

Section 3-3 将程序结构化

当程序变得复杂，就得把一些小的处理按照需要进行妥善组合，这时就需要用到"结构化"技巧。蓝图中为我们预备了多种用于实现结构化组合的结构，下文将对这些结构进行说明。

如何使程序一目了然？

在之前的示例中，我们创建了许多节点。如果不通过拖曳移动图表来进行显示，就无法看到所有的节点。

当节点数量增多，程序开始变得复杂后，就难以像以往那样用"排列节点→连接节点→完成程序"这样的方法来制作程序了。打个比方，试想一百个以上的节点排成一长列，那么把这一长列都连接完该是多么浩大的工程。

那该怎么办呢？答案就是把程序"结构化"。所谓程序，基本上就是把许多小的处理连接起来，形成一个程序整体。如果可以把一个一个的小处理集中到一个节点中，然后把它们组合起来，这样即便节点数量有所增加，也能够让程序整体一目了然。

蓝图中，为我们预备了各种各样的"用于把程序进行结构化组合的结构"，接下来对这些结构进行说明。

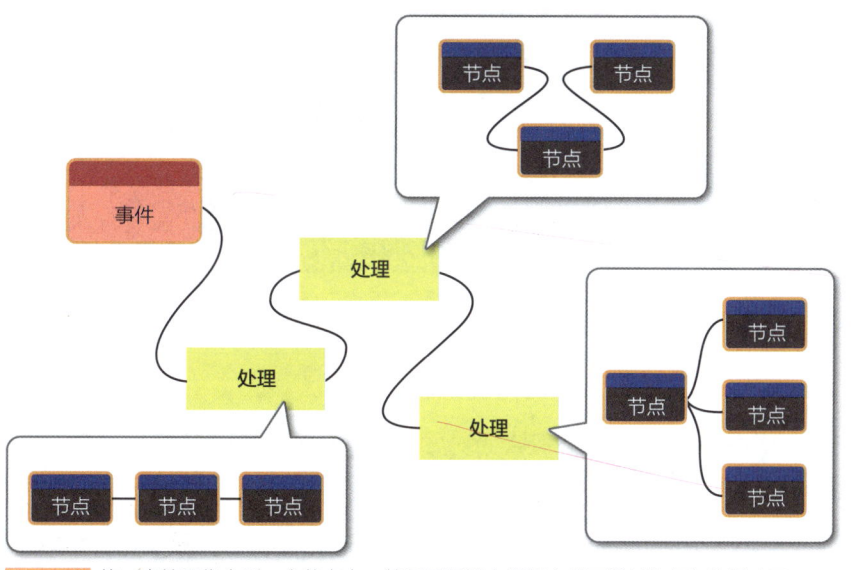

图3-112 将一套处理集中到一个节点中，然后只需把它们组合就可以制作复杂的程序了

合并节点

首先，让我们从"合并节点"做起吧，即把多个节点集中合并到一个节点中。这样，在显示的节点数量增多时，有助于对程序整体进行清晰的整理。

上次在创建WhileLoop示例时添加了大量节点，我们就用这个示例来进行"合并节点"的实际操作吧。

Chapter 3 | 掌握流程控制！

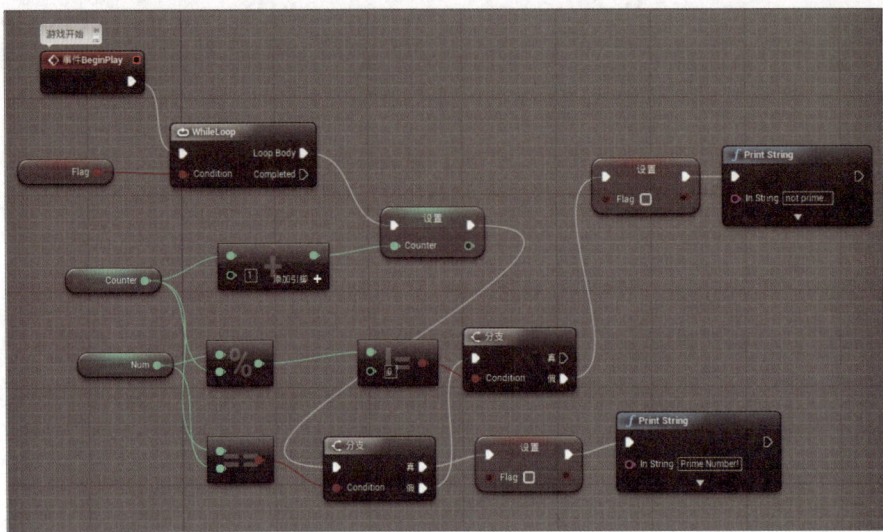

图3-113 将之前完成的程序通过"合并"进行整理

选择要合并的节点

首先，选择要合并的节点。这里我们选择连接于"WhileLoop"节点的Counter "设置"节点之后的节点（不含Counter "设置"节点）。具体来说，共计"2个分支""2个设置""2个Print String"6个节点。

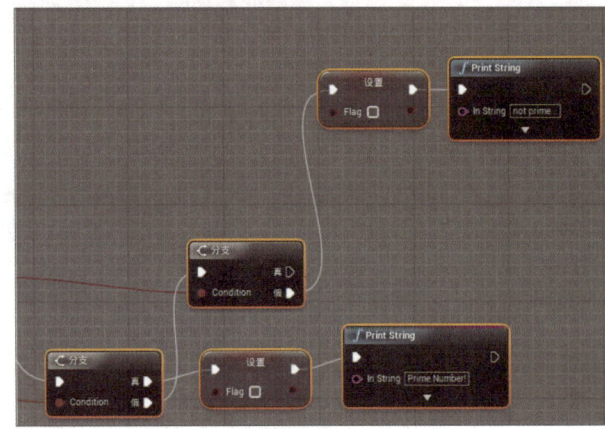

图3-114 选择要合并的所有节点

选择"合并节点"选项

将这些节点合并。右击任一选中的节点，从出现的菜单中选择"合并节点"选项。

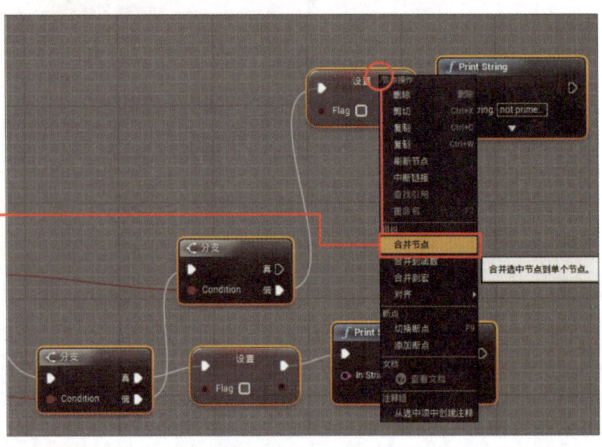

图3-115 右击节点，选择"合并节点"选项

节点合并完毕!

选中的节点消失了,取而代之的是一个名为"CollapseGraph_0"的节点,这就是合并后的节点。暂且保留其默认名称。创建完成后紧接着可能会显示"ERROR",出现这种情况时不必担心,通过"编译"图标进行编译后应该就会消失。

该节点中有"Condition""Condition 2"这2个输入项,连接有之前创建的"counter % num= =0"与"counter = = num"算式的结果。这2个输入项是连接于已合并节点中分支节点的内容,再现了连接于合并节点的内容,并不会出现"合并后,其连接的内容全部断开"这样的情况。

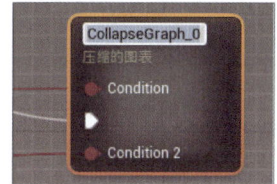

图3-116 合并完毕的节点。仍保持与外部的连接

已合并的节点在哪儿?

那么,已合并的节点在哪儿呢?观察"我的蓝图"中的"事件图表"处便可知,这里添加有刚才创建的"Collapse Graph 0"项目。

前面我们创建数学表达式节点时,这里也显示过相关的项目,事实上那也是自动创建并合并了用于执行数学表达式的节点。

图3-117 "我的蓝图"的"事件图表"处添加有已合并的节点

打开合并的节点

双击打开"我的蓝图"中添加的"Collapse Graph 0",将会打开一个新的图表,其中显示了所创建的节点。一看便知,所合并的那些节点依然原样显示于其中。

在节点的最左侧和右侧,分别有"输入值""输出"节点。输入中有"Condition""Condition2"项,它们连接于两个"分支"的Condition,都是连接于"Collapse Graph 0"节点的值。使用创建于"输入值"中的项目,可接收并利用来自外部传递的值。

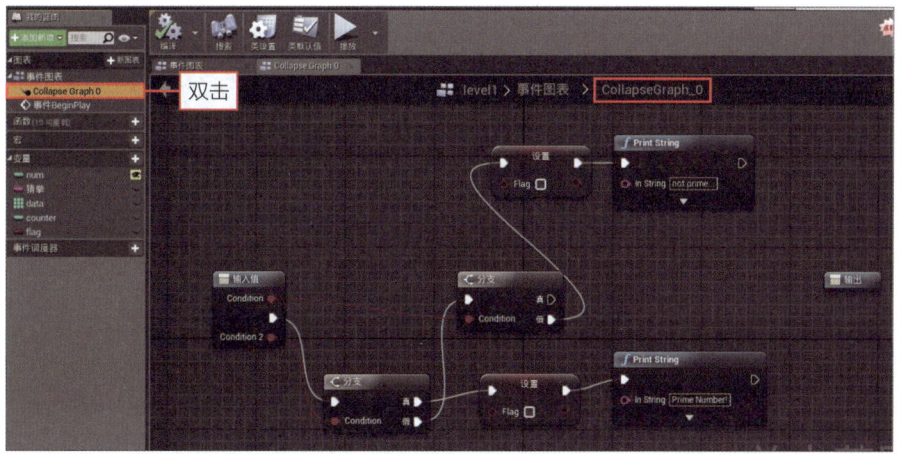

图3-118 打开"Collapse Graph 0"节点后,发现所合并的那些节点依然原样保留

关于合并节点的嵌套

合并功能也可以完成分层组合。也就是说合并的节点中还可以再进行合并,也可以将已合并的节点再进行合并。

用语言说明可能不容易理解,我们来实际操作一下。图表编辑器上方显示有可切换的"事件图表""Collapse Graph 0"选项卡。

单击"事件图表"选项卡标签切换显示。然后,选择除"Begin Play"以外的所有节点,右击节点选择"合并节点"选项。

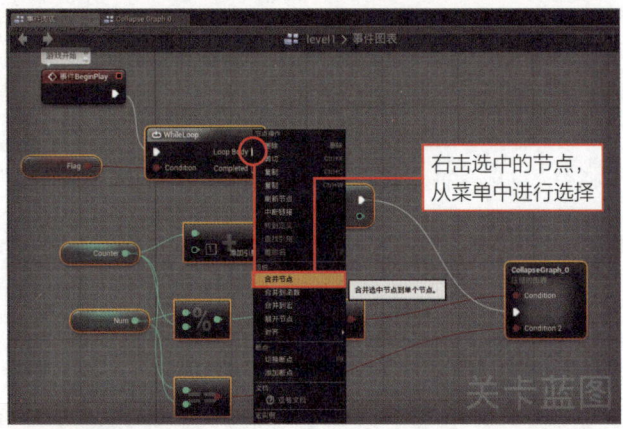

图3-119 切换到"事件图表",选择节点并选择"合并节点"选项

节点被合并

选中的节点被合并为名为"Collapse Graph_1"的节点。将名称变更为"Prime Check"。从"我的蓝图"中可以看出"Prime Check"中列有之前的"Collapse Graph 0"节点。

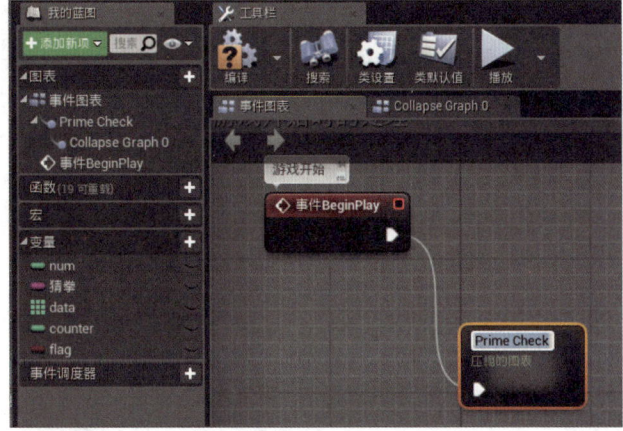

图3-120 命名为"Prime Check"

打开Prime Check

双击打开"我的蓝图"处的"Prime Check",刚才合并的节点就原样显示出来了,其中包括"Collapse Graph 0"节点,这其中又包括一开始合并的节点类。Prime Check中列有Collapse Graph 0,它们形成了嵌套结构。

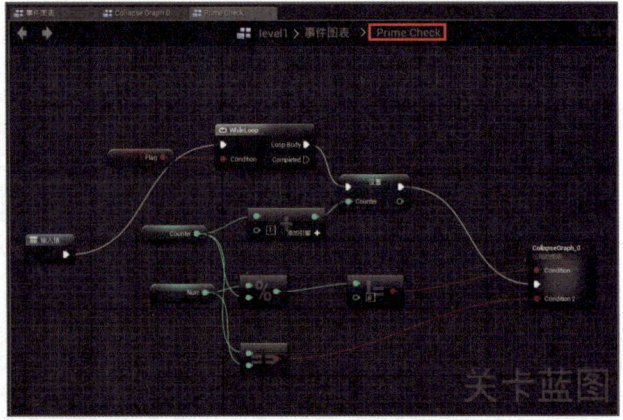

图3-121 打开Prime Check,其中包含有已合并的节点,而且还列有Collapse Graph 0

宏与函数

"节点的合并"有助于对杂乱的节点进行有序整理。但是,节点并不会比整理前变得更便利,仅限于将它们合并得更小,功能还是保持不变的。

"将执行某个处理的节点集中到一个节点中",并不只是解决显示位置的问题,"使集中处理具有通用性"也是尤为重要的。

例如,就之前的"判定质数,显示结果"程序来说,在我们编程的过程中,如果随时随地都可以对"判定质数"部分进行调用,那么它的通用性就提高了。当在程序的某处需要创建查验质数处理时就会非常方便了。

重要的是"某个处理,各处都可以对其进行调用及利用",而靠"节点合并"是无法达成的,那么,如何实现呢?答案就是使用"宏"与"函数"功能。

通过"宏"与"函数"可将执行某个处理的节点集中到一个节点中,并可随时随地对其进行使用。为什么需要两种?因为二者的作用是不同的。

宏

用于创建要执行的某个处理。可具备输入项和输出项,但却不包括exec输入输出项(即用于连接到下一步将执行内容的项目)。可在构建一些小处理时使用,比如接收某个值并进行处理,或将处理的结果传递到其他节点。

函数

函数与宏一样,预备有输入输出项,并利用它们执行处理。与宏不同的是,函数具有exec输入输出项。按顺序进行处理时,可将该函数连接至接下来要进行的处理中。

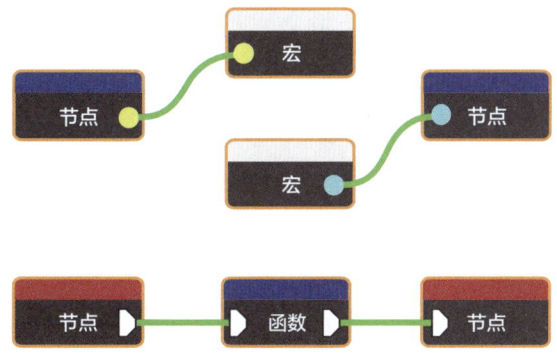

图3-122 宏可以接收来自其他节点的值,或传递值并进行处理。函数可以连接exec项并按顺序执行处理

创建宏

现在来创建宏。单击"我的蓝图"的"宏"处的"+"标记来创建。单击后,一个名为"新建宏_0"的宏就创建好了。这里,将它命名为"calc"。

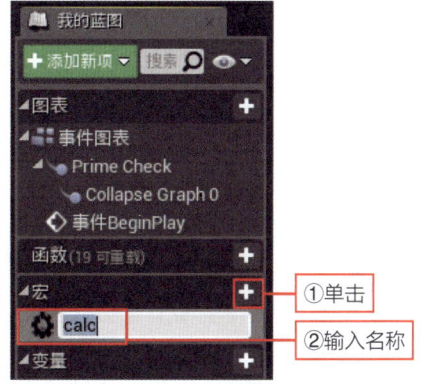

图3-123 单击"+"图标,将创建好的宏命名为"calc"

宏编辑器

宏创建后，会自动打开图表编辑器。默认只有"输入值"和"输出"这两个项目，用于将外部的值传递给宏，或将宏的计算结果等传递到外部。

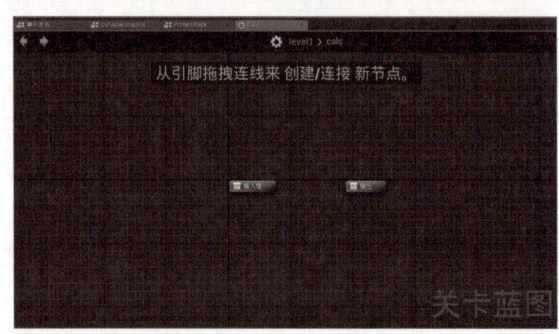

图3-124 已创建宏的图表。包括输入值和输出节点

关于宏的"细节"面板

从"我的蓝图"中选择"calc"宏，"细节"面板中将显示出宏的设置项目。"图表"项中有描述、分类等项，这些我们现在还不需要了解。

重要的是位于下方的"输入值"和"输出"，它们用于接收来自宏外部的值或将值传递给外部。

图3-125 宏的"细节"面板。在"输入值"和"输出"中可以创建与外部进行交换的项目

创建输入输出项

接下来，我们来制作一个简单的计算宏吧，即取值、计算、传递结果，这样一个简单的示例。首先，创建输入输出项。单击"细节"面板中"输入值"处的"新"按钮，新项目就创建好了。

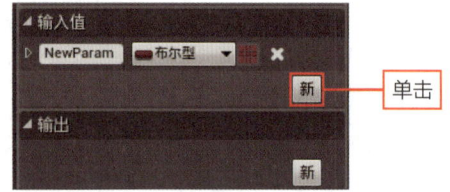

图3-126 单击"新"按钮，创建一个输入值

设置输入值项目

对输入项目进行设置。首先，将名称改为"number"。然后单击右侧的值的类型，选择"整型"选项。这样，一个接收整数值的number输入值项就创建完成了。

顺便说一下，单击左端的▼标记，还会显示出"默认值""通过引用传递"设置项。省略值的接收时，可在此处对默认值等进行设置。这次不会特别用到，所以不必进行设置。

图3-127 对创建的输入值进行设置

创建输出项目

接下来是输出项。单击"细节"面板中"输出"处的"新"按钮来创建新的输出项。与输入项同样，进行如下设置。

名称	Return Value
值的类型	整型

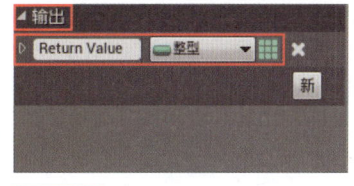

图3-128 创建输出项目，进行设置

为宏图表创建处理

创建好输入输出项后，返回宏的图表编辑器中。可以看到，此处的"输入值""输出"中已分别添加了刚才创建的输入输出项。

图3-129 图表中已添加了输入输出项

选择"添加数学表达式..."选项

现在来创建计算值的处理。右击宏图表，选择"添加数学表达式..."选项。

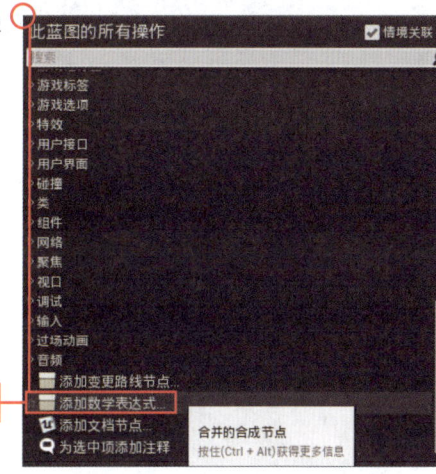

图3-130 选择"添加数学表达式..."选项

设置数学表达式

数学表达式节点创建后，输入要执行的算式。键入"n*1.08"，按下Enter或Return键，将算式反映至节点。

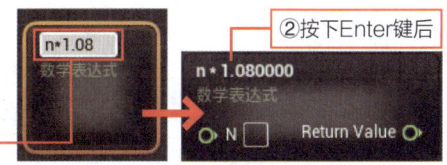

图3-131 在数学表达式节点中输入算式并确定

连接节点

接下来，连接节点。将"输入值"节点的"Number"连接到数学表达式节点的"N"，然后将数学表达式节点的"Return Value"连接到"输出"节点的"Return Value"。连接时，将分别插入将整型转换为浮点型的类型转换节点。因为数学表达式中输入项与输出项的值都为浮点型，所以需要从整型转换为浮点型。

创建后，从图表编辑器的选项卡中将"事件图表"以外的选项卡全部关闭。

图3-132 连接3个节点。连接过程中会自动生成类型转换节点

Column

在宏内使用数学表达式会导致程序强制终止？

示例中通过添加数学表达式节点来创建程序，用该方法（在宏中放置数学表达式节点并利用）创建程序时，有的环境下在保存时会强制终止程序，也确实存在这种现象。

如果保存或运行时也遇到这种现象时，可以不使用数学表达式，而是通过"×"节点创建乘法运算来进行编程。

图3-133 强制终止时，不使用数学表达式而是设置"×"，用它乘以"1.08"来进行连接

删除Prime Check

返回"事件图表"图表编辑器后，删除其中的"Prime Check"节点。删除后，"我的蓝图"中的"Prime Check"项也被删除了。另外，可在"Prime Check"中使用的"Collaspe Graph 0"也被删除了。

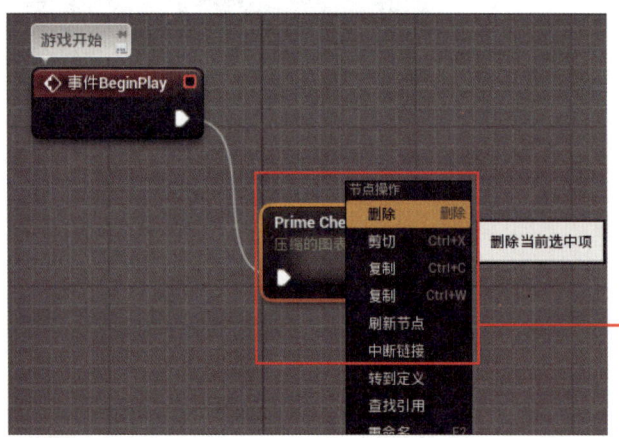

图3-134 删除Prime Check节点

放置"calc"宏

使用创建的"calc"宏,从"我的蓝图"中将"calc"拖曳并释放至图表中进行放置。

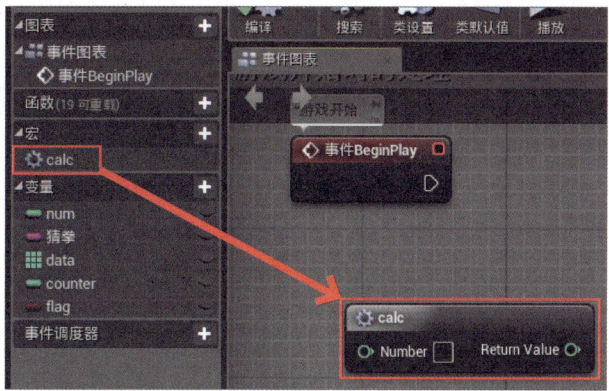

图3-135 拖曳并释放calc以放置

创建"Print String"

准备用于显示结果的"Print String"节点。右击图表,键入"print",从检索出的项目中选择"Print String"选项。

右击,从出现的菜单中检索并选择

图3-136 选择"Print String"选项

连接节点

连接放置好的节点来完成程序。这里我们进行如下连接和设置。

- 将"Begin Play"的exec输出连接至"Print String"的exec输入。
- 为"calc"节点的"Number"设置合适的值。
- 将"calc"的"Return Value"连接至"Print String"的"In String"。

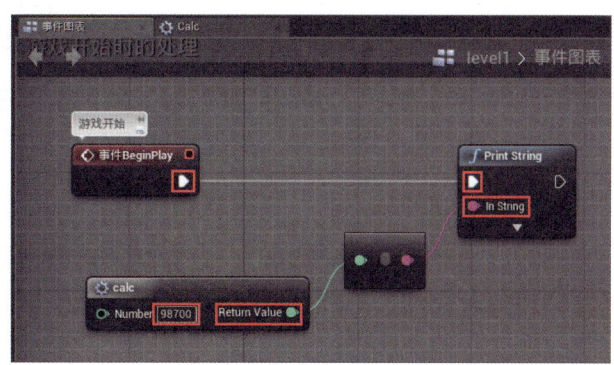

图3-137 连接节点,完成程序

运行！

运行程序。通过工具栏的"播放"图标运行程序，运行后将会计算出设置于"calc"节点Number中金额的含消费税价格并显示。可知通过"calc"可以准确得出计算结果。

图3-138 运行后显示出含税金额

创建函数！

宏有助于对错综复杂的计算等进行集中处理，但它并不是万能的。例如，"计算数组的总和"这样的处理是无法用宏来创建的。为什么呢？因为在宏中无法使用流程控制。

在宏图表中无法创建流程处理。使用分支、循环等进行复杂处理时，必须要指定处理流程并连接节点，像这样集中进行包含流程控制等的复杂处理时，就轮到"函数"出场了。

函数可以通过单击"我的蓝图"中"函数"项目处的"+"标记来创建。

创建函数

来着手创建函数吧，将其命名为"Total"。另外，名称的第1个字母会自动变为大写。即使输入"total"最后也会自动变为"Total"。

图3-139 单击"+"图标，创建名为"Total"的函数

打开函数图表

函数创建后，会自动打开函数图表编辑器。其中仅创建了一个"Total"节点，这是Total函数处理的开始位置。

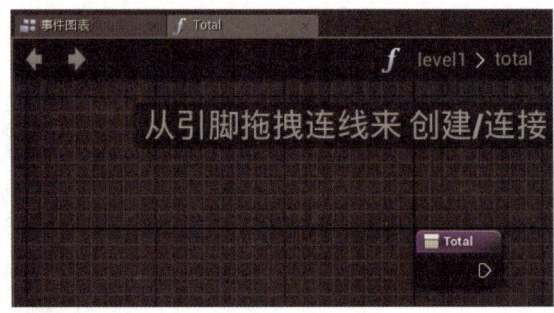

图3-140 函数图表。仅预备了一个函数节点

关于函数的"细节"面板

选中创建的"Total"函数,"细节"面板中将会显示函数的细项设置。与宏基本上相同,也有输入值、输出项目,可以在这里创建用于与外部进行交换的项目。

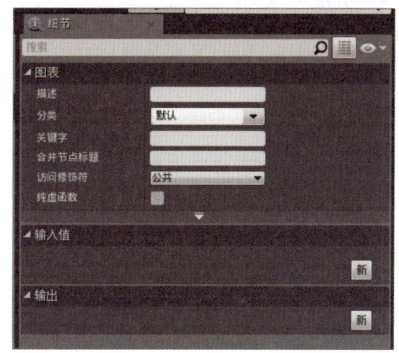

图3-141 函数的"细节"面板。在"输入值"、"输出"处创建与外部进行交换的项目

为函数创建输入输出项

现在,来创建函数的输入输出项。这次我们要创建的处理是:数组的传递和总和的计算,最后返回。

创建新输入项

单击"细节"面板中"输入值"处的"新"按钮,创建新的项目。

图3-142 单击"输入值"处的"新"按钮,创建一个项目

对项目进行设置

对创建的项目进行设置,设置方法与宏的设置方法基本相同,这里就不赘述了。

名称	变更为"Data"
值的类型	变更为"整型"
数组	单击右侧的数组标记,变更为数组

图3-143 变更已创建项目的名称与类型,并设置为数组

创建输出项

接着,创建输出项。单击"输出"处的"新"按钮,创建新的项目并进行如下设置。

图3-144 创建输出项并进行设置

名称	变更为"Return Value"
值的类型	变更为"整型"
数组	如果创建好时为数组状态，可单击右侧标记，变更为普通值

使用局部变量

这样，输入输出项就创建完成了。接下来，只需要放置节点即可。在此之前，需要思考一个关于"变量"的问题。

我们要计算数组中值的总和并进行显示，这就需要用到循环，将从数组中取出的值与变量相加。因此，还需要准备一个变量。

可能有的用户会问，之前的程序中不是已经有"num"这样的变量了吗？用它们不就好了。我们这里不使用这些已有的变量，为什么呢？因为这些变量可能正在别的位置被使用，如果我们随便使用这些有他用的变量，可能会导致程序无法正常运行。

在函数中可以创建复杂的处理，也一定需要用到变量。然而，这里使用的并不是还有其他用处的变量，而是"局部变量"。

局部变量指的是只可以在某个函数中使用的变量，在函数外不可以使用。因此，可以放心无虞地进行使用。

打开函数图表时，会发现"我的蓝图"中变量的最下方增加了一个"局部变量"项。在这里可以创建仅可在该函数中使用的特别变量。

图3-145 函数图表状态下，"我的蓝图"中预备有"局部变量"项

创建局部变量

创建计算中要使用的局部变量。单击"我的蓝图"的"局部变量"处的"+"标记，创建新的变量，命名为"total_number"。

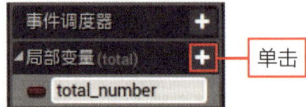

图3-146 单击局部变量的"+"标记创建新的变量

设置变量

选中已创建的变量"total_number"，在"细节"面板中对变量进行如下设置。

变量类型	从菜单中选择"整型"
数组	如果创建好时为数组状态，可单击右侧标记，变更为普通值

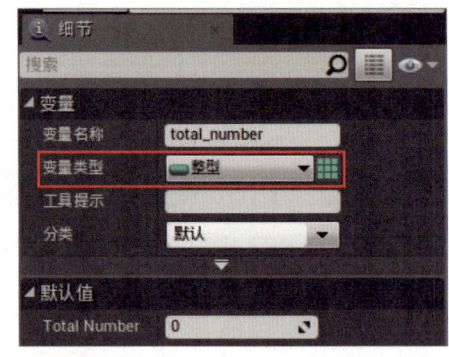

图3-147 对创建的局部变量进行设置

创建计算处理

接下来,放置节点并创建计算处理。观察函数图表编辑器,会发现先前图表中只有1个"Total"节点,现在又增加了一个"返回节点"节点,并且这两个节点的exec项已处于连接状态。

"返回节点"是在为函数创建输出项时自动生成的。另外,还可以看出之前创建的输入输出项也已添加到"Total"与"返回节点"中。对输入输出项进行不同的设置时,这些节点的显示会自动发生改变。

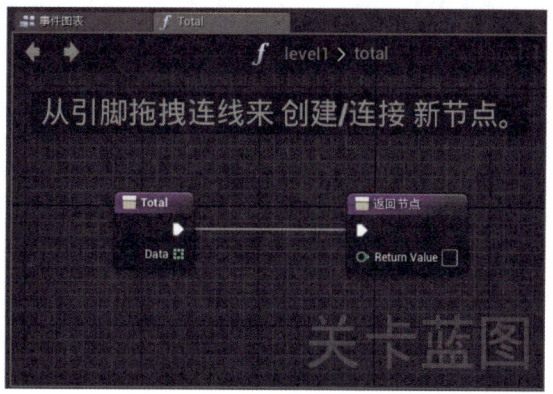
图3-148 图表中添加了两个节点

创建局部变量的设置节点

首先来创建对局部变量"total_number"进行设置的节点。从"我的蓝图"中将"total_number"拖曳并释放至图表中,从弹出的菜单中选择"设置"。虽说是局部变量,但这些基本的操作与一般的变量并无二致。

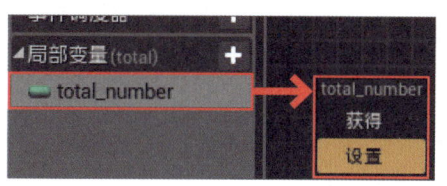
图3-149 拖曳并释放total_number,创建"设置"节点

创建"ForEachLoop"节点

接下来,创建对数组进行循环处理的"ForEachLoop"节点。右击图表,键入"foreach",在菜单中找出"ForEachLoop"并选择。另外,放置节点后,节点中可能出现"ERROR"错误提示信息,此时不必担心,将全部的节点连接后错误提示就会消失。

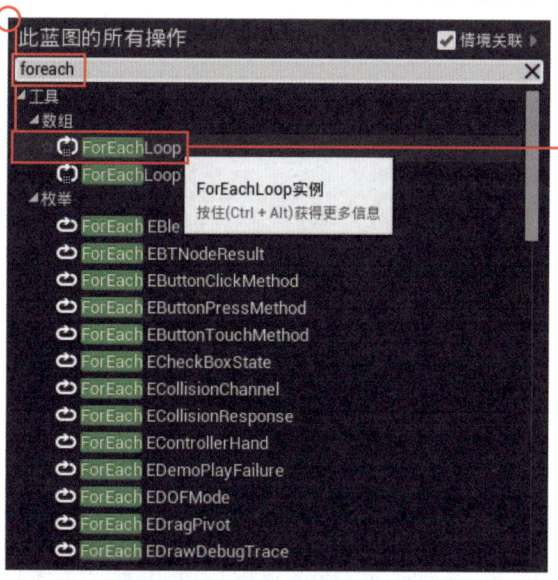

图3-150 选择"ForEachLoop"选项,创建节点

添加 "integer+integer"

右击图表，键入"+"，从检索出的项目中选择"integer+integer"选项，添加"+"节点。

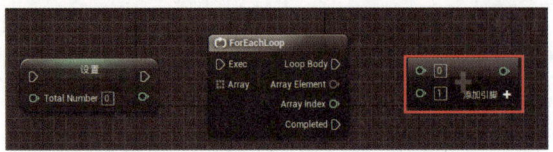

图3-151 添加"+"节点

添加 "Total Number" 节点

从"我的蓝图"中将"total_number"拖曳并释放到图表中，选择"获得"选项，添加"Total Number"节点。

图3-152 添加"Total Number"节点

复制 "设置" 节点

再创建一个设置total_number值的"设置"节点。右击节点，选择"复制"选项进行节点的复制。

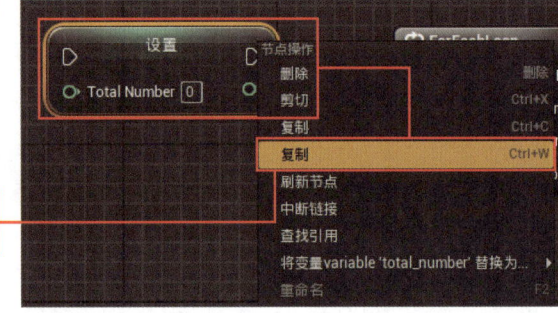

右击节点，从菜单中选择

图3-153 选择"复制"选项，复制"设置"节点

确认已准备的节点

共创建了5个节点，将它们连接来创建计算总数的处理。

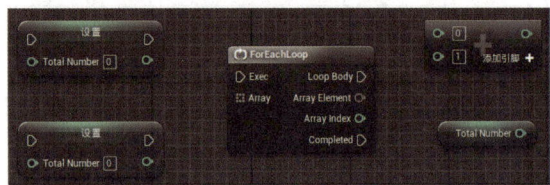

图3-154 连接准备好的5个节点

连接 "Total" 与 "设置" 节点

接下来连接节点，从第一个节点起依次进行连接。首先是"Total"与第1个"设置"的连接，仅连接处理流程（exec）项。将"Total"的exec输出连接至"SET"的exec输入。另外"Total"的exec输出与"返回节点"的exec输入已处于连接状态，要先断开连接。

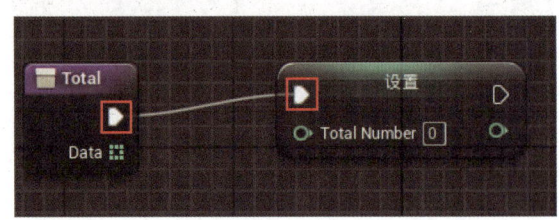

图3-155 连接Total与设置

连接"ForEachLoop"的输入项

连接"ForEachLoop"的输入项。首先,将第1个"设置"的exec输出项连接至"ForEachLoop"的输入项,以使设置后执行"ForEachLoop"。然后,将"Total"节点的"Data"连接至"ForEachLoop"节点的"Array"。

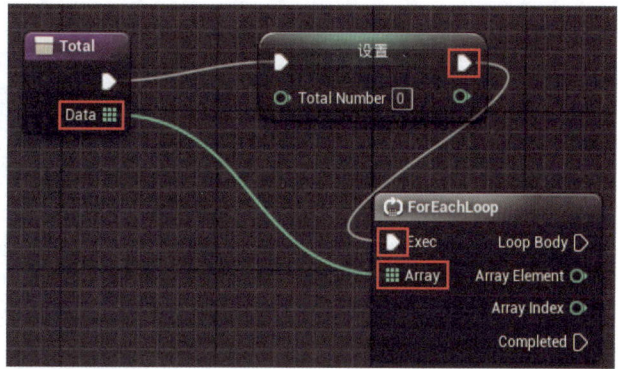

图3-156 连接ForEachLoop的输入

连接"ForEachLoop"的处理

连接"ForEachLoop"循环与它之后要进行的处理。将"ForEachLoop"节点的"Loop Body"连接至第2个"设置"节点的exec输入。

然后,将"ForEachLoop"节点的"Completed"连接至"返回节点"的exec输入。

至此,就完成了循环期间执行"设置",循环结束后进入"返回节点"这样的处理流程。

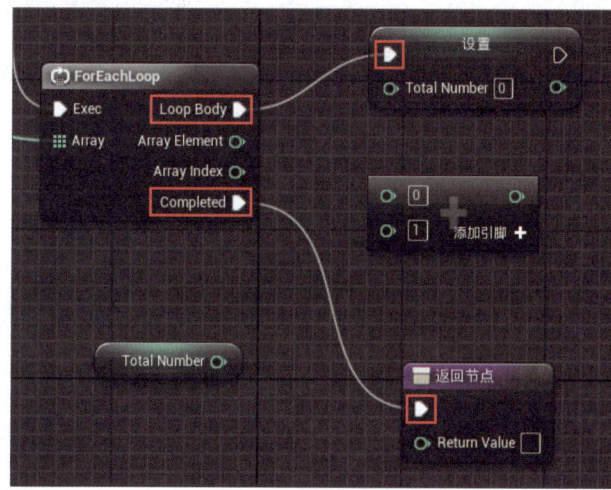

图3-157 从ForEachLoop连接至后续的处理

连接循环内的值关系

为ForEachLoop后所需的值做连接,数量较多注意不要出错。

- 将"ForEachLoop"的"Array Element"连接至"+"中的任一输入项。
- 将"Total Number"连接至"+"的另一个输入项。
- 将"+"的输出项连接至"设置"的"Total Number"。
- 将"Total Number"连接至"返回节点"的"Return Value"。

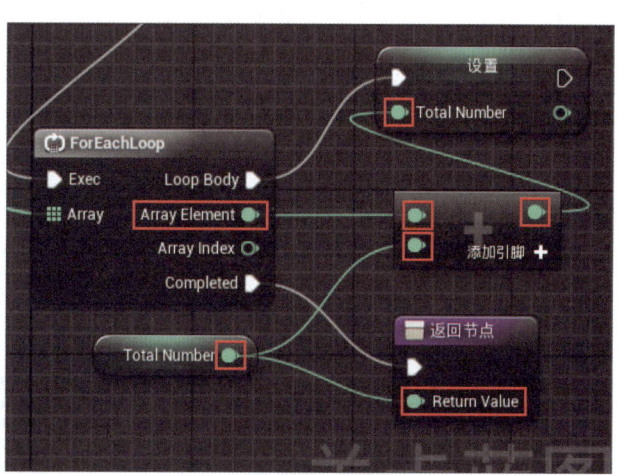

图3-158 为ForEachLoop后的节点中所需的值做连接

检查所有的节点

连接所有节点后程序就完成了。确认一遍所有的连接以免有所遗漏。

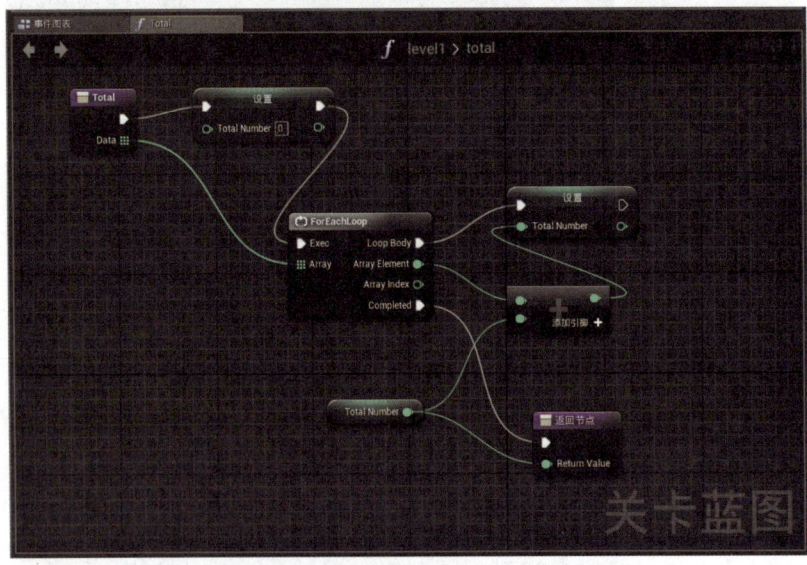

图3-159 完成的程序。仔细检查确认没有遗漏

使用函数!

让我们来使用已完成的函数吧。从图表编辑器上方的选项卡标签处单击"事件图表"以切换显示。然后,选择之前创建的"calc"及类型转换节点,删除。

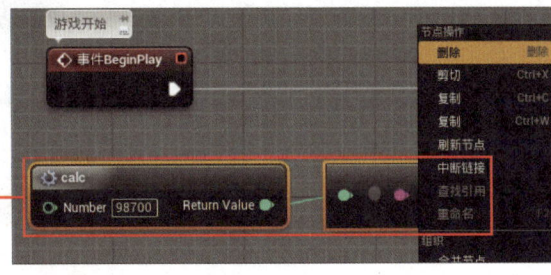

右击,从显示出的菜单中选择

图3-160 删除calc与类型转换节点

放置"Total"函数

从"我的蓝图"中拖曳"Total"并在图表中释放以放置节点。该"Total"节点中除了用于连接处理流程的exec项目外,还包括有"目标""Data"输入项及"Return Value"输出项。

"Data"输入项与"Return Value"输出项是之前在函数中所创建的输入输出项,显示在此处。那么,"目标"呢?它用于指定执行对象部件,我们暂且不管它,用到它时再进行说明。设置这些输入输出项后就可以使用Total了。

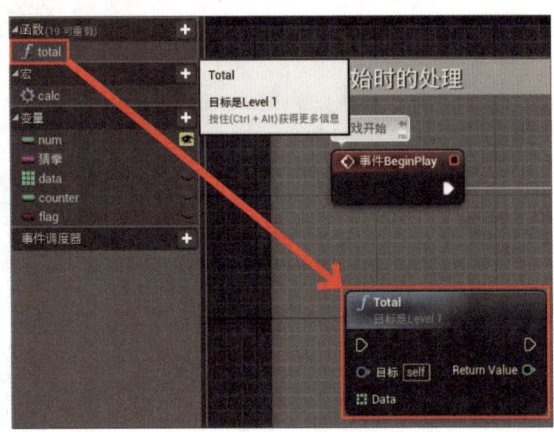

图3-161 拖曳创建"Total"节点并设置

连接节点

连接节点。依次连接如下3处。
- 将"Begin Play"的exec输出项连接至"Total"的输入项。
- 将"Total"节点的exec输出项连接至"Print String"的exec输入项。
- 将"Total"的"Return Value"连接至"Print String"的"In String"（中间自动添加类型转换节点）。

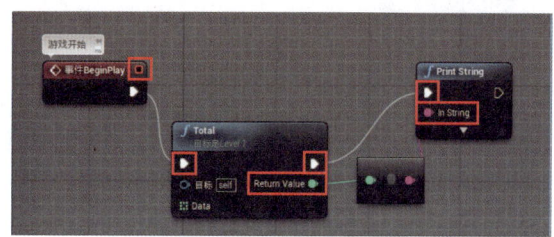

图3-162 连接3个节点

准备data数组

这样程序就完成了。虽说如此，但最关键的"计算总和的对象数列"还没有创建，就使用之前创建的data数组吧。从"我的蓝图"中将"data"拖曳并释放到图表中，选择"获得"选项。

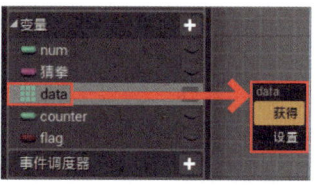

图3-163 将data拖曳并释放到图表中，选择"获得"选项

将"Data"连接至"Total"

这样，"Data"节点就放置到图表中了。将它连接至"Total"的"Data"中，程序就完成了。

图3-164 完成的程序。这样就计算并显示data的总和了

运行！

单击工具栏的"播放"图标运行程序。运行后，画面中显示出数组data的总和。确认显示后，可以为data变更不同的值来确认程序的动作。

这样，计算数组总和的函数"Total"就创建完成了，可在关卡蓝图中任意使用。通用性是函数和宏最大的优点。

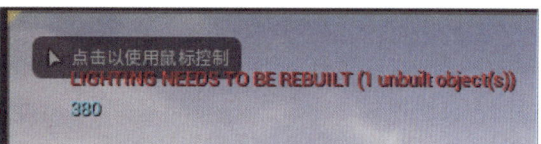

图3-165 运行后，计算数组data的总和，并显示

Chapter 3 掌握流程控制！

Section 3-4 运用事件

程序是由"事件"调用的，事实上开发者也可以自行创建事件并加以利用，这种类型的事件称为"自定义事件"。下文中介绍了其使用方法以及该怎样进行使用，让我们一起来学习掌握！

什么是自定义事件？

目前为止介绍过的宏、函数，可将已有的程序整理并实现程序的再利用，而将这些已创建的大量的程序进行妥善组合时，蓝图中的一项功能将发挥很大的作用，那就是"事件"。

所谓事件，就是根据各种各样的操作或程序的状态而产生的一种信号。可能大家会想，事件为什么会和"程序的组合"有关联呢？事实上，二者确实存在关联。

蓝图中，程序是通过"事件"的发生而被调用的。创建程序后，如果不与事件连接，那么它是完全无法运行的。另外，即便连接了事件，如果事件不发生，程序也是不能运行的。

也就是说，将很多小程序组合时，如果能"根据需要让事件发生"，不是就不用进行复杂的连线了吗？必要的时候触发事件，那么连接于事件的处理就会被自动调用了。

但是，可以创建出合适的事件吗？事件可随意被触发吗？大家可能会有此疑问吧，事实上，这些都可通过"自定义事件"来实现。

事件并不只有蓝图系统中预备的那些事件，我们自己也可以创建事件并加以利用，即自定义事件。利用自定义事件，可将各种处理事先连接于自定义事件，随时都可以触发事件并调用处理。

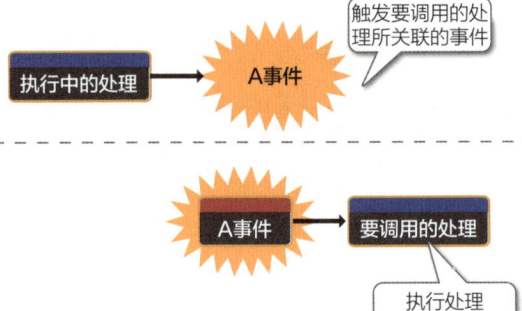

图3-166 事先将每个处理分别连接上自定义事件，就能根据需要调用相应的处理事件

创建自定义事件

现在来创建自定义事件吧。看一下你的"事件图表"是否处于打开状态？如果还停留在"Total"函数图表页，可单击图表上方的"事件图表"选项卡标签进行切换。注意，事件是在事件图表中使用的，在函数等图表中是无法使用的。

自定义事件的创建可以通过右击图表，从出现的菜单中选择来进行。在菜单中键入"custom event"，出现"添加自定义事件"选项，选择此项。

图3-167 选择"添加自定义事件"选项

关于自定义事件

选择"添加自定义事件"选项后,一个新的事件节点创建完成。创建的节点名称为"自定义事件_编号",名称处于可改写状态,可修改为易于理解的名称。我们暂且以"自定义事件_1"的名称来进行下面的说明。

自定义事件是一个简单的节点,其中仅有1个exec输出项,用于连接到下一步处理。它和"Begin Play"等一般节点没什么分别。

图3-168 创建完成的自定义事件节点

自定义事件的"细节"面板

选中创建的"自定义事件_1","细节"面板中将显示出其细项设置项目,其中包括有"输入值"项。自定义事件中预备的输入值可在事件发生时接收值。

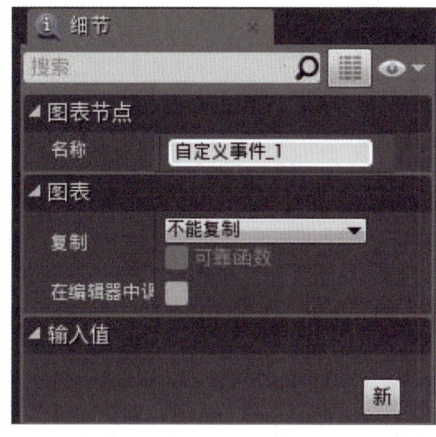

图3-169 自定义事件的"细节"面板,预备有"输入值"项目

添加输入值

添加一个输入值。单击"输入值"里的"新"按钮,创建新的输入值项。

图3-170 用"新"按钮创建一个输入值

变更输入值的设置

将创建的输入值的名称变更为"number",类型变更为"字符串"。一个接收文本的输入值就创建完成了。

图3-171 设置输入值的名称和类型

确认自定义事件的显示！

图表中放置的"自定义事件_1"节点中添加了"Number"项目。虽说是为输入值准备的，但是可以看出是作为自定义事件的输出项而添加的。

那是不是弄反了呢？并不是。事件不仅仅是"接收已发生事件的节点"，也是"使事件发生的节点"，在使事件发生时接收所设置的输入值，接收事件时连值也一并接受并使用。也就是说输入值中指定的是"传递给事件的值。"

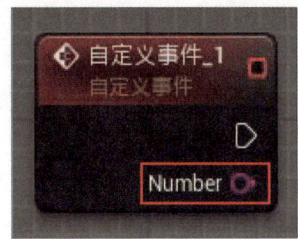

图3-172 放置的"自定义事件_1"节点中，显示有添加的输入值

断开Print String的连接

接下来，将与"Total"连接的"Print String"连接到自定义事件。首先，需要断开与"Print String"连接的项。

右击与"Total"连接的"Print String"的输入项，选择"断开到Total()的连接"选项以断开连接。同样，断开到"In String"的连接。

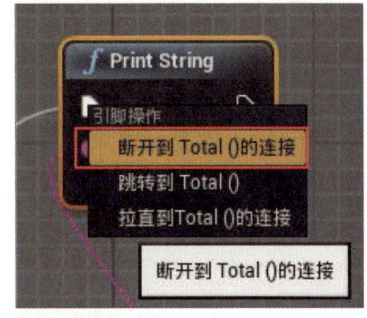

图3-173 右击连接部分，选择断开连接选项

连接"自定义事件_1"与"Print String"

接下来，连接"自定义事件_1"与"Print String"。不仅要连接exec输入项与输出项，还要将"Number"的值与"In String"连接。

这样，如果自定义事件_1中的事件发生，发生时传送的编号就会在画面中显示，程序将会进行这样的处理。自定义事件_1事件中，事件发生时就需要一个"Number"值，接受并显示该值。

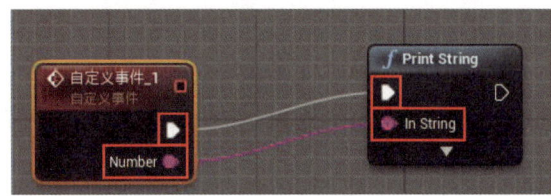

图3-174 将"自定义事件_1"连接至"Print String"

使"自定义事件_1"发生

接下来，我们来调用"自定义事件_1"。右击图表，键入"自定义事件"，菜单中将显示出已创建的"自定义事件 1"，选择该选项。

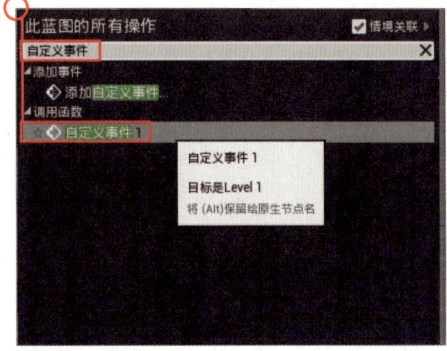

图3-175 选择"自定义事件 1"选项

创建了"自定义事件 1"节点

图表内添加了"自定义事件 1"节点,用于调用"自定义事件_1"。可以看出节点中也预备了"Number"输入项。

图3-176 添加了"自定义事件 1"节点

连接至"自定义事件 1"

将"Total"连接到"自定义事件 1",将exec输出连接至输入,以使下一步执行"自定义事件 1"。然后,将"Return Value"连接至"Number"来传递值。如果之前连接到Print String时生成的类型转换节点仍在,直接连接到该类型转换节点即可。

Begin Play事件发生后,用"Total"计算数组"Data"的值的总和,这一处理是已创建好的。通过刚才追加及连接节点,可传递总和的计算结果并调用"自定义事件 1",之前我们在"自定义事件 1"中创建了输出接收的值的处理,所以由Total传递的值(总和的计算结果)将通过"自定义事件 1"写入画面中。

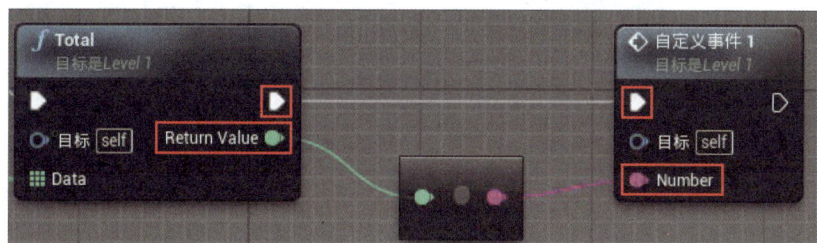

图3-177 将Total连接到"自定义事件 1"

确认完成的程序!

这样程序就完成了,我们来检查一下程序的连接状态。这里想让各位确认的是:Begin Play调用的处理与"自定义事件_1"事件所执行的处理之间完全不存在线的连接。两个事件所调用的处理都是分别创建的。

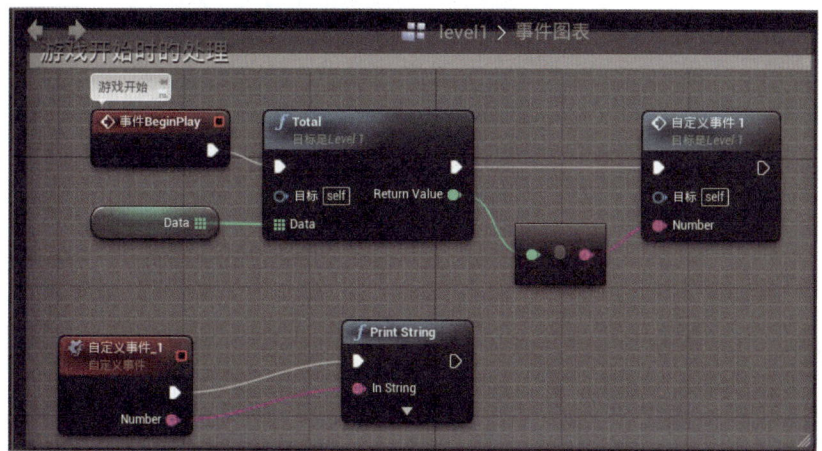

图3-178 完成的程序中两个事件的处理完全没有连接

运行！

运行程序。运行后，视口将会显示数组data的总和，即Total的计算结果。Print String并不属于Begin Play所执行的处理，而是通过"自定义事件_1"的执行来显示结果的。

图3-179 运行后，显示data的总和

观察程序运行时的图表

观察程序运行时的图表，处理流程（连接节点的线呈橘黄色并以动画形式展现）被传达给"自定义事件_1"，你是否明白了事件的作用呢？我们来整理一下。

1. 程序开始运行，"Begin Play"事件发生。

2. Begin Play调用"Total"。

3. 根据Total的结果调用"自定义事件1"。

4. "自定义事件1"内，输出传递来的值（Total的结果）。

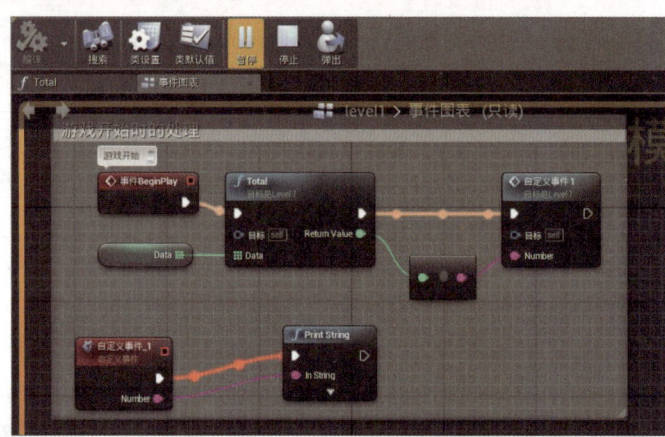

图3-180 确认运行中程序的处理流程

关于带Break的Loop

将自定义事件引入流程控制中的是"带Break的Loop"。它可分为两种，即"ForLoopWithBreak"和"ForEachLoopWithBreak"。

之前我们就"ForLoop"和"ForEachLoop"进行过说明。带Break的Loop就是说这些循环中带有"Break"功能。

Break是"可中断循环的一种功能"。循环过程中，如果"Break"项中输入了事件，循环处理就可以就地停止。

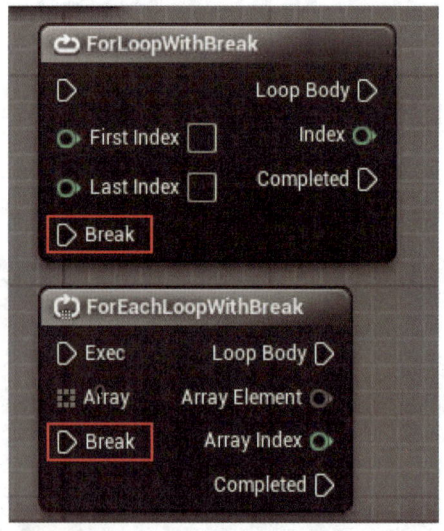

图3-181 "ForLoopWithBreak"和"ForEachLoopWithBreak"。在它们输入侧（左侧）的最下方，都添加有"Break"这一exec输入项，除此之外与ForLoop/ForEachLoop基本相同

使用ForEachLoopWithBreak

进入实际使用环节。作用等同于最基本的Break，这里我们使用的是"ForEachLoopWithBreak"。

首先，删除不需要的节点。打开"事件图表"，选中"Begin Play"和"Print String"以外的所有节点并删除。

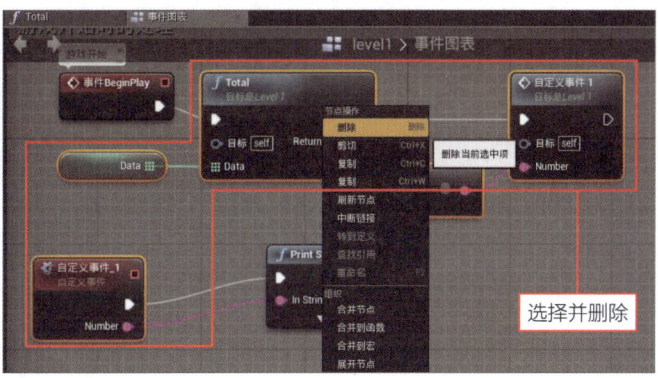

图3-182 删除Begin Play与Print String以外的所有节点

选择"ForEachLoopWithBreak"选项

右击图表，键入"foreachloop"，从检索出的项目中选择"ForEachLoopWithBreak"选项。

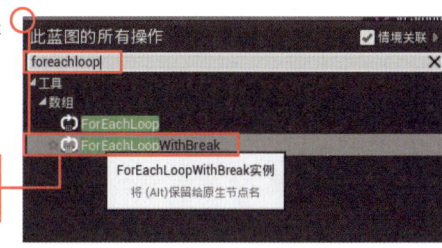

图3-183 选择"ForEachLoopWithBreak"选项

拖曳并释放"data"

从"我的蓝图"中将"data"拖曳并释放到图表中，选择"获得"选项来创建"Data"节点。

图3-184 拖曳并释放"data"，创建"Data"节点

创建分支

创建用于检查数据的"分支"。右击图表，键入"branch"，选择"分支"选项。

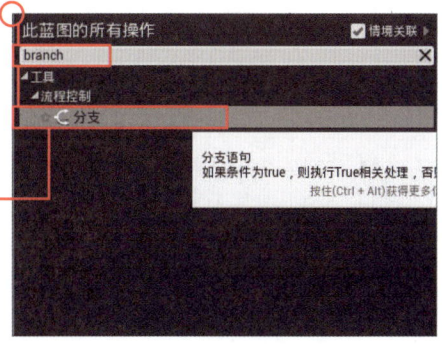

图3-185 选择"分支"选项

选择"integer＞＝integer"选项

右击图表,在菜单中键入"＞=",从检索出的项目中选择"integer＞＝integer"选项。

右击,从出现的菜单中检索并选择

图3-186 选择"integer＞＝integer"选项

确认准备好的节点

这样,需要的节点就全部准备好了。确认是否有遗漏。

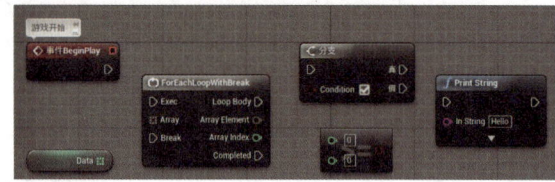

图3-187 准备好的节点。共6个

ForEachLoopWithBreak前的连接

现在来连接节点。首先是循环处理之前的部分,进行如下两项连接。
- 将"Begin Play"连接至"ForEachLoop-WithBreak"的"Exec"。
- 将"Data"连接至"ForEachLoopWith-Break"的"Array"。

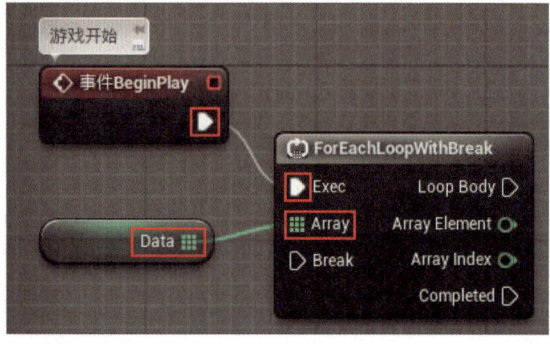

图3-188 分别连接Begin Play、Data、ForEachLoop-WithBreak

创建ForEachLoopWithBreak的循环处理

创建循环部分的处理。这次,只是简单地把从数组中取出的值按顺序显示。按照如下内容进行连接。
- 将"ForEachLoopWithBreak"的"Loop Body"连接至"分支"。
- 将"ForEachLoopWithBreak"的"Array Element"连接至"＞="的一个输入项。
- 将"＞="的另一个输入项的值设为"0"。
- 将"＞="的输出项连接至"分支"的Condition。
- 将"分支"的"真"连接至"Print String"。
- 将"ForEachLoopWithBreak"的"Array Element"连接至"Print String"的"In String"。

此次的ForEachLoopWithBreak中将要执行如下处理：从连接于Array的数组中依次将值取出，然后通过"分支"检查取出的值是否大于等于0，如果大于等于0则通过Print String输出。ForEachLoopWithBreak具有中途中断循环处理的结构，这里并未封装该部分，后面会进行创建。

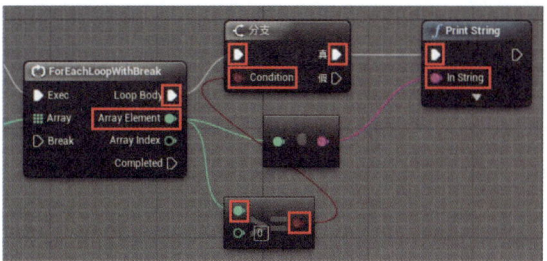

图3-189 循环部分的处理。检查Array Element的值是否大于等于0，并输出

选择"添加自定义事件..."选项

接着我们来准备自定义事件。右击图表，在出现的菜单中键入"customevent"，选择"添加自定义事件..."选项。

图3-190 选择"添加自定义事件..."选项

添加"doBreak"事件

图表中添加了自定义事件节点，输入名称"doBreak"。

图3-191 添加了"doBreak"自定义事件

添加"Do Break"节点

接下来，添加调用doBreak事件的节点。右击图表，键入"dobreak"，从菜单中选择"Do Break"选项。

图3-192 选择"Do Break"选项

与事件相关的两个节点创建完毕！

这样，与事件相关的两个节点就准备好了。红色标题的节点用于在事件发生时执行处理，蓝色标题的节点可使事件发生。

图3-193 两个事件相关节点准备完成

连接事件

连接创建好的节点。将两个事件关联节点进行如下连接。

- 将"分支"的"假"连接至"Do Break"的exec输入项。
- 将"doBreak"的exec输出项连接至"ForEachLoopWithBreak"的"Break"。

这样,所有的程序就创建完成了。程序并不是很复杂,可以通过它来确认ForEachLoopWithBreak的作用。从数组Data中取出值,如果值大于等于0则进行显示。如果值为负,则中断处理。

值为负时,执行"分支"节点的"假"。该"假"与"doBreak"连接,执行"假"后,连接于ForEachLoopWithBreak的Break的"doBreak"事件发生并被执行,这样就过渡到ForEachLoopWithBreak的Break处理,循环中断。

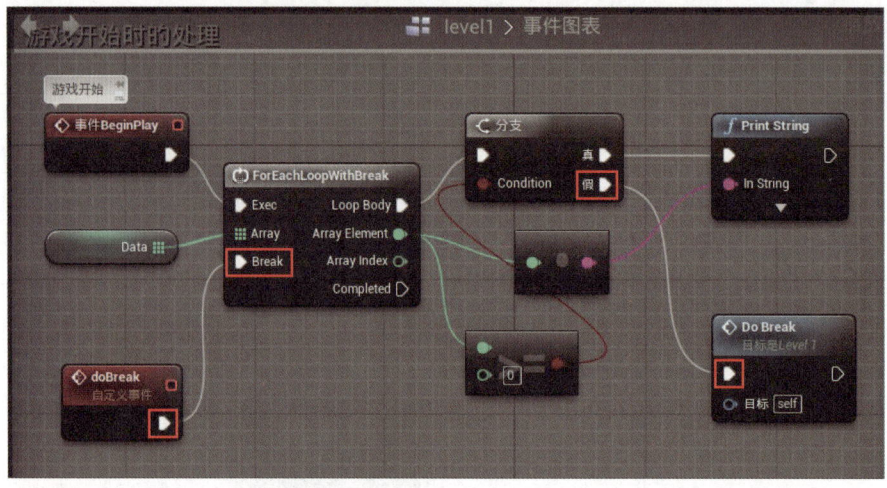

图3-194 连接事件节点,完成程序

运行!

运行程序。首先,从"我的蓝图"中选择"data",在"细节"面板中为默认值填入恰当的值,其中,也请混合填入负值。然后单击工具栏中的"播放"图标运行程序,按顺序显示数组的值,出现负值时退出循环,程序结束运行。

我们可以为data变换不同的值来确认程序的动作,如果没有负值将会输出所有的值,一旦出现负值,则程序结束运行。

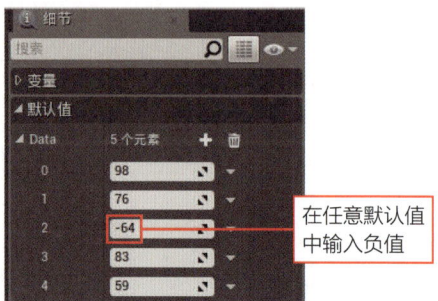

在任意默认值中输入负值

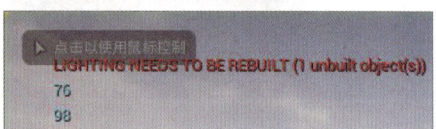

图3-195 程序运行后,按顺序输出数组的值,出现负值时程序结束运行

| 运用事件 | 3-4 |

关于触发器（FlipFlop）

如果准备了多个事件要进行处理时，就会更多地使用到按需进行的分支处理了。大多数时候我们会使用分支或开关，不过还有一个方便我们使用的节点，那就是"每次调用都可以切换处理的节点"。

这其中使用最多的就是"触发器（FlipFlop）"，每次执行触发器时都可以交替调用两个分支。例如有A、B两个处理，第1次调用A，第2次调用B，第3次调用A，第4次调用B，……像这样轮番进行调用。

触发器的使用方法很简单，我们来实际操作一下。首先，打开"事件图表"，删除其中不需要的节点。照例选择并删除"Begin Play"和"Print String"以外的所有节点。

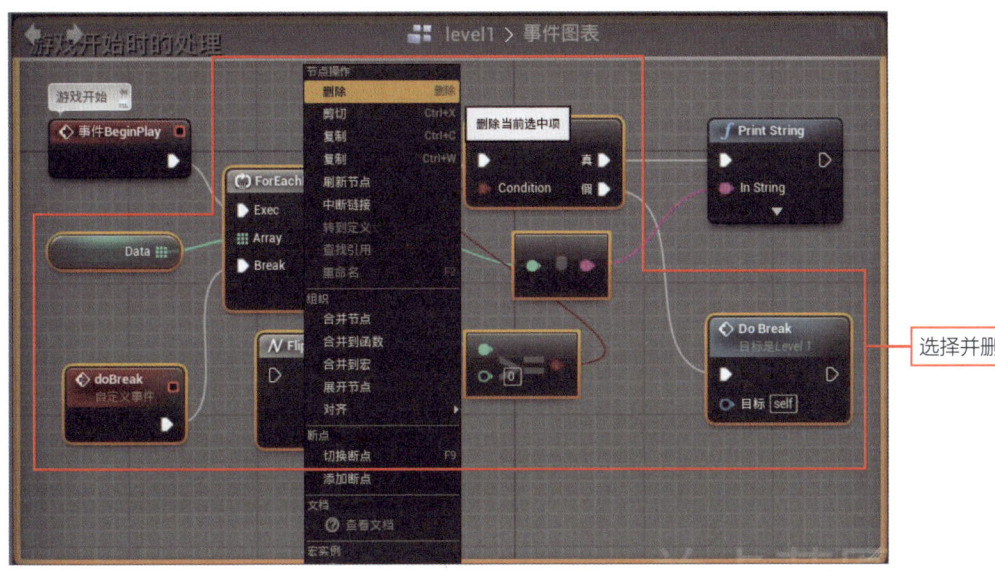

图3-196 删除Begin Play与Print String以外的所有节点

选择"FlipFlop"选项

放置"FlipFlop"节点。右击图表，在弹出菜单中键入"flipflop"，然后选择"FlipFlop"选项。

图3-197 选择"FlipFlop"选项

"FlipFlop"节点创建完成

这样图表中就添加了"FlipFlop"节点。该节点中预备了"A""B"两个exec输出项，交替调用的即为连接到两个输出项的处理。

下方有"Is A"输出项，它用于查验"当前调用的是A还是B"。依据真假值，为真则调用A，为假则调用B。

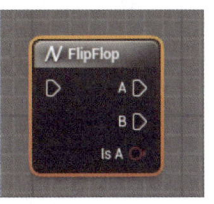

图3-198 FlipFlop节点。交替执行"A""B"两个exec

选择"ForLoop"选项

现在来准备循环处理,右击图表,键入"forloop",选择"ForLoop"选项。

右击,从出现的菜单中检索并选择

图3-199 选择"ForLoop"选项

创建"Append"节点

接下来,准备"Append"节点,用于在文本中连接其他文本。右击图表,从菜单中输入"append",这时会出现两个相关选项,选择位于"字符串"中的"Append"选项。

右击,从出现的菜单中检索并选择

图3-200 选择字符串中的"Append"选项

"Append"节点创建完成

这样,"Append"节点就创建完成了。"Append"节点中有"A""B"两个输入项及"Return Value"输出项。分别为A和B设置文本,就可以将二者连接合并后的文本通过Return Value输出。

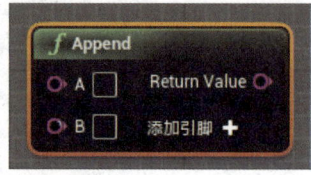

图3-201 Append节点。将A和B的文本合并为一个并通过Return Value输出

复制Append和Print String

复制触发器中使用的节点。选择已创建的"Append"和"Print String",右击任一方,选择"复制"选项。

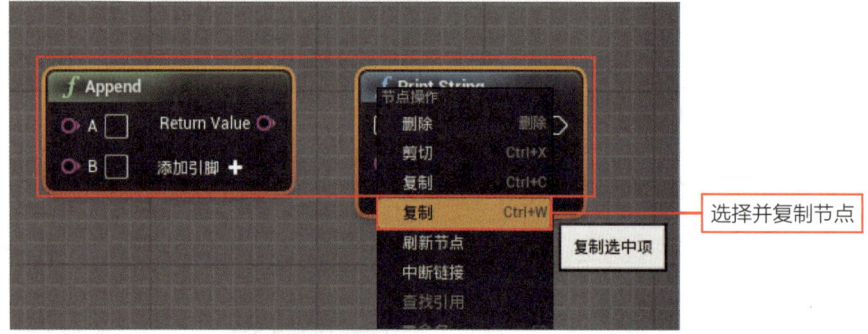

选择并复制节点

图3-202 复制两个节点以添加两个节点

确认准备好的节点!

这样,所需的节点就准备好了。仔细确认是否有遗漏。

图3-203 创建的节点。将它们组合

连接节点

现在,连接节点。想必大家都习以为常了,所有的连接及设置总结如下,按照内容进行操作即可。

连接的内容

- "Begin Play"→"ForLoop"。
- "ForLoop"的"Loop Body"→"FlipFlop"。
- "FlipFlop"的"A"→第1个"Print String"。
- "FlipFlop"的"B"→第2个"Print String"。
- "ForLoop"的"Index"→第1个"Append"的"A"。
- "ForLoop"的"Index"→第2个"Append"的"A"。
- 第1个"Append"的"Return Value"→第1个"Print String"的"In String"。
- 第2个"Append"的"Return Value"→第2个"Print String"的"In String"。

设置内容

- 将"ForLoop"的"First Index"设为"1"。
- 将"ForLoop"的"Last Index"设为"10"。
- 在第1个"Append"的"B"中输入"is ODD."。
- 在第2个"Append"的"B"中输入"is EVEN."。

处理流程

1. Begin Play事件发生。
2. ForLoop开始进行循环处理。
3. 每次循环"FlipFlop"交互执行接下来的两个处理。

- "Append"中生成"○○ is ODD."文本,通过Print String输出。
- "Append"中生成"○○ is EVEN."文本,通过Print String输出。

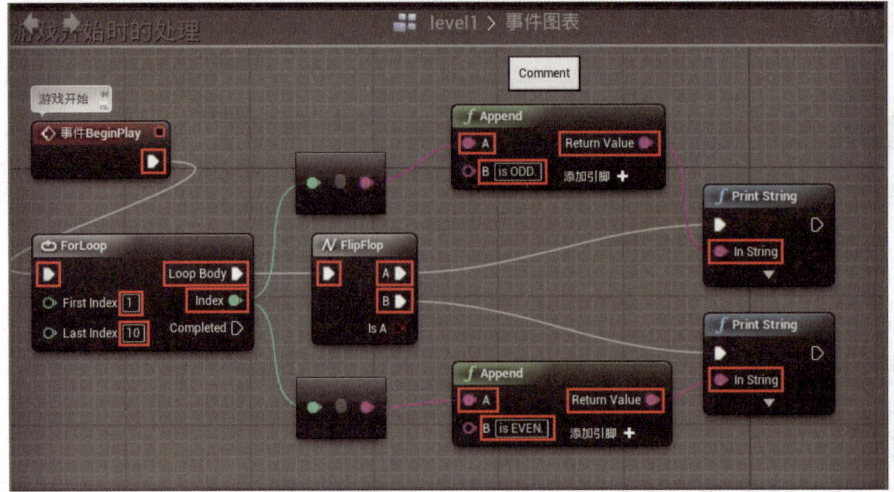

图3-204 连接节点完成程序

运行！

现在来运行程序吧。单击工具栏中的"播放"图标，视口中显示出"1 is ODD.""2 is EVEN."这样的1~10的奇数（ODD）、偶数（EVEN）。

可以看出通过"FlipFlop"，交替调用了两个"Append"和"Print String"。

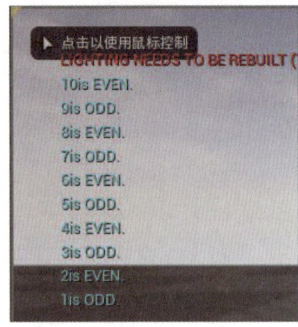

图3-205 运行程序后，输出1~10的奇数偶数

关于序列

触发器是用于交替调用两个处理的，与此相对地要"依次调用一系列处理"时就要使用到"序列"了。

序列是将准备好的处理按顺序进行调用的节点。例如，有"A""B""C"处理，按照"A""B""C"这样的顺序依次调用。需要注意的一点是，"序列并不像触发器那样，每调用一次才按顺序调用一个处理"。

序列是一旦被调用就会依次调用"A""B""C"所有的处理。也就是说，连接于序列的处理往往是"按照顺序从第一个执行到最后一个"。

图3-206 "序列"节点，可不断增加处理的分支

使用序列！

现在我们来实际使用一下序列。我们已经使用过触发器，所以对程序稍作修改就可以帮助我们理解序列了。

右击"触发器"，选择"删除"选项，删除节点。

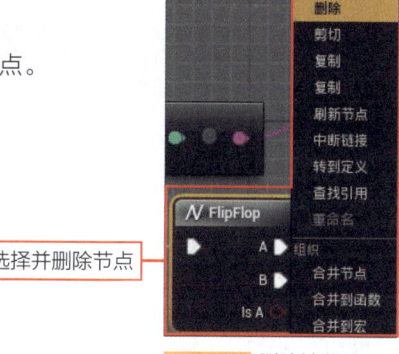

选择并删除节点

图3-207 删除触发器

复制Append和Print String

因为有两对，所以选择任意一对"Append"和"Print String"，右击选择"复制"选项。

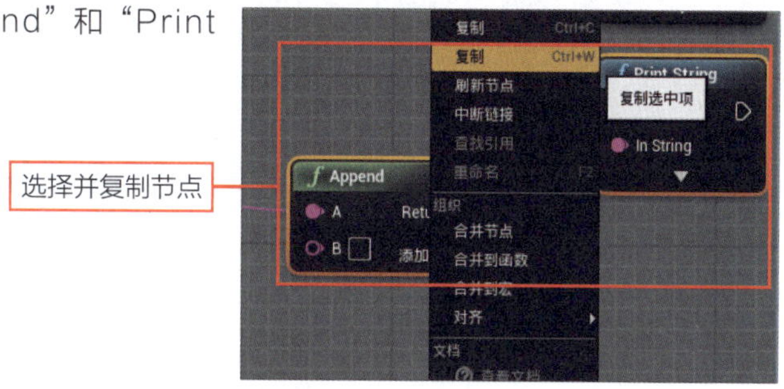

选择并复制节点

图3-208 复制Append与Print String

选择"序列"选项

创建序列。右击图表，键入"seq"，从检索出的项目中找出"序列"选项并进行选择。

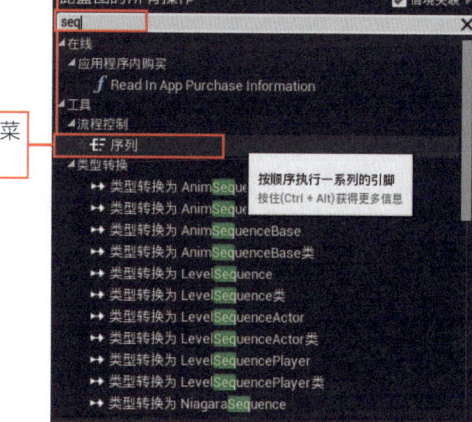

右击，从出现的菜单中检索并选择

图3-209 选择"序列"选项

确认节点

"序列"创建完成。这样,节点就准备完成了。确认一下这些节点。

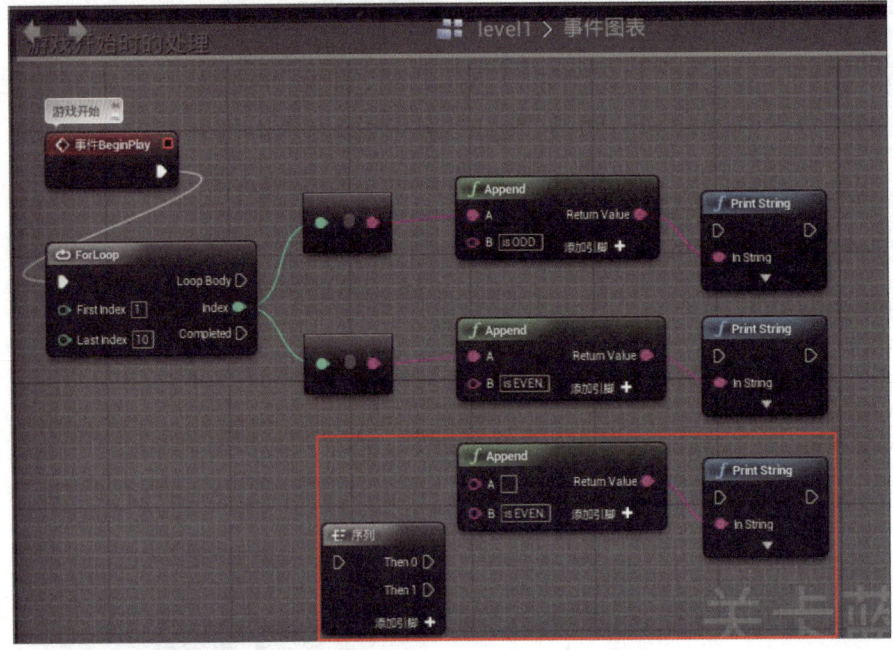

图3-210 创建完成的所有节点

连接添加的Append与Print String

接下来进行连接,已有的节点都已进行连接,只需连接新添加的节点即可。

首先,从复制的Append与Print String开始,与其他Append和Print String一样,将"ForLoop"的"Index"连接到"Append"的"A",然后将"Append"的"Return Value"连接到"Print String"的"In String"。

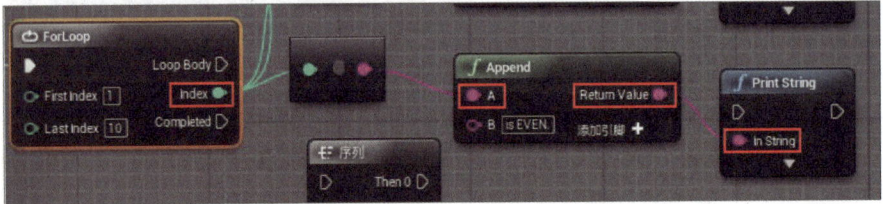

图3-211 连接复制的Append与Print String的值

添加序列的输出项

接下来进行"序列"节点的操作。首先,添加输出项。单击"添加引脚",添加3个输出项。

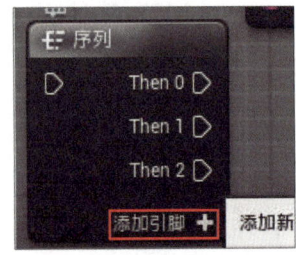

图3-212 共设置3个输出项目

进行序列的连接

连接序列关系，按照如下内容进行连接。
- "ForLoop"的"Loop Body"→"序列"
- "序列"的"Then 0"→第1个"Print String"
- "序列"的"Then 1"→第2个"Print String"
- "序列"的"Then 2"→第3个"Print String"

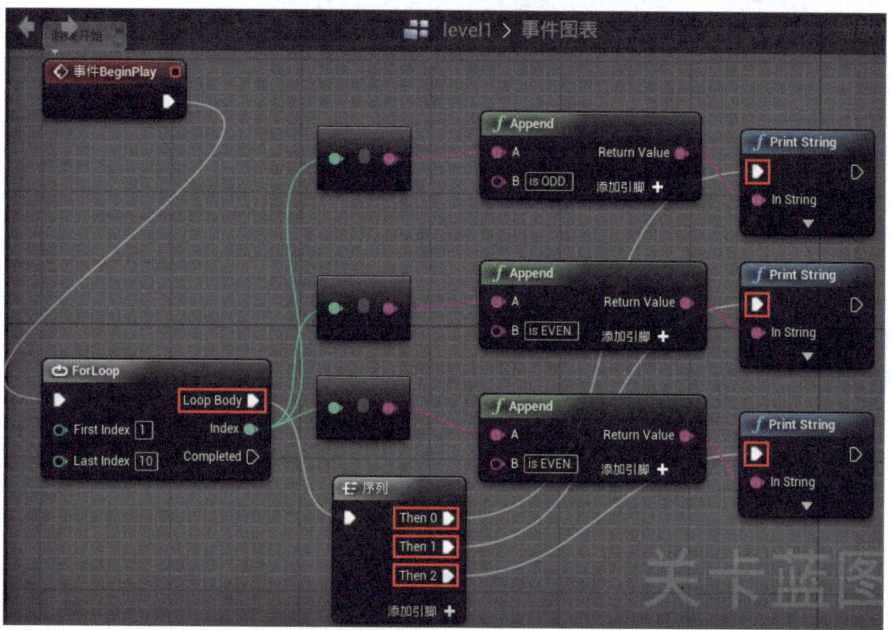

图3-213 连接序列关系的处理流程

为Append重新输入文本

最后，变更3个"Append"的"B"中填写的文本为"石头""剪刀""布"。

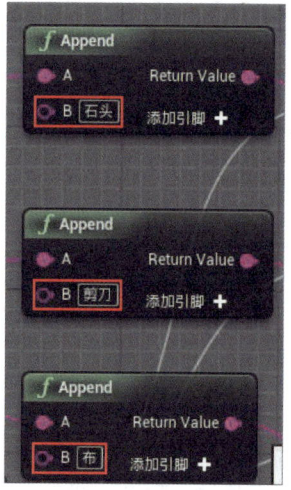

图3-214 变更Append的B的文本

检查完成的程序

这样，程序就完成了。仔细确认连接等的设置是否正确。

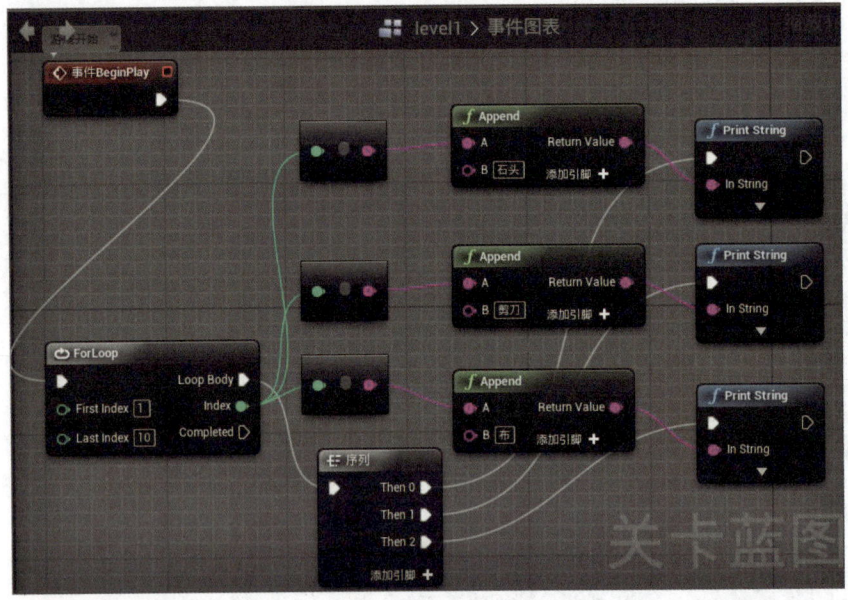

图3-215 完成的程序

运行！

现在我们来实际运行一下程序吧。运行后，可以看出像"1 石头""1 剪刀""1 布""2 石头""2剪刀"……这样，每循环一次就会依次调用石头、剪刀、布。使用序列，可以成套进行这3个处理。

所执行的处理整理如下。

1. Begin Play事件发生。
2. ForLoop开始循环。
3. Append准备"石头""剪刀""布"3种文本。
4. 序列依次将这3类文本依次通过Print String输出。

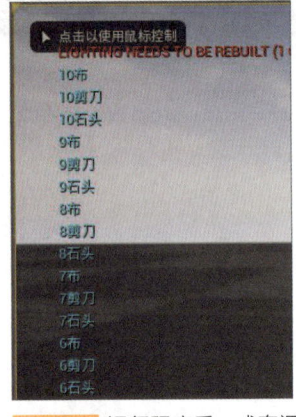

图3-216 运行程序后，成套调用3个准备好的Print String

本章重点知识

介绍完这些，本章也即将进入尾声。在本章中，介绍了大量的知识点。"知识点不只非常多而且根本记不住啊！"像这样抓耳挠腮的大有人在吧。是啊，这次可能灌输的太多了。但是，将程序结构化的构造在正式的编程中是不可或缺的部分。如果不掌握这些内容，就只能制作一些最最初级的程序了。要创建游戏这种复杂的程序，就必须掌握流程控制。

虽说如此，"从头到尾，完全掌握"并不是一件简单的事。按照轻重缓急的顺序，先从掌握以下3点开始吧。

"分支"——基础中的基础！

在数个流程中，要说一个一定要掌握的，那就是"分支"了。没有分支，真正可以制作出的程序是很有限的。分支的节点要马上掌握！一定要！

"ForEachLoop"循环

在蓝图中进行循环时，大多都是用于"处理数组"的。所以，首先必须掌握的就是"ForEach Loop"。"ForEachLoop"可从传递来的数组中依次取出数组的值，与ForLoop相比，结构也相对简单易懂。掌握了循环的基础，再去掌握ForLoop。

掌握函数！

如果要在与程序结构化相关的功能中选择一个来掌握的话，那就是"函数"。如果学会使用函数，可制作的程序就很多了。可以这么说，实现程序结构化的功能中只要有"函数"，其余的功能就可以不需要了。可见函数是非常重要的。

调用函数时传递值的输入项、执行后输出值的输出项、函数内的局部变量等需要掌握的内容有很多，但这些内容关系到我们能否自行创建函数、能否完成高水平程序，是非常关键的内容。可能要花很多时间，但请务必掌握！

除此之外，本章还介绍了许多功能。开关、各种循环、节点的合并、宏、自定义事件、带Break的循环、触发器、序列，这些难道不需要掌握吗？不，本书中不存在"无需掌握"的内容，能掌握的话当然最好不过了。但也不是说"一开始不好好掌握这些的话后面就麻烦了"。先来认真学习并掌握"分支""ForEachLoop""函数"，并能够真正地去使用，之后，再去学习其余的内容。

Chapter 4

掌握Actor的
基本操作！

终于要用程序让虚幻引擎的界面动起来了。首先,是"Actor"的操作,这是关卡的基础部分。对于让Actor自由活动,以及通过键盘或鼠标来操作的方式,现在进行系统说明。

Chapter 4 掌握Actor的基本操作！

Section 4-1 熟练使用Transformation

Actor操作的根本是"移动"和"旋转"。为了进行这些操作，蓝图中设计了名为"Transformation（平移）"的功能。关于Transformation各个节点的处理，我们从基础开始进行说明。

准备Actor

之前介绍的程序，都是用很小的字显示出来，可能不少人已经有点烦了，觉得"不好玩儿！"。其实，之前那些程序并不是Unreal Engine的主要操作，而是"蓝图编程系统的基础知识"，是基础。如果不知道这些的话，就无法进行编程操作Unreal Engine。虽然比较枯燥，但基础还是很重要的。

那些枯燥的基础知识终于告一段落，来到了学习操作Unreal Engine的编程环节。

首先需要记住的是关于"Actor"的操作。在Unreal Engine中，准备了放置在3D空间中的物体——"Actor"。如果能自由操作Actor了，就能进行很多有趣的事情了！

准备Actor

在进入编程之前，先准备好用于各种操作的Actor吧。如果蓝图编辑器还是打开的话，就暂时关闭，返回关卡编辑器窗口。选择"模式"选项卡中的"放置"图标，再选择"BSP"。右侧出现一个图标列表，从中拖曳"盒体"放到视口中适当的位置。

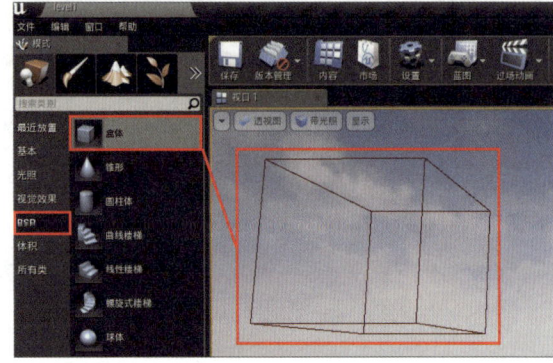

图4-1 从模式面板中的BSP中拖曳出"盒体"放到视口里

配置好Box画刷

在视口中生成了一个显示为"Box画刷"的刷子。若保持这个状态的话，操作会有诸多不便，需要将其修改为静态网格物体。

图4-2 Box画刷配置完毕

转换为静态网格物体

选择配置的Box画刷,单击"细节"面板中"Brush Settings"中的"创建静态网格物体"按钮。如果没有显示该按钮的话,就单击Brush Settings下方的▼标志,展开选项。

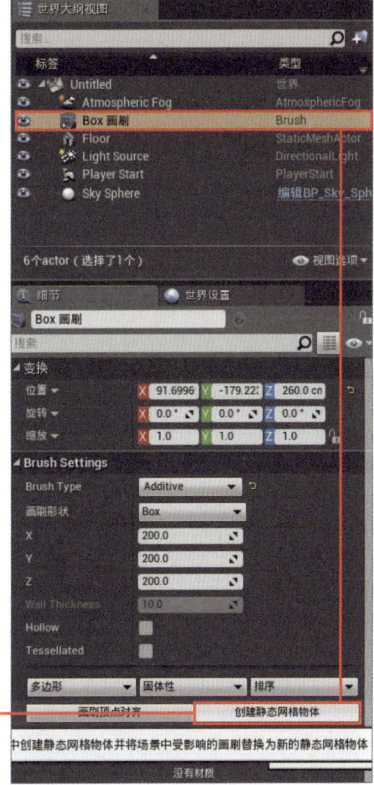

选择Box画刷,单击

图4-3 单击"创建静态网格物体"按钮

保存静态网格物体

画面中显示出保存文件的对话框。将静态网格物体的名称输入为"Box_StaticMesh_1",创建静态网格物体。

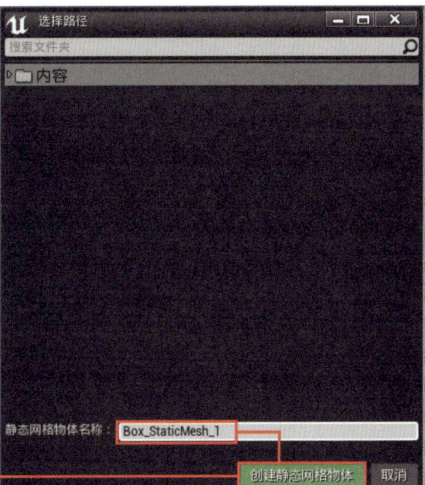

输入名称后,单击

图4-4 保存静态网格物体

调整位置

实际使用时,可能还会修改多次位置或大小等,我们暂且设定一个初始位置吧。选择新建的Box(Box_StaticMesh_1),在"细节"面板中将位置调整如下。

- X:320.0
- Y:-210.0
- Z:220.0

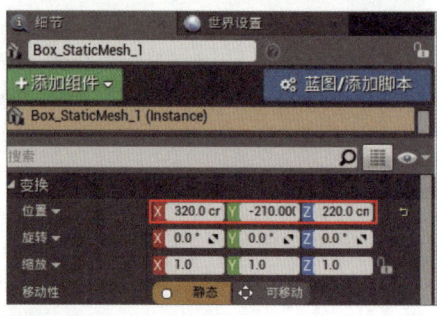

图4-5 调整Box的位置值

将移动性调为可移动

"细节"面板的"变换"中,最下方有个名为"移动性"的项目。将这个修改为"可移动"。这在通过程序来控制Actor时,非常重要。如果移动性设为"静态"的话,即使使用程序也不能移动Actor。在用程序控制Actor的时候,一定要将移动性修改为"可移动"。

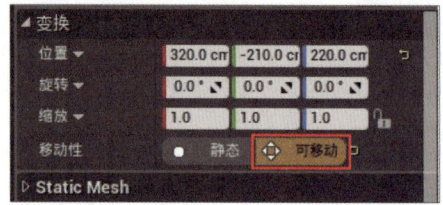

图4-6 将移动性设为"可移动"。这项一定不要忘记!

播放以确认显示!

实际播放后,会如何显示呢?我们先来播放一下。在工具栏中单击"播放"图标,试运行看看。灰色的台面上,显示着一个箱子似的东西。确认完后,单击"停止"图标,停止播放。

可能因为前一章在蓝图中设计好的程序,你的画面上还显示了运行的文本,不用在意。之后再用到蓝图时,打开将其删除就没关系了。

图4-7 运行的话,显示一个灰色的箱子

准备材质

准备好了Actor,但全都显示的灰色,会让人学习欲望减退。为了让显示更加丰富多彩,需要创建材质。

从内容浏览器中,单击"添加新项",从弹出的菜单中选择"材质"选项。

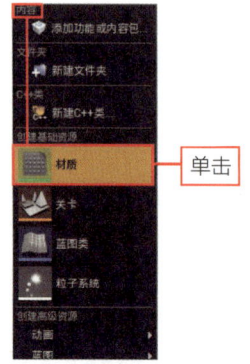

图4-8 从内容浏览器中,选择"材质"选项

给材质命名

创建了材质之后,立即将材质命名为"material_r"吧。这次,我们准备创建红色的材质。

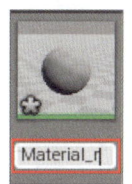

图4-9 命名为"material_r"

打开材质

双击打开新建的"material_r"呈现出大家已经熟悉的蓝图编辑器窗口。这是用于设置材质的材质编辑器。

其实,制作材质也是用蓝图来进行的。针对这一点以后会再次说明,暂时无需深入思考,只需创建必要的节点即可。

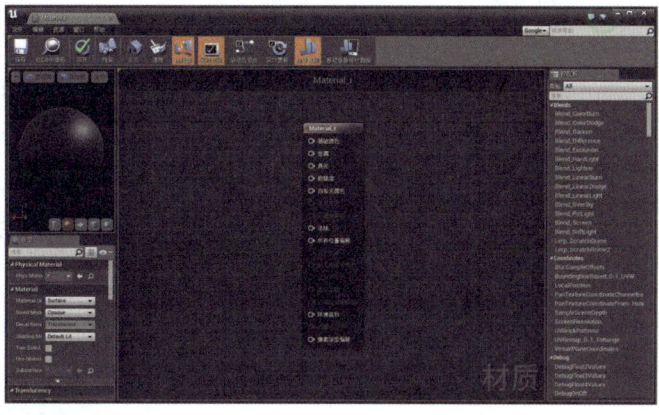

图4-10 双击材质,出现材质编辑器。基本上与蓝图编辑器相同

选择"VectorParameter"菜单

在图表的空白处右击,调出菜单。然后输入"vector-param",就显示出"VectorParameter"选项,选择即可。

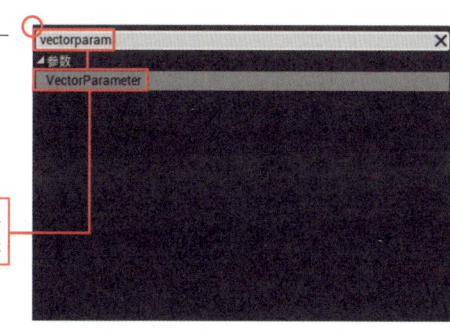

右击,显示菜单后,检索并选择

图4-11 选择"VectorParameter"选项

创建VectorParameter节点

在图表内就创建了"VectorParameter"节点。该节点用于设置颜色。详细内容还会再次介绍。

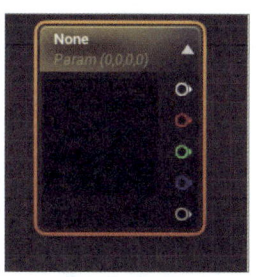

图4-12 创建的VectorParameter节点

输入名称

刚创建好时，节点的标签部分是可以输入名称的选中状态。直接输入"red"，按Enter或Return键确定。

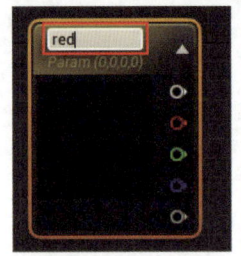

图4-13 输入名称"red"

打开颜色选择器

设置为"red"之后，节点的中央部分出现了一个黑色的正方形。

这就是显示所选择颜色的区域。双击这个部分，就会出现选择颜色的颜色选择器对话框。

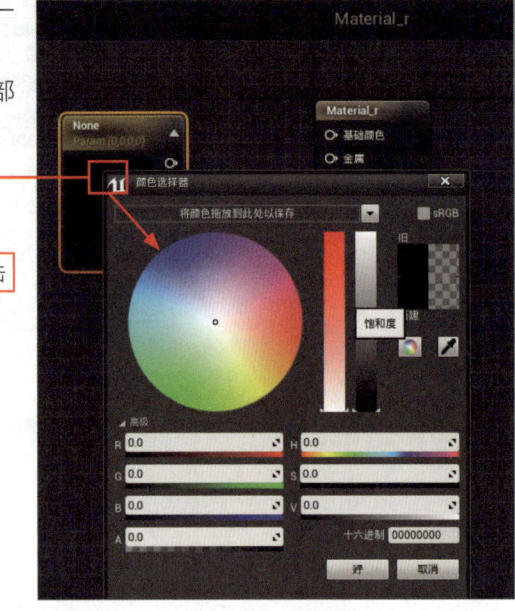

图4-14 在red节点的中央区域双击鼠标，打开颜色选择器

选择颜色

在颜色选择器中，"高级"区域有R、G、B、A四个选项。它们全都默认为0.0。

将"R"选项修改为"1.0"，"A"选项修改为"1.0"，就设置成红色了。

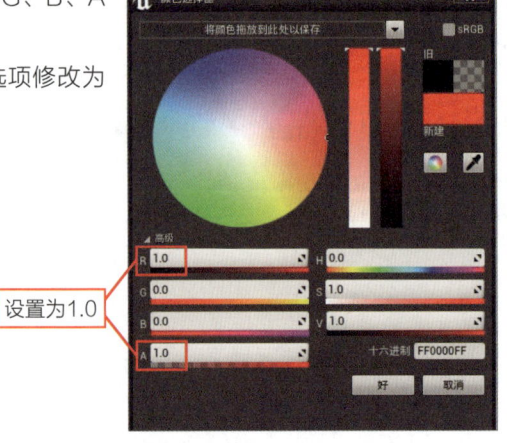

图4-15 修改R和A，调出红色

单击"好"按钮完成设置

设置完成后,单击"好"按钮,关闭颜色选择器。这样就有颜色的值(Vector)了。

图4-16 单击"好"按钮,关闭颜色选择器

给VectorParameter设置了颜色

关闭颜色选择器后,稍等片刻,red节点的中央方块区就变成了红色。这样一眼就能看出,这个节点是红色的了。

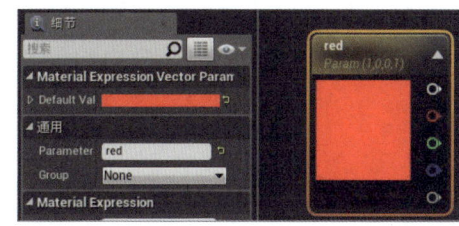

图4-17 关闭颜色选择器,就设置为红色了

连接节点

将红色节点的右上方的白色输出项,拖曳连接到默认的"Material_r"节点的"基础颜色"上。这样就把red节点的颜色设置为材质的颜色了。

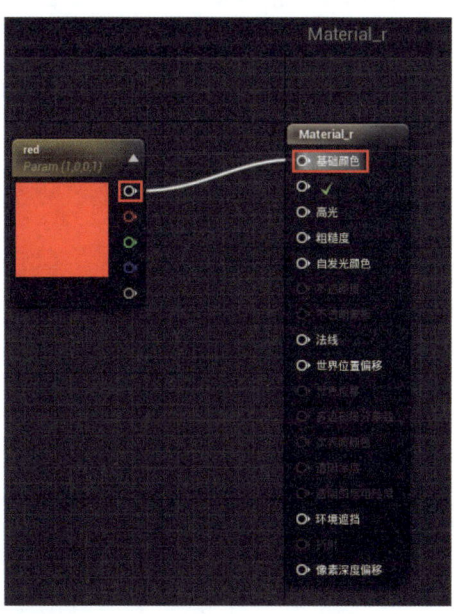

图4-18 将red的白色项目连接到"基础颜色"上

关闭材质编辑器

单击关闭按钮,关闭材质编辑器。画面上会显示出"您想要把对此材质的修改……"对话框,单击"是"按钮,就将内容保存了。

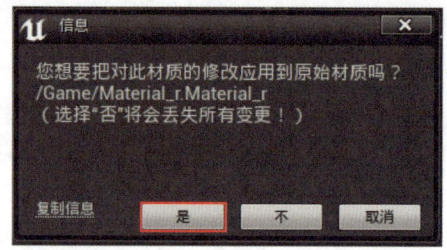

图4-19 出现对话框后,单击"是"按钮

拖曳材质

设置刚建好的材质。从内容浏览器中,将已建好的"Material_r"图标拖曳出来,直到视口中Box Actor上再放开。

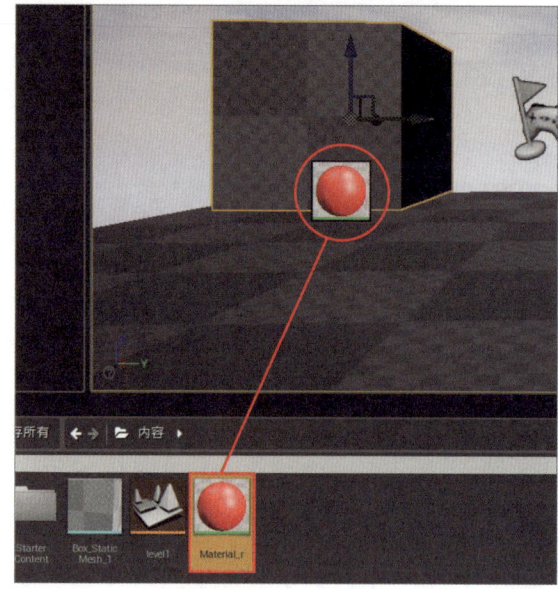

图4-20 将材质的图标拖放到Actor上

材质设置完成!

在Box Actor上设置了材质,显示为红色。阴影部分并不明显,移动一下位置来确认显示效果吧。

图4-21 使用材质,对象显示为红色

关于控制Actor的节点

接下来创建控制Actor的操作吧。首先单击工具栏上的"蓝图"图标,在展开菜单中选择"打开关卡蓝图"选项,显示出关卡蓝图编辑器。

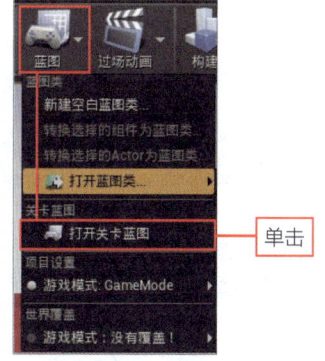

图4-22 选择"打开关卡蓝图"选项

删除所有节点!

打开"事件图表",上面应该有很多上一章制作的节点。首先,将这些清理掉吧。选择所有配置的节点,右击选择"删除"选项,全部删除。当然,连注释节点一起删除也没关系。

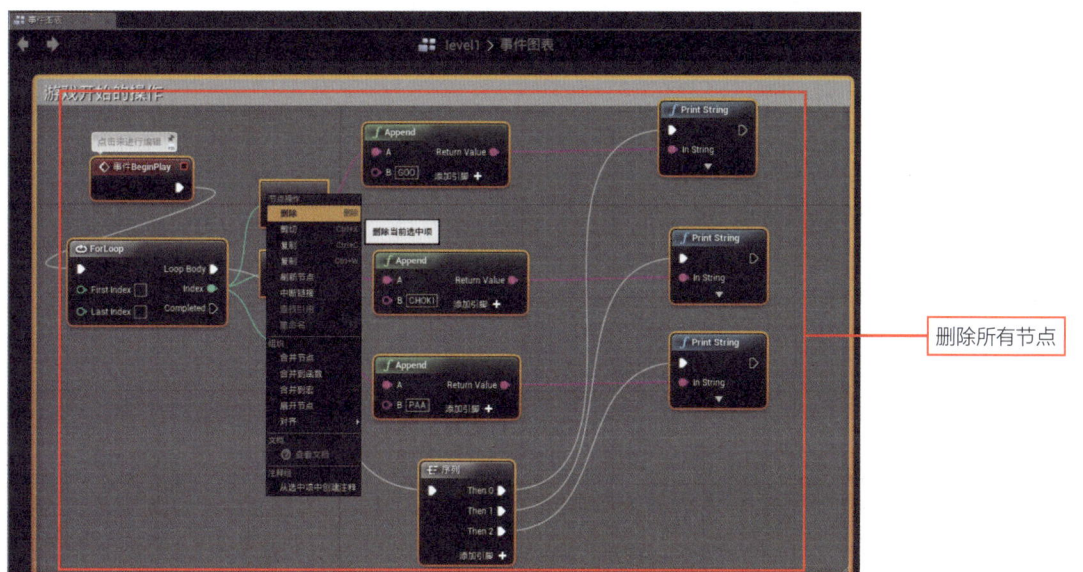

图4-23 选中所有节点,删除

已选Actor相关的节点

在图表中使用所操作的Actor节点。有很多节点用于操作Actor,但是这些却分散在创建Actor时使用的菜单的各个角落。首先,记住一个统一的显示方法吧。

其实很简单。在关卡编辑器中,只要选中操作的Actor即可。在Actor为选中的状态时,右击图表,调出菜单,在最上方会出现"Add Event for 〇〇""在〇〇上调用函数"的内容,这两个菜单项目中汇集了所选Actor的菜单选项。展开这两个菜单项目的话,就显示出创建使用该Actor的节点菜单。

需要注意的是,如果菜单中"情境关联"复选框没有选上的话,这个功能是不会显示的。此外,这其中并不必然准备出当前所需要的节点。很多时候也有个别功能并不会显示在这里。这样的时候,就需要采用老办法,输入节点名称等,进行检索。

虽然这并不是万能的方法，但是在操作Actor时，所需的大半部分节点在这两个菜单中都能找到。在本书中，如果一一说明"在哪个分类中的什么位置"会很繁琐，所以就采用检索节点名称的方法进行说明。不过，当不清楚所用节点名称时或者"不清楚具有什么功能"时，不妨就从这两个菜单中慢慢寻找。

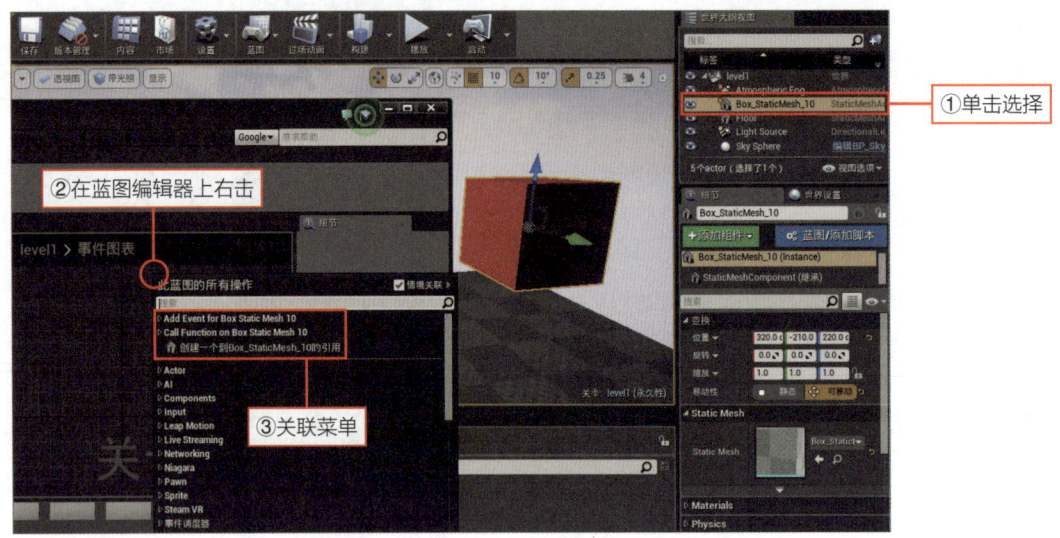

图4-24 在选中Actor的状态下，在关卡编辑器的图表中右击，菜单的最上方就显示出与该Actor有关的菜单

关于Tick事件

接下来，创建操作Actor的节点。首先，准备需要用的事件。

之前的编程使用的都是"Begin Play"事件。这是启动程序"在运行时，只执行1次动作就可以"的事件。但在操作Actor时，这样远远不够。

操作Actor时，在操作期间需要经常检查Actor的状态，给Actor增加修改，然后继续操作。也就是说不是"运行1次就结束"的程序。需要在播放时，能够经常暂停和继续的事件。

这样的时候，就要用到"Tick"事件了。Tick事件是用于显示所有帧都发生的事件。

图4-25 在Unreal Engine中，显示的是快速切换"帧"画面。正是"Tick"事件让切换顺序发生的

帧与"Tick"事件

要理解Tick事件，需要知道Unreal Engine的画面是如何显示的。在Unreal Engine中，Actor是实时活动的。这是由画面快速切换来实现的。例如，如果是移动Actor的场景，首先呈现出Actor放在某个场景中的画面，然后呈现该Actor稍微移动了一些的场景，然后呈现出再移动一些的场景……如此快速切换重复"Actor稍微移动一点的场景画面"，在人的眼中就能看到Actor在流畅移动了。

这样描画的一张一张的场景就被称为"帧"。通过帧的快速切换和显示，Unreal Engine才活动起来。

"Tick"就是在这样切换显示每一帧时发生的事件。游戏运行起来的话，伴随着帧的更新，会进行以下流程的处理。

每切换一帧，都会重复这样的处理。通过在Tick事件中预备处理，来移动Actor并将其渲染显示，重复这一过程，就可以播放Actor移动的动画了。

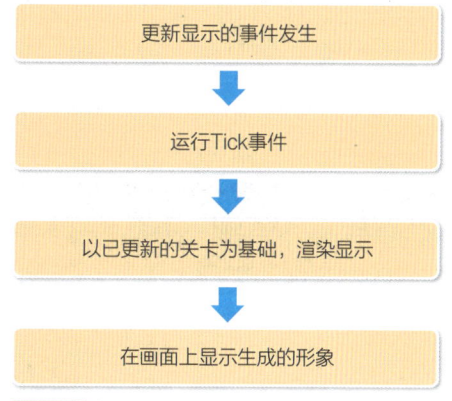

图4-26 帧的更新处理流程

创建Tick事件

接下来运用Tick事件。Tick事件节点与Begin Play一样，在关卡蓝图编辑器的初始状态下就有。如果有的话，可以直接使用。

因为刚才我们已经将之前的节点都删除了，所以Tick节点可能也消失了。可以右击图表，在菜单中输入"tick"，找到"事件Tick"选项并选择。

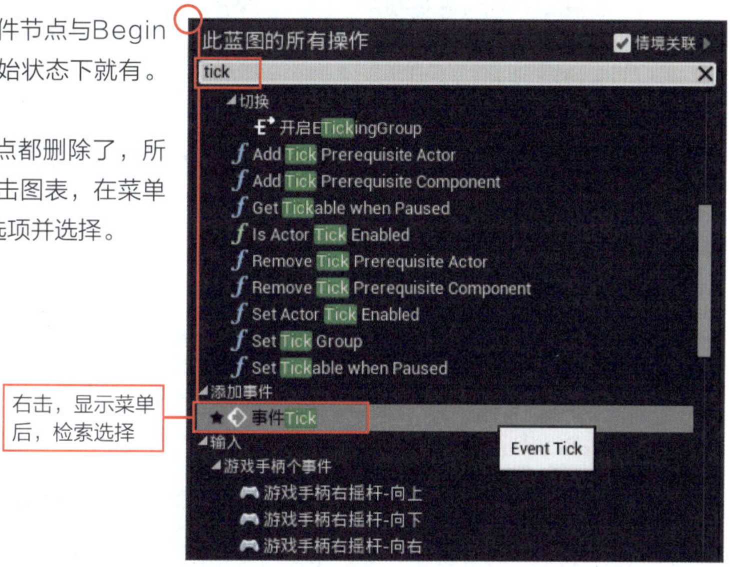

图4-27 选择"事件Tick"选项

观察Tick节点！

新建的"事件Tick"节点，与普通的事件节点有点不同。其右侧的输出项区域有"Delta Seconds"项目。它用于显示上一个Tick呼出之后，经过多少时间显示。你可能会想"这有什么作用呢？"，关于其用法稍后再讲。现在只要记住有这样的项目就行。

图4-28 事件Tick节点。添加了Delta Seconds项目

旋转Actor的"AddActorLocalRotation"

从旋转Actor开始吧。使用的是"AddActorLocalRotaion"节点。

首先，在后面的关卡编辑器上，选中操作的Actor（刚才的Box_StaticMesh_1）。

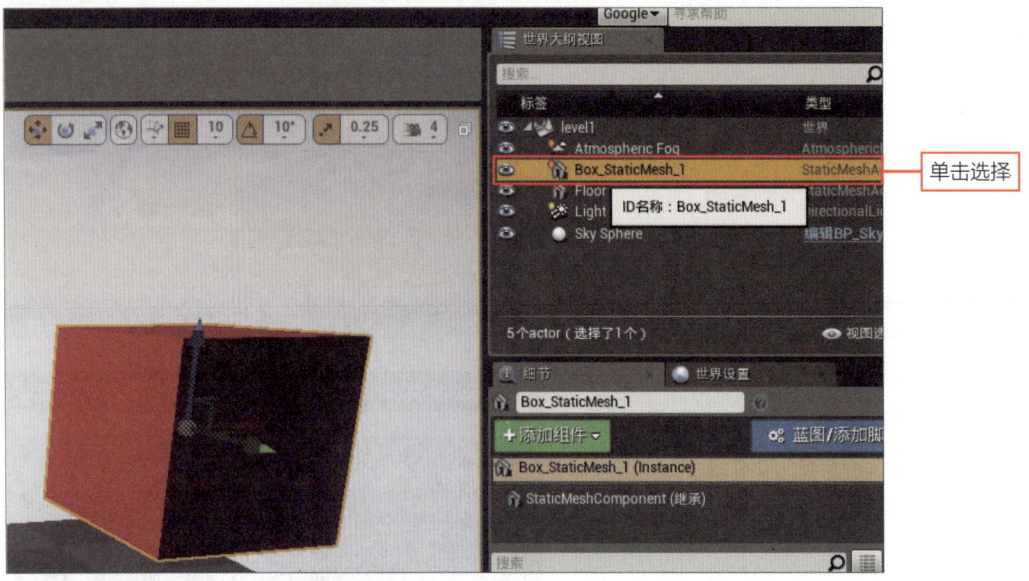

图4-29 在关卡编辑器中，选中需要操纵的Actor

选择"AddActorLocalRotation"选项

在世界大纲视图中选中Actor，在蓝图编辑器的图表中右击，从出现的菜单中输入"add actor"。在筛选出的选项中，选择"AddActorLocalRotation"选项。

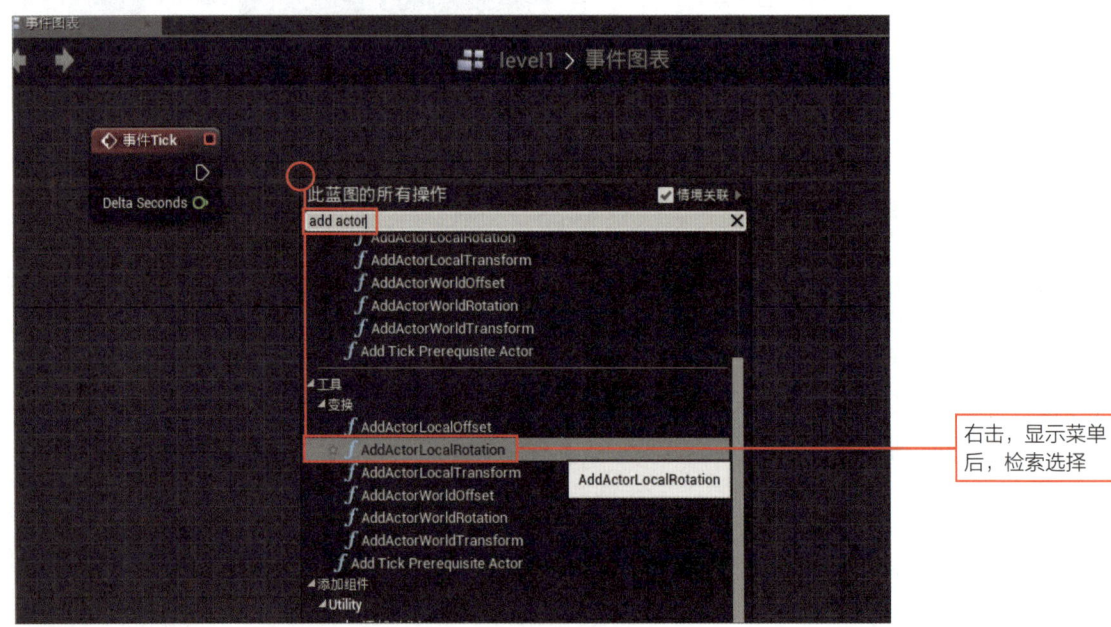

图4-30 选择"AddActorLocalRotation"选项

> Column
> ### 找不到"Add Actor……"!
>
> 可能有的人右击输入"add actor"后,看到没有显示就焦虑。这可能是因为忘了在关卡编辑器上选择Actor了。
> 蓝图中右击出现的菜单,具有调整功能,能根据当时的状态来显示菜单项目。只要选中Actor,就会显示出操作该Actor的"Add Actor ○○"项目,若没有选择的话,就会被判断为"不打算操作Actor",就不会出现相关菜单。
> 此时有两种处理方法。一种是,在关卡编辑器中,选择操作Actor之后,再回到蓝图编辑器中右击。另一种是,将右击出现的菜单右上方的"情境关联"复选框关闭。关闭"情境关联"的话,就关闭了根据当前状况重组菜单的功能,就会将所有的菜单项目都显示出来了。

创建两个节点

这样就创建了"AddActorLocalRotation"节点。同时,也生成了"Box_StaticMesh_1"节点,显示为连接到"Add Actor Local Rotation"上的状态。这就是在关卡编辑器中选择的Actor节点。选中Actor,再选择菜单的话,就会自动生成这样连接到Actor的节点了。很方便吧!

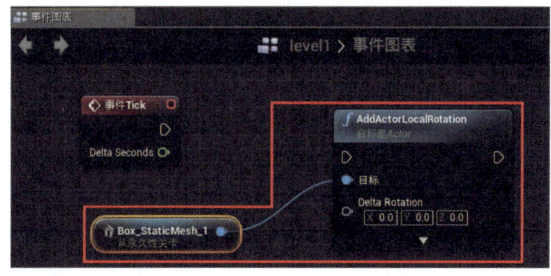

图4-31 创建两个节点

关于AddActorLocalRotation节点

"AddActorLocalRotation"中有"目标"输入项,此项连接到"Box_StaticMesh_1"。在这个"AddActorLocalRotation"中,包含以下两个输入项,分别具有以下作用。

目标	指定操作对象Actor
Delta Rotation	输入旋转角度

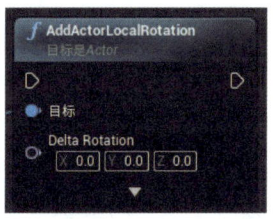

图4-32 AddActorLocalRotation节点。有目标和Delta Rotation两个输入项

没有Actor节点的话,怎么办?

可能有的人觉得疑惑"选择菜单后,只出现了AddActorLocalRotation,却没有Actor节点?"。可能是因为在关卡编辑器上,没有选中Actor的缘故吧。如果不选择Actor的话,就只会生成"AddActorLocalRotation"节点了。

此时,可以后续添加Actor的节点,只要手动连接到"目标"上,作用是一样的。在关卡编辑器的的世界大纲视图中,拖曳所要操作的Actor(在这里就是Box_StaticMesh_1),拖曳到蓝图编辑器的图表内放开。这样就创建了该Actor的节点。

之后,将该节点连接到"AddActorLocalRotation"的"目标"上,就成为相同状态了。

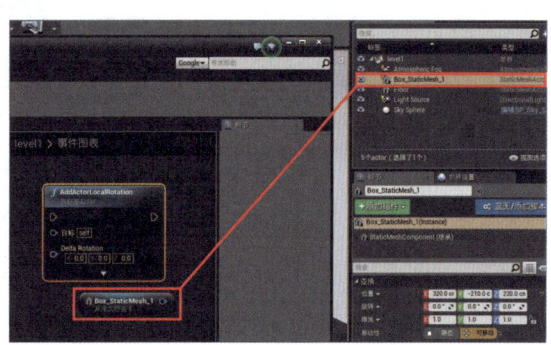

图4-33 从世界大纲视图中拖曳Actor到图表中,创建节点

旋转角度和滚转、俯仰、偏航

"AddActorLocalRotation"是让Actor的朝向按照指定的角度旋转的节点。旋转的角度，通过"Delta Rotation"输入项目来设置。在这上面有"X""Y""Z"，分别代表"滚转""俯仰""偏航"。这个三维空间由X、Y、Z三个数轴来构成，我们可以认为是以每个数轴为基础，来设置旋转角度的。

如果不容易理解的话，可以想象一下你正坐在飞机的驾驶席上。"机翼左右滚动是滚转""机头抬高，垂直方向翻滚就是俯仰""向来的方向水平转移调头就是偏航"，这样想象一下，有助于理解。

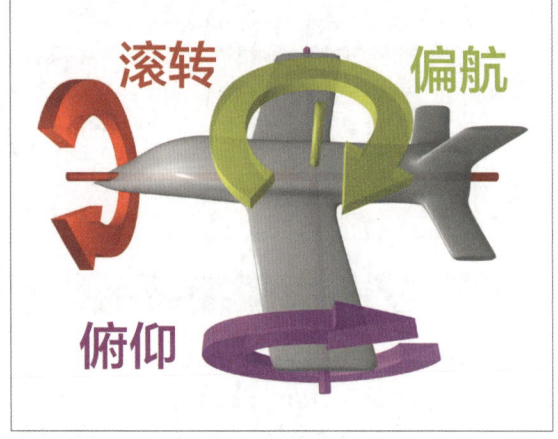

图4-34 滚转、俯仰、偏航的思维方式

通过Delta Rotation输入滚转角度

在Delta Rotation中输入数值。本次举例，我们在X、Y、Z三项中都输入"1.0"。

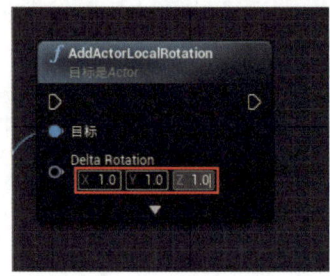

图4-35 X、Y、Z各项均输入"1.0"

连接事件Tick和AddActorLocalRotation

然后，只要连接事件就行了。将"事件Tick"的exec输出项与"AddActorLocal-Rotation"的exec输入项，用鼠标拖曳连接起来。当Tick事件发生后，就会运行AddActorLocalRotation节点，让Actor旋转了。

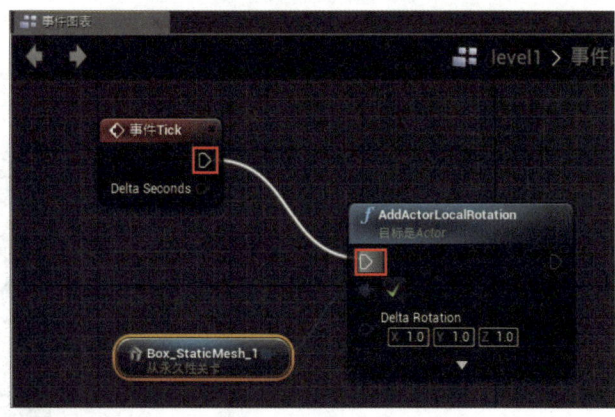

图4-36 将Tick事件连接到AddActorLocalRotation

播放运行!

单击工具栏中的"播放"图标,试运行。Actor就缓慢地旋转起来。使用Tick事件的话,就能制作出这样连续动作的程序!

图4-37 播放运行时,Actor就会缓慢旋转

移动Actor

接下来,将Actor进行前后左右上下移动。和旋转一样,这个也有操作节点,将Actor"从当前位置移动到指定位置"。一起来试试看吧。

删除不需要的节点

首先,将刚才创建的节点删除。旋转Box Actor节点与"AddActorLocalRotation"节点(也就是除了Tick事件节点之外的所有节点),右击选择"删除"选项。

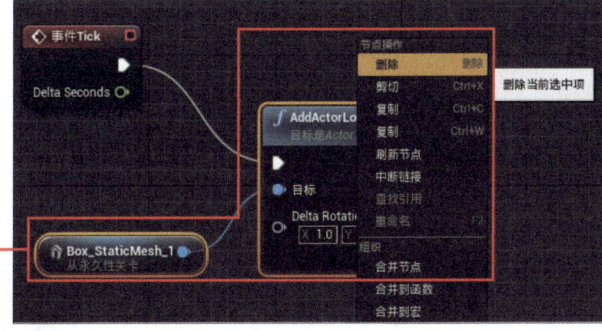

图4-38 用"删除"选项,删除节点

选择"AddActorLocalOffset"选项

添加节点。移动Actor的位置,需要使用"AddActorLocalOffset"节点。

在关卡编辑器的世界大纲视图中,选中Box Actor,然后在图表中右击,在弹出的菜单中输入"add actor"。在筛选出来的选项中,选择"AddActorLocalOffset"选项。

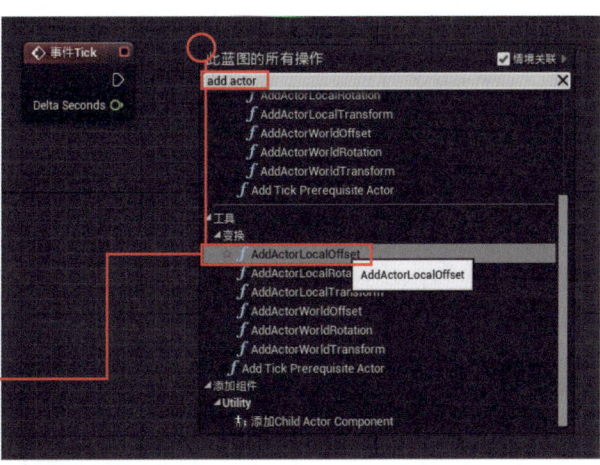

图4-39 选择"AddActorLocalOffset"选项

关于"AddActorLocalOffset"节点

新建的"AddActorLocalOffset"是专门为了移动Actor而设计的节点。在关卡编辑器中选中Actor的话,就会自动生成Actor节点,与AddActorLocalOffset的目标项目连接。与刚才的"AddActorLocalRotation"一样,该节点上也有几个输入项目,整理如下。

暂时就与"AddActorLocalRotation"的操作一样,使用目标和Delta Location两项就能自由移动Actor的位置了。

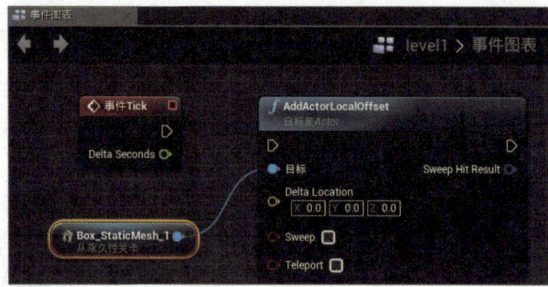

图4-40 AddActorLocalOffset 节点。设定目标和Delta Location,移动Actor

目标	设置操作Actor
Delta Location	设置移动距离
Sweep	关于Sweep功能的选项,暂不使用
Teleport	关于Teleport功能的选项,暂不使用
Sweep Hit Result	这个也是关于Sweep的功能,暂不使用

设置Delta Location

现在设置"AddActorLocalOffset"。在这个节点中,是通过"Delta Location"来设置移动距离的(需要移动距离当前位置多远的距离)。在此,我们先设置如下。

- X:5.0
- Y:0.0
- Z:0.0

沿着X轴方向移动5.0个单位。在默认值的状态下,朝着X轴方向移动的话,会远离画面。

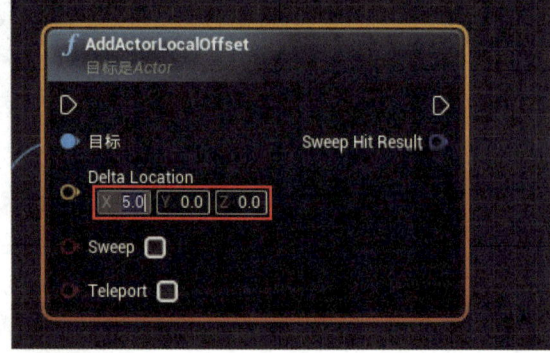

图4-41 设置Delta Location的值

连接Tick事件

然后,将AddActorLocalOffset节点与事件连接。用鼠标从"事件Tick"的exec输出项拖曳连接到"AddActorLocalOffset"的exec输入项。这样就能当"Tick 事件发生时"→进行"用AddActor-LocalOffset移动Actor"的操作了。

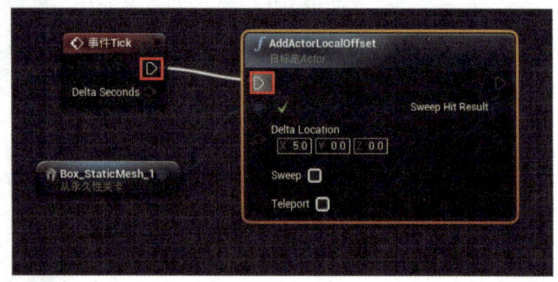

图4-42 将Tick连接到AddActorLocalOffset,就完成了

播放运行！

单击工具栏中的"播放"图标，确认动作。运行起来后，Actor就渐行渐远了。这样大家就明白了，如何用AddActorLocalOffset来移动Actor了吧。

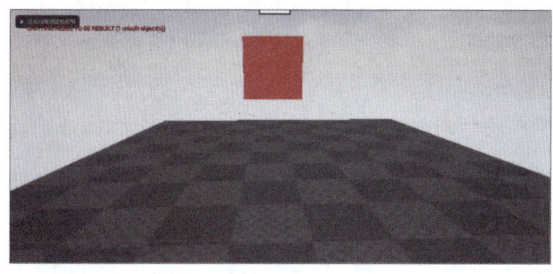 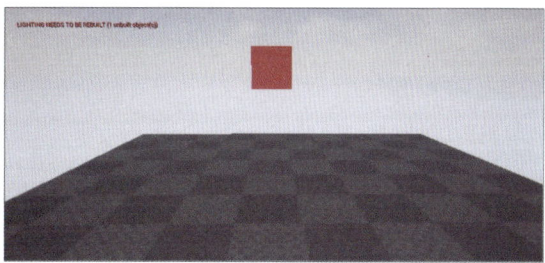

图4-43 运行起来后，Actor就越来越远了

同时执行移动和旋转

现在已经学会移动和旋转Actor了。只记住这两个节点，目前就能让Actor按照自己喜欢的方式动了。

现在同时使用这两个节点试试吧。也就是说，同时移动和旋转的话，会怎样呢？

已经有了主管移动的"AddActorLocalOffset"节点了，再新建一个旋转节点即可。

选择新建节点

选中Actor后，在关卡编辑器上右击图表，输入"add actor"，从筛选出来的选项中，选择"AddActorLocal-Rotation"选项。

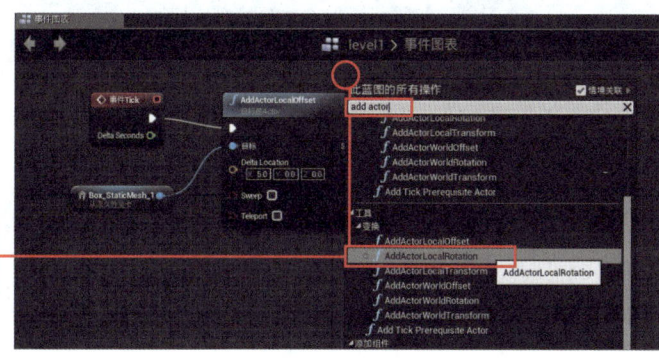

选中Box Actor后右击，显示菜单后，检索选择选项

图4-44 选择"AddActorLocalRotation"选项

新建节点

这样就在图表上新建了"AddActorLocal-Rotation"。如果在关卡编辑器上，选择了Actor后再添加的话，就能自动新建"Box_Static-Mesh_1"节点。直接使用也行。或者也可以删除新建的"Box_StaticMesh_1"节点，将原来的"Box_StaticMesh_1"节点连接到"AddActor-LocalRotation"的目标项。

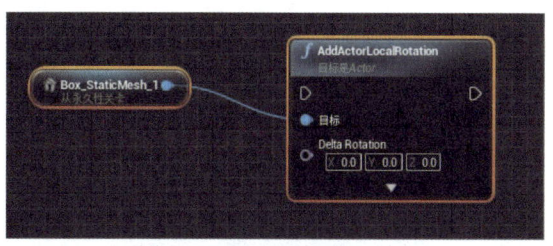

图4-45 新建的节点。没有必要保留两个"Box_Static-Mesh_1"节点，可以删除一个

设置Delta Rotation

新建的"AddActorLocaRotation"节点的"Delta Rotation"可以设置如下。这样就能转动俯仰角度。

- X:0.0
- Y:1.0
- Z:0.0

单击"AddActorLocalRotation"节点中下方的▼，就会出现"Sweep"等项目，这些项目保持未勾选的状态即可。只要不涉及运用多个Actor的复杂组件的话，就用不到这些选项。

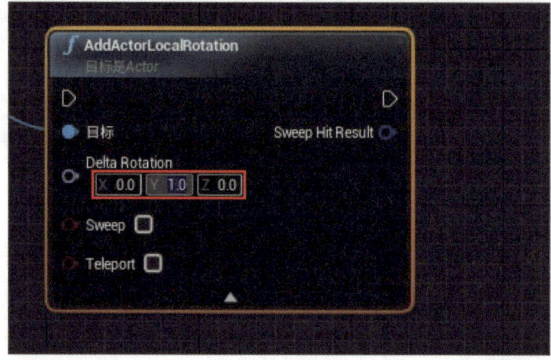

图4-46 设置Delta Rotation的值。Sweep等项目保持未勾选的状态即可

将AddActorLocalOffset连接到AddActorLocalRotation

将创建好的节点连接起来。从"AddActorLocalOffset"的exec输出项，用鼠标拖曳，连接到"AddActorLocalRotation"的exec输入项，就完成了。

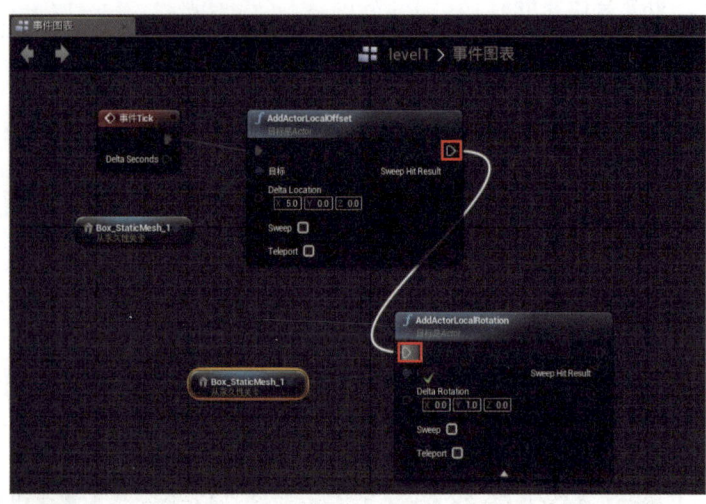

图4-47 连接AddActorLocalRotation，完成编程

播放运行！

单击工具栏中的"播放"图标，试运行。此时会出现有意思的动画：Actor缓缓地移动，好像在画圆一样，感觉镜头有点垂直扬起似的。通过Tick，就能重复"一点点旋转"的操作，于是就能实现这样的动画。

图4-48 播放运行时，Actor就仿佛是画大圆一样在移动

Chapter 4 掌握Actor的基本操作！

Section 4-2 熟练运用Transform！

"Transform"是移动或旋转处理时，所运用的特殊值。而Transform则是使用"Vector"值来设置的。现在针对移动、旋转的坐标及其使用的特殊值的用法进行详细说明。

同时执行移动、旋转的节点

虽然现在能执行移动和旋转了，但是移动和旋转，往往是Actor在活动中同时发生的，所以再一一创建节点连接的话，比较麻烦。

蓝图中设计的可以同时设置移动、旋转而且还能设置扩大缩小的节点，正是为了应对这样的实际需求。我们一起来用一下吧。

删除不需要的节点

首先，删除已创建的节点。除了"事件Tick"节点，其他全部选中后删除。

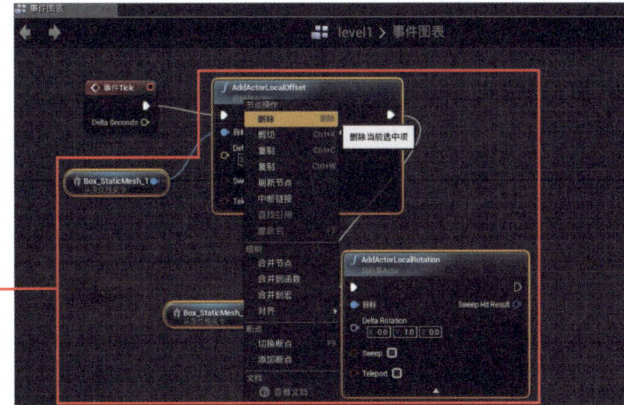

图4-49 除了Tick之外，其他节点全部删除

选择"AddActorLocalTransform"选项

创建节点。在世界大纲视图中选中"Box_StaticMesh_1"的状态下，在图表中右击调出菜单。在弹出的菜单中输入"add actor"，从筛选出的项目中选择"AddActorLocalTransform"选项。

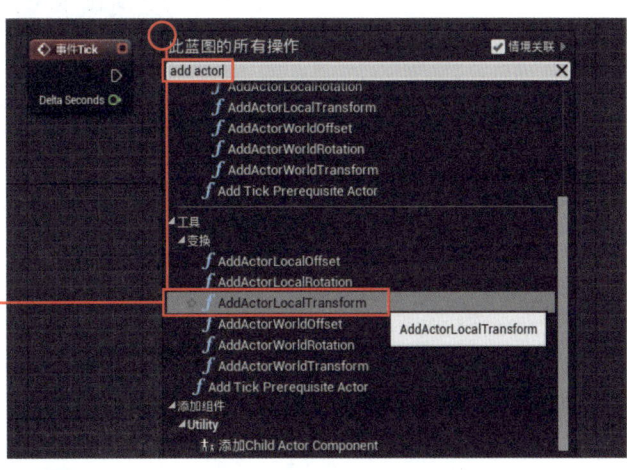

图4-50 选择"AddActorLocalTransform"选项

关于"AddActorLocalTransform"节点

这样就在图表中创建了"AddActorLocalTransform"节点。如果在关卡编辑器的世界大纲视图中选择了Actor的话,就能直接生成Actor节点并连接到"目标"上。

"AddActorLocalTransform"节点与"AddActorLocalRotation"和"AddActorLocalOffset"一样,是设置Actor显示的位置和角度值的。只是,输入项虽然看着相似,却并不完全一致。它还有个"New Transform"项目。

其实,"New Transform"是为了传达关于移动或旋转的设置信息的项目。这个输入项目,使用"Transform"的数值,设置位置或角度。

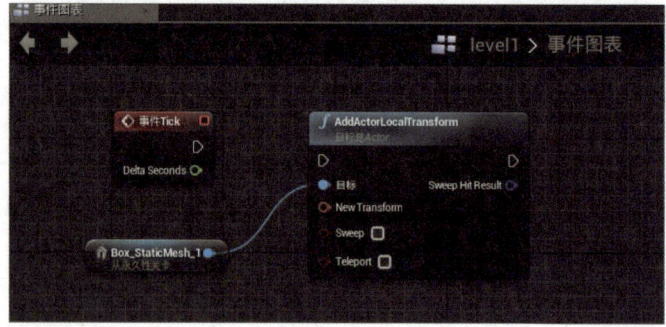

图4-51 AddActorLocalTransform节点。在New Transform处设置"Transform"值

什么是Transform?

"Transform"是集合了关于位置、角度、大小等设置信息的特殊值。在蓝图中,并不是只有数字或文本等简单的值,还有很多能够管理多个值的结构复杂的值。Transform就是这种复杂值之一。

创建节点

一起来创建Transform吧。右击图表,输入"make trans",就筛选出了"Make Transform"选项,选择该项。

图4-52 选择"Make Transform"选项

关于"Make Transform"节点

这样就创建完成了"MakeTransform"节点。该节点中,有3个输入项目,介绍如下。

Location	设置移动位置的距离。设置X、Y、Z的各项数值
Rotation	设置旋转角度。设置X、Y、Z的各项数值
Scale	设置大小的扩大缩小比例。设置X、Y、Z的各项数值

一目了然，该节点综合了"AddActorLocalOffset"和"AddActorLocalRotation"，并且还添加了可改变尺寸的项目。因此结构比较复杂。但是用这一个节点就能解决三个方面，很便捷，非常好用！

"Make Transform"是以输入项目的信息为基础生成Transform值的。生成的Transform值，可以从"Return Value"中读取出来。注意！并非"Make Transform"本身是Transform值，谨防混淆。

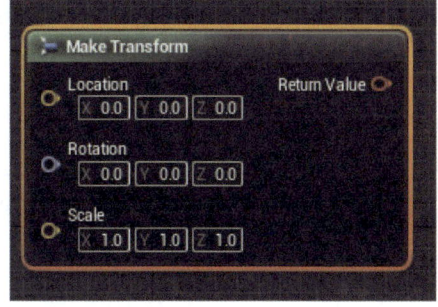

图4-53 Make Transform节点

设置"Make Transform"

开始设置"Make Transform"吧。输入数值如下。

Location	X:0.0, Y:5.0, Z:0.0
Rotation	X:1.0, Y:0.0, Z:0.0
Scale	全部设为1.0

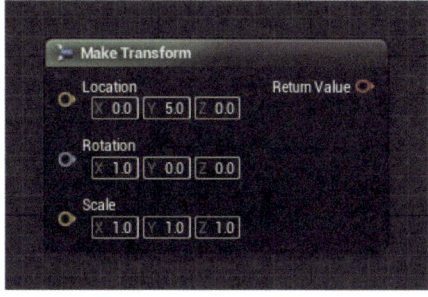

图4-54 设置Make Transform

连接节点

然后连接节点。这次新建了两个节点（包含自动生成的Box_StaticMesh_1的话，就是3个），将这些节点连接起来。请按照以下方式连接。

- 将"事件Tick"的exec输出项，连接至"AddActorLocalTransform"的exec输入项。
- 将"Make Transform"的"Return Value"连接至"AddActorLocalTransform"的"New Transform"。
- 将"Box_StaticMesh_1"连接至"AddActorLocalTransform"的"目标"（已经连接完毕）。

这样就完成了这套流程的编辑处理："Tick事件发生→由Make Transform生成Transform值→使用传递过来的Transform值，通过AddActorLocalTransform操作Actor"。

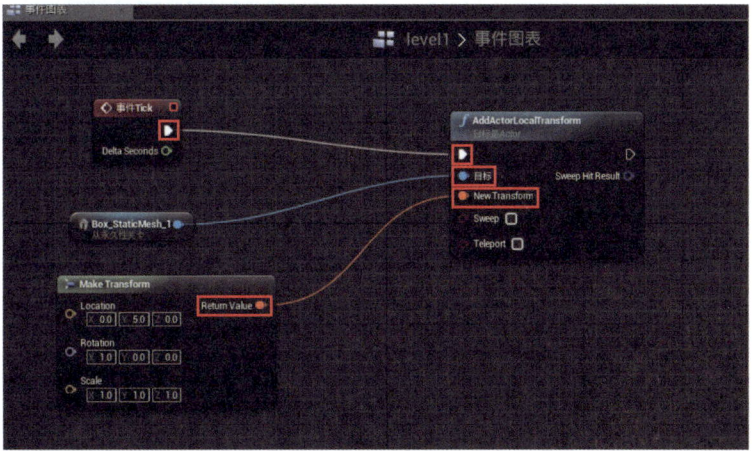

图4-55 连接节点

播放运行！

单击工具栏中的"播放"图标，试运行。这次移动和旋转的方向与上一个例子有一些不同。移动的方向是沿着Y轴方向，旋转变成了滚动（左右方向旋转）。运行后，Actor缓慢地沿着顺时针的方向旋转起来；中途，Actor缓慢地下沉入地面消失了，但是一会儿又冒出来，回到了原位。

图4-56 播放运行后，Actor沿着顺时针方向旋转，渐渐沉入地面消失

局部坐标与世界坐标

这样就能同时运行移动和旋转的操作了。但是看了实际的动画，可能有人心中有疑问"不是这样的，想要的并不是这样的动作效果"。

有的人想要的同时进行"移动和旋转"的动作，不是旋转的同时向前移动（就像画圆一样移动），而是"让Actor旋转的同时，沿着某个指定的方向笔直前进"。然而，之前出现过的节点都不能做到。不，不是不能做到，而是非常复杂。通过AddActorLocalOffset等进行的动作，是"从该Actor的角度出发，前后左右上下移动的"。"从稍微旋转到左侧一点，然后笔直前进时稍微靠右侧移动"之类的指令，如果不能精准地全部计算出来，就做不到"旋转的同时，还保持向同一个方向行进"。

这是由于，到目前为止，我们使用的节点都是根据"从Actor自身出发的相对方向"来设置移动或旋转的。这种"从动作对象自身角度出发的坐标轴"称为"局部坐标"。

与此相对，将3D空间整体的坐标轴称为"世界坐标"。二者坐标轴不同，这样考虑会比较容易理解。

"局部坐标是前后左右移动的，世界坐标是东西南北移动的。"

我们走路时，通常会"向前走""向右转"等，以自己为基准来思考方向。这就是"局部坐标"。但是，比如思考着向地图上的目的地靠近时，我们会想着"向东走1公里"。这就是"世界坐标"。

当移动时，不是设定"向前走"，而是设置"向东走"的话，就不论Actor面向哪里，都会按照一定的方向移动的。

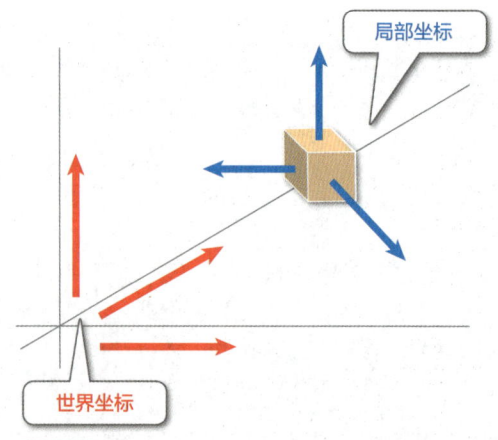

图4-57 局部坐标是从Actor自身角度出发看到的方向。世界坐标是俯瞰3D世界所看到的方向

关于世界坐标使用的节点

使用世界坐标移动的节点,究竟是什么样的呢?其实和之前的局部坐标使用的节点大体一致。

"AddActorWorldRotation"节点

这就是"AddActorLocalRotation"的世界坐标版。让Actor按照世界坐标上的角度旋转。只是,如果只移动Actor的话,动作与"AddActorLocalRotation"几乎没有不同,但是如果与别的Actor一起互动的话,就能感受到Actor的旋转方式改变了。

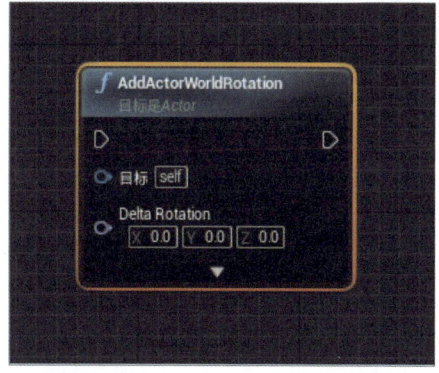

图4-58 "AddActorWorldRotation"节点

"AddActorWorldOffset"节点

这是"AddActorLocalOffset"的世界坐标版。让Actor沿着从世界坐标上看到的方向移动。当Actor自身朝向正在发生变化时,这个设置起到了让Actor沿着指定的方向移动的作用,与Actor的朝向无关。

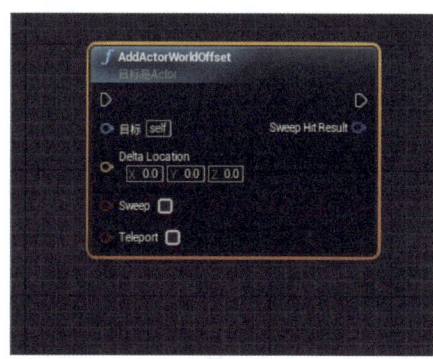

图4-59 "AddActorWorldOffset"节点

"AddActorWorldTransform"节点

这是"AddActorLocalTransform"的世界坐标版。让Actor沿着世界坐标的方向或角度移动。

图4-60 "AddActorWorldTransform"节点

使用 "AddActorWorldTransform"

根据世界坐标，来实际操作一下移动Actor。这次我们使用 "AddActorWorldTransform" 节点。

首先，删除前面使用的节点。

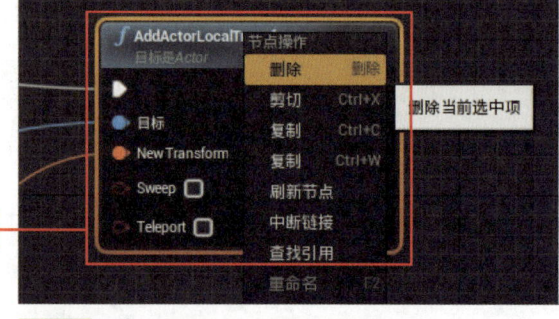

选择并删除

图4-61 删除AddActorLocalTransform节点

选择 "AddActorWorldTransform" 选项

接下来创建节点。在选中Actor的状态下，在关卡编辑器上的图表中右击，在菜单中输入 "add actor"。然后从筛选出的选项中，选择 "AddActorWorldTransform" 选项。

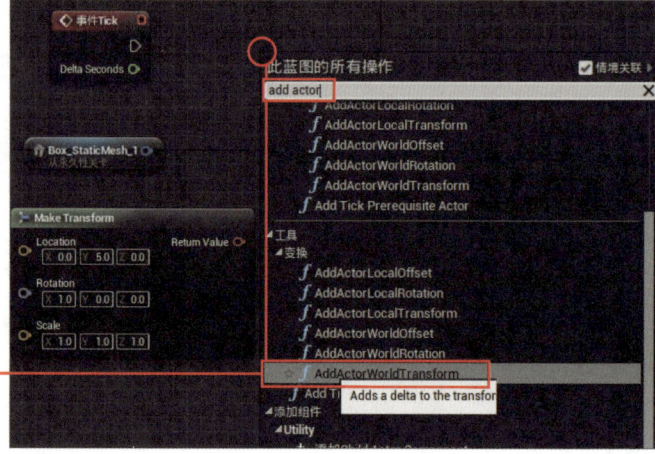

右击，显示菜单后，检索并选择

图4-62 选择 "AddActorWorldTransform" 选项

附带了 "Box_StaticMesh_1" 吗？

如果在世界大纲视图中选中了Actor的话，应该就一起创建了 "Box_StaticMesh_1"，在这里就有两个了，将旧的删掉。如果没有事先选中Actor，没有附带创建 "Box_StaticMesh_1" 的话，可以从已经存在的 "Box_StaticMesh_1" 的输出项处，用鼠标拖曳连接至 "AddActorWorldTransform" 的 "目标" 处。

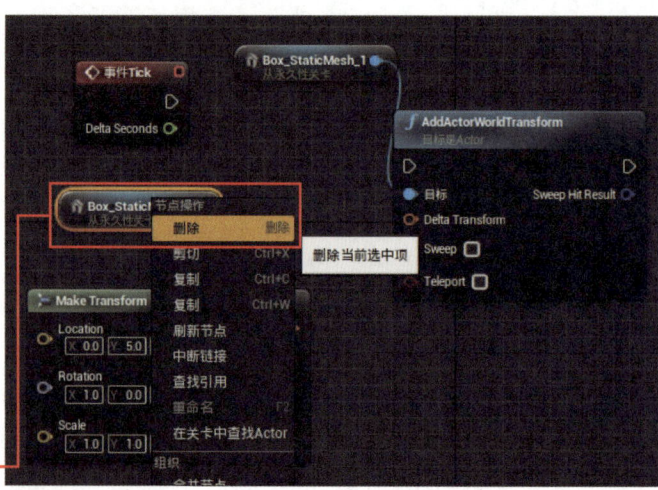

选择并删除

图4-63 如果同时创建了Actor节点的话，就把旧的节点删除

连接节点

然后，将其他节点与新建的"AddActorWorldTransform"连接起来。这个是代替刚才的"AddActorLocalTransform"的，所以连接方式和刚才一样即可。

- 将"事件Tick"的exec输出项连接至"AddActorWorldTransform"的exec输入项。
- 将"Make Transform"节点的"Return Value"连接至"AddActorWorldTransform"节点的"New Transform"。
- 将"Box_StaticMesh_1"连接至"AddActorWorldTransform"的"目标"（已经连接完毕）。

这就完成了这样的操作流程："Tick事件发生→Make Transform生成Transform值→使用接收到的Transform值，通过Add Actor World Transform来操作Actor"。不同点只有一个，那就是这次是使用世界坐标来移动Actor的。

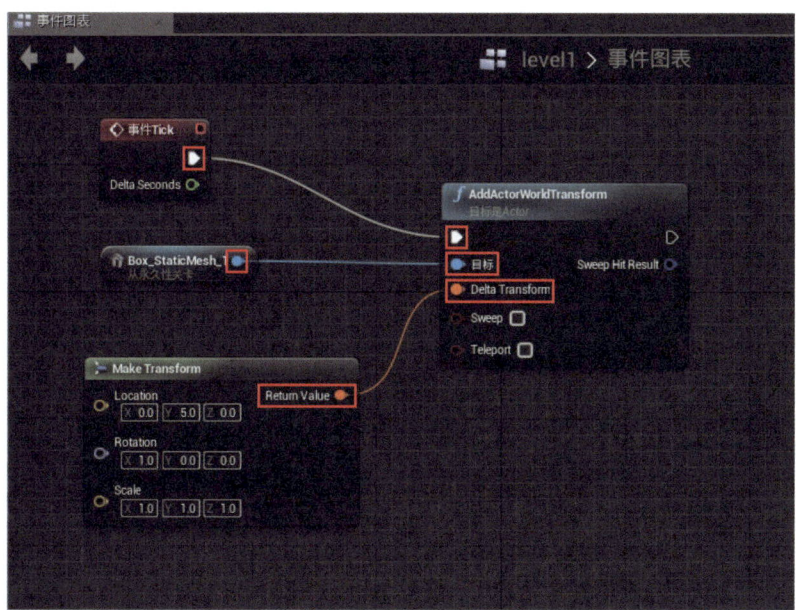

图4-64 将节点连接至AddActorWorldTransform

播放运行！

一起来运行一下程序吧。单击工具栏中的"播放"图标，Actor就一边滚动着，一边向着右侧缓慢移动逐渐消失。Actor是以顺时针方向滚动的，前进的方向与地面保持水平，不会像之前一样沉到地面以下；而是保持这个位置，向右平行移动。很明显即使滚动也没有改变行进的方向。

在这里是用"AddActorWorldTransform"来移动和旋转的，当然也可以使用局部坐标节点和世界坐标节点同时编程。但这样做的话，需要非常清楚哪个移动是由局部坐标控制，哪个是由世界坐标来控制。这些知识，只要熟悉了Actor的操作之后，就自然清楚了。

图4-65 运行播放后，Actor一边滚动着一边向右侧移动

关于移动与Vector（向量）

在这里为了操作Actor的各种节点，都是需要输入位置或角度等值的。在示例当中，我们是直接输入数值的，其实还可以使用从外部接收到的值。

只是！这些值不能像"Location的X值是这个"这样一一从外部连接过来。而是Location的话有X, Y, Z三个，Rotation的话有X, Y, Z三个，一定要成组传递数据。

"Vector（向量）"就是专门为此设计的专用值。向量是用于处理"3维向量数据"的值。向量数据是用于显示各个方向的力或距离等信息的。现在只要记住"向量是将3个值汇集到一起，在设置位置或角度等3个数值时使用的"即可。放置于3维空间的Actor，位置和朝向等各个地方都需要成组运用"3个数值"。在这些时刻，基本上使用向量就可以了。

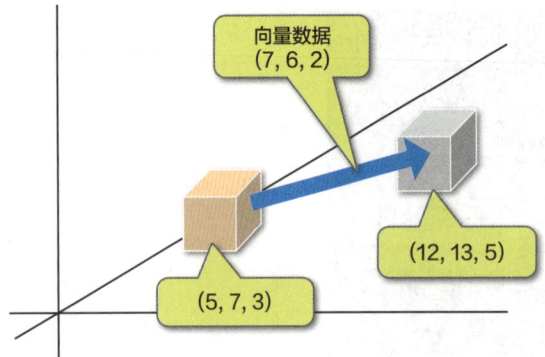

图4-66 向量数据是在三维空间中表示距离、方向、大小等"成组处理三个维度的各个数值"时，使用的值

设置向量移动Actor

接下来用向量来移动Actor吧。现在，图表中已有"AddActorWorldTransform"的移动程序。也可以直接使用，但为了让大家更容易明白，我们选择更简单的"AddActorLocalOffset"。

除了"事件Tick"之外的所有节点，可以全部选择并删除。

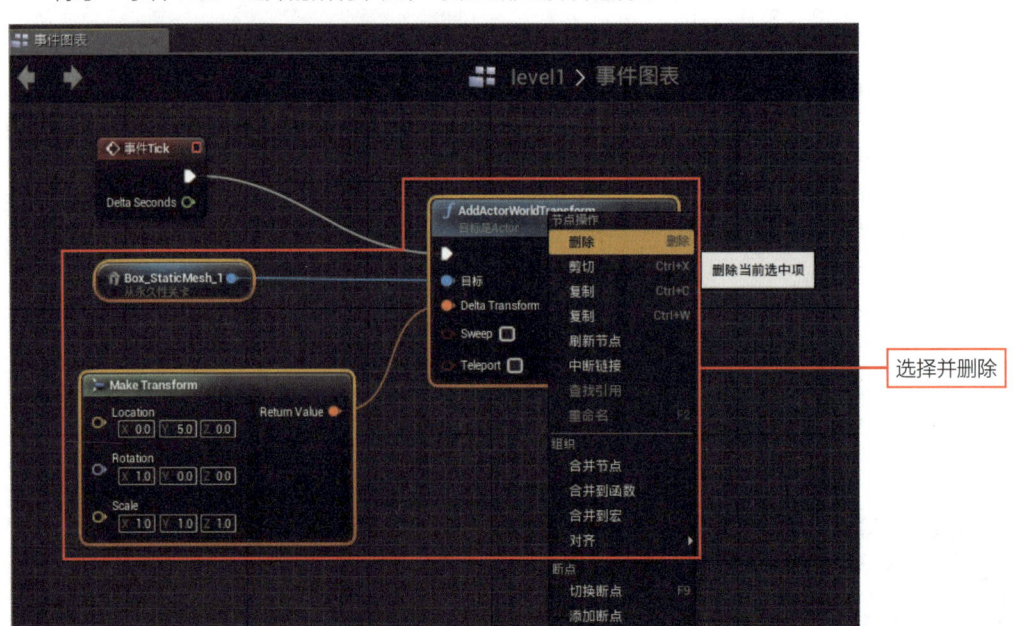

图4-67 除了"事件Tick"之外的所有节点，全部选择并删除

选择"Make Vector"选项

接下来准备用于生成向量值的节点吧。右击图表,输入"make vector"。然后从筛选出来的项目中选择"Make Vector"选项。

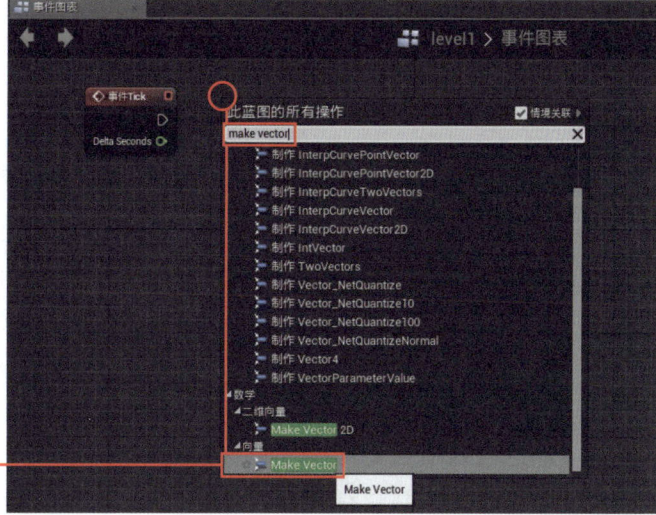

右击,显示菜单后,检索并选择

图4-68 选择"Make Vector"选项

关于"Make Vector"节点

新建的是"Make Vector"节点。该节点上面有"X""Y""Z"三个输入项目。以这些值为基础生成向量值,并通过"Return Value"读取出来。

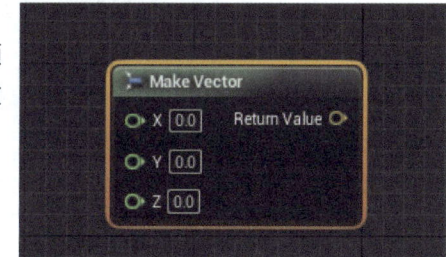

图4-69 "Make Vector"节点。有3项需要输入的值

选择"AddActorWorldOffset"选项

创建节点,用来使用Make Vector生成的向量。在关卡编辑器上选中Actor,右击图表,输入"add actor"。从筛选出来的项目中,选择"AddActorWorldOffset"选项。

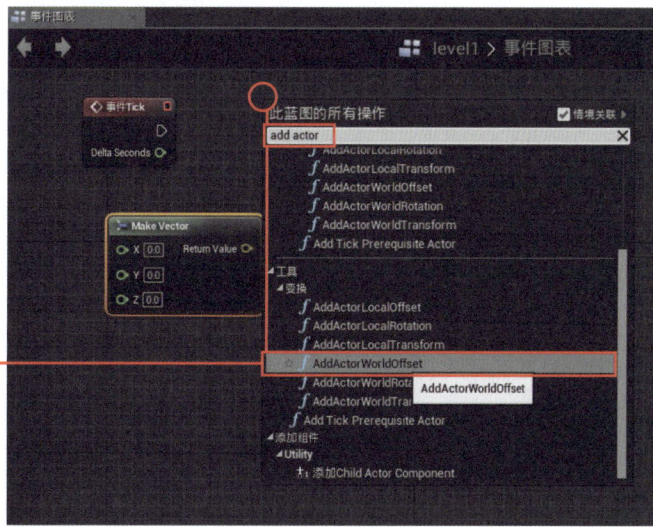

右击,显示菜单后,检索并选择

图4-70 选择"AddActorWorldOffset"选项

关于"AddActorWorldOffset"节点

新建的节点是"AddActorWorldOffset"节点,它是之前使用的"AddActorLocalOffset"的世界坐标版。关于基本的使用方法,二者大致相同,都是将操作对象Actor连接到"目标",在"Delta Location"上分别设置移动距离值。

在世界大纲视图中选中Actor的话,可能就会生成"Box_StaticMesh_1"节点并且已经与"目标"相连接。如果没有的话,可以直接从世界大纲视图中,用鼠标拖曳Actor"Box_StaticMesh_1"到图表中,生成"Box_StaticMesh_1"的Actor节点,然后手动连接到"AddActorWorldOffset"的"目标"即可。

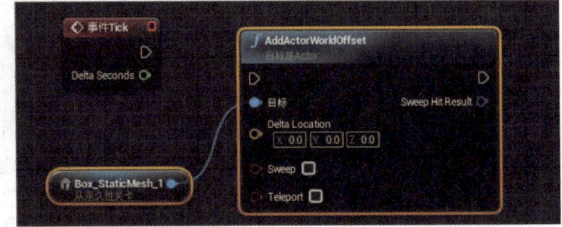

图4-71 新建的"AddActorWorldOffset"节点

连接节点

现在将创建的节点连接起来。请按照以下的顺序连接。

- 将"事件Tick"的exec输出项,连接至"AddActorWorldOffset"的exec输入项。
- 将"Make Vector"的"Return Value"连接至"AddActorWorldOffset"的"Delta Location"。
- 将"Box_StaticMesh_1"连接至"AddActorWorldOffset"的"目标"(已连接完毕)。

基本的流程和之前编辑的程序大致相同,这样就完成了处理流程:"Tick事件发生→通过Make Vector生成向量值→运用生成的向量,通过AddActorWorldOffset设置Actor的位置"。

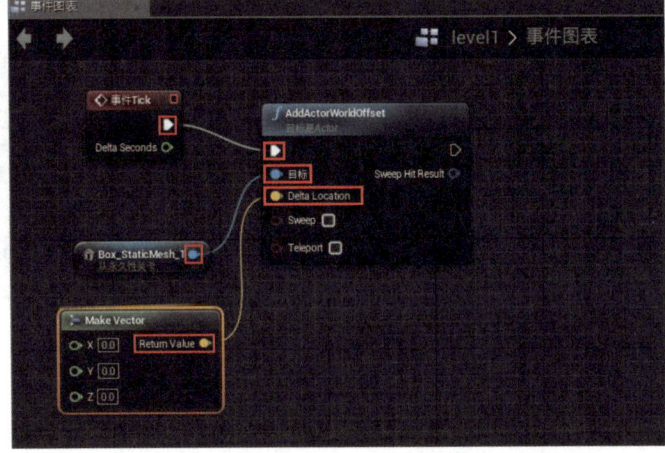

图4-72 将准备好的节点都连接起来

设置"Make Vector"

最后,设置"Make Vector"的值。在这里将各个值设置如下:
- X:1.0
- Y:0.0
- Z:0.0

和上个例子一样,只修改了X的值。这样Actor应该会渐渐远去的。

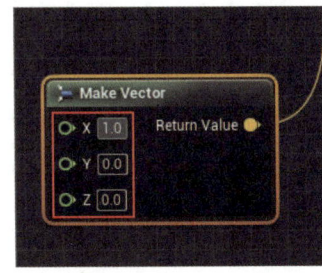

图4-73 设置Make Vector的值

播放运行!

单击工具栏中的"播放"图标,运行程序。可以看到,Actor慢慢远去了。

像这样,将向量值连接到"Delta Location",就能够从外部设置移动距离了。同样,将向量连接到"AddActorLocalRotation"的"Delta Rotation"的话,就能从外部设置旋转的角度。

向量都统一采用"3个浮点型值",所以无论Location也好,Rotation也罢,都可以用。

 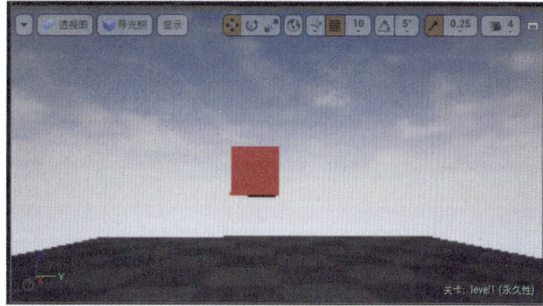

图4-74 运行起来,Actor渐行渐远

用变量来移动!

可能大家已经注意到了,如果能够"从外部使用向量来设置移动距离"的话,这个向量的值也能通过进一步的外部设置,来控制向量的每一个值。

例如,如果用变量设置向量的值的话,通过控制该变量就能够让Actor移动了。一起来试试看吧。

确认所用的节点

在上一章中,我们使用了"num"和"counter"等整型(Integer)的变量。这里我们就还继续使用这些变量吧。

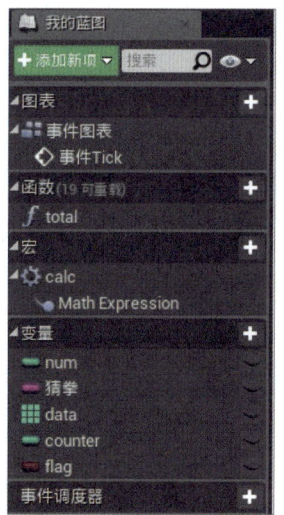

图4-75 在"我的蓝图"中,还保留着上一章创建的变量,所以就使用这些

修改num的值

首先设置必要的变量初始值。从"我的蓝图"中选择"num",将"细节"面板中"默认值"的"Num"修改为"5"。

图4-76 将变量"num"的默认值修改为5

修改counter的值

然后是counter,在"我的蓝图"中选择"counter",将"细节"面板中的默认值"Counter"设置为"0"。

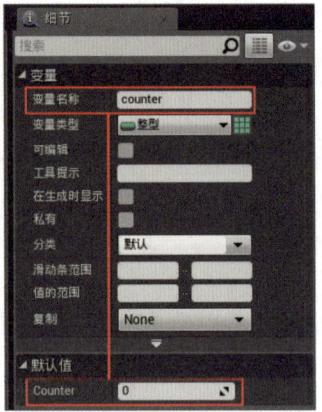

图4-77 将变量"counter"的默认值设置为0

新建"Num"节点

接下来新建变量。首先从num开始。从"我的蓝图"中将"num"拖曳到图表中,在弹出的菜单上选择"获得"选项。这样就创建完成了"Num"节点。

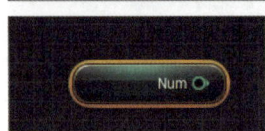

图4-78 拖曳变量num,创建"Num"节点

将"Num"连接到"Make Vector"

用鼠标将新建的"Num"节点拖曳连接到"Make Vector"的"X"项。变量num是整型,而Vector的值是浮点型,所以中途会自动生成类型转换节点。

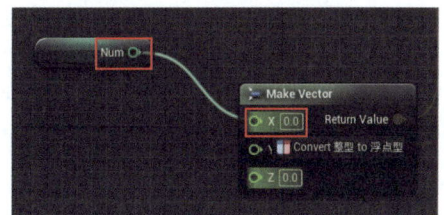

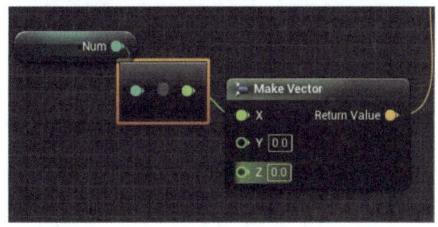

图4-79 将Num连接到X。中间自动生成类型转换节点

用"分支"进行处理

为了检查变量状态,我们创建一个"分支"。右击图表,输入"branch",选择"分支"选项,完成创建"分支"节点。

右击,显示菜单后,检索并选择

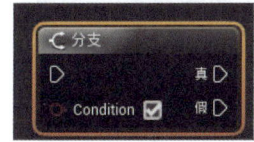

图4-80 选择"分支"选项,新建分支节点

新建"Equal (integer)"

创建计算节点作为分支的条件。右击图表,在弹出来的菜单中输入"= ="。从筛选出的项目中,选择"Equal (integer)"选项,新建"= ="节点。

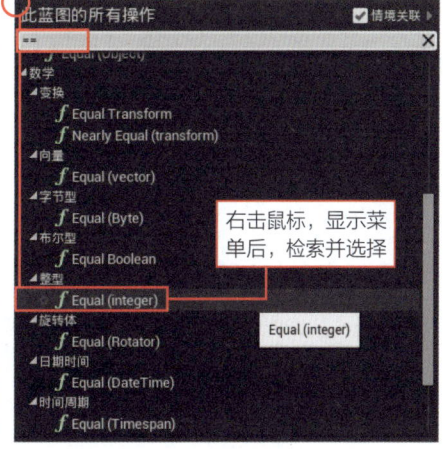

右击鼠标,显示菜单后,检索并选择

图4-81 选择"Equal (integer)"选项,新建"= ="节点

新建"Counter"节点

这个"= ="节点用来检查变量counter的值。因此,还需要准备counter节点。从"我的蓝图"中,直接将"counter"项目拖曳到蓝图中,从弹出的菜单上选择"获得"选项,就建成了"Counter"节点。

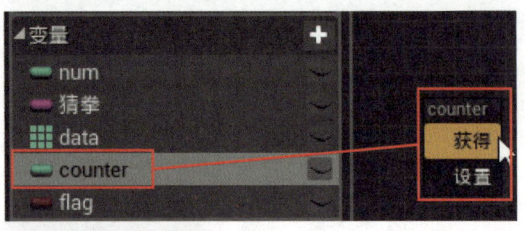
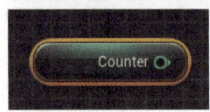

图4-82 拖曳变量counter,添加"Counter"节点

创建分支的条件

将准备好的节点连接起来,设置"分支"的条件。请操作如下:
- 将"Counter"连接至"= ="的一个输入项上。
- 将"= ="的另一个输入项的值,设置为"100"。
- 将"= ="节点的输出项连接至"分支"的"Condition"上。

这样就设置好了条件:当变量counter为100时,运行的处理。

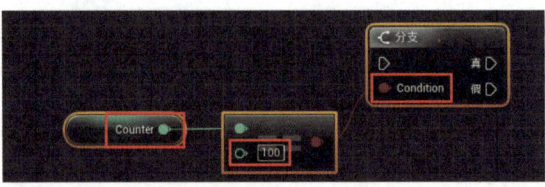

图4-83 创建分支的条件

创建变量num的设置节点

下面来创建运用分支运行的程序吧。这就需要重新设置变量的值了。首先,创建设置变量的"设置"节点。从"我的蓝图"中拖曳"num"到图表中释放,选择"设置"选项,创建"设置"节点。

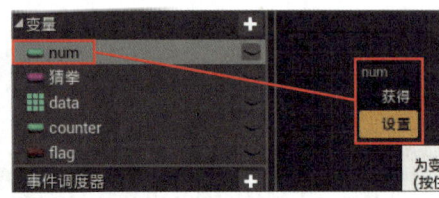

图4-84 拖曳变量num,创建num的"设置"节点

创建变量counter的设置节点

按照同样的方法,再添加设置变量counter的节点。从"我的蓝图"中拖曳"counter"到图表上,然后选择"设置"选项,添加"设置"节点。

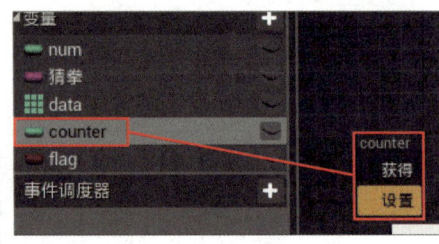

图4-85 拖曳变量counter,创建counter的"设置"节点

创建乘法运算节点

然后,创建使用这些值来进行计算的乘法运算节点。右击图表,输入"*",选择"integer * integer"选项,创建节点。

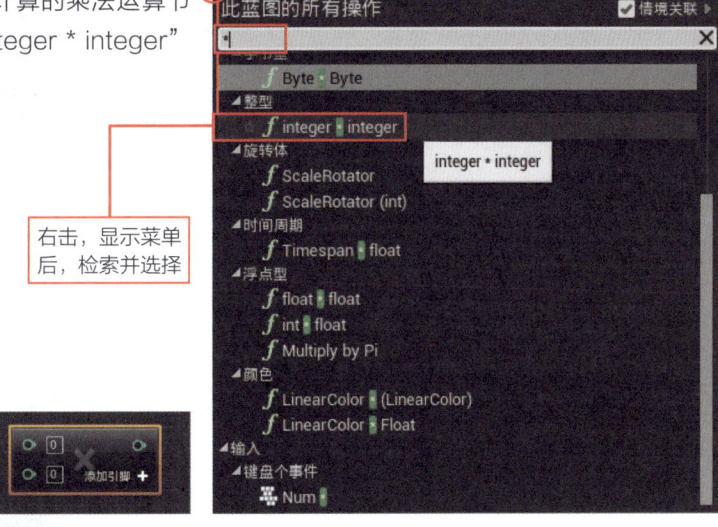

右击,显示菜单后,检索并选择

图4-86 创建"integer * integer"节点

创建分支为真时的处理

连接准备好的节点,一起来创建分支为真时的处理吧。请按照如下说明,进行连接和设置。
- 将"分支"的"真"连接至变量counter的"设置"节点的exec输入项。
- 将变量counter的"Counter"设置为0。
- 将变量Counter的"设置"节点的exec输出项连接至变量num的"设置"节点的exec输入项。
- 将已有的"Num"节点连接至"×"节点的其中一个输入项。
- "×"剩下的另一个输入项,设置为"-1"。
- 将"×"的输出项连接至变量num的"设置"节点的"Num"项上。
- 将"= ="的输出项连接至"分支"的"Condition"输入项。

在这里进行的是"将变量counter的值设为0"以及"将变量num的值乘以-1"的处理。

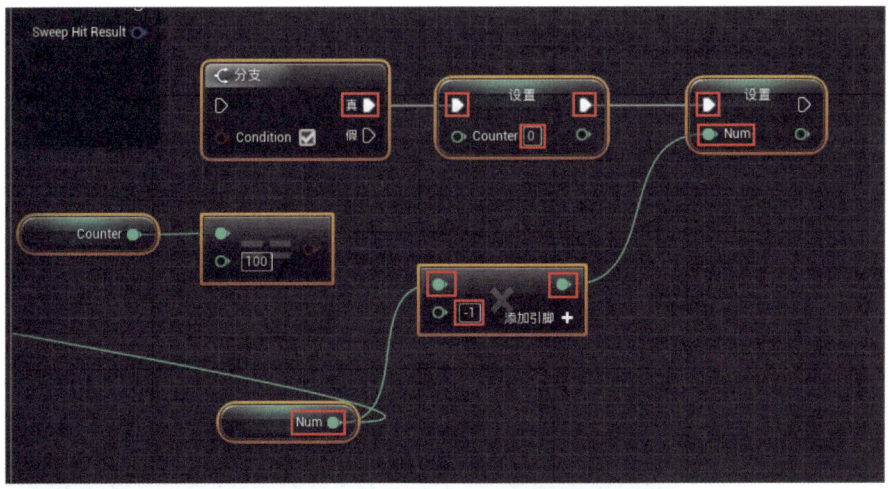

图4-87 分支为真时的处理

复制变量counter的"设置"节点

继续准备当分支为假时,处理过程中需要使用的节点吧。首先,右击变量counter的"设置"节点,选择"复制"选项进行复制。

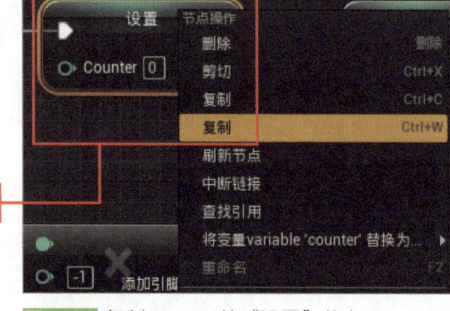

图4-88 复制counter的"设置"节点

准备加法运算节点

然后添加可以增加变量counter值的加法运算节点。右击图表,输入"+",选择"integer + integer"选项,创建加法运算节点。

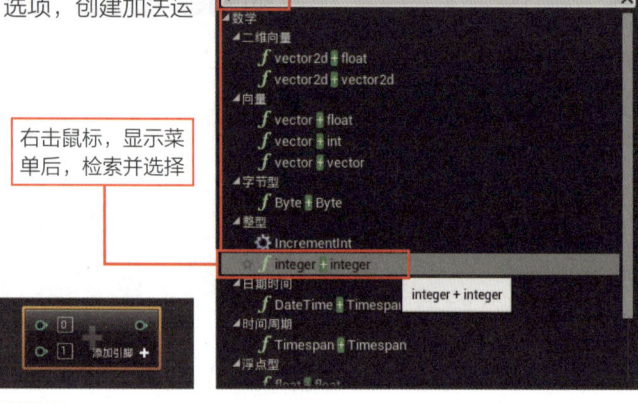

图4-89 创建"integer + integer"节点

创建当分支为假时的处理流程

连接准备好的节点,完成分支为假时的处理流程。请按如下操作。

- 将先创建的"Counter"节点连接至"+"的其中一个输入项。
- 将"+"的另一个输入项设置为"1"。
- 将"+"节点的输出项连接至变量counter的"设置"节点的"Counter"项。
- 将"分支"节点的"假"连接至变量counter的"设置"节点的exec输入项。

在这里进行的是"让变量counter的值增加1"的处理。当分支为假时,就会运行这个程序。

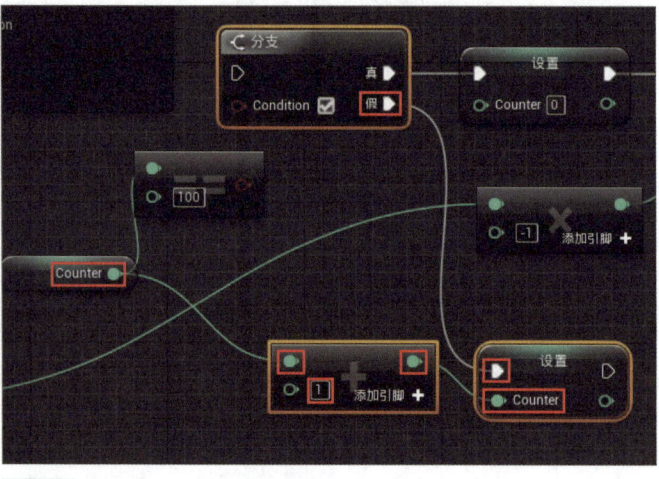

图4-90 建立当分支为假时的处理流程

连接分支，完成编程

终于到了最后环节，将"AddActorWorldOffset"的exec输出项连接到"分支"的exec输入项。这样的话，当启动Actor时，就会通过分支来判断条件，进行必要的操作处理了。

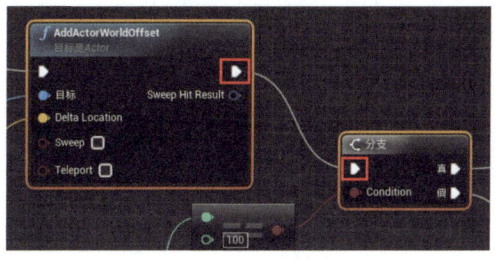

图4-91 将AddActorWorldOffset连接到分支，就完成了

检查程序

这样就完成了编程。节点数量很多，所以，在这里请仔细检查连接情况。尤其是"Num"和"Counter"分别连接不同的节点，请确认连接状态是否有中断的情况。

在这里进行的处理，在分支的前后分别按以下流程进行。

- 使用变量num，生成向量值，利用该值通过"AddActorWorldOffset"移动Actor。
- 用分支检查变量counter的值是否为100。
- 为真的话（counter==100时），counter的值归0，变量num乘以-1反向运行。
- 为假的话（counter==100为假时），counter的值加1。

明白了吗？随着Tick事件每发生一次，Actor移动，变量counter加1。如此反复。然后，当counter到达100时，移动距离添加负号，反向而行，然后counter又回归为0。如此一来，每当counter到达100时，移动的方向就变为反方向。关键就在于变量num的值是5或者-5，如此反复。

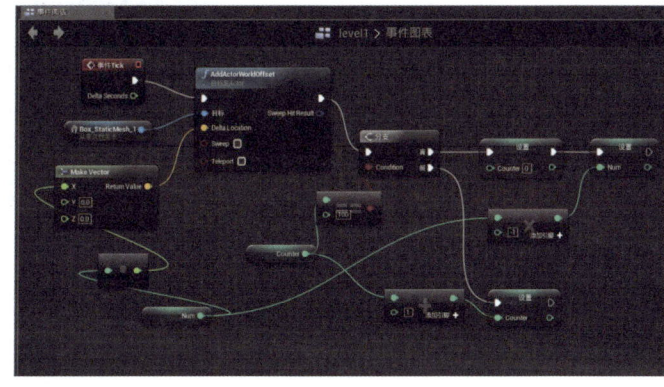

图4-92 完成的程序。仔细确认连接是否正确

播放运行！

试运行程序。单击工具栏上的"播放"图标，试运行。可以看到，Actor渐渐远去，到一定距离后，又慢慢回来了，就这样来来往往反复运动。通过定期修改变量值，就能做到这样往返的运动。使用变量来移动Actor的话，就能因为变量的值不同，而从程序内自由操作移动的方向或旋转的角度等。

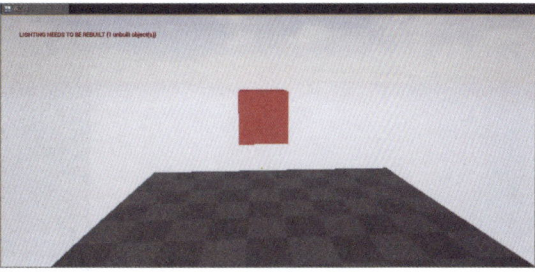

图4-93 运行播放后，Actor会一会儿过去，一会儿回来反复运动

🔷 用世界坐标设置Actor的位置

在此之前介绍的Actor操作基本上都是"距离当前位置移动这些长度"的相对移动。但是，有时还需要将Actor"移动到这里"，这样指定地点的移动。此时该怎么办呢？

用"AddActorLocalOffset"好像很难，是吧？

名为"AddActor……"的节点，基本上都是"在Actor当前位置加上指定数值的节点"。除此之外，还准备了"设置Actor位置到指定地点"的节点。这就是由世界坐标"显示3D空间位置的坐标"来指定位置的节点。使用该节点的话，还能让Actor跳到完全不同的地点呢！

删除不需要的节点

一起来试试吧。首先，删除刚才创建的节点。所有节点中，除了"事件Tick"节点外全部选中并删除。

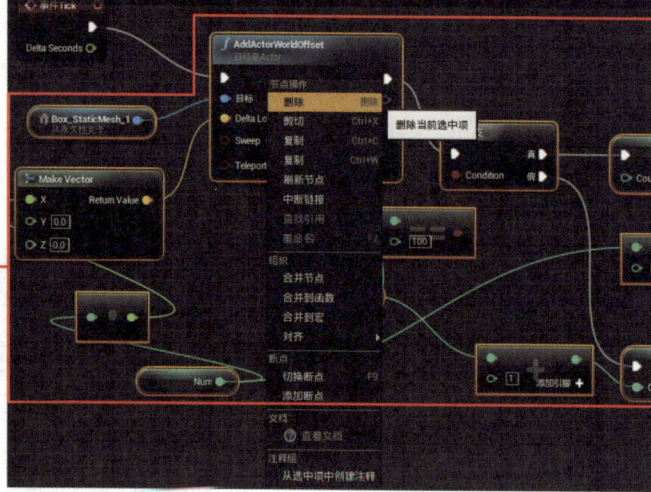

图4-94 除"事件Tick"之外的节点，全部删除

选择"SetActorLocation"选项

在关卡编辑器上选中Actor后，右击蓝图图表，输入"set actor"。从筛选出的选项中选择"SetActorLocation"选项。

图4-95 选择"SetActorLocation"选项

关于"SetActorLocation"节点

这样就创建出新的"SetActorLocation"节点,并同时创建了"Box_StaticMesh_1"节点与"SetActorLocation"节点的"目标"连接。

该"SetActorLocation"节点,乍一看和"AddActorLocalOffset"等节点一样。如果在"New Location"输入项中设置了位置的值,就能将Actor移动到指定位置。

与"AddActorLocalOffset"等节点的不同之处就是,位于输出侧的"Return Value"了。其实,这显示的是"移动是否正常进行"。此处为真的话,就表示能正常运行;此处为假的话,就表示运行失败。

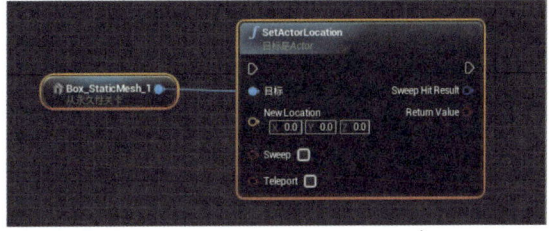

图4-96 SetActorLocation节点能将物体的位置设置在指定场所

创建FlipFlop节点

举一个使用"SetActorLocation"节点的例子。但如果只是指定位置的话,会很没有意思,所以我们使用FlipFlop节点,让Actor在两个地点快速切换显示。

右击图表,输入"flipflop",选择出现的"FlipFlop"选项,创建FlipFlop节点。

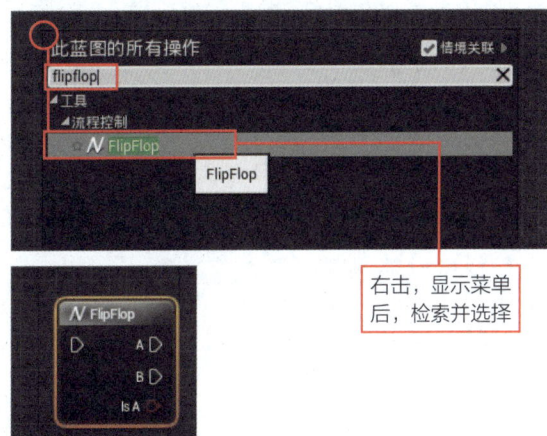

图4-97 选择"FlipFlop"选项,创建FlipFlop节点

复制SetActorLocation节点

为了能使用FlipFlop,需要先复制"SetActorLocation"节点。右击这个节点,从弹出的菜单中选择"复制"选项,就得到两个SetActorLocation节点了。

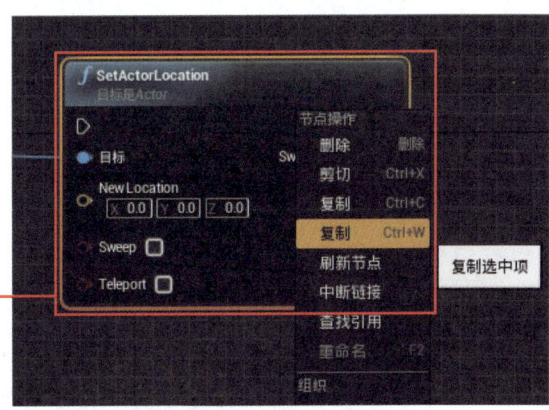

图4-98 使用"复制"选项,增加节点

连接节点

现在将准备好的节点连接起来吧。分别按照以下的顺序连接节点，并且不要忘了设置节点项目！

- 将"事件Tick"的exec输出项连接至"FlipFlop"的exec输入项。
- 将"FlipFlop"的"A"连接至第一个"SetActorLocation"的exec输入项。
- 将"FlipFlop"的"B"连接至第二个"SetActorLocation"的exec输入项。
- 将"Box_StaticMesh_1"的输出项连接至两个"SetActorLocation"的"目标"。
- 将第一个"SetActorLocation"的"New Location"设置为"X:500""Y:100""Z:300"。
- 将第二个"SetActorLocation"的"New Location"设置为"X:500""Y:-100""Z:100"。

这样就完成了程序，使用FlipFlop节点交替调出"Set Actor Location"，让Actor交替出现在两个地点。

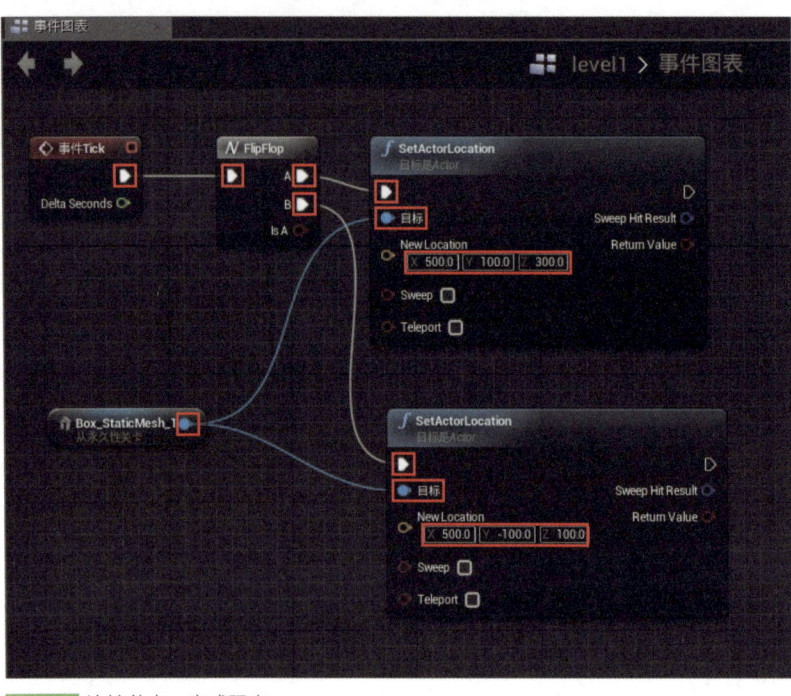

图4-99 连接节点，完成程序

播放运行！

单击工具栏中的"播放"图标，试运行。此时就能看到Actor在两个地点之间快速交替出现。通过"Set Location"可以直接切换位置，这样就能将Actor移动到自己想要放置的位置。

关于位置的节点，除此之外还有很多。首先，把目前介绍的节点掌握下来吧。因为只要掌握这些，就能进行一些Actor的操作了。

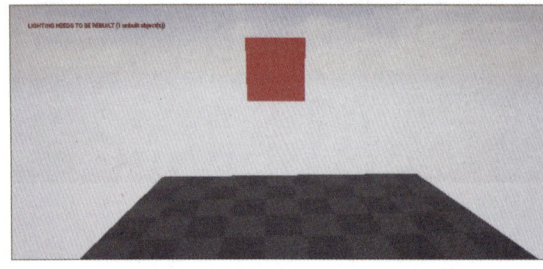

图4-100 运行后，Actor在两个地点之间交互移动

Chapter 4 掌握Actor的基本操作！

Section 4-3 使用键盘移动！

在游戏中，玩家是使用键盘和鼠标来操作人物的。因此，一定要掌握适应玩家输入方式的编程方法。关于基础的"按键"输入操作，我们现在来说明一下。

关于按键输入事件

之前都是使用Tick事件来让Actor移动的，在实际的游戏中，除了这些"用程序来移动Actor"的情况之外，还需要有很多对Actor的操作。其中非常重要的就是"通过用户输入来操作Actor"的方法。

例如用按键、鼠标、操作杆等输入设备，来控制人物前后左右移动，可以说是游戏的基础功能。那这些处理，如何编辑配置的呢？

首先，从"按键"输入开始。按键输入其实很简单就能配置。在蓝图中，准备了按压每个键时的事件。所以，例如"按↑键的话，人物向上移动"这样的处理也有"按↑键时的事件"来应对，只要将这些移动的处理连接起来就行了。

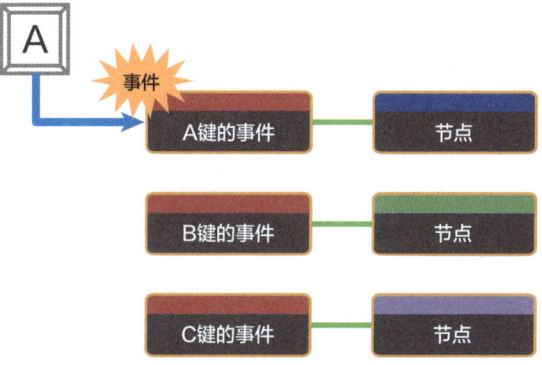

图4-101 在蓝图中，每一个键都有对应的按压事件。当用户按键时，该键的个事件就会发生，然后运行准备好的处理

删除节点

现在开始实际应用按键输入事件吧。首先，删除原来创建的节点。这次，将创建的节点全部删除，都不需要保留。

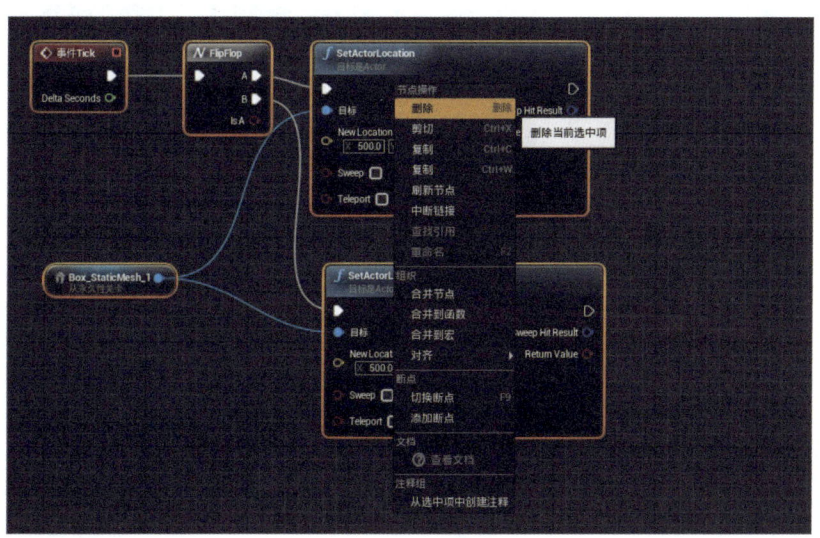

图4-102 删除所有节点

添加键盘个事件

在这里，作为例子，我们用"I""J""K""L"4个按键来前后左右移动Actor。首先准备"I"按键的事件。

右击图表，在弹出菜单中输入"i"。从筛选出来的项目中，在"输入"的"键盘个事件"下，选择"I"选项。这就是按压"I"键时的事件。

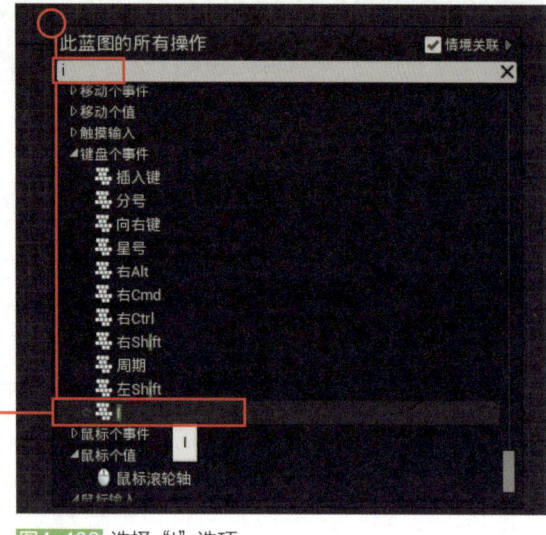

右击，显示菜单后，检索并选择

图4-103 选择"I"选项

关于按键事件节点

创建的"I"按键事件节点，共有两个exec输出项，分别显示着"Pressed"和"Released"。它们表示"按压时"和"放开时"。也就是说，按压按键的话就进行"Pressed"的处理，放开按键的话就进行"Released"的处理。

按键事件的节点，基本上每个按键的事件都是如此。只有按键的种类不同，操作方法都是一样的。

图4-104 "I"按键节点。有Pressed和Released两个exec输出项

添加"J""K""L"事件节点

以同样的方法，添加"J""K""L"的按键事件节点。右击图表，在弹出菜单中输入按键字母，从"输入"的"键盘个事件"中选择该按键名字的菜单选项。

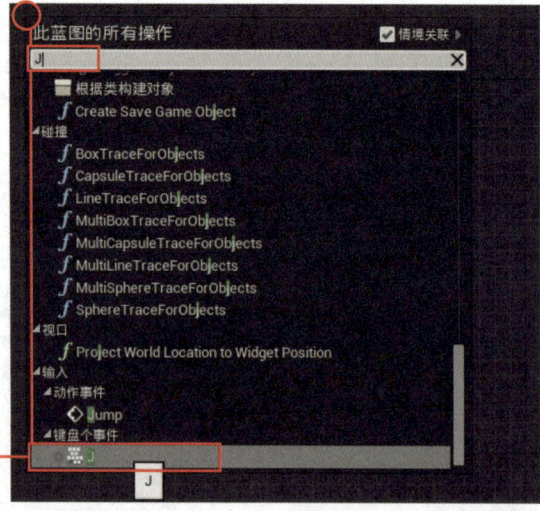

右击，显示菜单后，检索并选择

图4-105 在右击弹出菜单中，输入想要创建的事件按键，在"输入"的"键盘个事件"中，找到该按键的菜单选项

准备好按键事件节点！

准备好4个按键"I""J""K""L"的按键事件节点了吗？准备好了的话，就可以连接处理了，先将其整理排列成一列吧。

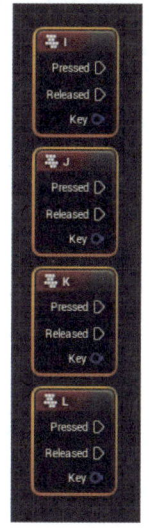

图4-106 准备好4个按键事件节点后，先排成一列

建立移动Actor的处理

现在，我们要建立按压按键让Actor移动的处理。让Actor移动，我们使用"AddActorWorldOffset"。在蓝图编辑器上，选中Actor，在图表中右击，输入"add actor"，从筛选出来的选项中，选择"AddActorWorldOffset"选项。

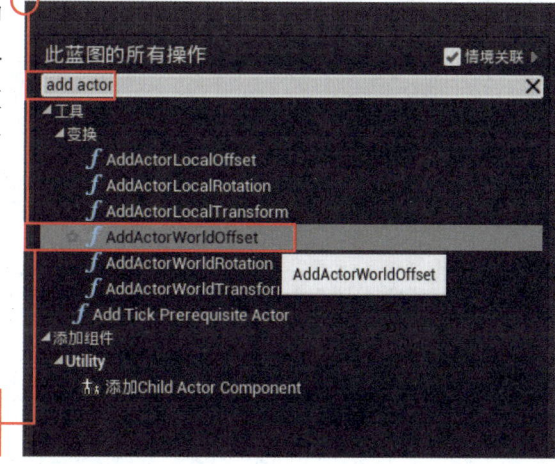

右击，显示菜单后，检索并选择

图4-107 选择"AddActorWorldOffset"选项

新建"AddActorWorldOffset"节点

这就新建了"AddActorWorldOffset"节点和与其"目标"相连接的"Box_StaticMesh_1"节点。没有Actor节点的话，就从世界大纲地图中，将Actor拖曳到图表中，创建Actor节点，并连接到"目标"。

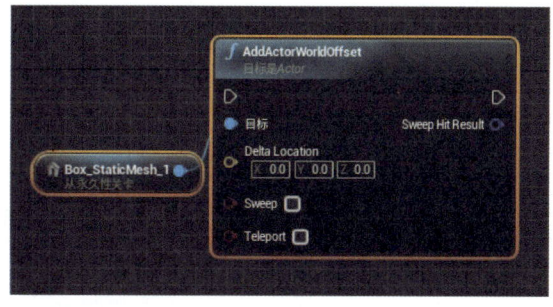

图4-108 创建AddActorWorldOffset与Actor节点

复制"AddActorWorldOffset"节点

将新建的"AddActorWorldOffset"节点复制增加。选中该节点并右击,选择"复制"选项。这样该节点就变成2个。再重复操作一次,将该节点增加到4个。

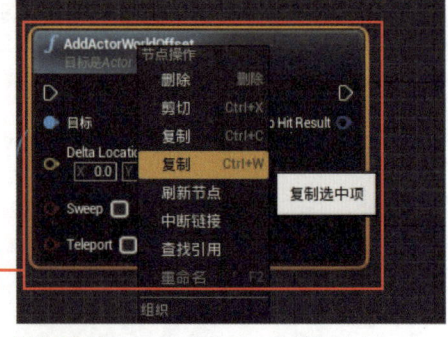

图4-109 使用"复制"选项,增加节点

4个事件及其操作节点

这样就准备好了4个按键事件和与之分别相连接的4个"AddActorWorldOffset"节点。"Box_StaticMesh_1"只有1个即可。

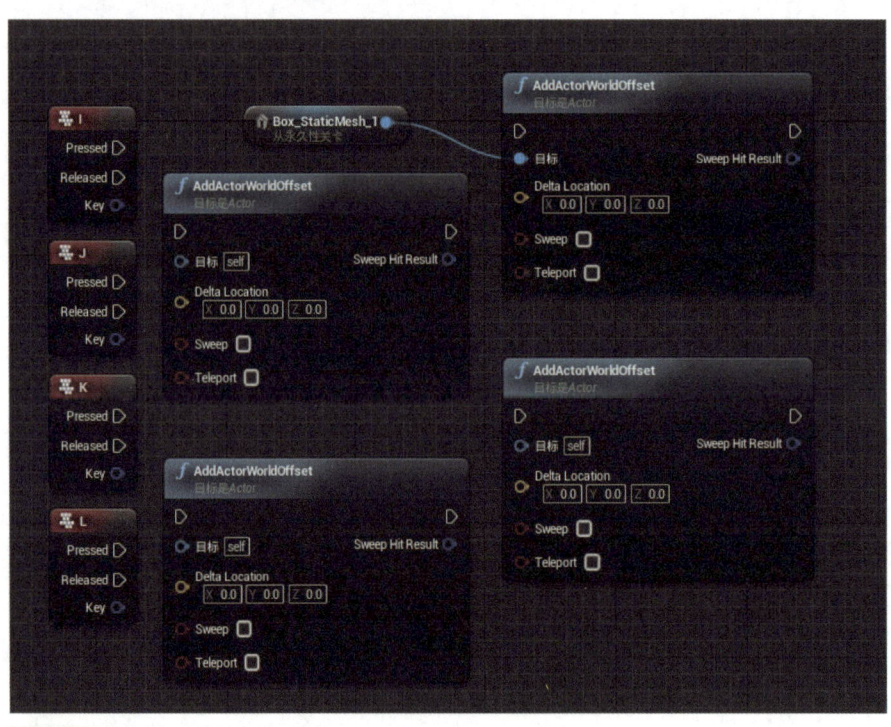

图4-110 准备好4个按键事件和4个AddActorWorldOffset节点

连接节点

接下来,将建成的节点连接起来。虽然数量比较多,但基本上是按照相同的连接方法重复操作而已。
- 将"I"按键事件的"Pressed"连接至第1个"AddActorWorldOffset"的exec输入项。
- 将"J"按键事件的"Pressed"连接至第2个"AddActorWorldOffset"的exec输入项。
- 将"K"按键事件的"Pressed"连接至第3个"AddActorWorldOffset"的exec输入项。
- 将"L"按键事件的"Pressed"连接至第4个"AddActorWorldOffset"的exec输入项。
- 将"Box_StaticMesh_1"的输出项分别连接至4个"AddActorWorldOffset"的"目标"。

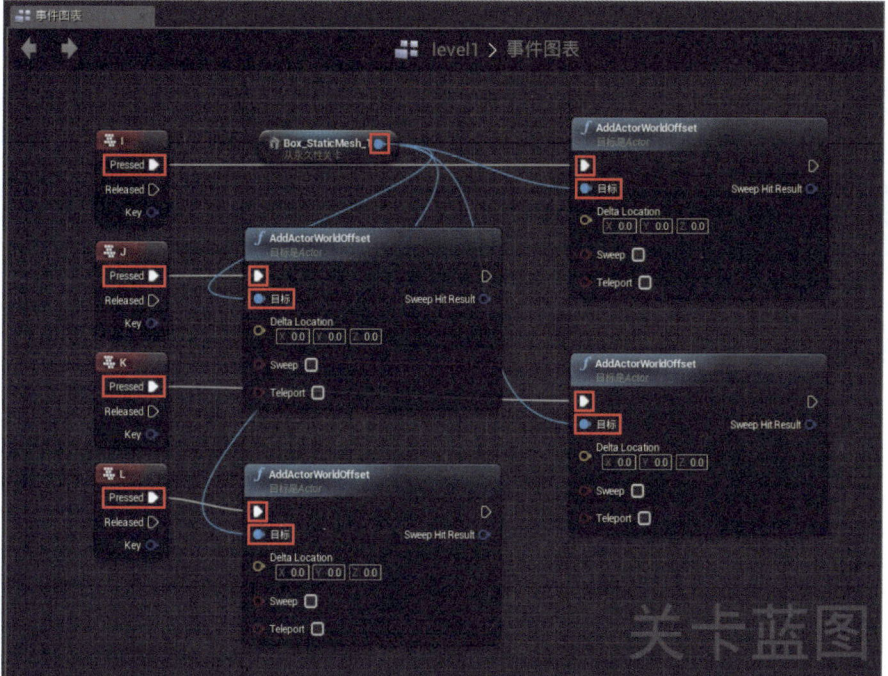

图4-111 连接节点

设置"AddActorWorldOffset"

最后，设置4个"AddActorWorld-Offset"。分别指定"Delta Location"的移动量。

第一个（I）	X:10.0，Y:0.0，Z:0.0
第二个（J）	X:0.0，Y:-10.0，Z:0.0
第三个（K）	X:-10.0，Y:0.0，Z:0.0
第四个（L）	X:10.0，Y:10.0，Z:0.0

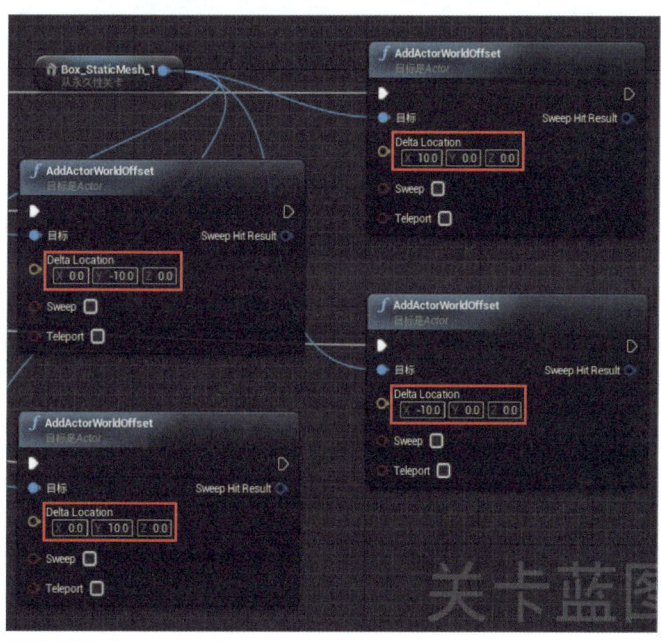

图4-112 设置4个AddActorWorldOffset的Delta Location的值

播放运行！

实际运行一下试试吧。单击工具栏中的"播放"图标运行，请单击显示视口。这样就能将按键事件传送到生成的画面中了。在这个状态下，按"I""K"键的话，Actor就会前后移动；按"J""L"键的话，就会左右移动。每按一次就会移动一点，可以反复多按几次试试。

Chapter 4 | 掌握Actor的基本操作!

图4-113 用I、J、K、L键来让Actor前后左右移动

Column
为什么要单击视口呢?

在用键盘操作等，用户输入时，如果不单击运行场景的视口的话，按键输入等事件就不能顺利进行。这是因为"键盘和鼠标的输入，是由一个控制板来接收的"。

在关卡编辑器中，显示了很多控制板，分别进行细节值的设置等。如果只是按键的话，系统不知道"输入到哪里"。因此，需要单击输入控制板（有时是其中的输入区域等），事先指定"输入到这里"。

所以，在视口等控制板内，运行程序的时候，需要单击来选择运行的视口。这样，按键或者鼠标的事件才会传送到被选的控制板（视口），程序才能正常调出运行。如果不选择视口的话，有时就不接受输入关系的事件，无法启动程序，所以需要注意这一点。

如何连续移动?

这样就完成了按键时的事件处理了。但是，用起来不太方便。要移动Actor就必须反复多次按键，很麻烦。平常，我们觉得理所应当的是，只要按着键就会一直动的。

要做到这个，有很多种方法。首先我们选择能直接使用按键事件的方法。

因为是通过按键事件来移动Actor，所以如此麻烦。可以用Tick事件来移动，然后分别设置各个按键的移动距离。这样的话，移动就可以变得更简单了。

创建新的变量

接下来试试看吧。首先，创建变量来保管移动量的数值。创建Vector类型的变量即可。单击"我的蓝图"中"变量"后面的"+"，准备新的变量，命名为"vec"。

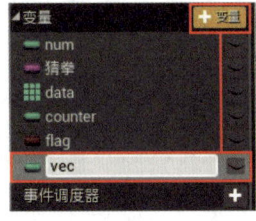

图4-114 创建新的变量，命名为"vec"

208

设置变量vec

在"我的蓝图"中选择新建的变量vec,在"细节"面板中设置变量。请注意,设置默认值时,有的时候在改变变量类型后,必须单击"编译"图标,进行编译才能继续进行。

变量名	vec
变量类型	Vector
数组	不设置为数组
默认值	Vec的值设置为"X:0.0""Y:0.0""Z:0.0"

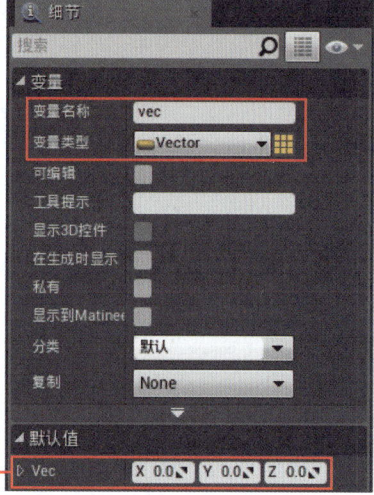

编译后再设置

图4-115 设置变量vec

删除3个AddActorWorldOffset节点

接下来编辑图表吧。首先,整理众多的"AddActorWorldOffset"。从4个中选择3个删除(留下哪一个都行)。

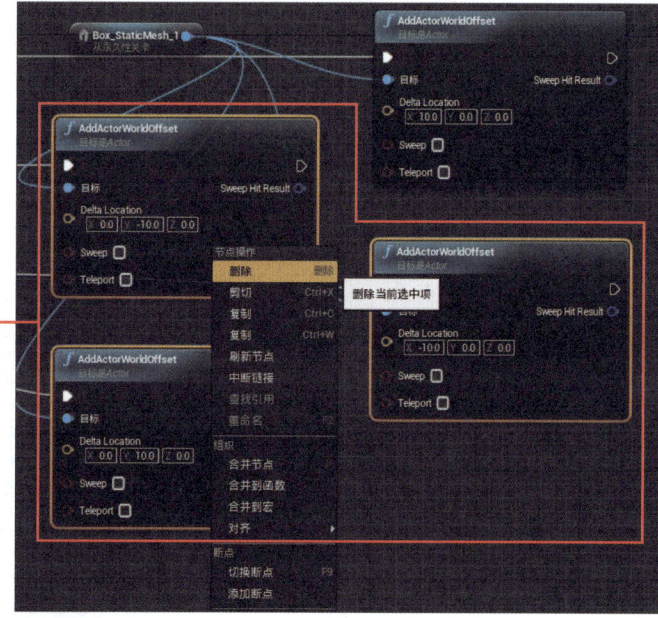

选择并删除

图4-116 删除3个AddActorWorldOffset节点

切断剩余AddActorWorldOffset的连接

剩下的那个"AddActorWorld-Offset"是和某个按键事件相连接的吧。切断这个连接。在连接的exec输入部分右击,再在菜单中选择"断开到○○的连接"(○○是连接的另一端)选项。

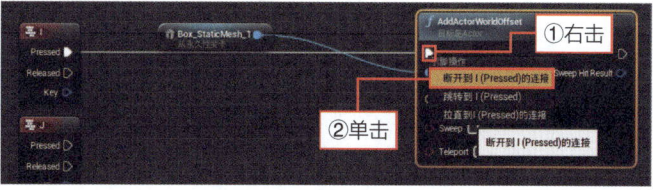

①右击
②单击

图4-117 切断到AddActorWorldOffset的连接

创建变量vec的"设置"节点

创建设置变量vec值的节点。从"我的蓝图"中拖曳"vec"到图表中,选择"设置"选项,添加vec的"设置"节点。

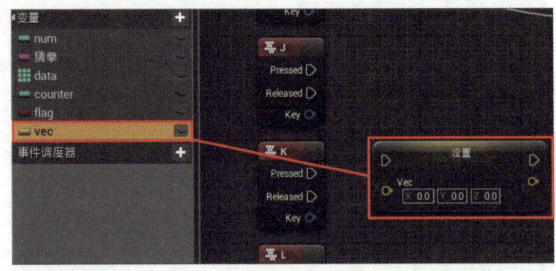

图4-118 拖曳vec,创建"设置"节点

复制"设置"节点

右击新建的vec"设置"节点,选择"复制"选项,复制节点。

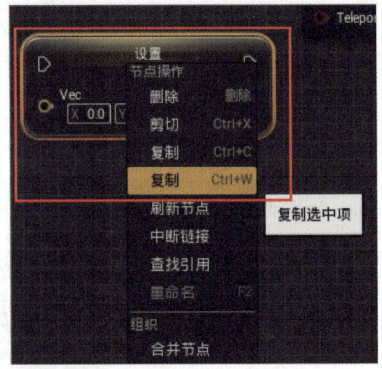

图4-119 复制设置节点

将设置节点增加到4个

再次使用"复制"选项,将vec的"设置"节点增加到4个。

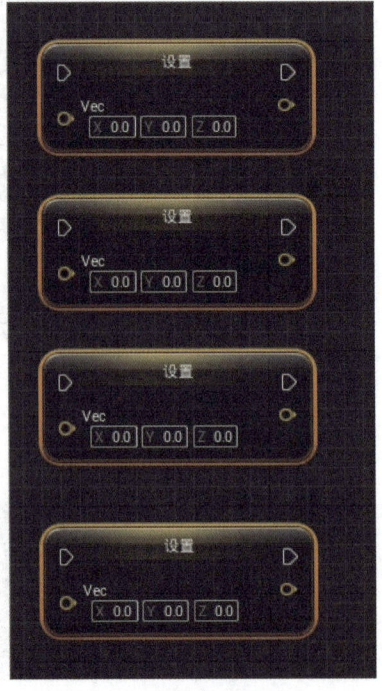

图4-120 将设置节点增加到4个

再增加到8个

选中新建的4个"设置"节点并右击,选择"复制"选项。这样共创建了8个"设置"节点。

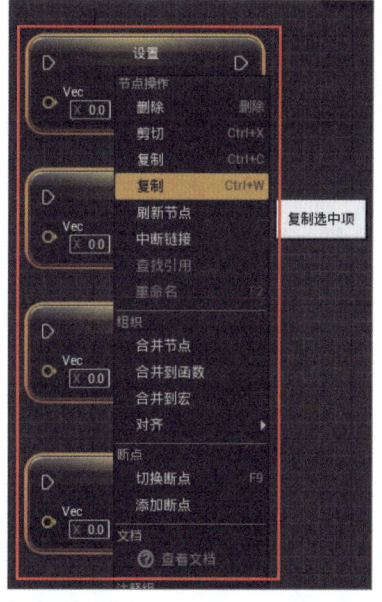

图4-121 选中4个设置节点,再复制到8个

连接事件与节点

连接新建的节点与事件。8个"设置"节点,分别与4个事件的"Pressed""Released"连接。也就是说,一个事件节点上连接两个"设置"节点。

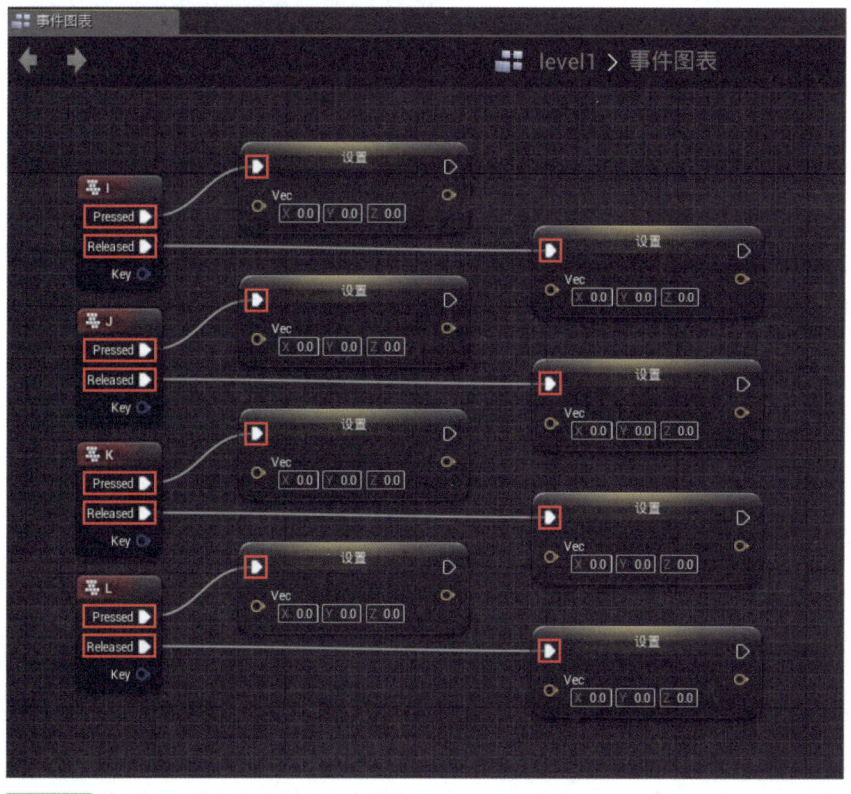

图4-122 将8个设置节点分别连接到4个事件的Pressed和Released上

设置"设置"节点的值

现在设置已经连接上的"设置"节点的"Vec"值吧。与事件的"Released"连接的"设置"节点，Vec的值全部保持0即可。这里需要修改的是与"Pressed"连接的4个"设置"节点。

第1个（I）的"设置"	X:5.0, Y:0.0, Z:0.0
第2个（J）的"设置"	X:0.0, Y:-5.0, Z:0.0
第3个（K）的"设置"	X:-5.0, Y:0.0, Z:0.0
第4个（L）的"设置"	X:0.0, Y:5.0, Z:0.0

这样就准备好了这样的处理流程：按压各个按键的话，分别指定了数值的Vector改变变量vec，当松开按键之后，全部归零。

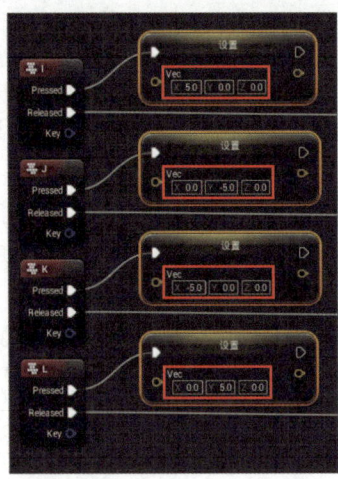

图4-123 修改与事件Pressed项连接的设置节点的值

创建"Tick"事件

这样就完成了按键操作的处理了。然后是移动Actor的处理。右击图表，在出现的菜单中输入"tick"，选择"事件Tick"选项，创建节点。

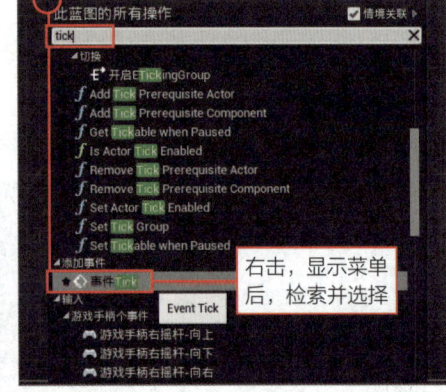

图4-124 选择"事件Tick"选项，创建节点

创建"Vec"节点

继续创建变量vec的节点。从"我的蓝图"中拖曳"vec"到图表中，选择"获得"选项，生成节点。

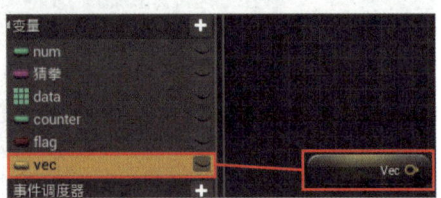

图4-125 拖曳变量vec，创建节点

连接节点

将准备好的节点连接起来吧。请按照以下的顺序连接。

- 将"事件Tick"的exec输出项连接至"AddActorWorldOffset"的exec输入项。
- 将"Box_StaticMesh_1"连接至"AddActorWorldOffset"的"目标"（已经连接完毕）。

- 将"Vec"连接至"AddActorWorld-Offset"的"Delta Location"。

按照以上所说,就完成了操作处理。当Tick发生时,就会以变量vec的向量数据为基础,移动Actor。

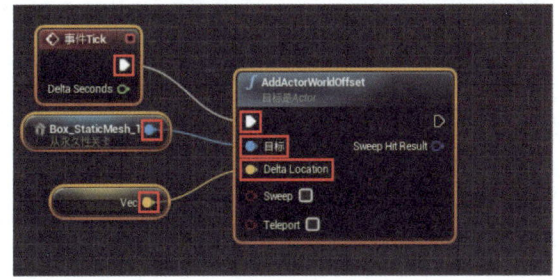

图4-126 将准备好的节点连接起来,完成Tick事件的处理

播放运行!

实际运行试试吧。还是通过"I""J""K""L"键来移动Actor,不过在按键期间,Actor会保持移动,松开手时停止。比起需要反复按键时,轻松灵活多了吧!

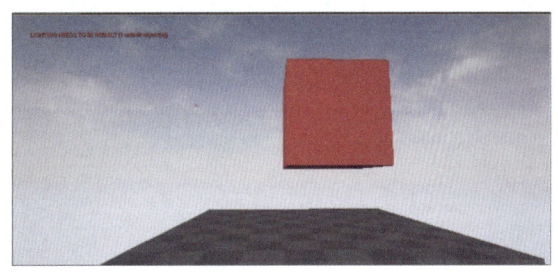

图4-127 和刚才的例子一样,用I、J、K、L键来移动Actor

用"Is Input Key Down"来检查按键状态

这样就完成"按住按键时,一直移动"的处理了。这个方法是在每个键上添加简单的处理,实际移动还是通过Tick来进行。随着操作的按键增多,将整体划分为细节部件,变得容易整理。

然而,人物的基本移动等,如果能统一采用某个处理的话,作为程序来讲,逻辑更清晰、更易懂。所以,我们换个角度,用一个全新的方法来试着移动Actor吧。

这次我们使用的是"Is Input Key Down"节点。这是调查特定按键的状态的节点。使用该节点,就能分别检查每个按键的状态,进行处理了。

删除不需要的节点

我们开始吧。首先,删除不需要的节点。除了"事件Tick""AddActorWorldOffset""Box_StaticMesh_1"这3个之外,其他的全部删除。

图4-128 统一删除不需要的节点

断开"AddActorWorldOffset"的连接

断开"事件Tick"与"AddActorWorld-Offset"之间的连接。在连接部分右击,选择"断开到○○的连接"选项。

右击exec,从菜单中选择

图4-129 断开Tick与AddActorWorldOffset的连接

选择"Is Input Key Down"选项

接下来要新建节点。右击图表,在出现的菜单中输入"is input"。此时,关闭右上方的"情境关联"。这样,在"游戏"的"玩家"项目下就会显示出"Is Input Key Down"选项。选择该选项。

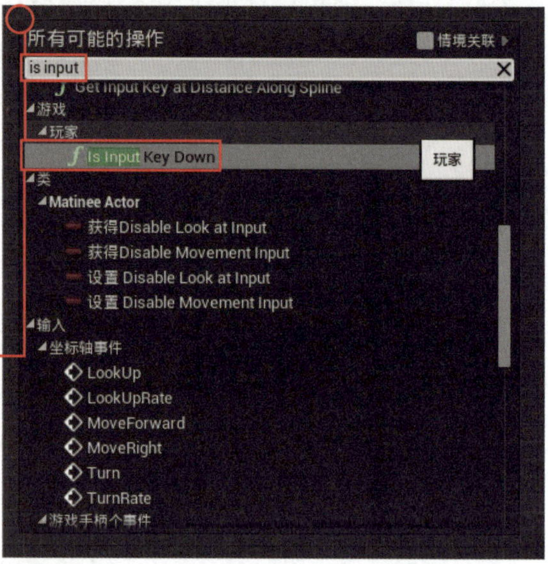

右击,显示菜单后,检索并选择

图4-130 选择"Is Input Key Down"选项

关于"Is Input Key Down"节点

新建的"Is Input Key Down"节点有两个输入项,一个输出项。关于它们的作用,进行了简单的整理。

"目标"输入项	指定检查按键输入的对象。这一点需要准备了"Controller(控制器)"。关于控制器,之后再说明
"Key"输入项	在此选择需要检查哪个按键
"Return Value"输出项	显示指定按键的状态。如果该键被按下去的话就为真,没有就为假
默认值	Vec的值默认为"X:0.0""Y:0.0""Z:0.0"

也就是说在这里只要指定"Controller(控制器)"以及检查的按键,就能通过Return Value读取出该键是否被按下的状态了。因为是指定了按键,所以不能同时检查多个键。需要每个键分别准备"Is Input Key Down"节点。

图4-131 Is Input Key Down节点。有2个输入项和1个输出项

增加"Is Input Key Down"节点

让我们来增加"Is Input Key Down"节点吧。可以右击节点选择"复制"选项，也可以选中节点，然后按快捷键Ctrl+C复制，再按快捷键Ctrl+V粘贴，只要粘贴必要次数即可。我们需要增加到4个节点。

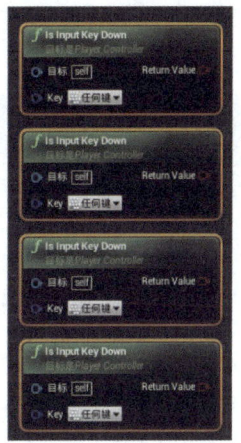

图4-132 建立4个Is Input Key Down节点

使用控制器节点

接下来需要准备的是，连接"Is Input Key Down"节点的"Controller"。控制器是为了进行游戏操作等功能的。关于这些，不知道也没关系。只要记住"需要控制器时，就连接到Get Player Controller"节点就可以了。

准备新节点

现在准备控制器。右击图表，在出现的菜单中，将右上角"情境关联"复选框选中，输入"controller"。这样显示项目就少很多了。从中找到"Get Player Controller"项目并选择。在"游戏"的分类中找即可。

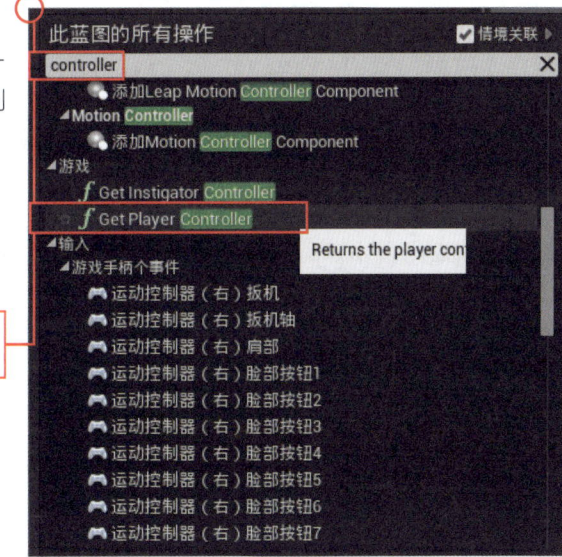

右击，显示菜单后，检索并选择

图4-133 创建"Get Player Controller"节点

将"Get Player Controller"连接至"Is Input Key Down"

将新建的"Get Player Controller"连接至"Is Input Key Down"吧。将"Get Player Controller"的"Return Value"分别连接至4个"Is Input Key Down"的"目标"。

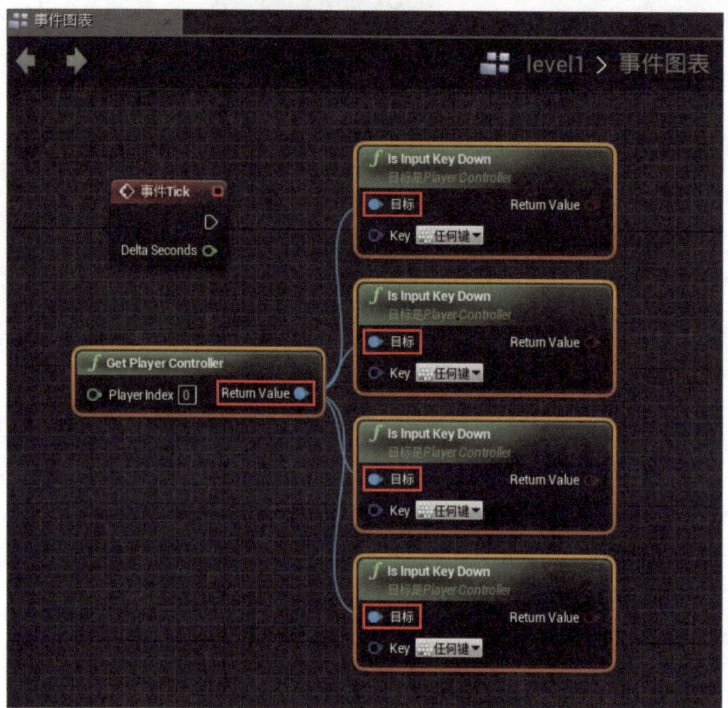

图4-134 将Get Player Controller连接到4个Is Input Key Down

设置Is Input Key Down的Key

然后设置"Is Input Key Down"的"Key"。单击Key的按钮部分,就会弹出菜单。菜单的"键盘"项目中有所有的按键。从中单击选择"I"选项。这样,该"Is Input Key Down"就成为检查"I"键状态的了。

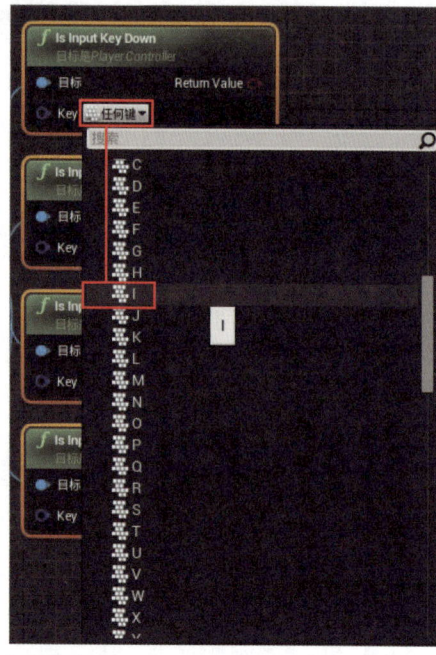

图4-135 从Key的菜单中选择"I"键

设置4个Key

用同样的方法，设置剩余的3个Key。分别将"Key"设置为检查"I""J""K""L"四个键的。

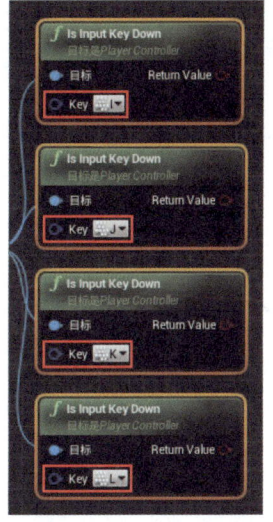

图4-136 将4个按键分别设置到各自节点上

创建"分支"

然后创建用来检查条件的"分支"。右击图表，输入"branch"，选择"分支"选项。

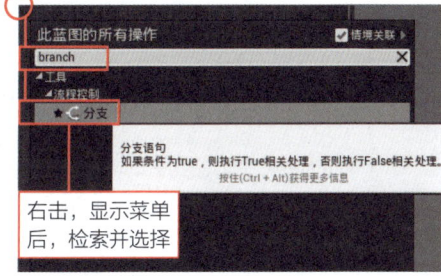

右击，显示菜单后，检索并选择

图4-137 通过"分支"选项，创建分支

增加"分支"

将新建的"分支"增加到4个。可以根据情况，选择是右击"分支"选择"复制"选项，或者将"分支"用快捷键Ctrl+C复制，并且用快捷键Ctrl+V粘贴。需要准备4个"分支"。

图4-138 将"分支"增加到4个

创建"序列"

然后，为了让4个按键的处理按照顺序进行，需要准备"序列"。序列，大家还记得吗？就是用于让普通的处理按照顺序进行的那个东西。

右击图表，输入"seq"的话，选项就会被筛选掉很多了。从中寻找到"序列"选项，并且选择。

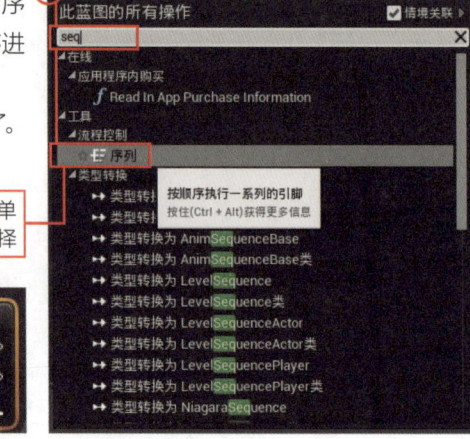
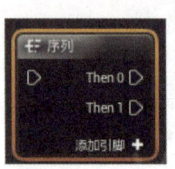

图4-139 选择"序列"选项

增加序列的输出项

新建的"序列"只有两个输出项。单击"添加引脚"，一共准备好4个输出项吧。

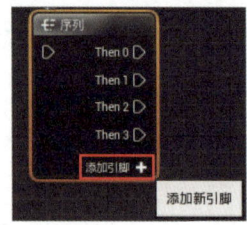

图4-140 使用"添加引脚"，将输出项目增加到4个

连接"事件""序列""分支"

连接节点。首先制作程序的基本流程。从"事件Tick"连接到"序列"，将exec项连接起来。并且，将"序列"的4个输出项分别连接到4个"分支"的exec输入项。

这样的处理就是当Tick事件发生之后，使用序列，再到4个分支的顺序。

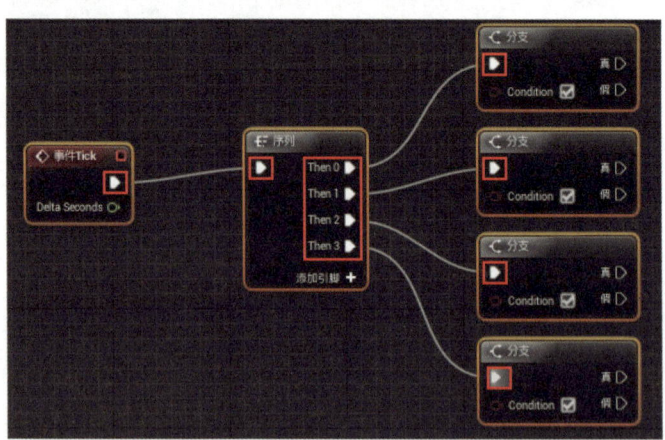

图4-141 分别连接Tick、序列和分支

将"Is Input Key Down"连接至"分支"的Condition

然后连接检查4个"分支"的"Condition"内容。将之前准备好的"Is Input Key Down"的"Return Value"分别连接至4个"分支"的"Condition"上。

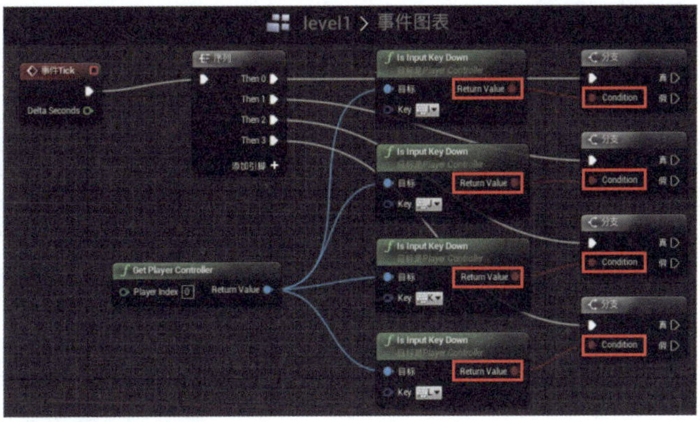

图4-142 将4个Is Input Key Down连接到4个分支的Condition上

建立由"分支"运行的处理

这样就完成了处理的基本部分了。然后需要进行的是，当按键时，实际运行的处理。需要用到"AddActorWorldOffset"节点。

准备4个节点

将"AddActorWorldOffset"增加到4个。使用"复制"命令或者拷贝&粘贴的方式，准备好4个节点。

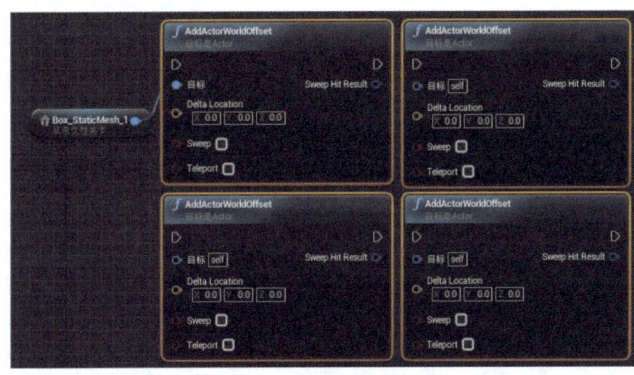

图4-143 将AddActorWorldOffset增加到4个

连接"分支"与"AddActorWorldOffset"

接下来将4个"分支"与"AddActorWorldOffset"连接起来。分别将每个"分支"的"真"连接到各个"AddActorWorldOffset"的exec输入项。

最后将"Box_StaticMesh_1"与4个"AddActorWorldOffset"的"目标"连接。这样，当各"分支"的结果为真的话，就会分别运行与之相连接的"AddActorWorldOffset"了。

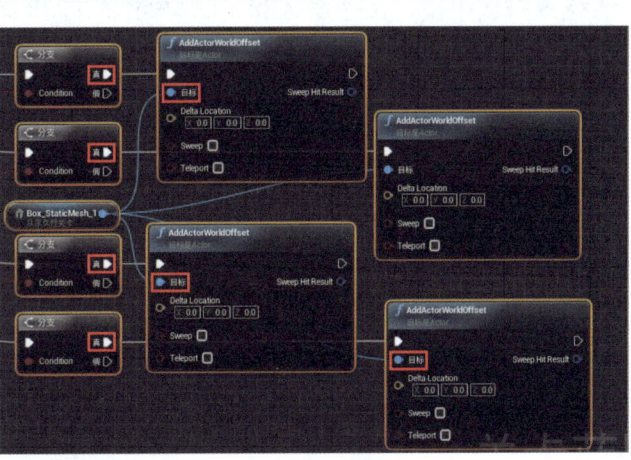

图4-144 将分支与AddActorWorldOffset以及Box_StaticMesh_1连接

设置"AddActorWorldOffset"的Delta Location值

最后,设置4个"AddActorWorld-Offset"的"Delta Location"值。根据与之连接的"Is Input Key Down"检查的按键不同,设置的值也不同。为了避免出错,请仔细检查确认连接情况。

与"I"连接的	X:10.0, Y:0.0, Z:0.0
与"J"连接的	X:0.0, Y:-10.0, Z:0.0
与"K"连接的	X:-10.0, Y:0.0, Z:0.0
与"L"连接的	X:0.0, Y:10.0, Z:0.0

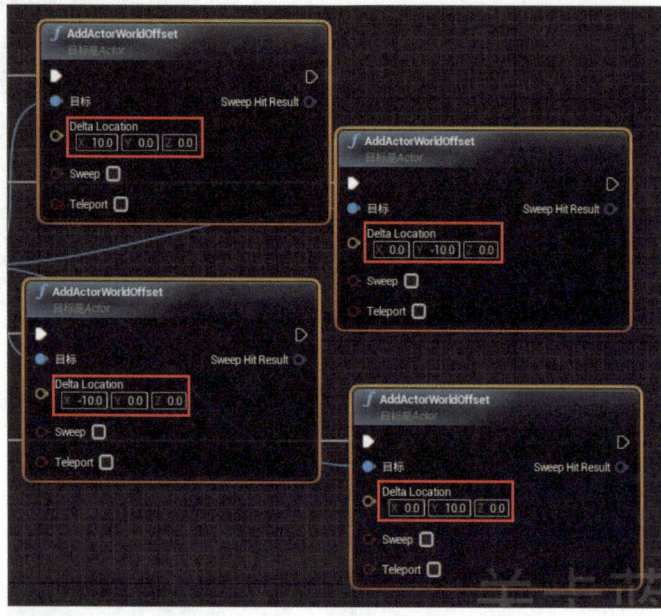

图4-145 设置4个AddActorWorldOffset的Delta Location

整体确认!

这样整个程序就制作完成了。这次节点数量多,需要仔细检查。不过虽然数量多,但基本上都是同一个做了4次,所以并不太复杂。不过正因为有4个相同的,所以需要仔细检查"是不是连错了"。

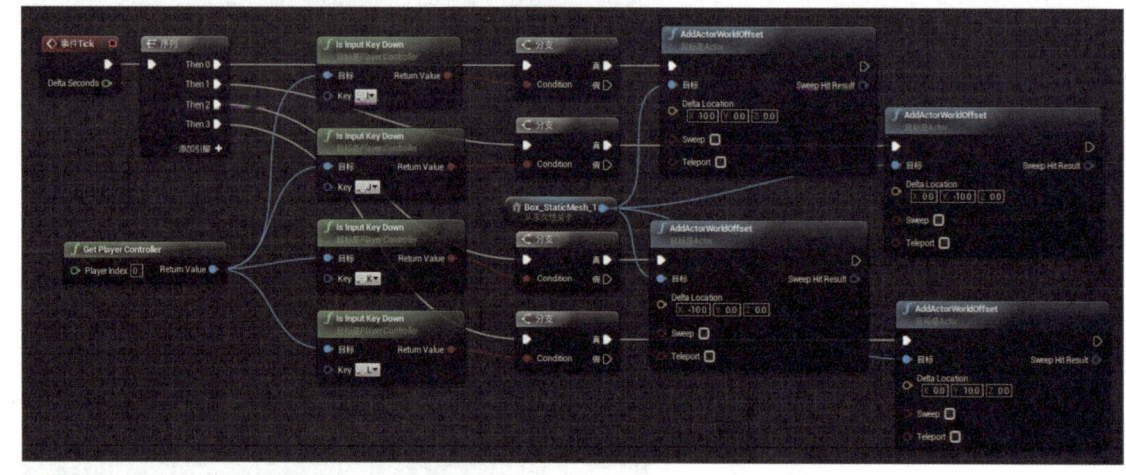

图4-146 已连接的节点。数量很多,注意不要出错

运行程序!

一起来运行一下。单击工具栏上的"播放"图标,在视口内单击一下,让事件输入到视口中。然后,按"I""J""K""L"键,移动Actor试试。很顺利就能移动吧!

试试以各种方式移动就会发现,这次的程序可以同时按多个键来移动。例如,同时按"I"和"J"键的话,Actor就向左前方斜着前进。在这之中,我们使用了序列来检查"I""J""K""L"的各个顺序。如果按住"I"和"J"的话,序列中检查"I"的部分和检查"J"的部分就会同时进行。因此,就能进行向右和向前两个方向移动的处理，从而Actor斜着向右前方移动了。

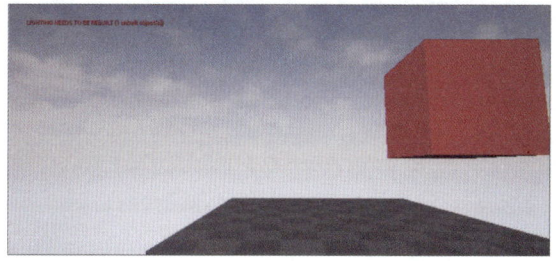 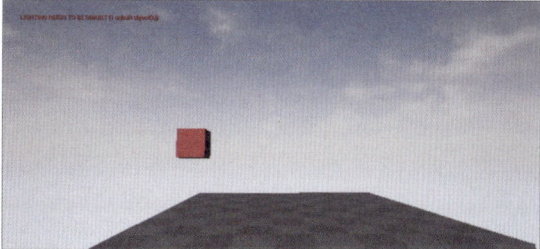

图4-147 运行。同时按住前后和左右的键还能斜着移动

确认处理流程

确认完动作后，这次打开关卡蓝图的编辑器，再运行一遍。于是，就能清晰地看出运行处理的流程了。按"I""J""K""L"各键的话，会运行哪个处理行为，仔细查看一下。而且，再看一下同时按多个键的时候，会如何。

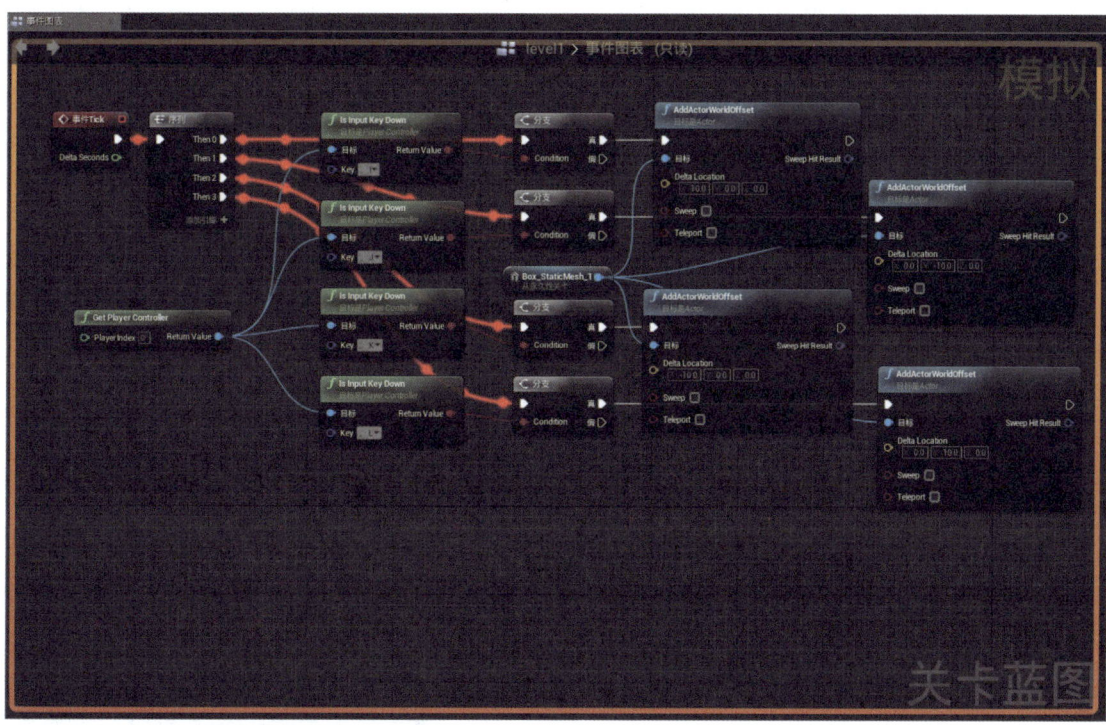

图4-148 确认运行处理的流程过程

Chapter 4 掌握Actor的基本操作！

Section 4-4 使用鼠标输入

要想制作使用鼠标的程序，需要有一些技巧。要先将Unreal Engine中默认的鼠标功能关闭，还要掌握针对编辑使用鼠标单击或移动等处理程序的基本知识。这些我们在本节中会详细介绍。

鼠标输入与游戏模式

关于鼠标的输入，在蓝图中也准备了各种节点。但是在对这些内容进行说明之前，需要考虑一个问题。那就是关于"用鼠标操作游戏"。

通过工具栏的"播放"图标来运行，单击视口，将有输入关系的事件传递过去之后，就能通过鼠标操作来移动显示了。如果上下左右地移动鼠标，画面也会上下左右旋转。

虽然用鼠标来自由改变方向等很方便，但是如果这样的话，就难以通过程序来处理鼠标的操作了。所以，在创建使用鼠标的程序时，一定要先把"用鼠标移动功能"关闭。

如何关闭"用鼠标移动的功能"

可以使用"游戏模式"来进行设置。先关闭关卡蓝图编辑器，返回关卡编辑器，单击工具栏中的"设置"图标，选择"世界设置"选项。

图4-149 选择"世界设置"选项

显示世界设置

在关卡编辑器的右下方，"细节"面板的位置，重叠显示着"世界设置"面板。这里汇集了关于当前编辑的关卡整体设置。

图4-150 "世界设置"面板。在这里进行关卡整体的设置

关于"Game Mode"

"Game Mode"项目位于"世界设置"面板中,在"Game Mode"内有"GameMode Override"选项,其下方显示着"选中的游戏模式"。单击这部分左端的▼标志,就会展开显示更多细节项目。

关于这部分项目的功能和用法等,暂时没有必要理解。目前只要知道"在这里进行关于游戏播放的设置"即可。

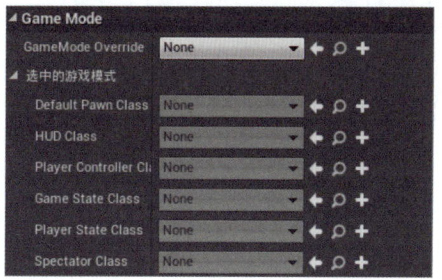

图4-151 设置Game Mode。在这里进行关于播放的设置

创建游戏模式

为了能在播放时修改鼠标输入的处理等,需要创建游戏模式并设置。

准备创建游戏模式

按顺序来进行吧。在"世界设置"面板的"Game Mode"中,找到"GameMode Override"项目。看到右侧的"+"标志了吧?单击这个标志。

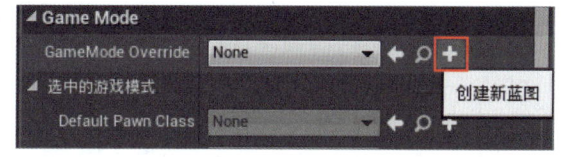

图4-152 单击GameMode Override右侧的"+"标志

输入文件名并保存

画面中,为了保存新建游戏模式而弹出对话框。在这里,选择"Blueprints"文件夹,将名称输入为"gamemode_1",单击"好"按钮。

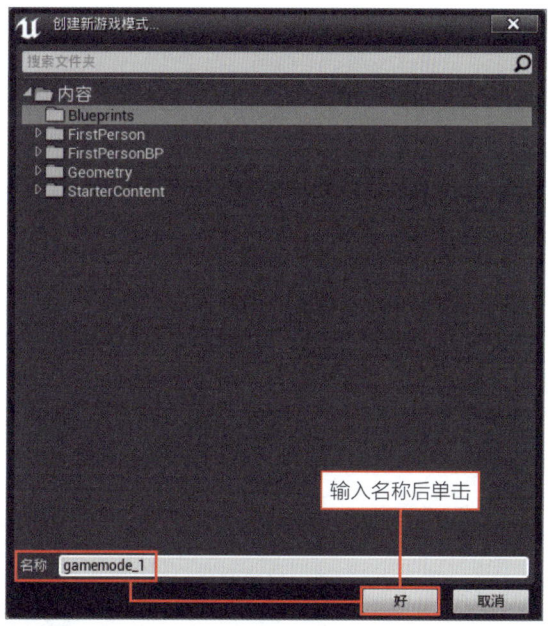

图4-153 保存对话框。输入名称之后,单击"好"按钮

在内容浏览器中确认文件

保存之后，查看内容浏览器。可以看到，在"内容"文件夹中，新建了"Blueprints"文件夹，其中保存着"gamemode_1"文件。

图4-154 在"Blueprints"文件夹中保存着文件

修改游戏模式！

再回过头来看世界设置。你会看到"GameMode Override"项目，已经设置为新建的"gamemode_1"了。这是因为创建文件的同时，系统会自动将其设置为游戏模式。

而且，其下方的项目（"选中的游戏模式"内的项目），之前还有不能修改的，现在全部变为可以修改了。这是因为系统本身的设计就是必须通过创建新的游戏模式，才能自定义这些项目。

图4-155 设置新建的游戏模式

修改"Default Pawn Class"

修改设置。在"GameMode Override"的正下方有一个名为"Default Pawn Class"的项目（单击"选中的游戏模式"的▼，展开显示）。

单击该值部分（显示"DefaultPawn"的区域），弹出菜单。从菜单中选择"None"。这样就不能通过鼠标或键盘来操作画面移动了。

图4-156 将Default Pawn Class设置为"None"

确认动作！

单击工具栏中的"播放"图标，运行试试吧。结果，无论是移动鼠标还是按键盘，画面都完全不动了。但刚才创建的通过"I""J""K""L"四个键来操作Actor的功能还保留着，可以用这些键来移动Actor。这对于编辑的程序没有任何影响，只是标准设计的画面操作相关的功能不能使用了。

此外，试试就会发现，不知道为什么，显示的地面Actor比以往变得更低了。这是因为当把Default Pawn Class设置为None的话，Player Start就丧失了设置初始位置的功能，受此影响镜头的位置就默认设置在X:0.0, Y:0.0, Z:0.0了。

不过，虽然单击显示关卡的视口时，箭头光标就会消失，但是如果按一下"Esc"键，就能中断运行，重新显示出箭头光标。

图4-157 运行时，地面会固定显示在非常低的位置

调整显示位置

结束运行后，再重新调整地面和Box_StaticMesh_1的位置（高度）吧。从世界大纲视图中选中Actor，将"细节"面板中"位置"的Z值修改如下。

Floor

这是地板Actor。将它的Z值修改为"-200.0"。

Box_StaticMesh_1

这是立方体的Actor。将它的Z值修改为"0.0"。

图4-158 选中Actor，修改"细节"面板中的"Z"值

再次确认显示！

修改之后，再次单击工具栏中的"播放"图标，试运行。这次就像以前一样，红色的立方体显示在画面正中央了。当然，也露出地板了。

图4-159 运行起来，这次红色的立方体就显示在中央了

打开蓝图编辑器

再回到制作程序的界面。从工具栏的"蓝图"图标下，选择"打开关卡蓝图"选项，打开蓝图编辑器。

首先，删除上次制作的程序。这次删除除"事件Tick"之外的所有节点。

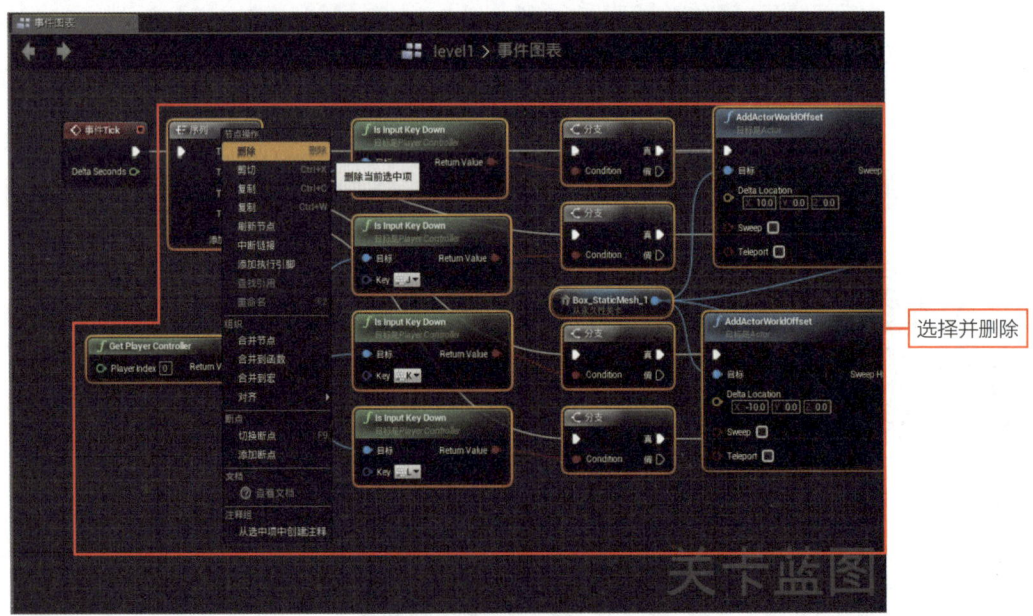

图4-160 除了Tick之外，全部删除

使用鼠标按键事件

鼠标的操作方法基本上与键盘相同。根据鼠标的状态来创建事件，然后准备处理流程。只是，鼠标有不同于键盘的事件类型。按下键时和移动鼠标时，在处理事件上有微妙的差别。

准备新节点

首先，从使用鼠标按键的单击开始。右击图表，出现菜单后，输入"mouse"。菜单项目被筛选出来后，从中选择位于"输入"下方"鼠标个事件"内的"鼠标左键"选项。

右击，显示菜单后，检索并选择

图4-161 弹出菜单，选择"鼠标左键"选项

关于"鼠标左键"事件

创建的"鼠标左键"事件，顾名思义，是单击鼠标左键时，发生的事件。它有"Pressed"和"Released"两个输出项，分别用于执行按键时和松开时的处理。

图4-162 创建的"鼠标左键"事件。它有两个输出项

新建"AddActorLocalRotation"

然后，创建移动的节点。在关卡编辑器上选中"Box_StaticMesh_1"之后，右击图表，在弹出的菜单中输入"add actor"，选择"AddActorLocalRotation"选项。这样，就创建出"AddActorLocalRotation"节点和与之目标相连的"Box_StaticMesh_1"节点。

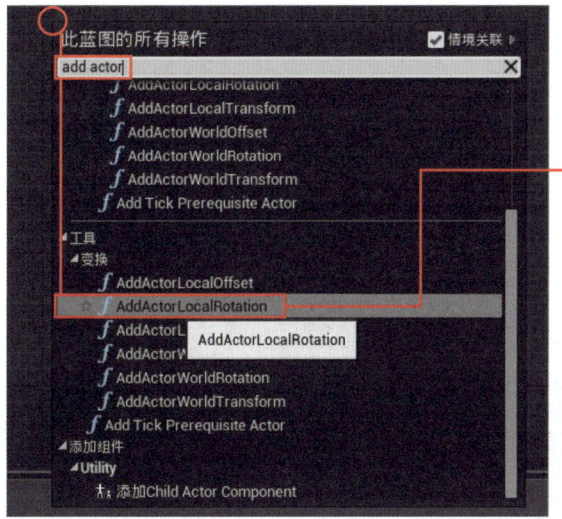

右击，显示菜单后，检索并选择

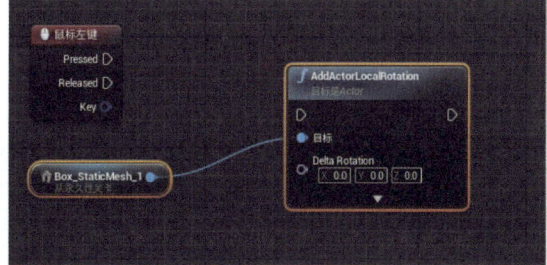

图4-163 创建完成AddActorLocalRotation节点

连接节点

连接创建好的节点。将"鼠标左键"节点的"Pressed"输出项连接到"AddActorLocalRotation"的exec输入项。而且，需要仔细确认"Box_StaticMesh_1"节点是否已连接到"AddActorLocalRotation"的"目标"。

连接上之后，最后将"AddActorLocalRotation"的"Delta Rotation"值修改为"X:0.0""Y:0.0""Z:0.0"。

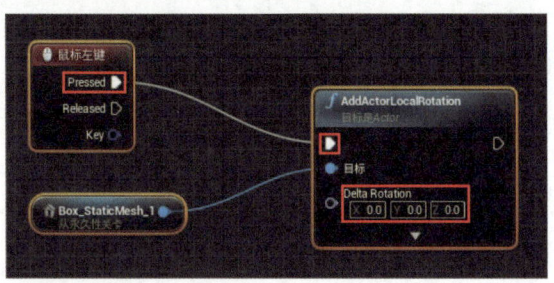

图4-164 连接节点，设置Delta Rotation的值

播放运行！

那么就单击工具栏上的"播放"图标，移动试试看吧。单击显示视口，就会将鼠标等的事件传送过来。单击鼠标左键的话，就能看出，立方体每次会向右旋转10°。

图4-165 运行。用鼠标单击视口的话，每次单击Actor都会向右旋转10°

如何按住鼠标按键移动？

在这里又遇到与刚才采用键盘处理时相同的问题了。如果不是要先单击鼠标，再移动，而是要"按住鼠标按键的同时持续移动"的话，该怎么办呢？

其实，这个问题的答案你们已经知道了。就是在键盘的部分我们使用过的"Is Input Key Down"节点。只要使用该节点就可以解决。虽然名为"Key Down"，却不仅适用于键盘，还能用于检查鼠标或操作杆的输入情况。

删除节点

让我们来操作一下吧。首先，切断刚才建立的"鼠标左键"与"AddActorLocalRotation"之间的连接。在二者之中任意一个的exec连接项上右击，选择"断开到○○的连接"选项。

或者直接删除"鼠标左键"事件也没关系。

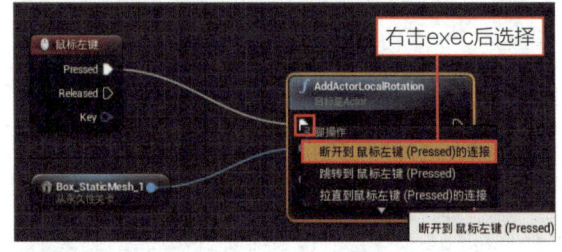

图4-166 断开到AddActorLocalRotation的连接

新建"Is Input Key Down"节点

开始添加"Is Input Key Down"节点。右击图表,在弹出菜单中取消勾选右上方的"情境关联"复选框,然后输入"is input"。从筛选出的项目中,寻找"Is Input Key Down"选项并选择,来创建节点。

右击,显示菜单后,检索并选择

图4-167 新建"Is Input Key Down"节点

新建"Get Player Controller"节点

接下来准备连接到"Is Input Key Down"目标项上的控制节点。右击图表,输入"controller",项目就被筛选出来。从中选择"Get Play Controller"选项,新建节点。

右击鼠标,显示菜单后,检索并选择

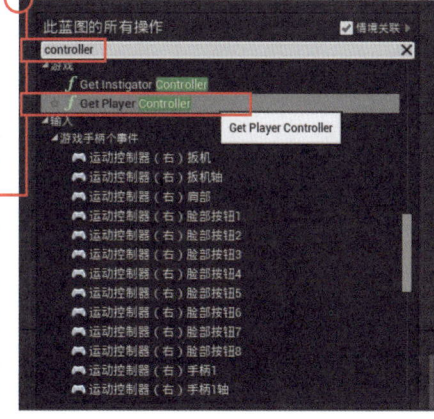

图4-168 选择"Get Player Controller"选项,新建节点

新建"分支"

新建"分支"节点用来检查鼠标按键是否被按下。右击图表,勾选菜单右上方的"情境关联"复选框,输入"branch"。然后选择"分支"选项,新建节点。

右击,显示菜单后,检索并选择

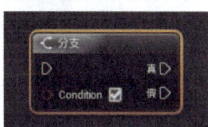

图4-169 选择"分支"选项,新建节点

将"Key"修改为"鼠标左键"

对已创建的节点进行必要的设置。首先从设置"Is Input Key Down"的"Key"开始。单击"Key"的值的部分,从出现的菜单中,选择"鼠标"项目内的"鼠标左键"选项。

图4-170 将Key的值修改为"鼠标左键"

设置"AddActorLocalRotation"的Delta Rotation

另一个需要设置的是"AddActorLocalRotation"的Delta Rotation。这次设置为"X:5.0""Y:5.0""Z:0.0"。

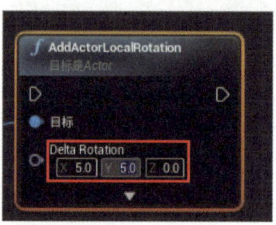

图4-171 设置"AddActorLocalRotation"的Delta Rotation

连接节点

这样就准备好节点了。然后,将所有节点连接到一起就行。请按以下顺序连接。
- 将"事件Tick"的exec输出项连接至"分支"的exec输入项。
- 将"分支"的"真"连接至"AddActorLocalRotation"的exec输入项。
- 将"Get Player Controller"的"Return Value"连接至"Is Input Key Down"的"目标"。
- 将"Is Input Key Down"的"Return Value"连接至"分支"的"Condition"。
- 将"Box_StaticMesh_1"的输出项连接至"AddActorLocalRotation"的"目标"项。

在这里的处理流程是:当Tick事件发生时,检查鼠标左键是否被按下,"分支"检查出结果后,如果按下了就改变Actor的方向。

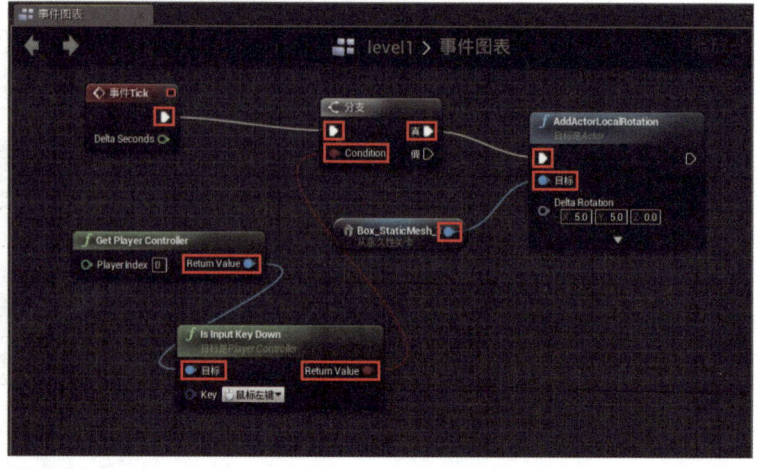

图4-172 将所有节点连接起来后的状态

播放运行！

将编辑好的程序试运行。用鼠标左键单击显示画面的视口的话，只要鼠标左键还在按着，Actor就持续旋转。松开按键后，停止。因为按住时，就能持续运动，所以显示的动画很流畅，无需多次单击使之旋转。

图4-173 按住鼠标按键的话，Actor就会从右上方向左下方慢慢地斜着旋转

使用鼠标移动的动作

除了鼠标按键之外，还能运用鼠标"光标位置"的相关信息。通过移动鼠标就能移动人物对象。这个也有两种方法：使用鼠标移动的动作相关的事件，以及使用读取鼠标移动数值的节点。

准备新节点

首先，从使用简单的"鼠标移动的事件"开始吧。右击图表，在弹出菜单中输入"mouse"，筛选项目。然后从"输入"的"鼠标个事件"内选择"鼠标X"选项。注意，在"鼠标个值"内还有一个同名选项，不要选错。此外，之前创建的处理可以直接使用，所以不需要删除节点。在保持原有的基础上，再新添加处理即可。

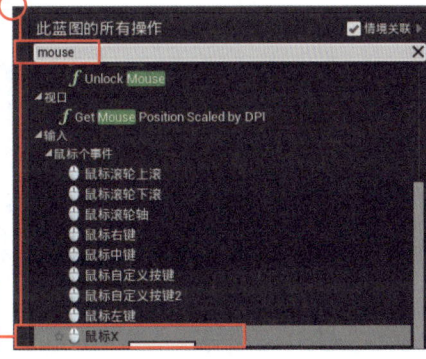

右击，显示菜单后，检索并选择

图4-174 选择"鼠标个事件"的"鼠标X"选项

再准备"鼠标Y"

按同样的方法，再准备"鼠标Y"节点。它与"鼠标X"在同一位置，应该能很快找到。将这两个事件准备好。

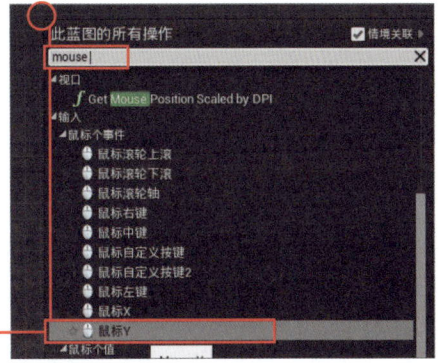

右击，显示菜单后，检索并选择

图4-175 选择"鼠标Y"选项

关于"鼠标X"和"鼠标Y"

当鼠标光标横向或纵向移动时会触发事件,刚才新建的两个事件节点就是利用这些事件。只要在鼠标的移动过程中,就一直持续发生这些事件。

这两个事件节点中,都有"Axis Value"输出项。它用于读取从上次该事件出现到当前事件发生之间的鼠标移动量。也就是说,测量出这个值就能知道"鼠标移动了多少"。

图4-176 两个与鼠标移动有关的事件节点。通过Axis Value就能测量出移动量

新建"AddActorWorldOffset"

接下来,新建用于移动的"AddActorWorldOffset"节点。右击图表,输入"add actor",选择"AddActorWorldOffset"选项。

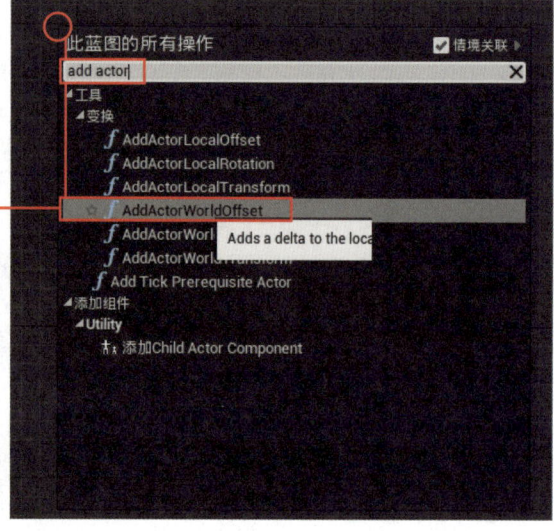

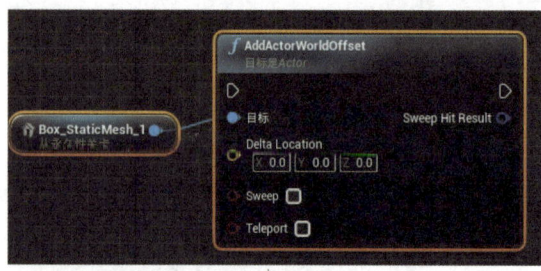

图4-177 选择"AddActorWorldOffset"选项,新建节点

复制"AddActorWorldOffset"

右击新建的"AddActorWorldOffset",选择"复制"选项,复制节点。这样就准备好了两个事件分别使用的节点了。

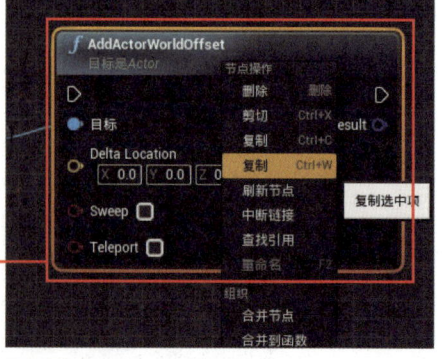

图4-178 将"AddActorWorldOffset"节点复制成两个

新建"Make Vector"

为了生成移动的"Vector"值,新建"Make Vector"节点。右击图表,输入"make vec",选择"Make Vector"选项。

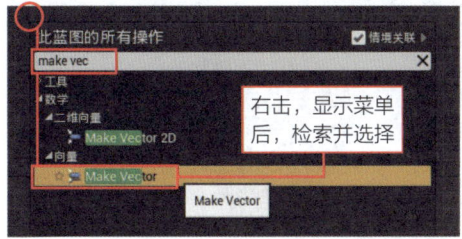
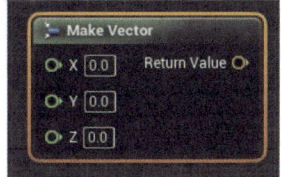

图4-179 新建"Make Vector"节点

连接节点

这样就准备好了节点。接下来连接节点。这次需要分为两个事件连接,注意不要弄错。尤其是"鼠标X"的"Axis Value"要连接至"Make Vector"的"Y","鼠标Y"的"Axis Value"要连接至"X"。注意不要出错!

- 将"鼠标X"的exec输出项连接至第1个"AddActorWorldOffset"的exec输入项。
- 将"鼠标Y"的exec输出项连接至第2个"AddActorWorldOffset"的exec输入项。
- 将"鼠标X"的"Axis Value"连接至"Make Vector"的"Y"。
- 将"鼠标Y"的"Axis Value"连接至"Make Vector"的"X"。
- 将"Make Vector"的"Return Value"分别连接至两个"AddActorWorldOffset"的"Delta Location"。
- 将"Box_StaticMesh_1"的输出项连接至两个"AddActorWorldOffset"的"目标"项。

这就完成了这样的流程处理:当鼠标横向或纵向移动后,根据移动量生成Vector值,通过"AddActorWorldOffset"移动Actor。

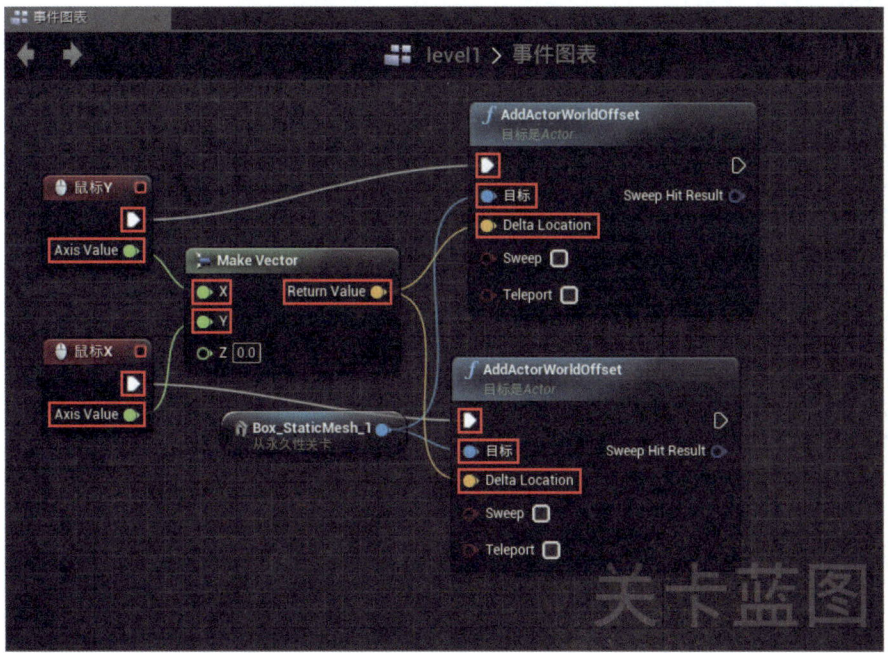

图4-180 连接节点

播放运行!

单击工具栏中的"播放"图标,运行一下吧。用鼠标单击视口,试试上下左右移动鼠标。此时Actor在画面内就会相应地前后左右移动。而且如果按住鼠标左键的话,还能运行上一次编辑的程序。旋转和移动的两个功能,还可以同时进行"按着左键,旋转的同时前后左右移动等"。程序中分为Tick事件和两个鼠标相关事件,分别准备了"AddActor……"节点,实际运行的动作,仿佛统一成一个程序似的,所有的功能都能自然融合。

图4-181 移动鼠标的话,Actor就前后左右地移动。按住鼠标左键的话,Actor就旋转

从Tick事件中使用鼠标X/Y

还有一种方法,是不使用"鼠标X""鼠标Y"的事件,而是从Tick事件内,调取鼠标光标的移动值来移动Actor。

"反正这也是使用Is Input Key Down呗!"可能你会这么想。虽然这样也可以,不过,关于鼠标光标移动,还有处理方法更简单的节点。所以我们就使用这个试试看吧。

删除不需要的节点

将刚才建好的"鼠标X""鼠标Y"事件的程序全部选中,删除。之前创建的Tick事件节点还会用到,要保留下来。

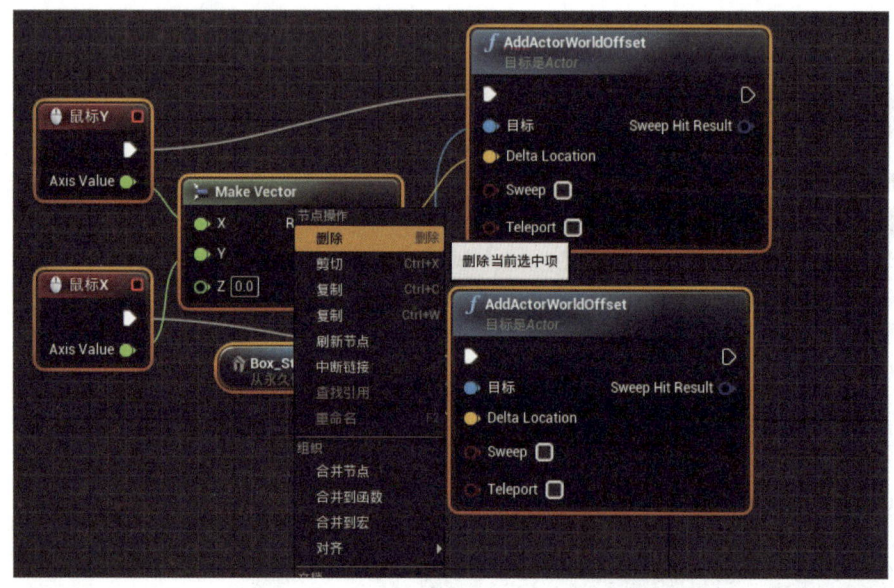

图4-182 删除创建的节点

新建"鼠标X"节点

新建所需节点。首先从测量鼠标光标的X轴移动量的节点开始。右击图表,输入"mouse"。从筛选出来的项目中,选择"鼠标个值"项目内的"鼠标X"选项(不是刚才选择的"鼠标个事件"内的"鼠标X"。注意不要弄错!)。

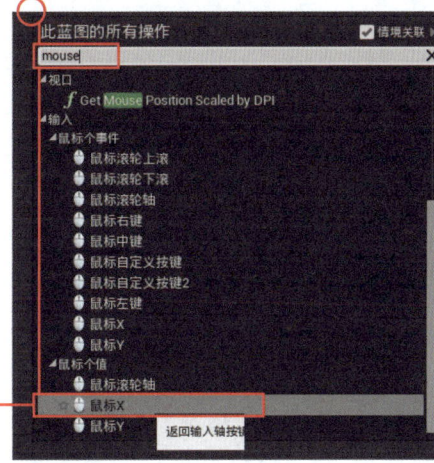

右击,显示菜单后,检索并选择

图4-183 选择"鼠标X"选项

关于"获得鼠标X"节点

从选择的选项上看,名称与刚才创建事件节点时同样都是"鼠标X",但是生成的却是"获得鼠标X"节点。从名称上可以看出,这个是用于获取鼠标光标的X轴移动量的。从输出项"Return Value"读取显示移动量的浮点型数值。

图4-184 "获得鼠标X"节点。从Return Value获得移动量

新建"鼠标Y"节点

然后创建获得鼠标的Y轴移动量的节点。与刚才一样,右击图表,输入"mouse",选择位于"鼠标个值"项目内的"鼠标Y"选项。这个也要注意,不要选择位于"鼠标个事件"内的"鼠标Y"。

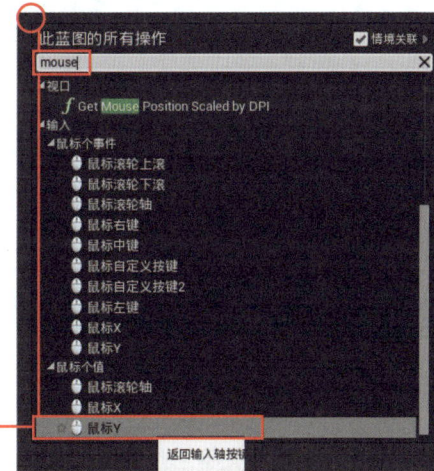

右击,显示菜单后,检索并选择

图4-185 选择"鼠标Y"选项

关于"获得鼠标Y"节点

画面中添加了"获得鼠标Y"节点。这个也不同于"鼠标Y"事件。它有"Return Value"输出项，从这里获得鼠标光标的Y轴移动量的浮点型值。

图4-186 "获得鼠标Y"节点

用"AddActorWorldOffset"创建移动处理

现在，以这些值为基础，创建移动处理程序。右击图表，输入"add actor"，从筛选出的选项中，选择"AddActorWorldOffset"选项。

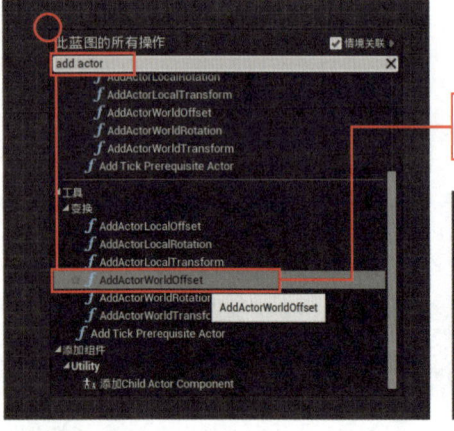
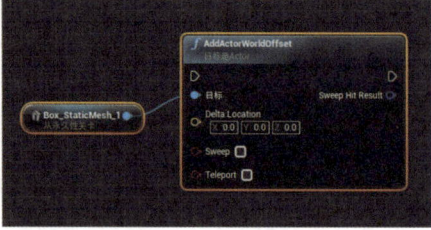

图4-187 创建"AddActorWorldOffset"节点

新建"Make Vector"节点

然后准备移动量的Vector值。右击图表，输入"make vec"，选择"Make Vector"选项。

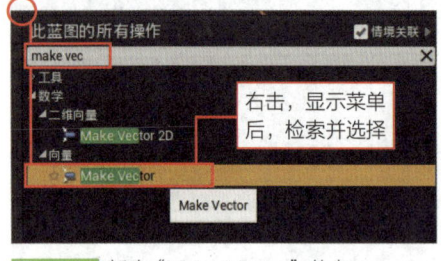

图4-188 新建"Make Vector"节点

添加"序列"

通过移动鼠标来移动Actor的程序中，所需要的节点就准备好了。但是新建的"AddActorWorldOffset"如果连接到之前创建的"AddActorLocalRotation"之后的话，就会出现问题。"AddActorLocalRotation"只有在按鼠标按键的时候才会执行，但是如果不按键的话，"AddActorWorldOffset"也不能启动了。

所以，我们需要能够让多个处理依顺序进行的"序列"节点。

准备新的节点

右击图表，输入"seq"，选择"序列"选项。

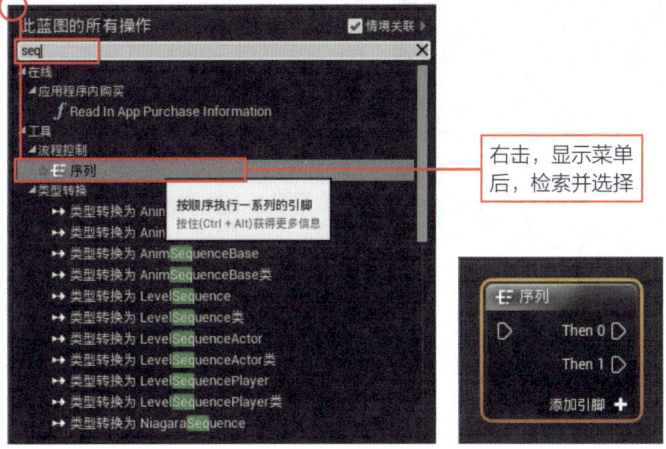

图4-189 新建"序列"节点

断开"事件Tick"的连接

因为将要连接"序列"，所以需要断开从"事件Tick"到"分支"的连接。在两个连接处中任意一处的exec项上右击，选择"断开到○○的连接"选项，断开连接。

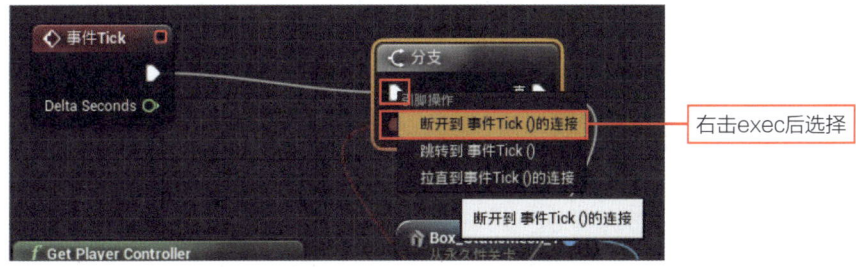

图4-190 断开Tick与分支之间的连接

组织连接程序

这样就完成了编程的准备工作。接下来将各节点组织连接起来。旋转Actor的处理已经完成了，接下来需要在此基础上再增加程序。包括已经建成的部分在内，以下汇集整理了所有的连接情况。

连接节点

从Tick事件执行的节点流程（exec的连接）开始连接。
- 将"事件Tick"的exec输出项连接至"序列"的exec输入项。
- 将"序列"的"Then 0"连接至"分支"的exec输入项。
- 将"分支"的"真"连接至"AddActorLocalRotation"的exec输入项（已连接）。
- 将"序列"的"Then 1"连接至"AddActorWorldOffset"的exec输入项。

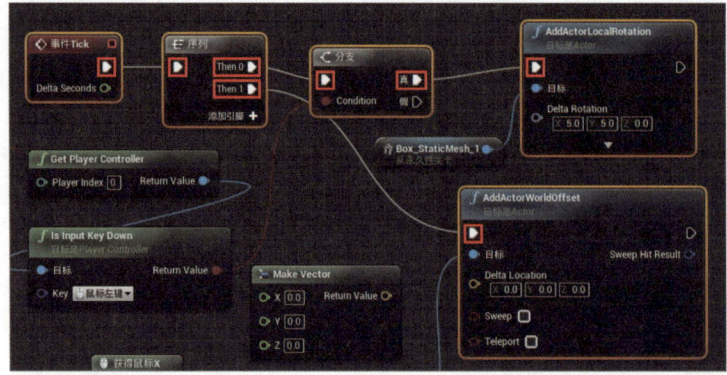

图4-191 先连接从Tick事件开始的处理流程

进行其他连接

连接剩下的节点，为各个节点的输入项设置值。这部分的节点数量也很多，注意不要出错。

- 将"Get Player Controller"的"Return Value"连接至"Is Input Key Down"的"目标"（已连接）。
- 将"Is Input Key Down"的"Return Value"连接至"分支"的"Condition"（已连接）。
- 将"Box_StaticMesh_1"连接至"AddActorLocalRotation"的"目标"（已连接）。
- 将"获得鼠标X"的"Return Value"连接至"Make Vector"的"Y"。
- 将"获得鼠标Y"的"Return Value"连接至"Make Vector"的"X"。
- 将"Make Vector"的"Return Value"连接至"AddActorWorldOffset"的"Delta Location"。
- 将"Box_StaticMesh_1"连接至"AddActorWorldOffset"的"目标"。

这样就完成了所有节点的连接。仔细检查，看看有没有忘记连接的地方。虽然此处进行的处理并不是很复杂，但是准备了很多必要的值，所以看上去复杂。整理一下就会是这种感觉。

1. 当Tick事件发生之后，由序列执行处埋的顺序。
2. 首先用"分支"检查鼠标左键有没有按下。如果按下了，就旋转Actor。
3. 然后，以鼠标的X和Y方向的移动量为基础，制作Vector，使用此值来移动Actor的位置。

使用序列，就能同时执行"用鼠标按键旋转"和"通过鼠标的移动来移动"了，这是重点知识。

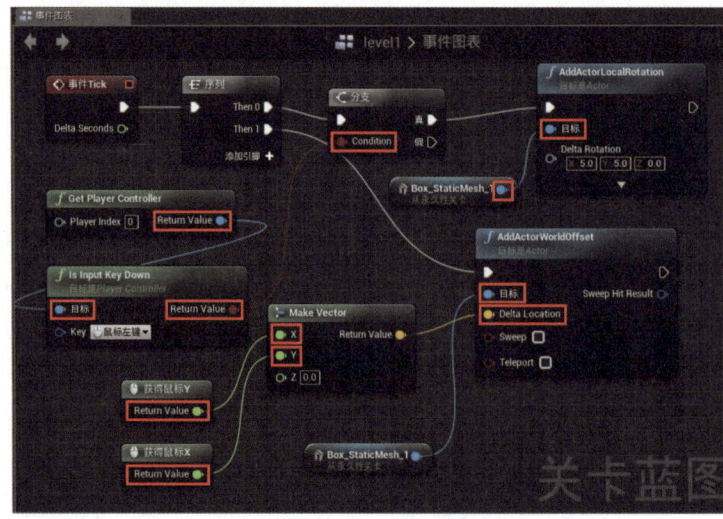

图4-192 连接所有节点，完成程序

播放运行！

单击工具栏中的"播放"图标，运行程序。运行后，单击视口，将事件处理传递过去后，试着移动鼠标。Actor会根据鼠标的移动而前后左右移动。而且，按住鼠标左键的话，在按住的时间内会一直保持旋转。

图4-193 运行。用鼠标光标移动Actor，通过左键使之旋转。此处动作与之前的形式一样

用Delta Seconds调整速度

现在已经能使用鼠标来操作Actor了。关于"速度的调整"的知识，也顺便涉及一些吧。

其实，截止到目前，我们制作的程序都有一个严重的缺陷。那就是"在不同设备上使用，移动速度不同"。Tick事件并不是每过规定时间段触发一次的。而是根据每个设备来调整触发，尽量快速显示更新的。所以，在速度快的设备上，就能以短的时间间隔触发，在速度慢的设备上，就以长的时间间隔触发。

所以，如果编辑出的程序只是利用Tick移动规定距离，那么基于设备的性能，在有的设备上就移动得很快，而在有的设备上就移动得很慢。

那么，该怎么办呢？Tick上的"Delta Seconds"就能解决这个问题。

"事件Tick"上的"Delta Seconds"输出项，之前说明Tick时稍有介绍，还记得吗？这个值表示的是，从上一次触发Tick到这次触发Tick之间的时间。

将程序设置为，在规定移动距离时，作为移动距离的数值与该Delta Seconds的值相乘。Delta Seconds，如果在灵敏快速的设备上，触发间隔短，所以该值小；如果在迟钝缓慢设备上的话，间隔长，该值就变大。所以，将与该值相乘的结果作为移动距离使用的话，在快速设备上移动的就短，在慢速设备上移动的就长，结果就是平均一定时间内的移动距离，与设备的速度无关，保持基本一定。

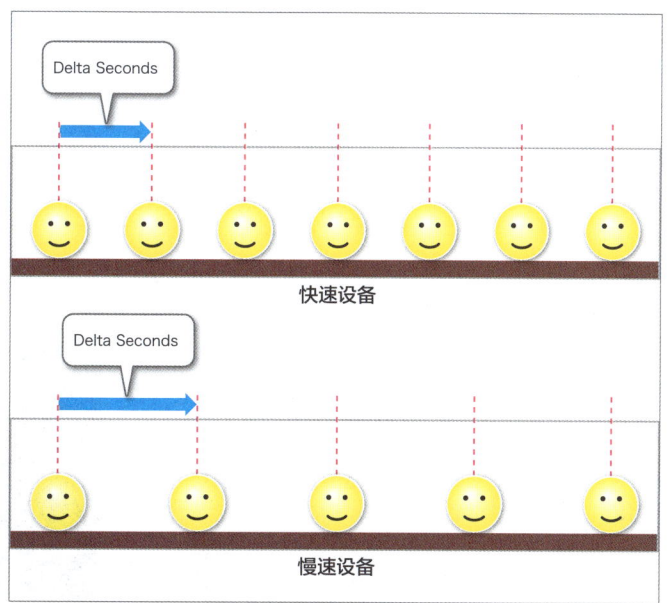

图4-194 Delta Seconds是触发Tick之间所经过的时间。越慢的设备越长，越快的设备越短

准备Vector的乘法节点

准备乘法节点，用于计算Delta Seconds。右击图表，输入"*"。从出现的项目中，选择"vector * float"选项。

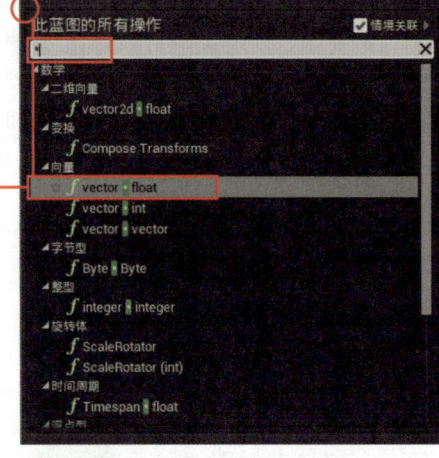

图4-195 选择"vector * float"选项

关于"Vector * Float"节点

新建的"Vector * Float"节点，是将Vector值与Float值相乘的节点。可能你会想"Vector是有3个值的特殊值，该怎么相乘呢？"。

将Vector中准备的3个值分别与Float值相乘之后的结果作为Vector值。也就是说，Vector的各元素的值以同比例增加或者减少。

图4-196 "Vector * Float"是让Vector的值以规定的比例增减

复制"Vector * Float"

在新建的"Vector * Float"上右击，选择"复制"选项，增加为两个。

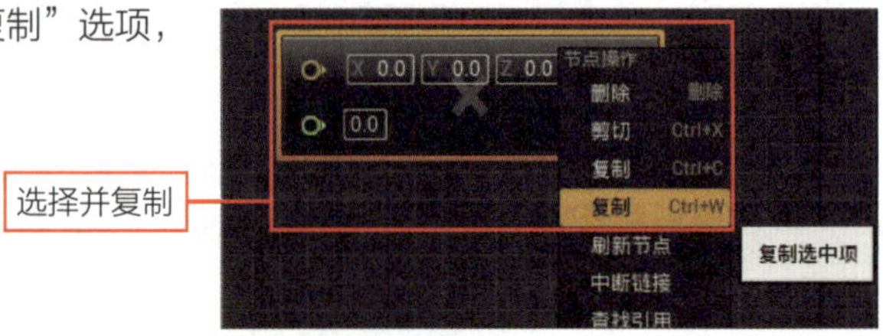

图4-197 复制增加节点

断开"Make Vector"的连接

将这个节点编入程序。首先，断开从"Make Vector"的exec输出项到"AddActorWorldOffset"的exec输入项的连接。右击这二者之中任意连接项，选择"断开到○○的连接"选项，断开连接。

图4-198 断开从Make Vector到AddActorWorldOffset的连接

连接节点

接下来连接节点。大部分已经连接上了，所以只需连接新建的Vector的乘法关系部分即可。

- 将"事件Tick"的"Delta Seconds"连接至第1个"Vector * Float"的Float值的输入项。
- 将"Make Vector"的"Return Value"连接至第1个"Vector * Float"的Vector值的输入项。
- 将第1个"Vector * Float"的"Return Value"项连接至第2个"Vector * Float"的Vector值的输入项。
- 将第2个"Vector * Float"的Float值设置为"100.0"。
- 将第2个"Vector * Float"的"Return Value"项连接至"AddActorWorldOffset"的"Delta Location"。

这样就能进行如下处理：在"Make Vector"中生成的Vector乘以Delta Seconds，然后再扩大100倍的数值，通过设置到AddActorWorldOffset上，来移动Actor。

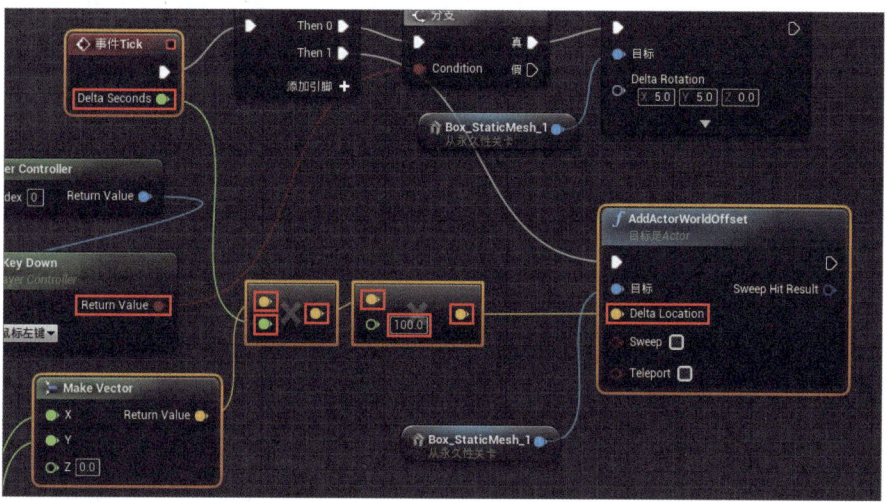

图4-199 连接节点，完成Vector的计算关系

播放运行！

实际运行一下，确认动作。单击工具栏中的"播放"图标运行，用鼠标单击视口，动一下试试。可能Actor的动作比刚才好很多了，但其实基本上的动作并没有改变。不同的只是，无论什么硬件都能以几乎相同的速度来移动。

这种"使用Delta Seconds来消化硬件差别"的方法，并不实际上更改游戏本身的动作，也是一个不会引起人们多大兴趣的功能。但是，考虑到"制作游戏"的话，这就是非常重要的功能了。因为我们不知道人们会在什么硬件设备上玩这款游戏。如果"在自己的设备上玩得很顺手，但如果换成其他设备的话，不是太快就是太慢，那就玩不了了"，所以可能谁都不想玩了。

虽然现在没有必要全部记住，但是作为"可以消化掉因为硬件设备不同导致的游戏速度差别的技巧"，在头脑中需要有这个印象。因为一定会很有用的。

图4-200 运行，用鼠标移动Actor。虽然动作与刚才相同，但是消化掉了硬件设备的差别

本章重点知识

终于可以操作移动Actor了，有点学编程的感觉了吧。在这个过程中，出现了很多看似复杂的节点。本章也出现了很多重要的节点。先从哪些开始掌握好呢？现在将最重要的部分总结一下。

按键输入相关的事件节点

在本章我们使用过当"I""J""K""L"各键被按下时，发生的事件。这些事件是用户输入中最基本的知识。在用户输入方面，暂且只需要牢记"按键输入事件"这一点。其他的鼠标相关事件等可以延后再记。只要有"按下或松开按键时的事件"，就能操作最初步的游戏输入了。

"AddActor……"的移动和旋转节点

本章最重要的要点是"移动Actor"。这部分集中掌握"AddActorLocalRotation"和"AddActorWorldOffset"即可。只要使用这两个节点，就能顺利移动和旋转Actor了。

Vector的使用方法

在进行移动或旋转时，一定要有"Vector"值。关于这个值的用法，也一定要牢牢记住。尤其是通过"Make Vector"生成Vector值以及使用Vector值的基础操作，一定要掌握。

上述这3点知识一定要掌握。其他暂且放到次要位置也没关系。Tick事件呢？大家可能已经牢牢记住了吧？Tick事件节点，我们已经多次使用制作程序了。即使不再"学习"也没关系了。那么鼠标的操作呢？只要会用按键的话，即使不会用鼠标也能解决问题了。Is Input Key Down和Transform等，如果会使用当然好，现在不能立即记住也无妨。此外，关于游戏模式或者素材等，在后面会再说明，目前没有必要记住。

目前最主要的是牢牢掌握本章所教的基本中的基本——"移动Actor，用按键操作"。只要能自由地移动Actor，就足够了！

Chapter 5

材质的编程！

材质是进行Actor表面处理时的一个重要功能。事实上，材质也是由蓝图创建的。让我们一起来掌握材质编程的基础知识吧。

Chapter 5 材质的编程！

Section 5-1 材质也是蓝图！

首先，就材质基本元素的作用及使用方法进行说明。如果能够用到本章节中的学习内容，就可以马上创建出一些基本的材质！

材质是"二维绘图程序"

蓝图基本程序的创建想必大家都已熟知了。在本节中，让我们稍微关注一下蓝图以外的内容吧。

所谓蓝图，是将Unreal Engine中所准备的各种各样的功能以视觉形式进行显示、连接并创建处理的一种结构。蓝图结构在任何需要进行复杂处理的地方都能够发挥作用。即便是在关卡中程序之外的地方，需要进行这些复杂处理时，还是要用到蓝图。

材质用于定义Actor的表面处理。如果只是单纯地要显示"红""蓝"之类的也就罢了，还要基于各种元素（光反射或凹凸状态等）做出表面的形态那就很费事了。另外，如果要做出有实时变化的材质，那就只能靠编程了。通过使用蓝图进行定义，才能完成如此复杂的材质。

上一章中，我们创建了一个极其简单的材质（"Material_r"红色材质）。让我们一边回顾，一边大概整理一下创建材质的基础知识吧。

材质以文件形式存在

材质是一个通用的部件，并不是放置于关卡中的Actor等的附属品，是在其他项目中也可以直接使用的独立部件，因此以文件的形式创建。

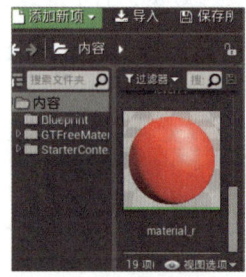

图5-1 材质以文件的形式创建

将材质打开以进行编程

材质的编辑，是通过打开已创建的材质来进行的。打开后会出现专门的蓝图编辑器（材质编辑器）窗口。

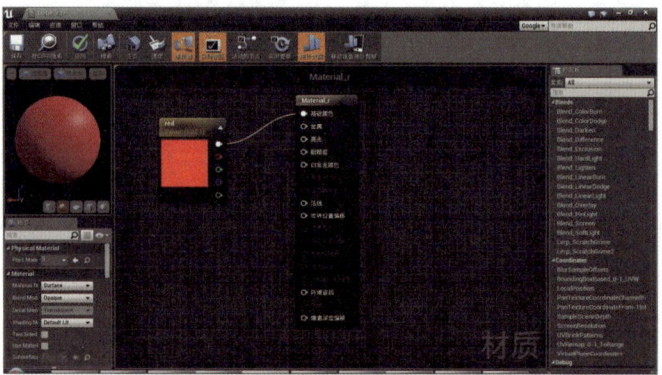

图5-2 双击打开材质，出现材质编辑器

不同于关卡蓝图中的节点！

需要注意的是，材质蓝图中的节点，不同于关卡蓝图中所预备的节点。虽说两种蓝图有共同之处，都预备有节点，都有作用大致相同的节点，但是与材质相关的主要功能都是以材质专用的节点来创建的。

所以，如果像在关卡蓝图中那样寻找节点而提示"没有该节点"时是很正常的，无需担心。

节点中不含exec

材质中的节点没有exec项，这也是它与关卡蓝图的另一个不同之处。材质中预备的节点是一些只能实现"值的交互"的节点，不存在那种通过连接exec输入输出项能够创建处理流程的节点。

单纯地说材质中的节点"无法进行使用"还不够准确，不能进行流程处理当然也不能使用"分支"等这类流程控制，可想而知就会有很多限制。

创建材质

接下来，我们一起来掌握材质的创建及使用方法吧。之前我们已经创建了一个名为"Material_r"的材质，但是为了可以进行各种不同的尝试，下面来创建一个新的材质吧。

从菜单中选择材质

在内容浏览器中单击"添加新项"按钮，从出现的菜单中选择"材质"选项。

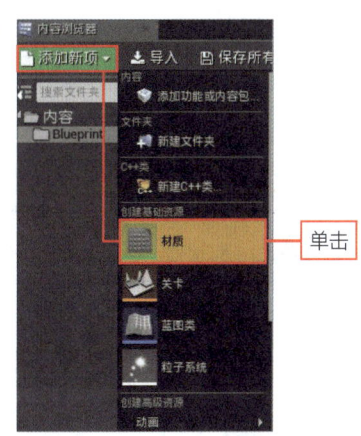

图5-3 从内容浏览器中选择"材质"选项

设置名称为"my_material"

新的材质文件创建后，设置名称为"my_material"。

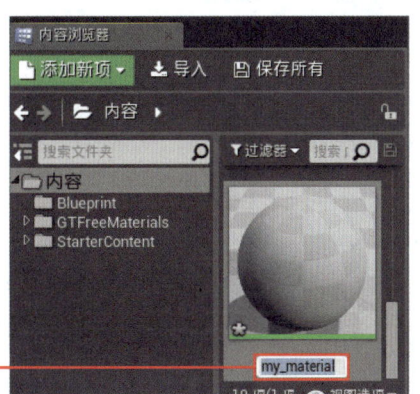

图5-4 输入名称为"my_material"

关于材质编辑器

双击打开材质编辑器。上一章中曾经简单使用过材质编辑器，下面就该编辑器窗口的基本使用方法进行大致说明。

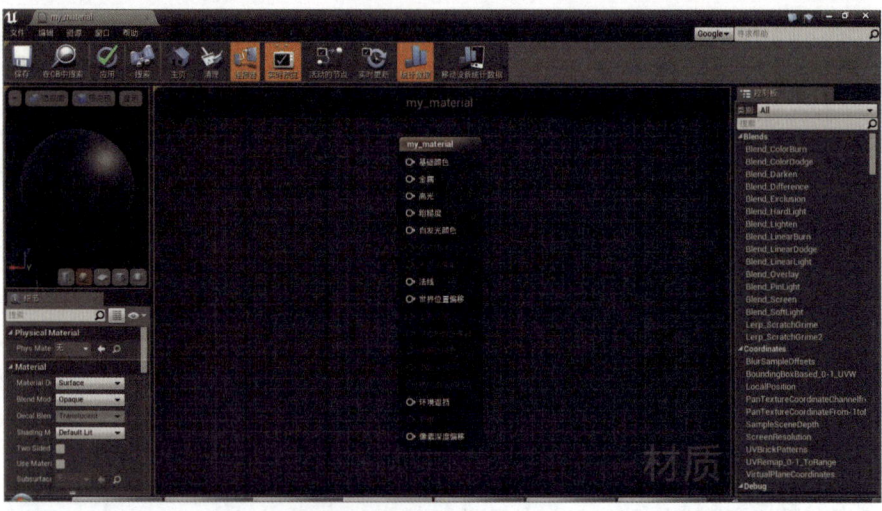

图5-5 材质编辑器界面。与关卡蓝图等风格基本一致

工具栏

位于窗口上部，将主要功能以图标的形式排列。我们并不需要详细了解所有工具的使用方法，先来简单说明一下它们的功能作用。

图5-6 工具栏。将主要功能以图标形式集中

保存		保存材质
在CB中搜索		在关卡编辑器的内容浏览器中选中并显示出当前正在编辑的材质
应用		将修改的内容进行应用。对材质进行编辑后变为可用
搜索		搜索材质。单击后会在下方显示检索面板，输入文本来检索材质
主页		回到图表的主页位置（初始状态时所显示的图表的中心位置）
清理		清理未使用的节点类。注意：未作任何连接的节点将被判定为"未使用"而清理
连接器		单击可切换该图标的选中/未选中状态。选中状态时，显示未使用节点的输入输出项。未选中状态时隐藏未使用的内容。默认为选中状态
实时预览		单击可切换该图标的选中/未选中状态。单击选中后，实时更新材质的预览显示。默认为选中状态
活动的节点		实时更新图表显示，保持最新的状态

实时更新		实时更新所有节点的显示
统计数据/移动设备统计数据		用于显示所创建材质的相关信息。"统计数据"图标默认为选中状态

视口（预览）

位于窗口左侧的面板，用于预览显示所创建材质的实际效果。同样是视口，但却并不像关卡编辑器中的视口那样具有多种功能，基本上专门用于预览材质。

图5-7 视口。基本上可认为是预览显示的面板

细节面板

集中显示选中节点的详细设置。在关卡蓝图编辑器中我们已经熟知了，在这里主要用于变更节点的设置等。

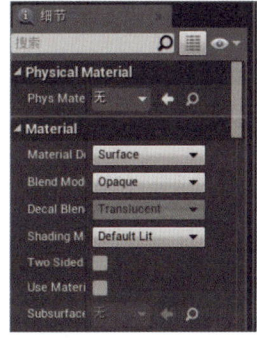

图5-8 细节面板。在其中可对选中的节点进行细项设置

图表

位于中央的面积较大的区域。在这里放置节点，连接节点，创建材质处理。其基本使用方法与关卡蓝图编辑器中大致相同，右键拖曳可移动显示区域，右击可弹出节点创建菜单。

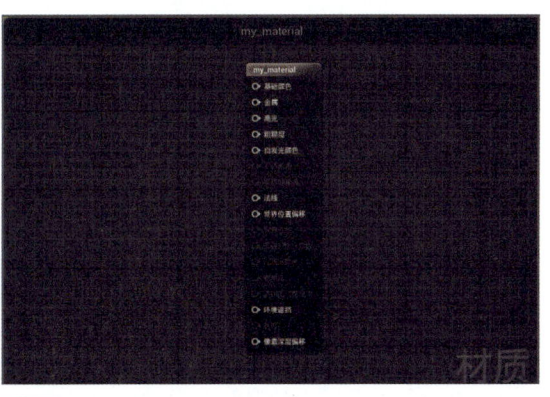

图5-9 图表。在这里创建材质的处理

控制板

位于编辑器右侧的面板。关卡蓝图编辑器中没有此面板。在该面板中可以一览显示所预备的节点，可以从这里拖曳并释放项目来创建节点。

图5-10 控制板。一览显示可使用的节点

关于"最终材质输入"节点

了解过编辑器中各面板的基本功能后，我们来看图表，图表中默认只预备了一个节点，标题显示为已创建的材质名称，例如"my material"。

该节点被称为"最终材质输入"，其中汇总了应用于材质中的信息，以连接于该节点的信息为基础，来描画材质。也就是说，"材质的创建"就是指"为最终材质输入节点接入什么样的信息"。

该"最终材质输入"节点中预备有很多项目。理解这些项目的作用，创建可以为"最终材质输入"节点传递所需值的节点，并把节点连接到"最终材质输入"节点，这就是材质的编程。可见，要掌握材质，最重要的就是掌握"最终材质输入"节点的使用方法。

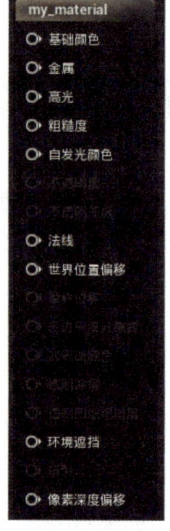

图5-11 "最终材质输入"节点

通过"基础颜色"设置颜色

那么，我们一起来学习"最终材质输入"节点的使用方法。该节点中预备有许多输入项，其中最基础的是位于最上方的"基础颜色"。从字面来理解，它可以指定材质的"颜色"。为它连接颜色信息，就可以为材质整体涂上特定的颜色。

选择"Constant3Vector"选项

准备一个值来设置基础颜色。值包括好几种，这里我们使用到的是"常量"。常量是在程序中用到的一种值，与变量不同，无法改变它的值。

右击材质编辑器的图表部分，与关卡蓝图编辑器中一样，弹出可以使用节点的名称菜单，键入"constant"。

从检索出的菜单中选择"Constant3Vector"选项。

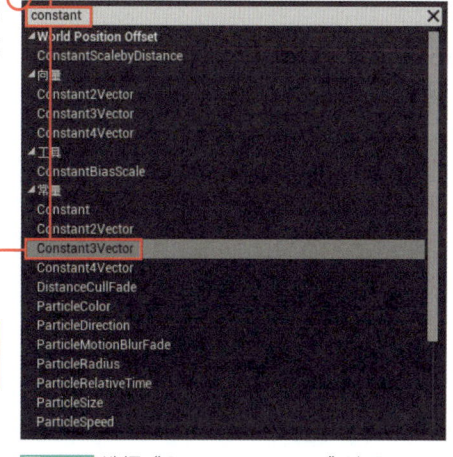

右击，从出现的菜单中检索并选择

图5-12 选择"Constant3Vector"选项

添加了"Constant3Vector"节点

图表中添加了标题为"0,0,0"的节点，这就是"Constant3Vector"节点，该节点是由3个值组成的Vetor值。名为"Constant○○Vector"的节点还包括"Constant2Vector""Constant4Vector"，它们分别是由2个值和4个值集合而成的Vector值。

颜色的值，大多都是由3~4个值来组成的。如要指定一般的RGB则需要3个值，如果是RGBA，加上透明度的值的话就需要4个值。蓝图中为上述这两种情况，结合所需值的数量准备了3类节点（顺便说一下，Constant2Vector是在二维图形中使用的）。

Constant3Vector中仅有1个输出项，可从这里取出Vector的值。

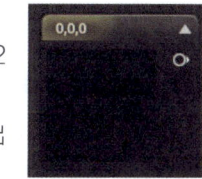

图5-13 "Constant3Vector"节点，仅有1个输出项的简单节点

Constant3Vector的细节面板

选中已创建的"Constant3Vector"节点，其细节面板中有一个"Constant"项，单击▼标记展开后有"R""G""B"3项。

这3项为Constant3Vector中所设置的值。在这里对值进行设置，就可以显示出你喜欢的颜色。RGB的值，分别指定为0~1.0之间的实数。

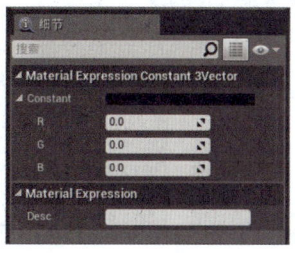

图5-14 Constant3Vector的细节面板

也可以使用颜色选择器！

事实上，指定颜色有更简单易行的方法，那就是使用颜色选择器。双击图表中Constant3Vetor的黑色正方形部分。

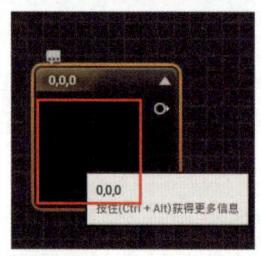

图5-15 双击Constant3Vetor的黑色部分

出现颜色选择器！

画面中出现颜色选择器窗口，可以在这里选择颜色进行设置。在该颜色选择器的上方显示为圆形和长方形的颜色样本，下方有供直接设置RGB值的设置栏，使用哪个都可以自由地变换颜色。

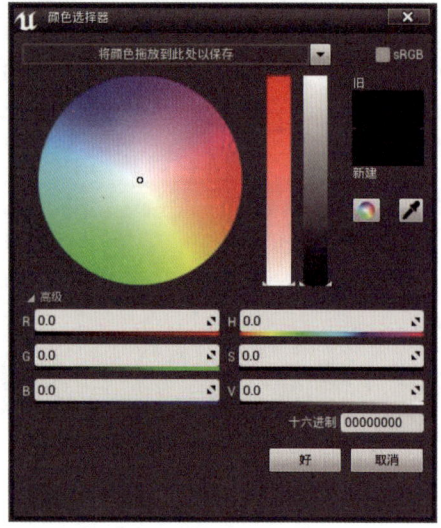

图5-16 颜色选择器窗口

颜色选择器的使用方法

颜色选择器的使用方法非常简单，只需用鼠标单击两个位置就可以设置颜色。按如下操作进行。
- 首先，在圆形中单击你喜欢的颜色部位，这样右侧的两个纵长长方形部分的颜色将会发生改变。
- 然后，单击最右侧的纵长长方形，设置颜色的饱和度，越往下颜色越暗，越往上颜色越鲜艳。

像这样，单击两处（图形部位和右侧的纵长部位）就可以指定想使用的颜色了。单击下方的"好"按钮，颜色就设置好了。

了解了设置步骤，就可以尽情设置自己喜欢的颜色了。示例中，设置为蓝色。

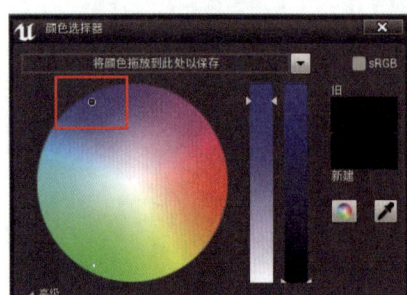 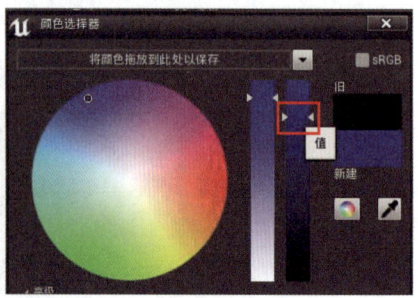

图5-17 首先单击圆形部位，再单击右侧的长方形部位，就可以选择个人喜好的颜色了

连接基础颜色

颜色设置完毕后，拖曳Constant3Vector的输出部分，在最终材质输入的"基础颜色"处释放，这样材质就设置为了Constant3Vector的颜色。

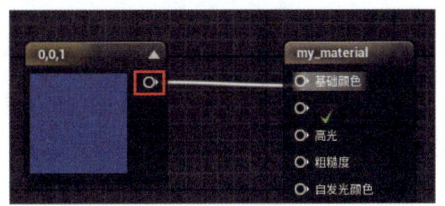

图5-18 将Constant3Vector连接到基础颜色

预览以确认显示！

观察窗口左侧的视口预览画面，材质显示在预览画面中。设置于基础颜色的Constant3Vector的颜色显示在画面中！

图5-19 预览以确认显示

保存材质

保存已修改的内容。单击工具栏左端的"保存"图标，这样修改的内容就被保存了。

图5-20 单击"保存"图标进行保存

为Actor设置材质

现在来使用一下创建的材质。移动材质编辑器的窗口，以显示出下方的关卡编辑器。

选中放置的Actor"Box_StaticMesh_1"，在"细节"面板中单击为"Material"设置的"元素0"的值的部分（显示为mater_r的部位），选择"my_material"选项。这样就变更为了my_material。

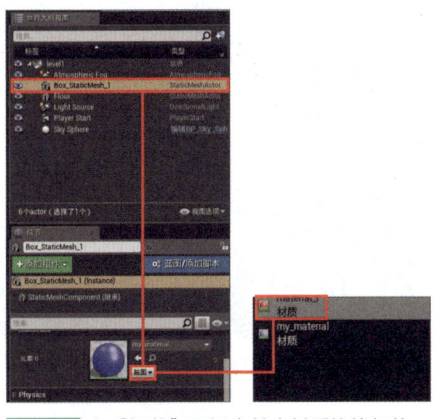

图5-21 在"细节"面板中单击材质的值部位，从出现的菜单中选择"my_material"

运行!

材质设置完成后,单击关卡编辑器工具栏的"播放"图标运行程序。可以看到Actor上显示出材质中设置的颜色。像这样,只显示出基础的颜色,出乎意料的简单吧。

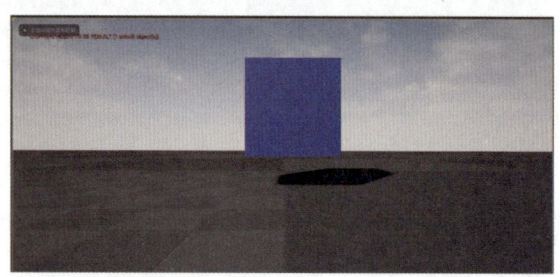

图5-22 运行程序后,Actor显示为my_material的颜色

从商城获取贴图

指定单纯的颜色是非常简单的,然而材质并不是只能创建如此简单的内容,它还可以表现更为复杂的内容,只不过就需要利用"贴图"了。

所谓贴图就是一个"图像文件",也就是将表面的花纹或凹凸及光的反射这些以位图图像进行展现。利用贴图,不仅可以使一面显示相同的颜色,还可以使颜色有深有浅。

为此,就不得不准备一些贴图了。可能有的用户会说"我并不擅长画画儿啊……",无需担心,在Unreal Engine中,有专门的商城销售各种内容,我们可以从这里下载一些免费的贴图来使用。

切换到虚幻商城

启动Unreal Engine的启动器。然后,从左侧的菜单中单击选择"虚幻商城"。

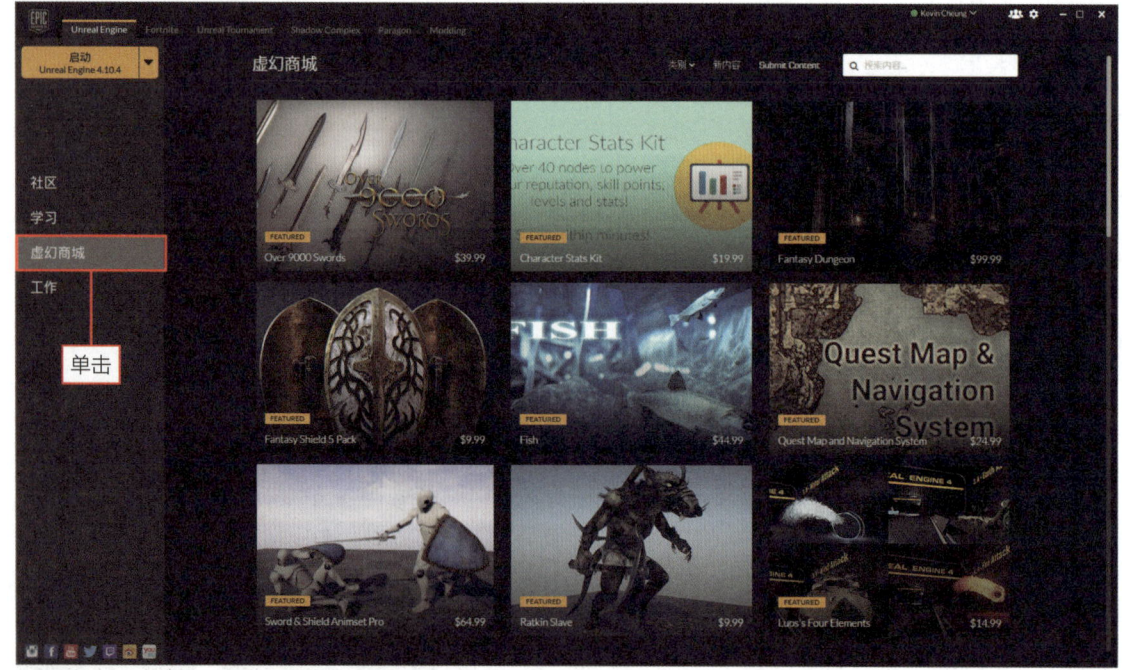

图5-23 从启动器选择"虚幻商城"

单击"GameTextures Material Pack"项

从商城中找出"GameTextures Material Pack"项，在"Textures"这一类别中（类别名称及显示位置等会经常发生改变）。找到后，单击。

图5-24 单击"GameTextures Material Pack"

单击"免费"按钮

画面中显示出"GameTextures Material Pack"的内容，单击"免费"按钮。

图5-25 单击"免费"按钮

添加到工程

单击后，切换到启动器中的"工作"界面，可以看到最下方"保管库"处显示有GameTextures Material Pack。

单击"添加到工程"按钮，将其添加至项目中。

图5-26 单击"添加到工程"按钮

选择项目

画面中出现选择项目的对话框。从这里选择项目（此处选择"我的项目"），单击"添加到项目"按钮，这样GameTextures Material Pack就安装到项目中了。

注意操作时选择项目并单击"添加到项目"按钮后才开始下载GameTextures Material Pack。

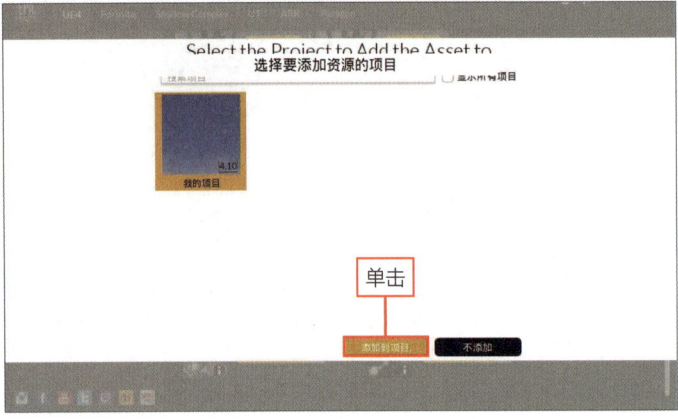

图5-27 选择项目，单击"添加到项目"按钮

在内容浏览器中确认！

安装完成后，切换到Unreal Engine的关卡编辑器，拖曳材质编辑器窗口进行移动，观察位于下方窗口的内容浏览器，会发现已添加了"GTFreeMaterials"文件夹，这就是刚才安装的GameTextures Material Pack的文件夹。其中，保管了许多与材质相关的文件。

图5-28 添加了"GTFreeMaterials"文件夹

显示贴图

现在我们来使用贴图。内容浏览器的"GTFreeMaterials"文件夹下有一个"Textures"文件夹，其中将各种贴图根据种类的不同分别保管于不同的文件夹中。

寻找贴图

从中找到"brick_ancientDiagonal"文件夹中的"brick_ancientDiagonal_2k_alb"这张贴图（应该就在最上方），我们来使用这张贴图。

图5-29 使用"brick_ancientDiagonal_2k_alb"贴图

拖曳并释放贴图

已经关闭材质编辑器的用户，首先从内容浏览器中双击"my_material"来打开材质编辑器。从内容浏览器中拖曳"brick_ancientDiagonal_2k_alb"图标到材质编辑器的图表部分释放。

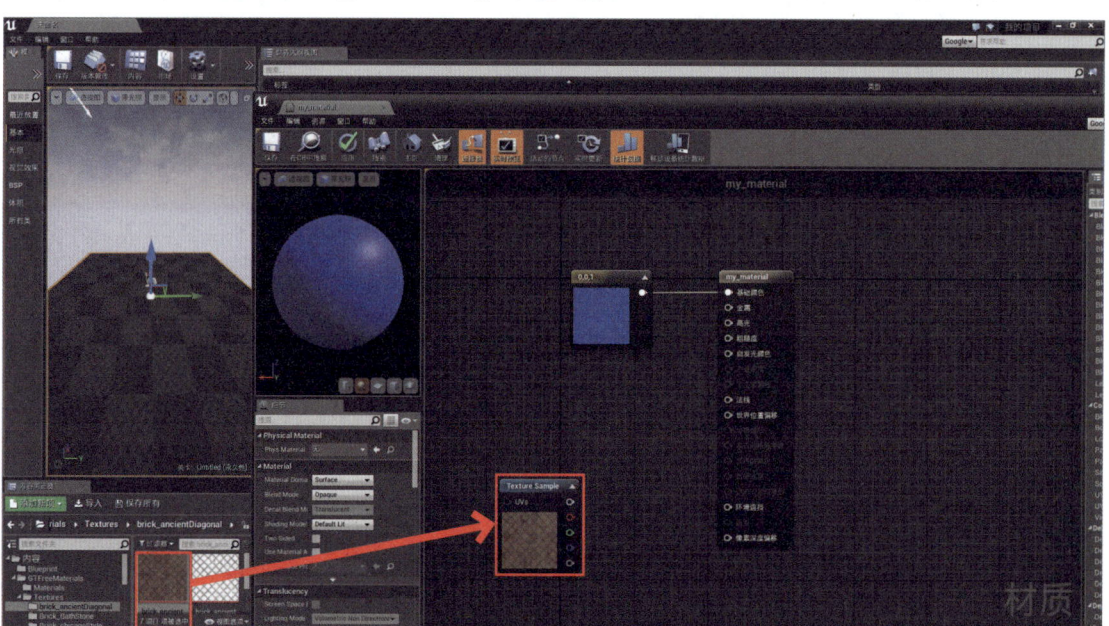

图5-30 拖曳并释放brick_ancientDiagonal_2k_alb

添加了材质节点！

图表中添加了"TextureSample"节点，这就是贴图节点。贴图的预览显示于节点中。

节点有4个输出项，位于最上方的项目可以直接取出贴图的图片，下方的红、绿、蓝三项，只分别从贴图中取出RGB的各饱和度信息。

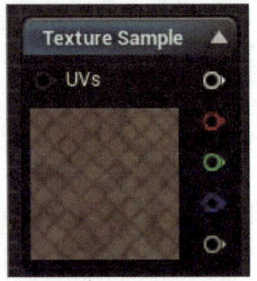

图5-31 TextureSample节点

TextureSample的细节面板

选中"TextureSample"节点，观察它的细节面板，其中显示有"Material Expression Texture Base"，"Texture"项中设置了贴图。也就是说，通过拖曳并释放创建了"TextureSample"这一节点，并为Texture中设置了贴图，这些都是自动完成的。

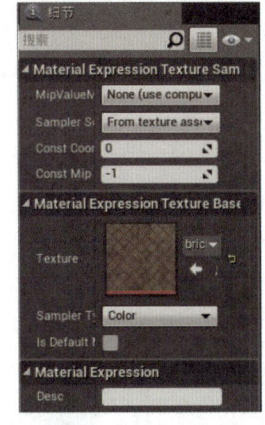

图5-32 TextureSample的细节面板

将贴图设置为基础颜色

拖曳"TextureSample"右侧最上方的白色输出项，在最终材质输入的"基础颜色"处释放，之前连接的Constant3Vector就会自动断开，TextureSample将与基础颜色连接。

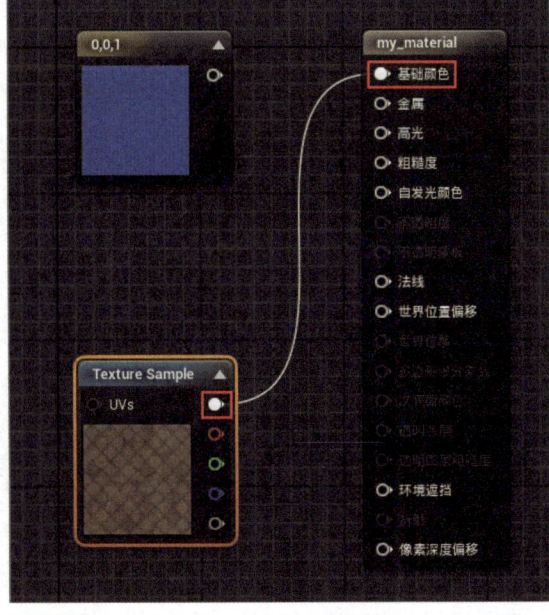

图5-33 将TextureSample与基础颜色连接

预览以进行确认!

通过窗口左上方的预览显示进行确认,可以看出Actor整体已涂满了所设置的贴图。

图5-34 Actor整体显示为设置的贴图

运行!

确认显示后,单击材质编辑器工具栏中的"保存"图标进行保存,然后单击关卡蓝图编辑器工具栏中的"播放"按钮运行程序。可以看到Actor的显示改变了,其上涂满了贴图所示图案,颜色也与贴图完全相同。可以得出这样的结论,为最终材质输入的"基础颜色"做连接后,就会原样描画在Actor表面。

图5-35 运行程序后,显示出的Actor上如同粘贴了贴图一样

关于金属

关于最终材质输入的"基础颜色",前面就如何指定一般的颜色及贴图进行了说明。同样,我们来看看基础颜色以外的项目有什么作用。

位于基础颜色下方的项目为"金属",可使Actor具有金属的质感。

该金属质感以0~1.0之间的值来指定。如果是想全部设为一样的值,那么就把实数的值连接至金属项就可以了。如果想像基础颜色那样有浓有淡的话,也可以使用贴图来进行设置。

连接节点

来实际操作一下。刚才连接贴图(Texture-Sample)节点后,此前使用的Constant3Vector还在图表中,将它连接至"金属"。

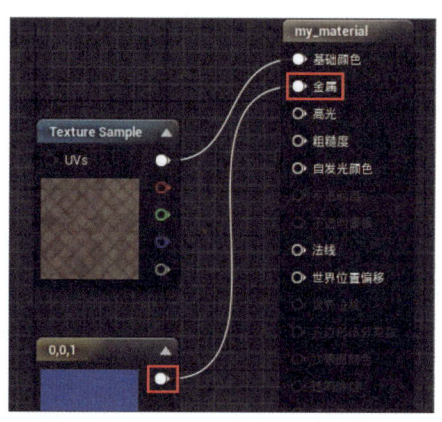

图5-36 将Constant3Vector连接至"金属"

预览以确认显示!

预览以确认显示。感觉材质是不是多少有些金属的质感了？所设置的蓝色可能不大看得出来。为什么看不到变化呢？那是因为蓝色时，RGB的值为0, 0, 1，而金属基本上是以实数为值的。为它连接Constant3Value时，使用的是第一个值（即红色R的值）。因此，蓝色时值就设置为0了，完全看不出任何变化。

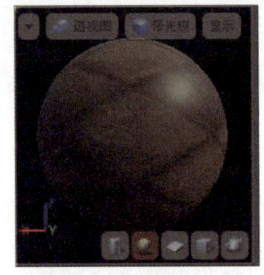

图5-37 观察预览图像，Constant3Vector的红色R的值为0，所以看不出变化

变更R的值

变更Constant3Vector节点的值。选中节点，在细节面板中将"R"的值变更为1.0。

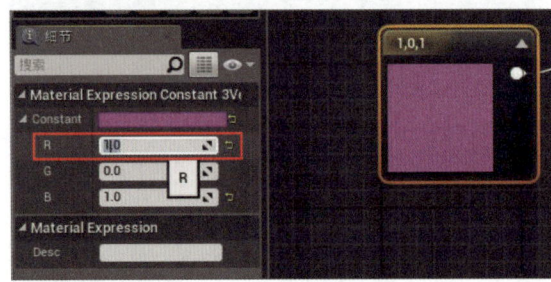

图5-38 在细节面板中将"R"的值变更为1.0

预览以确认!

预览显示，这次Actor就变得非常有金属的质感了。由此可知，设置的R值应用到金属处理中了。

图5-39 预览显示，Actor变得非常有金属质感

高光即"反射"

接下来说明"高光"，它在非金属时用于设置表面的反射，同样指定为0~1.0之间的实数。我们来试用一下。

断开连接

首先，断开金属的设置。右击"金属"，从菜单中选择"中断链接"选项。

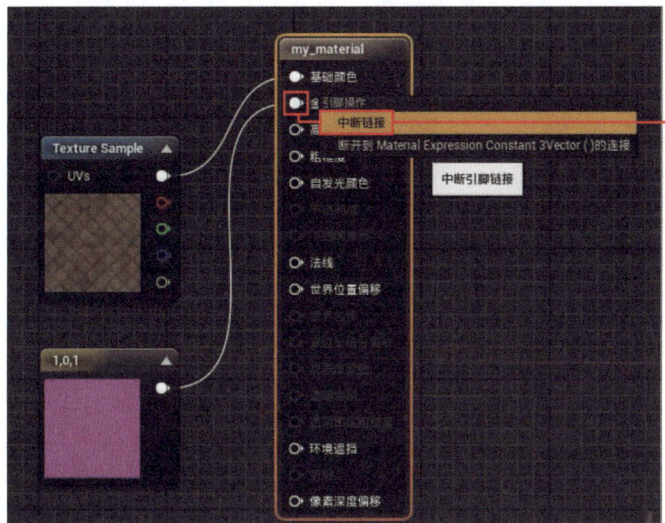

图5-40 中断到金属的链接

选择"Constant"选项

现在来进行"高光"的连接。可利用Constant3Vector进行连接,但这次我们来准备一般的实数值。右击图表,键入"constant",选择"Constant"选项。

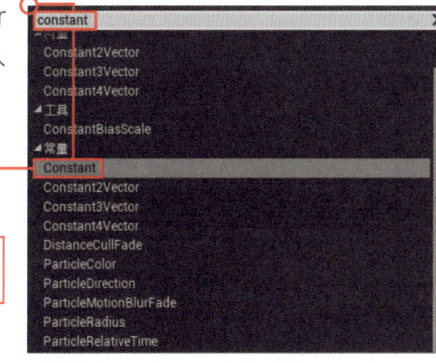

图5-41 选择"Constant"选项

添加了Constant节点

图表中添加了一个标题为"0"的节点,即Constant节点。Constant是表示1个值(实数)的节点,仅有1个输出项,可从这里取出Constant的值。

图5-42 Constant节点,仅预备了1个输出项

关于Constant的细节设置

选中创建的Constant节点后观察其细节面板,会发现"Material Expression Constant"处预备了一个Value项,这就是为Constant所设置的值,默认为0。

图5-43 Constant的细节面板。在Value处设置值

将Constant连接至高光

连接Constant。拖曳Constant的输出部分至"高光"处释放以连接。

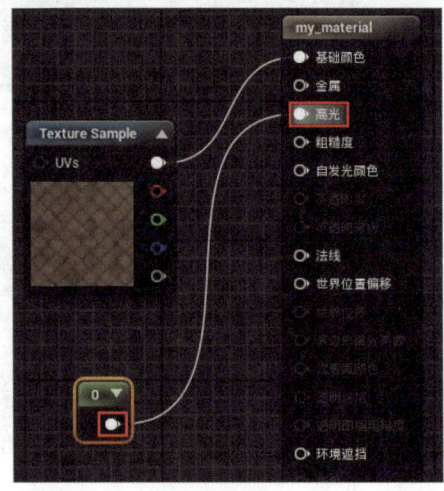

图5-44 将Constant连接至"高光"

预览以确认

连接后进行预览以确认显示。此时发现完全感觉不到光的反射，光的反射反而比设置高光前更弱了。

事实上，这是因为略去了将高光设置为0.5的原因，因此连接的值为0反射率就下降了。

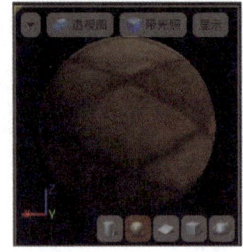

图5-45 光的反射比设置高光前更弱了

变更Constant的Value

那么试着来变更一下Constant的值。选中Constant，从细节面板中将"Value"的值改为"1.0"。

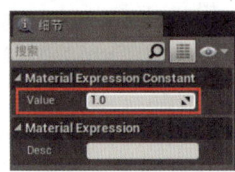

图5-46 在细节面板中将Value改为1.0

预览以确认！

在预览中确认显示。这一次发现照射在表面的光出现了反射。但是，通过高光所进行的反射与金属相比，更为温和。如果想达到金属那样的反射效果，还是使用"金属"选项比较好。

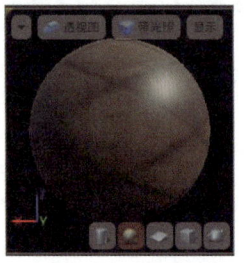

图5-47 预览中出现了光的反射

粗糙度即表面的"粗糙"

不论是金属还是高光,虽说都是进行了光的反射,但并没有镜子或弹珠那种清晰的反射感。这是由于这种反射是漫反射。

像镜子一样完全反射并投射四周风景的反射中是不存在漫反射的。因为其表面是非常平整的平面,所有的光都可以准确地弹回。但是,大部分物体的表面都是凹凸不平的,形成的是漫反射,因而不能清晰地进行反射。

通过"粗糙度"可以进行表面的粗糙设置。通过设置粗糙度,可以调整表面的粗糙,并设置反射方法。粗糙度同样也是以0~1.0间的实数来进行设置的。

复制节点

使用"粗糙度"。右击刚才的"Constant",选择"复制"选项进行复制。

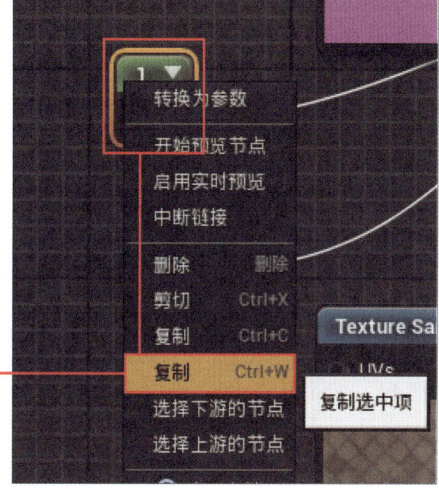

图5-48 复制Constant

将Constant连接至粗糙度

复制的Constant与原先的Constant相同,同样设置为了"1.0"。拖曳复制的Constant的输出项至"粗糙度"处释放以连接。

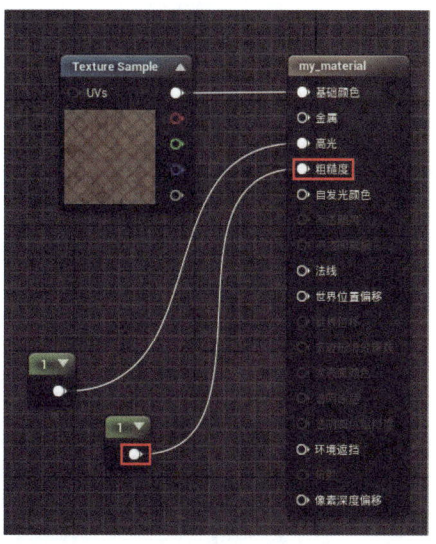

图5-49 将Constant连接至粗糙度

预览以确认！

在预览中确认显示。此时会发现比连接前更看不出光的反射。复制的Constant的Value值为"1.0"，这时就完全处于漫反射的状态，光向各个方向散乱反射。

该粗糙度的默认设置为0.5（这里略去了设置步骤），所以就会出现一定程度的漫反射。现在完全成了漫反射状态，所以比之前更难以看出反射。

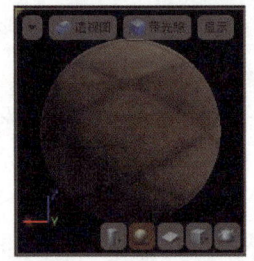

图5-50 预览可知难以看出反射

变更Constant

选中与粗糙度连接的Constant，在细节面板中将Value的值变更为"0.0"。

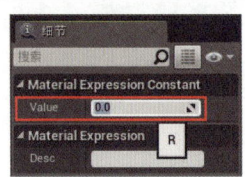

图5-51 将与粗糙度连接的Constant的值设为0.0

确认显示！

再次确认预览画面，这次完全不存在漫反射，而且可以将周边的情景清晰地映在球体表面。

图5-52 宛如大理石一般可清晰地进行光的反射

自发光颜色即为发光体

接着需要说明的是"自发光颜色"，当需要把Actor作为发光体时就会用到自发光颜色。它可以使Actor整体具有发光效果。

中断链接

使用自发光颜色。首先，断开高光与金属的链接。分别右击，选择"中断链接"选项。

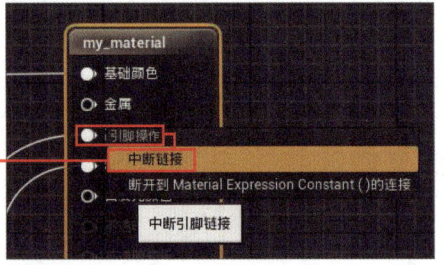

图5-53 中断金属与高光的链接

将Constant3Vector连接至自发光颜色

使用之前创建的"Constant3Vector"来设置自发光颜色。拖曳Constant3Vector的输出项到"自发光颜色"处释放以连接。

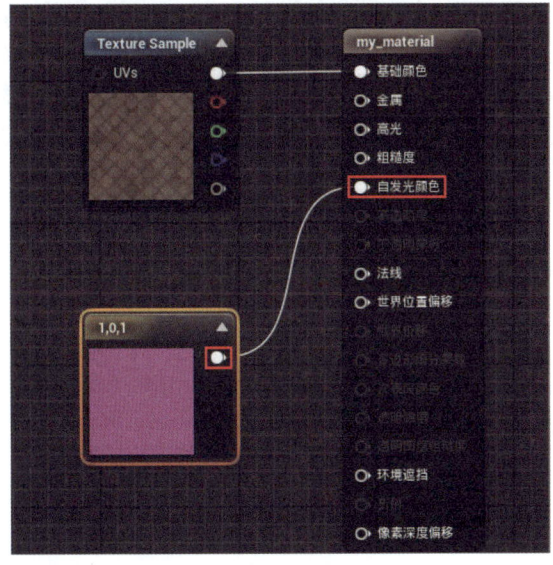

图5-54 将Constant3Vector连接至自发光颜色

设置Constant3Vector的颜色

选中Constant3Vector,在细节面板中进行颜色的设置。这里设置为"R:0.5""G:0.0""B:0.0"。

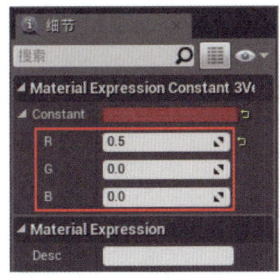

图5-55 在Constant3Vector的细节面板中进行颜色的设置

预览以确认!

在预览中确认显示。这时会发现整体Actor都带有红色了,但是并没达到"发光"的程度,似乎是从内部散发出的模糊的亮光。

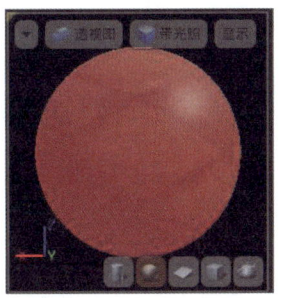

图5-56 整体带有从内部散发出的红色的光

变更一下数值会如何？

想让材质更有"发光"的感觉，该怎么做呢？我们可以将Constant3Vector的值变更为"10.0"。这样，就非常有发光的感觉了。设置光的值时通常是分别为RGB设置0~1.0之间的值，而Constant3Vector节点是由"3个值组成的Vector的值"，并不存在"颜色的值"。因此，也可以像这样设置1.0以上的值。

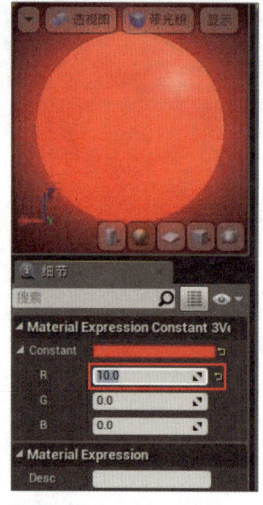

图5-57 将R设为10.0，就非常有发光的感觉了

不透明度与Blend Mode

接下来说明"不透明度"，它用于设置"透明度"。设置后可以使Actor的表面变得透明。同样设置为0~1.0之间的实数。

在最终材质输入的项目中，为什么"不透明度"是灰色不可用状态呢？

这是因为材质的"混合模式"，它用于指定材质所描画的图形与其背景图形的合成方式。

选中最终材质输入，观察它的细节面板，面板中显示有材质相关的设置，从中找出"Blend Mode"这一项，其默认设置为"Opaque"，即"不透明"的混合模式，也就是说使用该材质描画的图形在背景上是以不透明的形式描画的。要使用不透明模式，则需要在混合模式中选择可进行半透明描画的模式。

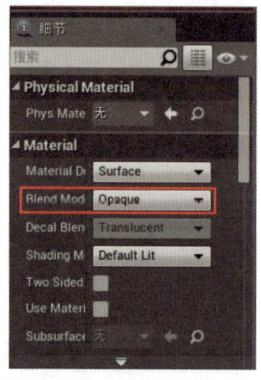

图5-58 材质的细节面板中的"Blend Mode"默认为"Opaque"

变更Blend Mode

点击"Blend Mode"的值，选择"Translucent"菜单，这样就可以进行半透明描画了。

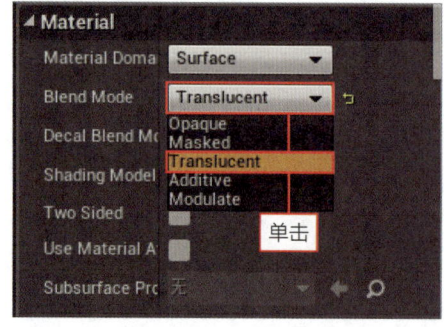

图5-59 将Blend变更为"Translucent"

确认最终材质输入项

变更后,确认最终材质输入项的显示。可以看到,之前显示为灰色不可用的"不透明度"项变为白色可用状态。

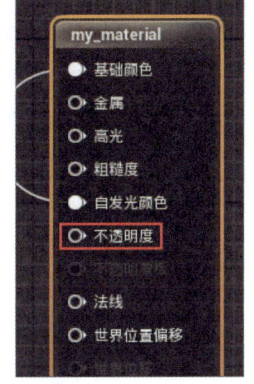

图5-60 "不透明度"项变为可用

断开自发光颜色

使用不透明度之前,先断开之前连接的自发光颜色。右击"自发光颜色"项,在弹出菜单中选择"中断链接"选项。

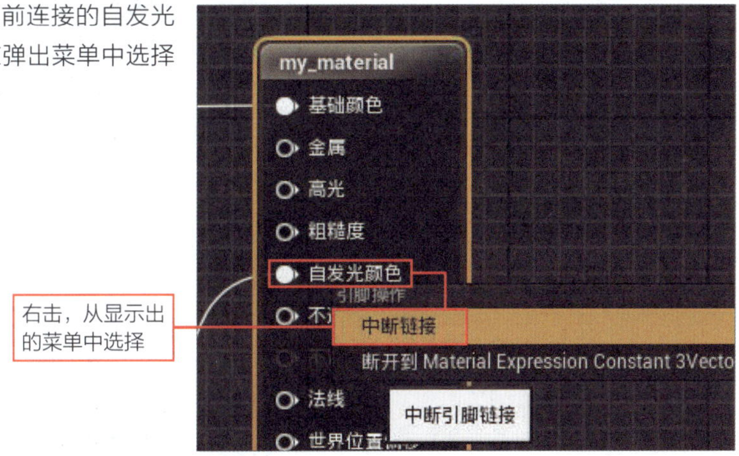

右击,从显示出的菜单中选择

图5-61 断开自发光颜色的链接

将Constant连接至半透明度

拖曳Constant(有两个,任意一个均可)的输出项到"不透明度"处释放。

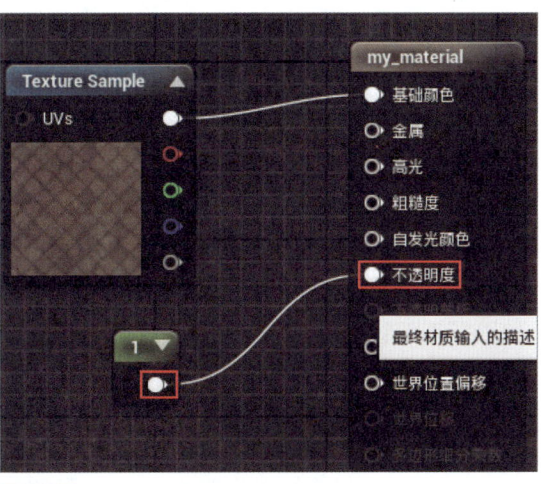

图5-62 将Constant连接至不透明度

调整Constant的值

选中连接的Constant，在细节面板中将Value的值设置为"0.5"。

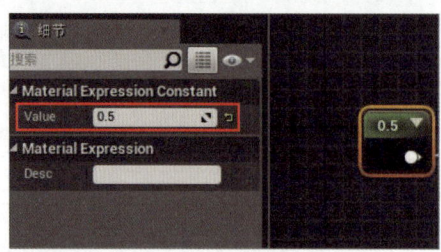

图5-63 将Constant的Value值变更为0.5

预览以确认

在预览中确认显示。可以看到，现在的效果与之前略有不同，背景变为灰色，整体色调变得暗淡，颜色也变淡了。

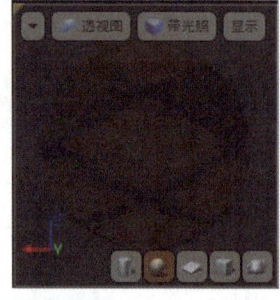

图5-64 预览，可以看出整体色调变淡了

运行！

预览看不出什么，实际运行来确认一下。单击关卡编辑器工具栏中的"播放"按钮来运行。可看出Actor以半透明状态显示。

图5-65 运行后Actor以半透明状态显示

Chapter 5 材质的编程！

Section 5-2 材质的编程

将材质的项目"参数化"就可以从外部对材质进行操作了。下文中对参数化的基础内容及值的计算进行说明。

将材质参数化

前面我们使用了最终材质输入的基本项目，展现了各类材质。要实现最基础的材质显示，使用这些项目就能够完成了。然而，本书是讲解关于"蓝图"的内容，可我们还没有做关于蓝图的事情。本节中让我们将目光投向更具"编程"风格的技巧吧。

首先，从材质设置项目的"参数化"开始吧。什么是参数化？就是可以从外部变更它的值。

除了直接为Actor设置材质文件并运行外，还可通过创建"材质实例"的方法来使用材质。

材质实例是基于材质创建的一种类似于副本的内容，材质实例基本上原样继承了其源材质的设置，但并不是完全相同。在源材质中准备"参数"，然后对参数进行修改。

参数类似于变量，准备参数然后把它连接到材质的最终材质输入项后，后续就可以设置参数的值了。这就是"参数化"。

举个例子，创建某个材质，将它的几个项目参数化。然后使用该材质，创建几个材质实例，这些材质实例基本上原样继承了源材质的设置，但是对于参数化的项目，可以分别为它们设置独立的值。

也就是说"对只需修改部分内容的材质有大量需求"时，使用材质实例就可以简单地进行创建了。

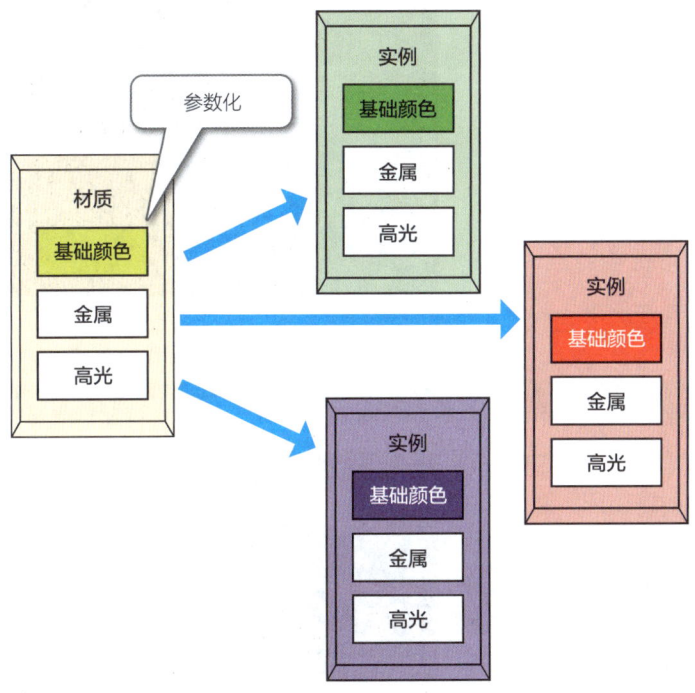

图5-66 将材质的项目参数化，创建实例后，可以只变更参数项的值

删除不需要的节点

开始操作之前,首先删除不需要的节点。在图表中选中除最终材质输入以外的所有节点,删除。

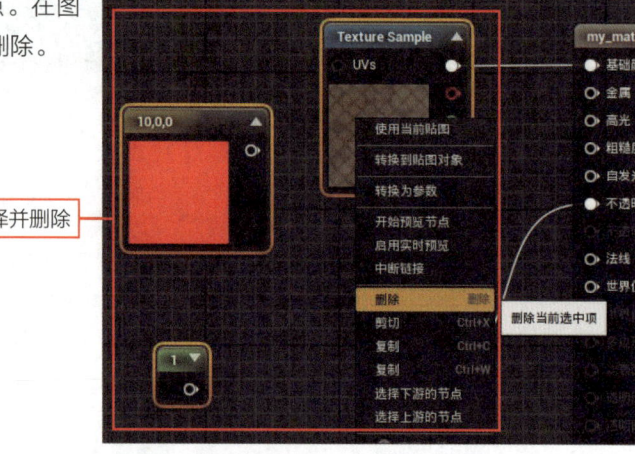

图5-67 删除最终材质输入以外的所有节点

创建"VectorParameter"

准备参数。首先,创建设置基础颜色值的Vector值的参数。

创建节点

右击图表,键入"param",从检索出的项目中找到位于"参数"项目内的"VectorParameter"选项并选择。

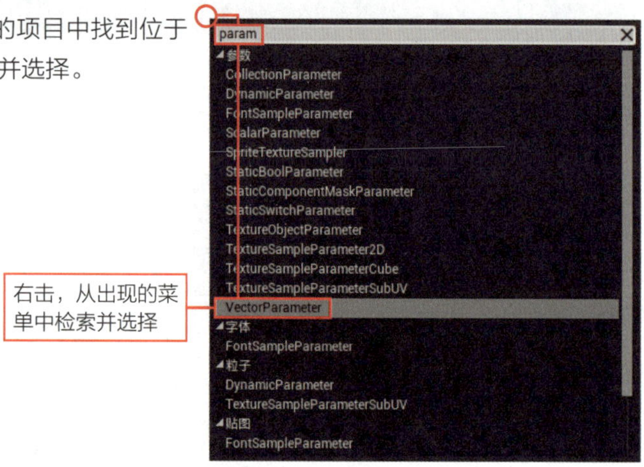

图5-68 选择"VectorParameter"选项

将名称设置为"mycolor"

VectorParameter节点就创建好了,创建后的名称为可输入状态,输入"mycolor",按下Enter或Return键进行确定。该节点为设置颜色等时所用到的Vector值的参数用节点。VectorParameter与之前创建的"Constant3Vector"外形非常相似。其输出侧有5个项目,从上到下可依次取出"颜色""红""绿""蓝""阿尔法通道"的值。双击正中的黑色方形区域会显示出颜色选择器。

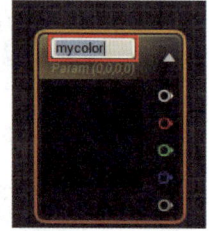

图5-69 为VectorParameter输入名称

设置VectorParameter

选中创建的VectorParameter("mycolor"),从细节面板对其进行设置。这里进行如下设置。

R	0.0
G	1.0
B	0.0
A	1.0

Parameter Name	mycolor(已设置)
Group	mygroup

需要注意的是"Group",该项用于将参数放入"组"中。组可以理解为"对参数进行类型划分"。如果菜单组中已经存在该值,可以从菜单中进行选择。另外,也可以直接命名组名来创建并设置新的组。当前还不存在组,所以可以直接填写"mygroup"并进行设置。

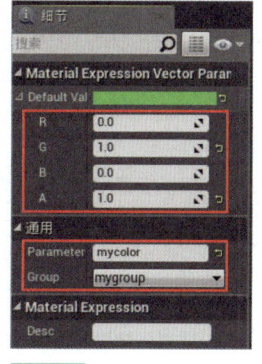

图5-70 设置VectorParameter

计算贴图与颜色

在对参数化进行说明之前,先使用准备好的节点对"节点的计算"进行说明。今后在正式创建材质程序的时候,这样的计算是必不可少的。内容并不难,所以我们先对它进行掌握。

刚才我们准备了Vector值的参数,我们来完成这个参数和贴图的计算及基础颜色设置吧。上一章中我们进行过Vector的计算,同样,不论是Vector还是贴图,都可以通过使用计算节点来进行加法或减法计算。

寻找贴图

准备计算中使用的贴图。从关卡编辑器的内容浏览器中,选择位于"GTFreeMaterials"文件夹中"Textures"文件夹内的"brick_ancientDiagonal"文件夹(之前使用过的贴图所在的文件夹)。

这次我们使用其中的"brick_ancientDiagonal_2k_h"贴图。

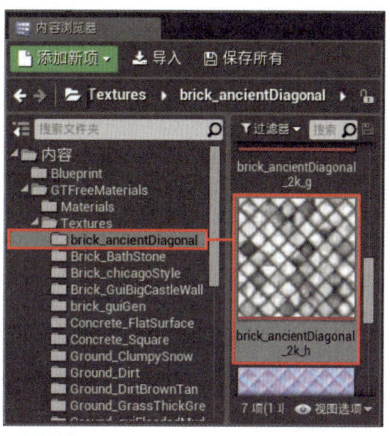

图5-71 找出"brick_ancientDiagonal_2k_h"贴图

添加贴图

将"brick_ancientDiagonal_2k_h"贴图拖曳并释放到图表中,以添加节点。

图5-72 将brick_ancientDiagonal_2k_h拖曳并释放到图表中,以添加节点

通过"Add"将节点进行加法运算

准备计算节点。从"加法运算"开始。

创建节点

右击图表,键入"+",选择"Add"选项。

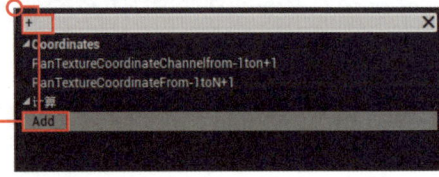

图5-73 选择"Add"选项

关于"Add"节点

添加的"Add"节点包括两个输入项和一个输出项。将需要进行加法运算的值分别连接至两个输入项,计算结果可从输出项得出。

关卡蓝图中也有加法节点,并且根据计算值的种类预备有大量节点。然而,材质中进行加法运算的节点只有"Add"这一个,与值的种类无关,使用该节点就可以进行加法运算。

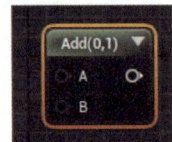

图5-74 "Add"节点。将两个输入项进行加法运算,从输出项取出计算结果

连接节点

连接节点进行加法运算。将"mycolor"与"Texture Sample"节点最上方的输出项（用于取出颜色）分别连接至"Add"的输入项，然后将"Add"的输出项与最终材质输入的"基础颜色"连接。

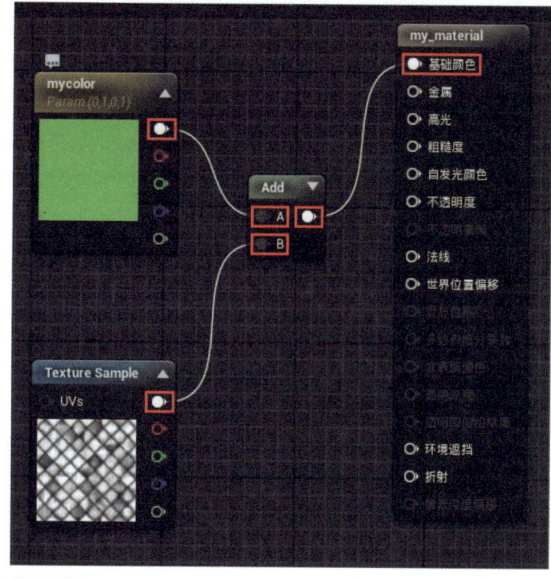

图5-75 将两个节点连接至Add，将Add与基础颜色连接

恢复材质的合成模式

之前的操作中，我们使用的是半透明模式渲染，现在我们将它恢复为默认状态。选中最终材质输入，从细节面板中将"Blend Mode"的值恢复为"Opaque"。

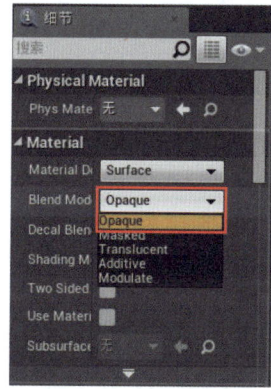

图5-76 将Blend Mode恢复为Opaque

预览以确认！

预览显示可知贴图与绿色混为一体，贴图的着色部分是加入了绿色的结果。预览显示的即为两个节点的加法运算结果。

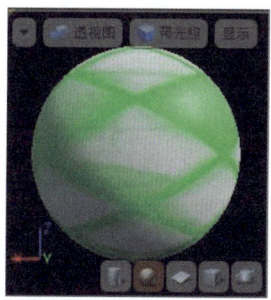

图5-77 预览可知，贴图中添加了绿色

删除节点，用"Subtract"进行减法运算

接下来进行减法运算，也是通过添加并连接节点来完成的。

首先，删除"Add"节点。

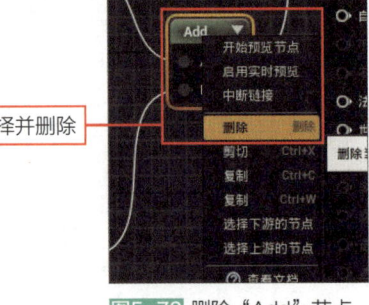

选择并删除

图5-78 删除"Add"节点

创建"Subtract"节点

右击图表，键入"-"，从检索出的项目中选择"Subtract"选项，以创建用于减法运算的节点。

"Subtract"节点与"Add"节点基本相同。它有两个输入项，分别用于连接减数的值与被减数的值，与"Add"不同的是，两个输入项有各自的角色，如果做了相反的连接，那么结果也就改变了。规定为用上面输入项的值减去下面输入项的值。

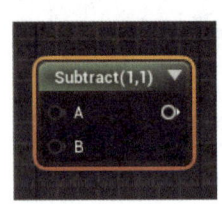

右击，从出现的菜单中检索并选择

图5-79 添加"Subtract"节点

连接节点

连接节点进行减法运算，按照如下的方式连接各节点。

- 将"mycolor"节点最上方的输出项连接至"Subtract"上方的输入项。
- 将"Texture Sample"最上方的输出项连接至"Subtract"的输入项。
- 将"Subtract"节点的输出项连接至"基础颜色"。

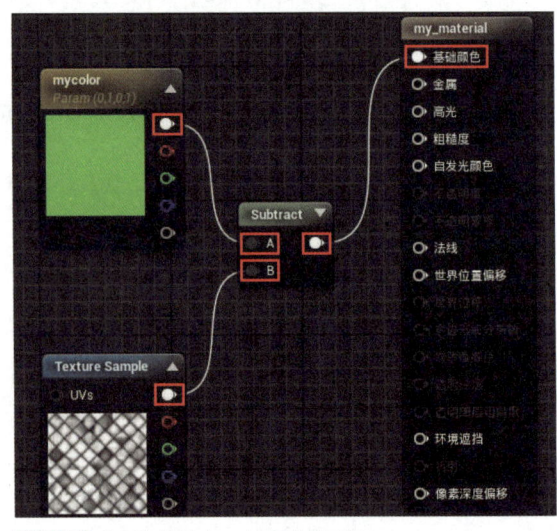

图5-80 分别连接节点，完成减法运算

预览以确认！

预览显示出的渲染结果，可能在我们意料之外——黑色的底色上缠绕着绿色。

减法运算是对各个颜色的RGB值进行减法运算，这样想绘图就容易多了。减数的值为绿色，也就是说RGB为"0,1,0"。

减法运算中的贴图，白色部分为"1,1,1"，将其从绿色中减去就变为"0,0,0"（颜色的值不能为负，所以0及-1都为0）。另外贴图的黑色部分为"0,0,0"，将其从绿色中减去仍为绿色。这样"贴图的白色部分就变为黑色，黑色部分就变为绿色"，这就是减法运算后的显示效果。

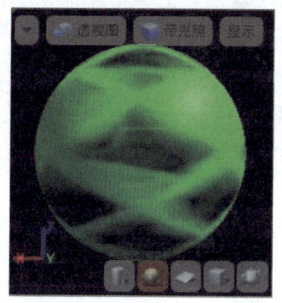

图5-81 预览中确认计算结果的显示

删除节点，用"Multiply"进行乘法运算

接下来进行乘法运算，也是通过添加并连接节点来完成的。

首先，删除"Subtract"节点。

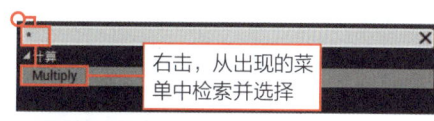

图5-82 删除"Subtract"节点

创建"Multiply"节点

右击图表，键入"*"，从检索出的项目中选择"Multiply"选项，以创建用于乘法运算的节点。

"Multiply"也有两个输入项和一个输出项，使用方法是将进行乘法运算的值与两个输入项目连接。

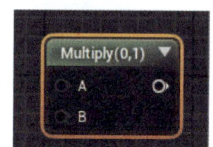

图5-83 添加"Multiply"节点

连接节点

按如下方式连接各节点，连接方法与"Add""Subtract"相同。
- 将"mycolor"最上方的输出项连接至"Multiply"上方的输入项。
- 将"Texture Sample"最上方的输出项连接至"Multiply"的输入项。
- 将"Multiply"的输出项连接至"基础颜色"。

Chapter 5 材质的编程!

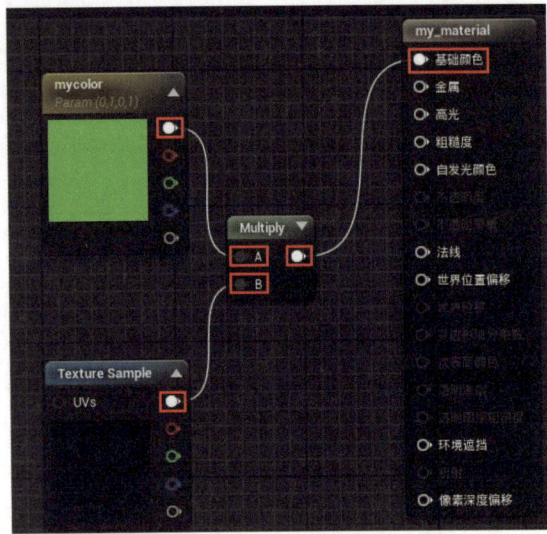

图5-84 连接准备好的节点,完成乘法运算

预览以确认!

预览确认显示。本次显示为绿色的底色上合成有贴图的黑色部分,即乘法运算的结果。

我们通过加法、减法、乘法运算分别得出了一些有趣的显示。利用这些运算,可以合成多种颜色或贴图,以期显示出新的效果。

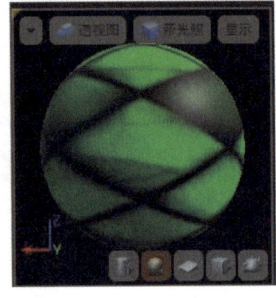

图5-85 在预览中确认乘法运算的结果

将高光与粗糙度参数化

上文就颜色与贴图的计算进行了大概的说明,让我们再回到"参数化"的话题。刚才我们把VectorParameter(mycolor)与贴图的乘法计算结果设置为了基础颜色,用它进行下面的说明。

创建节点

除上面的节点外,再准备一个普通实数值(Float值)的参数。首先,创建实数节点。右击图表,键入"param",从检索出的项目中选择"ScalarParameter"选项。

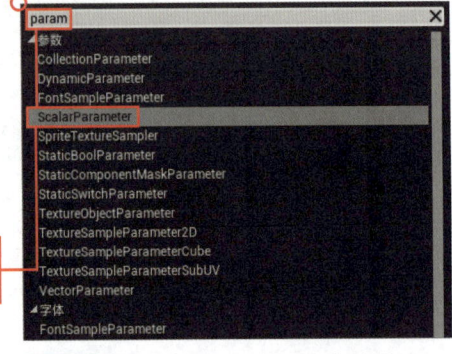

图5-86 选择"ScalarParameter"选项

名称输入为"param1"

"ScalarParameter"节点创建完成,名称为可输入状态,输入"param1"。

图5-87 名称输入为"param1"

关于"ScalarParameter"节点

创建完成的"ScalarParameter"节点,是可以保管一个值的参数。选中后,其细节面板中有若干项,这里进行如下设置。

Default Value	默认值。设为"1.0"
Parameter Name	设为"param1"(已设置)
Group	指定组。选择之前使用的"mygroup"

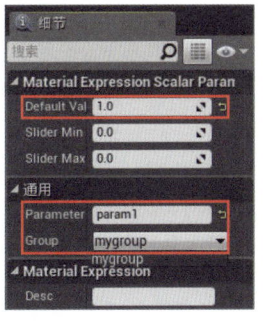

图5-88 设置ScalarParameter

复制ScalarParameter

再来创建一个ScalarParameter。右击创建好的"param1",选择"复制"选项。

右击,从显示出的菜单中选择

图5-89 复制"param1"

设置复制的节点

选中复制的ScalarParameter节点,从细节面板中变更如下设置。

Default Value	0.5
Parameter Name	param2
Group	mygroup(已设置)

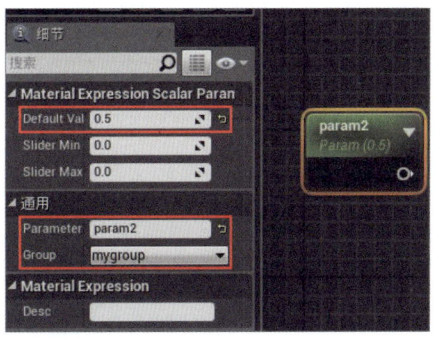

图5-90 设置复制的节点

连接节点

连接节点。分别将"param1"连接至"高光","param2"连接至"粗糙度",材质就完成了。单击工具栏中的"保存"按钮进行保存。

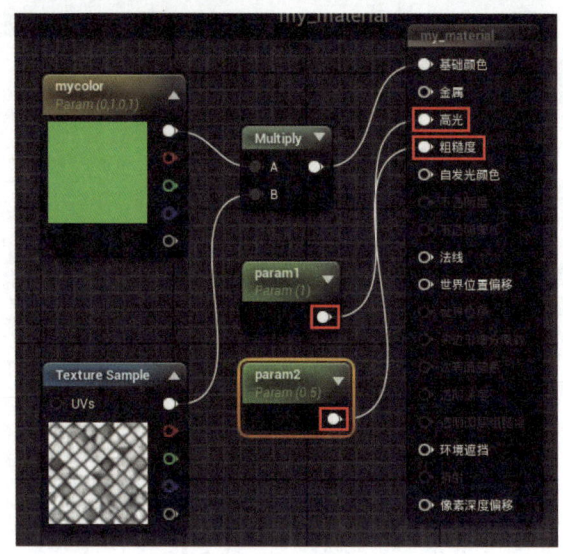

图5-91 分别连接param1、param2

创建材质实例

这样,材质的"基础颜色""高光""粗糙度"这3个值就都被参数化了。使用准备好的参数用节点来设置它们的值吗?我们可以使用参数用节点从外部来完成值的设置。也就是说,从外部进行设置就可以变更材质的各项值。

要操作这些参数化的值,就需要创建材质实例。我们来操作一下。

从菜单创建材质实例

从关卡编辑器的内容浏览器中选择"Game"文件夹,单击"添加新项"按钮,从出现的菜单中选择"材质&贴图"菜单下的"材质实例"选项。

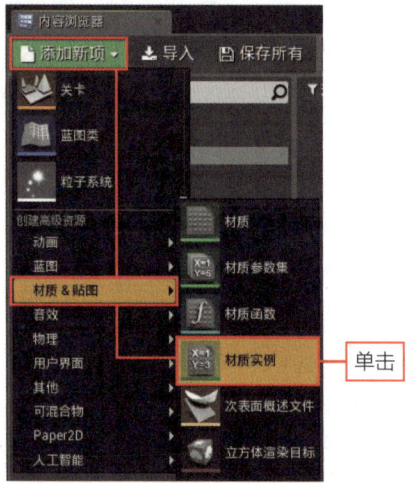

图5-92 选择"材质实例"选项

为材质实例命名

材质实例文件创建完成后，将其重命名为"my_material_instance1"。

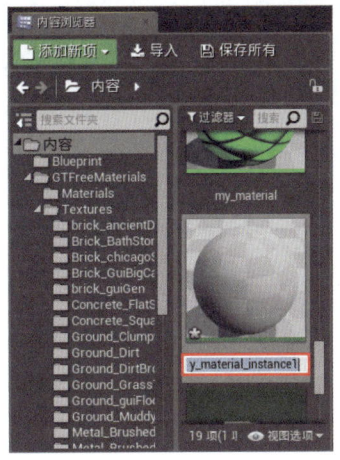

图5-93 命名为"my_material_instance1"

关于材质实例编辑器

双击创建的材质实例图标，材质编辑器内将打开一个新的选项卡，这个新的选项卡就是"材质实例编辑器"。

该编辑器由以下4个部分构成。

工具栏	位于最上方，排列有图标的区域。将主要功能以图标显示
细节面板	可在此处进行材质实例设置
实例化父类面板	反映当前材质实例的源材质
视口	材质的预览显示

图5-94 材质实例编辑器

设置"Parent"

设置材质实例的"父类"。所谓父类，即源材质。细节面板的"通用"处有一项为"Parent"，用于设置父类材质。

单击Parent项的值（显示为"无"的部分），从弹出的菜单中选择"my_material"选项。弹出菜单后，键入"my"就会检索出相关项，很快可以找到该项。

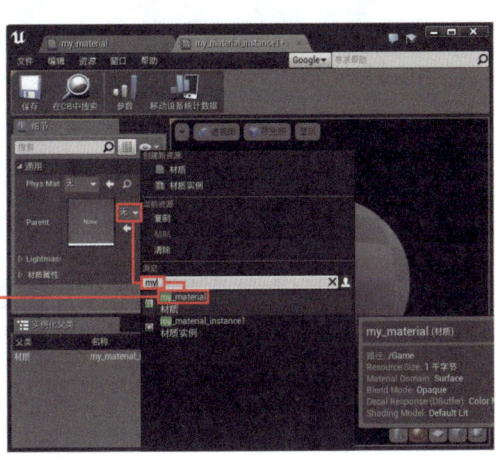

图5-95 在Parent处选择"my_material"项

设置了材质

设置Parent为my_material后，预览显示发生了变化。像这样，只需选择Parent，就可以直接使用所选材质的设置并显示出材质。

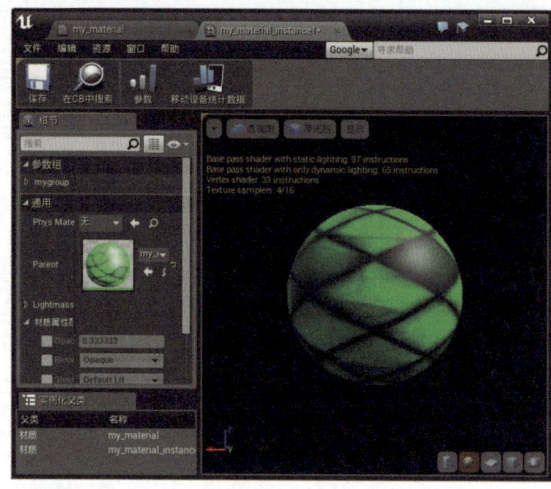

图5-96 设置为所选材质，并显示在预览中

设置参数组

将"my_material"材质选定为Parent的同时，细节面板中会添加一个"参数组"项。单击其左端的▼标记展开后为"mygroup"项，再展开显示有"mycolor""param1""param2"项。展开"mycolor"后，又显示有"R""G""B""A"项。

这些都是之前my_material中所预备的参数用节点。像这样，设置my_material为Parent的材质实例中，my_material的参数都将作为其中的项目而被显示出来。

单击三角标记进行显示

图5-97 "参数组"内将节点作为参数项目显示

变更参数的值

变更这些参数的值。参数组内的"mycolor""param1""param2"各项目左侧都有复选框,勾选后就可以变更该项的值。

分别进行如下变更。

mycolor	R:1.0, G:0.0, B:0.5, A:1.0
param1	0.75
param2	0.1

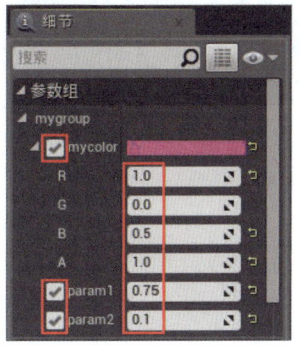

图5-98 勾选参数组内的复选框,设置值

预览以确认!

预览可知,结合变更的参数,渲染的结果发生了改变,这是因为改写了参数的值。使用材质实例,仅需变更材质的参数就可以进行使用了,非常简单。

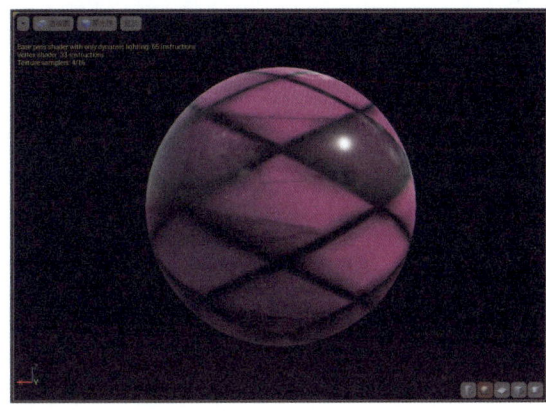

图5-99 确认预览显示。可知基础颜色发生了改变

Chapter 5 材质的编程！

Section 5-3 使用参数进行的编程

要进行更为正式的编程，还需要掌握"材质参数集"和"材质函数"。下面我们就使用这两者来制作可实时变化的材质吧。

关于材质参数集

我们学习了如何从材质实例中操作材质参数，知道可以从材质外部来操作材质的值。然而，这种方法终归"得从材质实例中进行访问"。而从关卡蓝图程序等中却无法使用参数。

那么，问题来了。从外部操作材质的方法如果在关卡蓝图等程序内无法使用就没什么意义了。那么能够实现在关卡蓝图等程序内的使用吗？

事实上是可以的。这时需要准备的就不是参数用节点了，而是"材质参数集"。

"材质参数集"集合了材质中使用的参数，与材质实例等同样以文件形式创建。

从菜单创建材质

实际操作一下。移动已打开的材质实例编辑器窗口，以显示出位于下方的关卡编辑器的窗口。然后，单击内容浏览器的"添加新项"按钮，从出现的菜单中选择"材质&贴图"下的"材质参数集"选项。

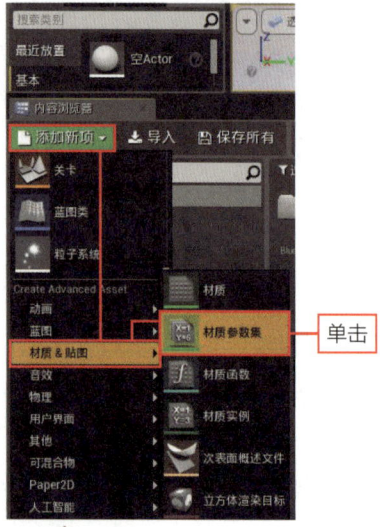

图5-100 选择"材质参数集"选项

为材质参数集命名

经过上面的操作，材质参数集创建完成，输入文件名"mymaterial_param"。

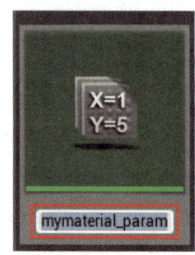

图5-101 为创建完成的文件输入文件名

材质参数集编辑器

双击打开创建的材质参数集,在已打开的材质编辑器窗口内出现新的选项卡,即为材质参数编辑器。

一看便知,该材质参数集编辑器中仅有一个"细节面板",非常简单。此处添加所需参数。

Material下预备有"Scalar Parameter"与"Vector Parameter"两项,分别用于保管一个值(实数)和Vector值。

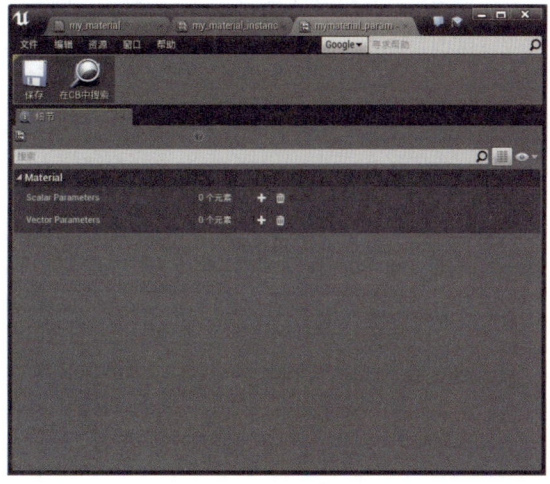

图5-102 材质参数集编辑器。编辑器中仅有细节面板

添加参数

现在实际进行参数添加。首先从"Scalar Parameter"起,单击该项右侧的"+"标记,添加1个参数。再单击一次,添加第2个参数。

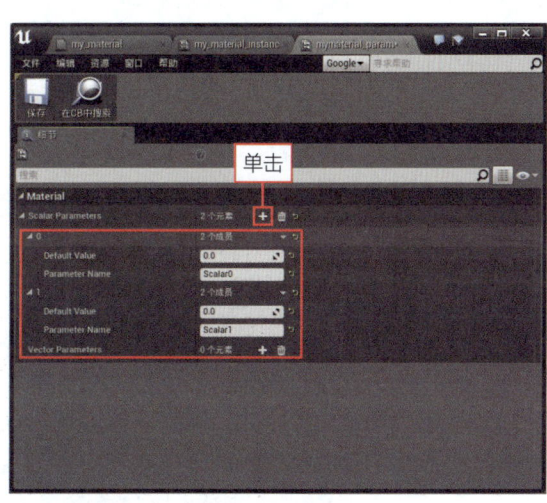

图5-103 单击Scalar Parameter的"+"标记添加两个参数

设置参数

接下来对添加的两个参数进行如下设置。

第1个(Scalar Parameter的"0")

Default Value	1.0
Parameter Name	specular

第2个(Scalar Parameter的"1")

Default Value	0.5
Parameter Name	roughness

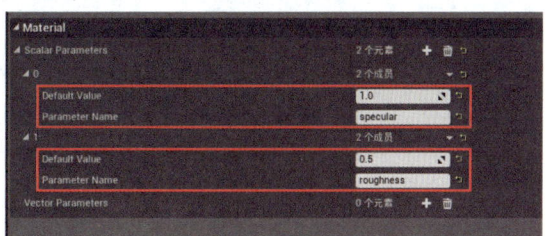

图5-104 设置两个Scalar Parameter

添加Vector Parameter

接下来，准备Vector Parameter参数。与刚才一样，单击"Vector Parameter"项右侧的"+"标记，添加新的项目。

参数项中预备有"Default Value"与"Parameter Name"，Default Value下又预备有设置"R""G""B""A"这些实数值的项，对这些项目进行如下设置。

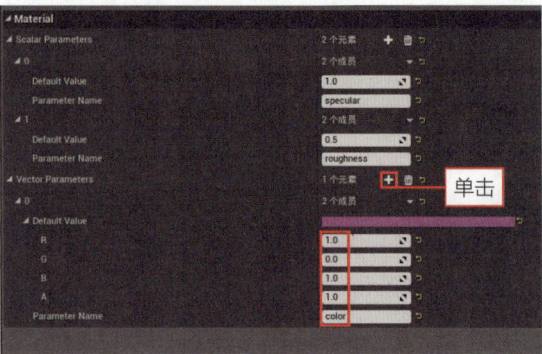

图5-105 添加1个Vector Parameter，进行设置

R	1.0
G	0.0
B	1.0
A	1.0
Parameter Name	Color

返回编辑器

材质参数集编辑器的操作就完成了。接下来，在材质编辑器中进行操作。

在材质参数集编辑器所在窗口单击"my_material"选项卡标签进行切换，如果没有该选项卡，就重新打开编辑器。从关卡编辑器的内容浏览器中双击"my_material"材质的文件图标，打开编辑器。

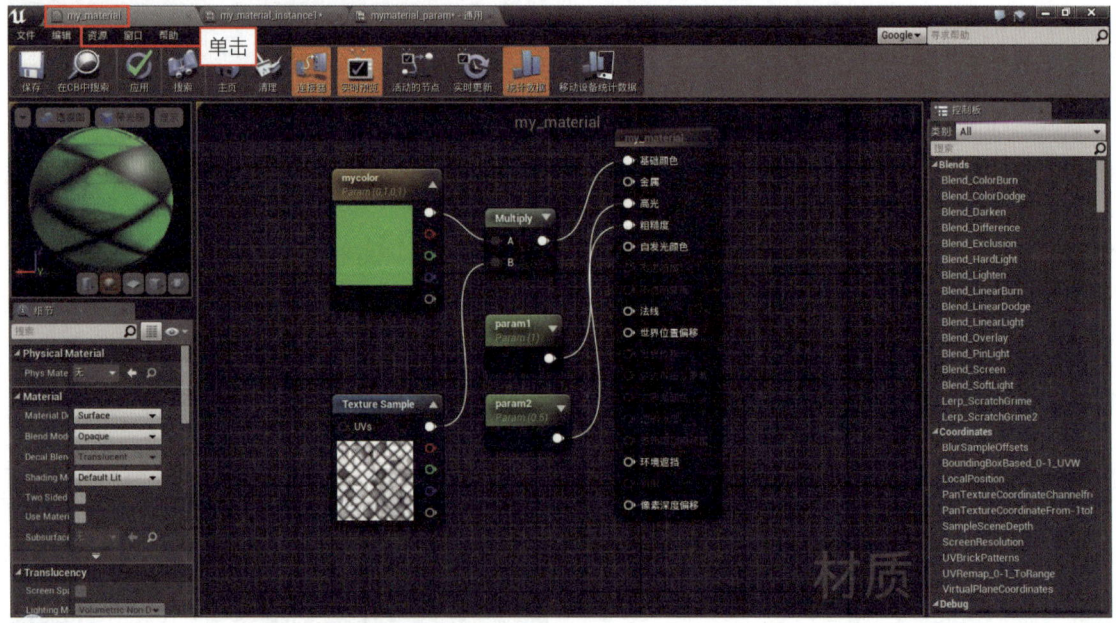

图5-106 打开my_material材质编辑器

断开参数节点的连接

接下来，在打开的图表编辑器中进行材质编程。首先，断开不需要的连接。分别断开"mycolor→Multiply""param1→高光""param2→粗糙度"的连接。另外，下一章中还会用到这些节点，因此不要删除，把它们移动到不影响操作的地方即可。

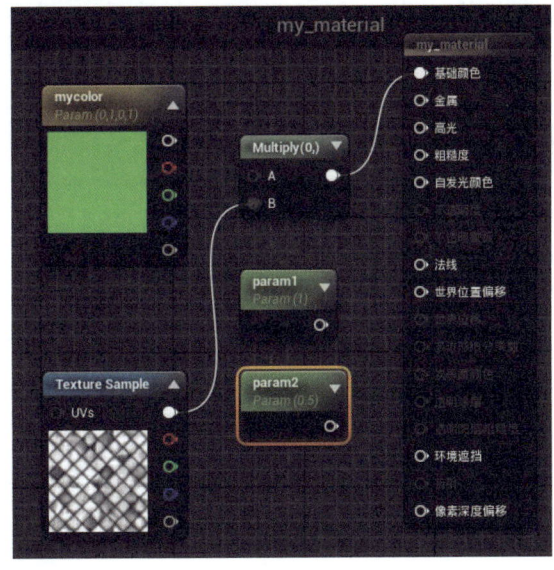

图5-107 断开不需要的节点连接

使用材质参数集

接着我们来使用材质参数集吧。稍移动一下材质编辑器以查看下方关卡窗口的内容浏览器。

从内容浏览器中拖曳创建的"mymaterial_param"图标，在材质编辑器的图表中释放，以添加材质参数集节点。

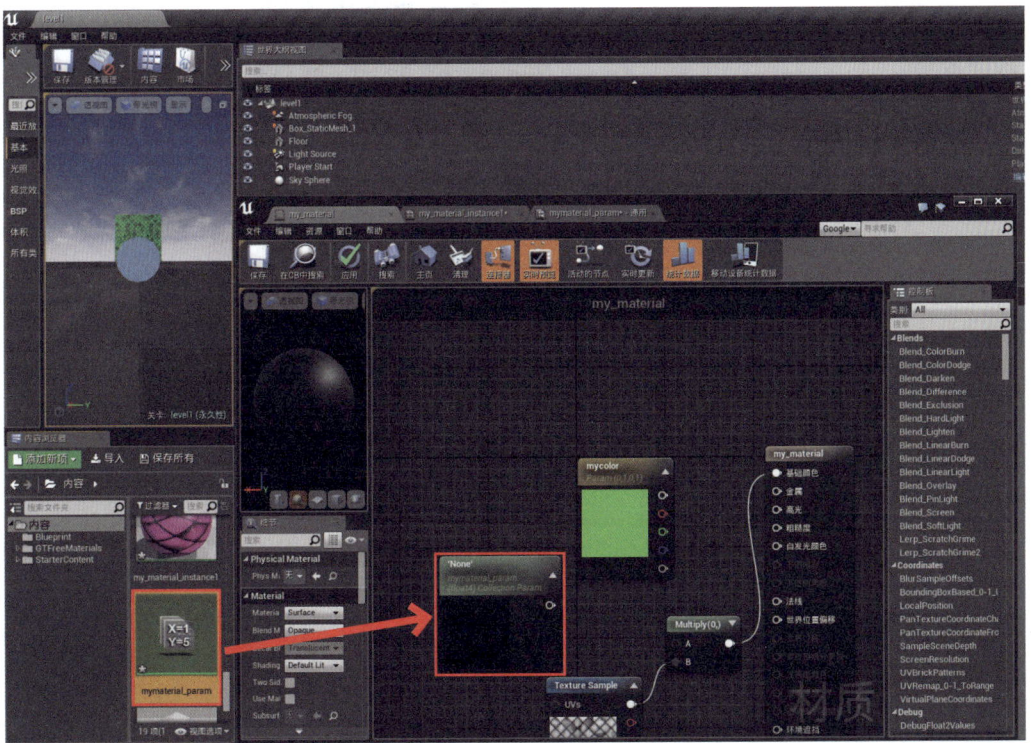

图5-108 将材质参数集图标拖曳并释放至图表中

在细节面板中设置参数

选中添加的材质参数集节点,查看细节面板,在此处可设置所使用的参数,具体设置如下。

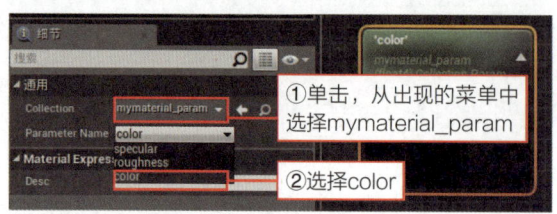

图5-109 设置添加的Vector Parameter

Collection	单击右侧的值的部分,从出现的菜单中选择"mymaterial_param"。这样,就可以在此处设置mymaterial_param中所预备的参数了
Parameter	选择"color"

添加参数集

添加另外两个参数。将"mymaterial_param"拖曳并释放到图表中,再添加两个节点(共计3个)。然后对添加的两个节点分别进行如下设置。

第1个

Collection	选择"mymaterial_param"
Parameter	选择"specular"

第2个

Collection	选择"mymaterial_param"
Parameter	选择"roughness"

图5-110 再添加两个参数集节点

确认已准备的节点!

这样,所需的节点就准备好了。然后,断开之前连接于最终材质输入的参数类,以材质参数集的参数取代连接,连接如下。

- 将"color"节点连接至"Multiply"。
- 将"specular"节点连接至"高光"。
- 将"roughness"节点连接至"粗糙度"。

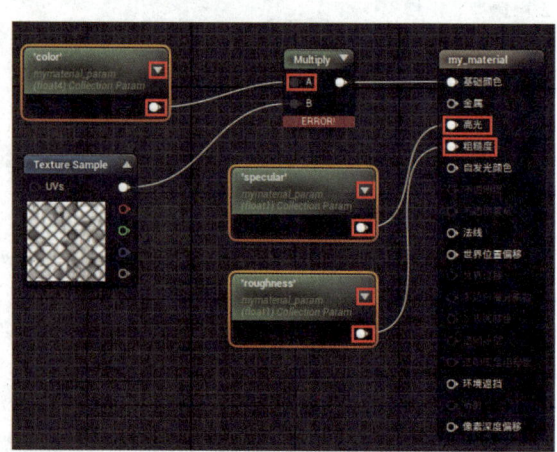

图5-111 将材质参数集的节点连接至"Multiply""高光""粗糙度"。单击节点中的▼标记,可缩小显示

ⓤ Multiply显示发生错误！

连接后发现"Multiply"处显示有"ERROR!"，这是因为连接于Multiply的两个值不同所致。

"color"节点由R、G、B、A这4个值构成，而"Texture Sample"贴图不含有阿尔法通道值，也就是说只有R、G、B三个值，因此会发生"Vector的类型不同，无法计算！"这样的错误。

图5-112 Multiply处发生错误

断开Texture Sample的连接

那么，我们为"Texture Sample"添加一个值后再连接"Multiply"。首先，断开"Texture Sample"与"Multiply"的连接。

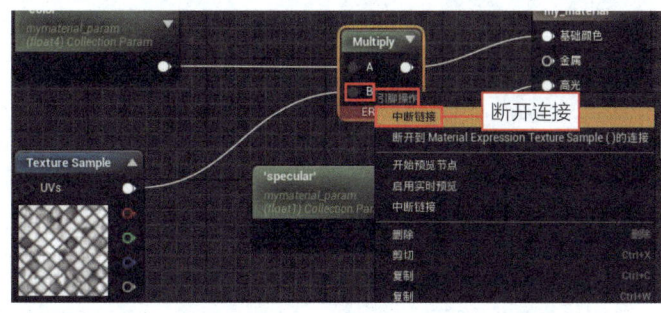

图5-113 断开Texture Sample与Multiply的连接

添加"AppendVector"节点

右击图表，键入"append"，选择"AppendVector"选项。"AppendVector"可以为Vector添加一个值。可能会出现两个同名的选项，任选一个即可。

图5-114 添加"AppendVector"节点

添加Constant节点

接下来，准备要添加的值。右击图表，键入"constant"，选择"Constant"选项，这样普通数值节点就创建完成了。

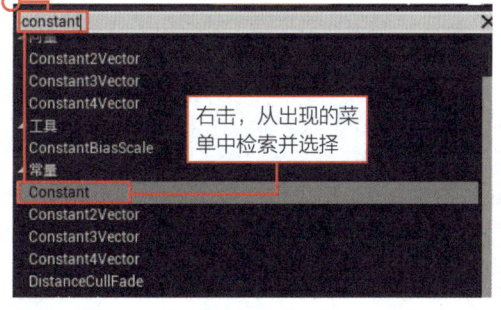 

图5-115 添加"Constant"节点

连接节点

按如下内容连接添加的节点，这样就不会报错了。

- 将"Texture Sample"节点连接至"AppendVector"节点的"A"。

- 将"Constant"节点连接至"AppendVector"的"B"。
- 将"AppendVector"节点连接至"Multiply"的空闲输入项。

需要注意的是"AppendVector"的连接位置，它有"A""B"输入项，它们的作用不同，为"A"指定Vector，为"B"连接添加的值，这样，就可以为Vector的最末再添加一个值了。

这样材质就完成了，单击工具栏中的"保存"图标进行保存。

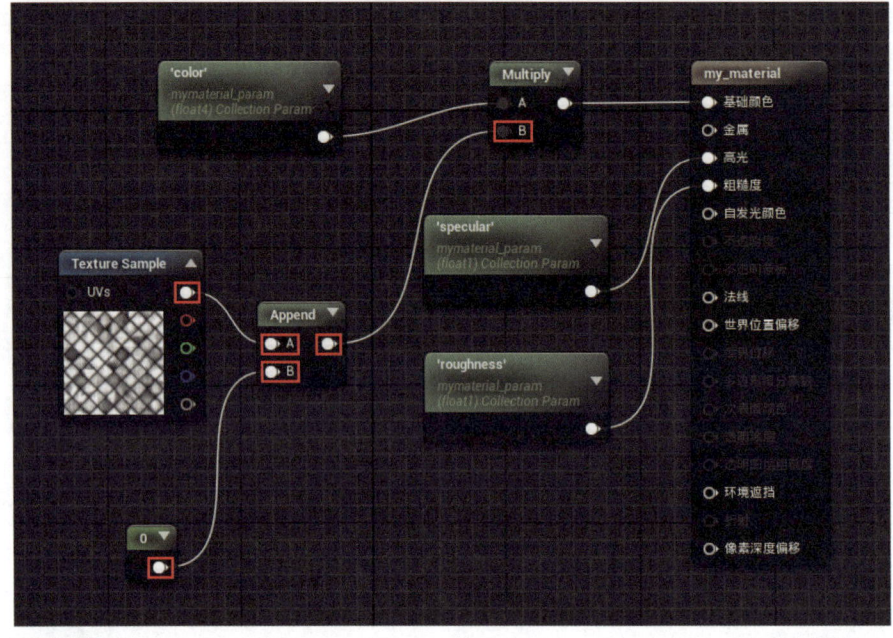

图5-116 连接节点，完成

在关卡蓝图中操作材质

接下来让我们从关卡蓝图程序内操作材质吧。从工具栏的"蓝图"图标中选择"打开关卡蓝图"选项，以打开关卡蓝图编辑器。

打开后是之前创建的程序"鼠标前后左右移动Actor，按住鼠标按键Actor旋转"，在此基础上添加一个操作材质参数集的值的处理。

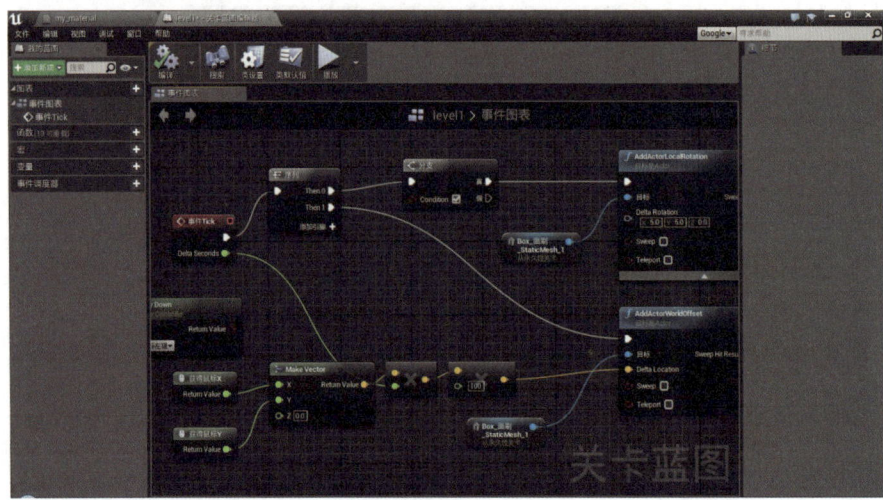

图5-117 打开关卡蓝图编辑器，为上次制作的程序

添加"Set Vector Parameter Value"

首先,添加"Set Vector Parameter Value"节点。右击图表,从出现的菜单中取消勾选"情境关联",键入"set vector",从检索出的项目中找到"Set Vector Parameter Value"并选择。相同名称的选项有两个,选择上面的菜单项。

右击,从出现的菜单中检索并选择

图5-118 选择"Set Vector Parameter Value"选项

关于"Set Vector Parameter Value"节点

创建的"Set Vector Parameter Value"节点中,有3个输入项(除去exec),分别包含如下内容。

这样就可以为指定参数集中的指定参数设置值了。

Collection	所使用的材质参数集
Parameter Name	从参数集的参数中,选择一个要为其设置值的参数名称
Parameter Value	预备一个要为参数设置的值

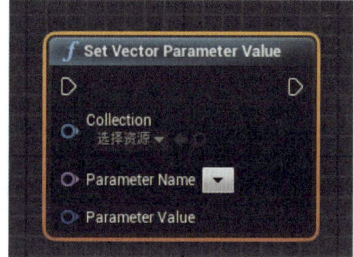

图5-119 Set Vector Parameter Value节点,可通过它来变更参数的值

设置节点

接下来,按照如下内容设置"Set Vector Parameter Value"节点的各项目。

设置为mymaterial_param中的color参数。

Collection	单击"选择资源",选择"mymaterial_param"选项
Parameter Name	选择"color"(只有一项,自动选择)

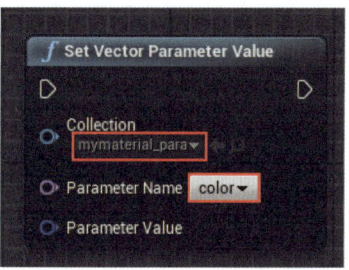

图5-120 设置为mymaterial_param的color参数

准备其他节点

创建其他必须的节点，首先从作为值而设置的Vector值开始。右击图表，键入"make vec"，选择"Make Vector"选项。

右击，从出现的菜单中检索并选择

图5-121 选择"Make Vector"选项

添加Begin Play事件

接下来创建用于执行处理的节点。右击图表，在弹出菜单中键入"begin play"，选择"事件BeginPlay"选项。

右击，从出现的菜单中检索并选择

图5-122 选择"事件BeginPlay"选项

连接节点

所需节点就创建完成了，将它们连接并进行必要的设置。按如下内容进行操作。

- 将"事件BeginPlay"的exec输出项连接至"Set Vector Parameter Value"节点的exec输入项。
- 将"Make Vector"的"Return Value"连接至"Set Vector Parameter Value"的"Parameter Value"。
- 将"Make Vector"节点的输入项目设置为"X:1.0""Y:1.0""Z:0.0"。

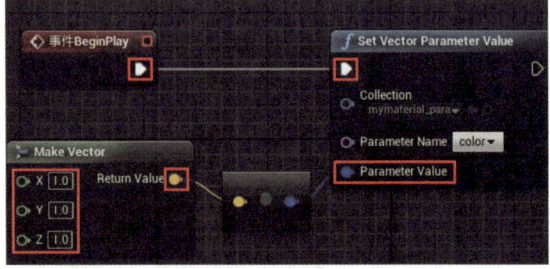

图5-123 连接节点，设置Make Vector的值

运行！

实际运行程序。单击工具栏中的"播放"图标运行程序，可见Actor显示为黄色。Make Vector中设置了"X:1.0""Y:1.0""Z:0.0"，程序中使用了这个颜色值，处理为"R:1.0""G:1.0""B:0.0"，红+绿=黄色。这样所创建的值就通过Set Parameter Value设置在参数集中，所以颜色发生了改变。可以看出程序是基于Make Vector中设置的值来显示材质的。

图5-124 运行程序后，Actor的材质显示为黄色

创建材质函数

如果可以从蓝图中操作参数值，就可以通过复杂的参数变更实现材质的高度渲染。但是，材质中只能设置参数的值，如果要做一些复杂的处理而需设置参数时，就不得不在蓝图中准备所有的参数了。

如果能在材质中实现复杂的计算，那么只需在关卡蓝图中为参数设置必要的值就好了。此时，就需要使用"材质函数"了，掌握了"材质函数"对我们的编程会有很大帮助。

材质函数是指在材质内使用的函数。与材质实例、材质参数集一样，以文件的形式创建。通过把复杂的处理创建为函数，然后根据需要在材质内对其进行调用并使用它的计算结果，这就非常简单了。

从菜单中选择材质函数

创建材质函数。与材质参数集等一样创建于内容浏览器中。选择"Game"文件夹的状态下，单击"添加新项"按钮，然后从出现的菜单中选择"材质&贴图"子菜单内的"材质函数"选项。

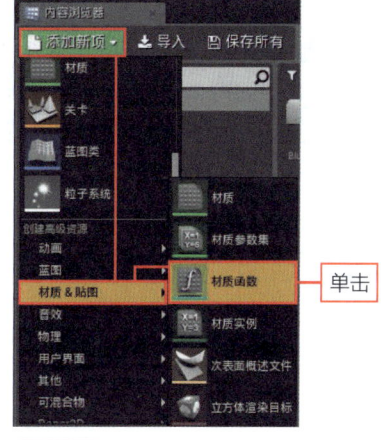

图5-125 选择"材质函数"选项

设置函数名

这样，内容浏览器中就创建了材质函数的图标，输入文件名为"change_mymaterial"。

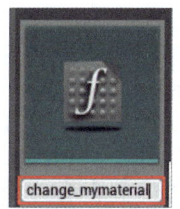

图5-126 命名为"change_mymaterial"

打开材质函数

双击已创建的"change_mymaterial"图标，将打开新的材质编辑器，在此处创建函数的内容。

与一般的材质编辑不同，此处打开的材质编辑器中默认预备有一个"Output Result"节点，为函数结果的输出值。连接该节点后，该节点将取出函数的运行结果。

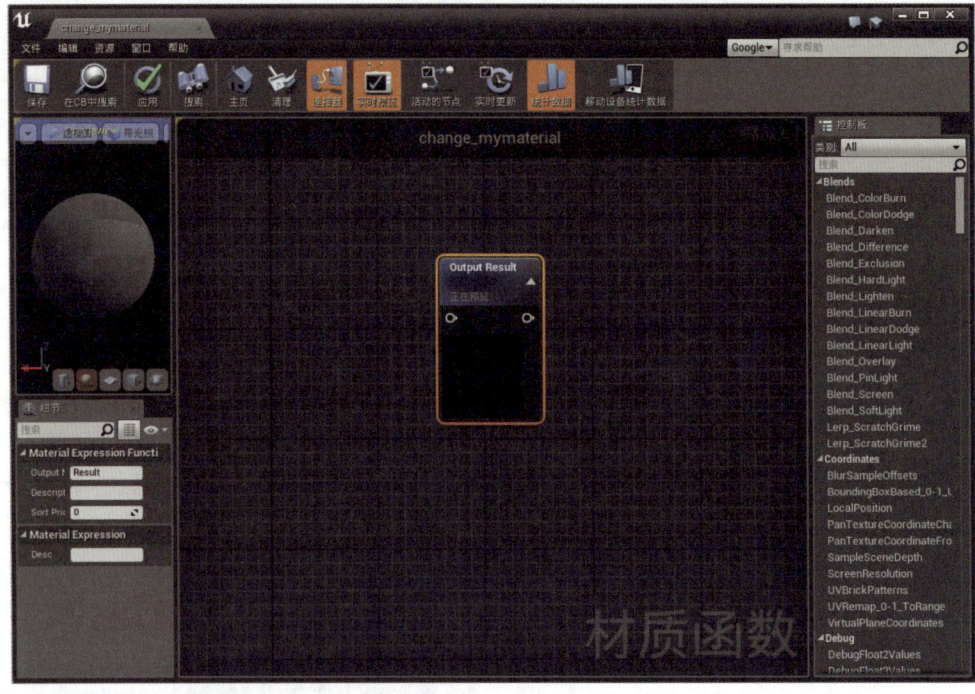

图5-127 材质函数中，仅有一个Output Result节点

创建返回实数0~1的函数

这次我们来创建一个这样的函数，通过该函数从材质参数集中查询"roughness"的值，并基于该值返回一个0~1.0的实数。

添加材质参数集

首先，添加材质参数集。从关卡编辑器的内容浏览器中，拖曳材质参数集"mymaterial_param"图标至材质函数图表中释放，以放置节点。

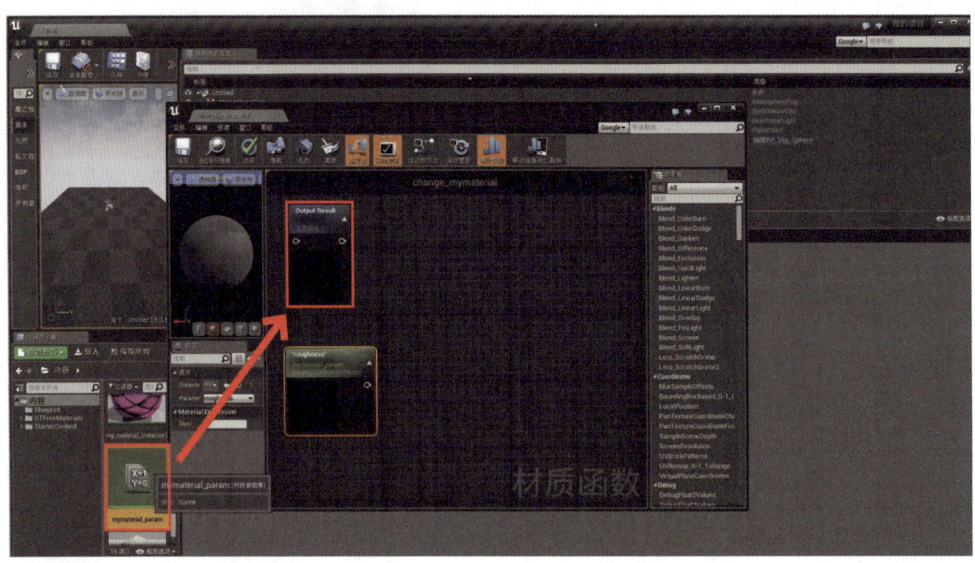

图5-128 拖曳并释放材质参数集

设置节点

选中放置的节点,从细节面板中进行如下设置。这样,就可以从mymaterial_param的"roughness(粗糙度)"中获取参数的值了。

Collection	选择"mymaterial_param"(已设置)
Parameter Name	选择"roughness(粗糙度)"

图5-129 设置mymaterial_param节点

添加"Fmod"节点

添加用于计算的节点,右击图表,键入"fmod",选择"Fmod"选项。

该节点用于计算实数除法运算的余数。例如,计算"10.5÷3.0的余数"将返回一个结果"1.5"。连接于A的值除以B的值,输出余数。

图5-130 添加"Fmod"节点

添加"Divide"节点

接下来,右击图表,键入"div",从检索出的项目中选择"Divide"选项。

该节点为除法节点。输出A值除以B的结果值。除不尽时,计算到小数点之后。

图5-131 添加"Divide"节点

添加"Constant"节点

为计算所使用的数值创建"Constant"节点。右击图表,键入"constant",选择"Constant"选项。

图5-132 添加"Constant"节点

完成程序

将创建的节点按如下方式连接，以完成程序。完成后单击工具栏中的"保存"图标进行保存。
- 将"roughness"连接至"Fmod"的"A"。
- 选中Constant节点，在细节面板中将Value设置为"5.0"（节点标题变为"5"）。
- 将"5"连接至"Fmod"的"B"。
- 将"Fmod"的输出项连接至"Divide"的"A"。
- 将"5"连接至"Divide"的"B"。
- 将"Divide"的输出项连接至"Output Result"。

这里，使用"Fmod"将roughness（粗糙度）参数的值除以5，基于余数来创建新的值。参数的值发生变化时，计算结果将从0缓增至5后马上回到0，并进行这样的循环。这样，利用"变化值"，就可以创建动画的材质。

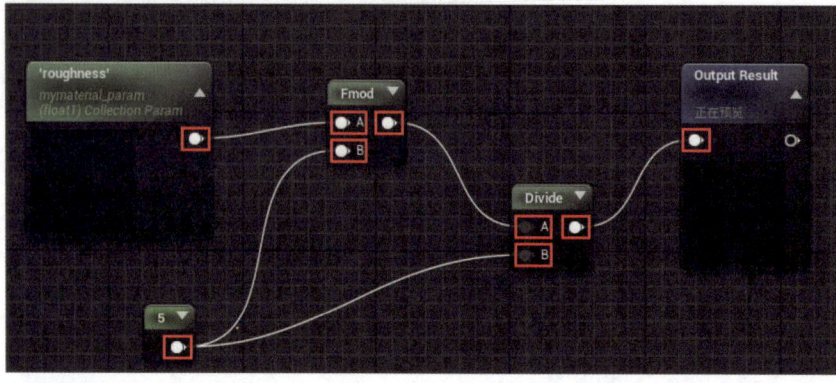

图5-133 连接节点完成程序

为my_material添加材质函数

在材质中使用创建的材质函数吧。在材质编辑器窗口，单击"my_material"选项卡标签以切换至my_material编辑器（如果已关闭，可以在内容浏览器中双击"my_material"图标打开）。

从内容浏览器中拖曳"change_mymaterial"图标，释放至"my_material"材质编辑器的图表中。

图5-134 从内容浏览器中拖曳并释放"change_mymaterial"图标至图表中

将change_mymaterial连接至"粗糙度"

将放置的"change_mymaterial"节点的输出项拖曳并释放到最终材质输入的"粗糙度"以连接。之前连接的"roughness"节点将自动断开，这样就将change_mymaterial函数的结果设置在粗糙度上了。

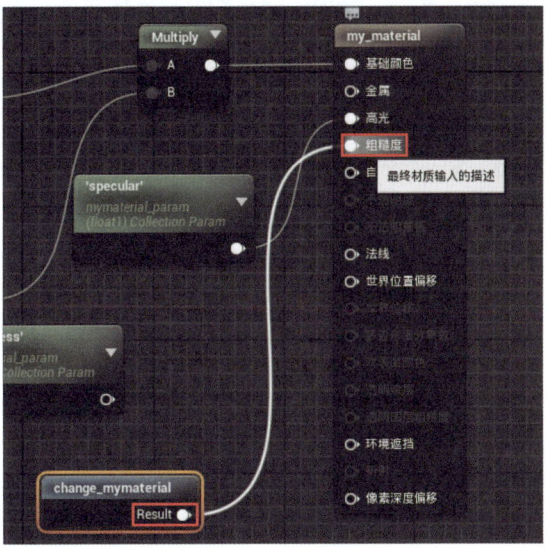

图5-135 将change_mymaterial连接至粗糙度

从关卡蓝图中操作

这样，就基于函数的结果对材质的粗糙度进行了设置。函数是使用roughness参数的值进行计算的，也就是说，在关卡蓝图中操作roughness参数的值就可以变更材质的粗糙度。

切换编辑器

我们来试一下。在材质编辑器窗口中，单击"level1-关卡蓝图编辑器"选项卡标签，切换至关卡蓝图。如果已关闭，可以从关卡编辑器工具栏的"蓝图"图标中选择"打开关卡蓝图"选项。

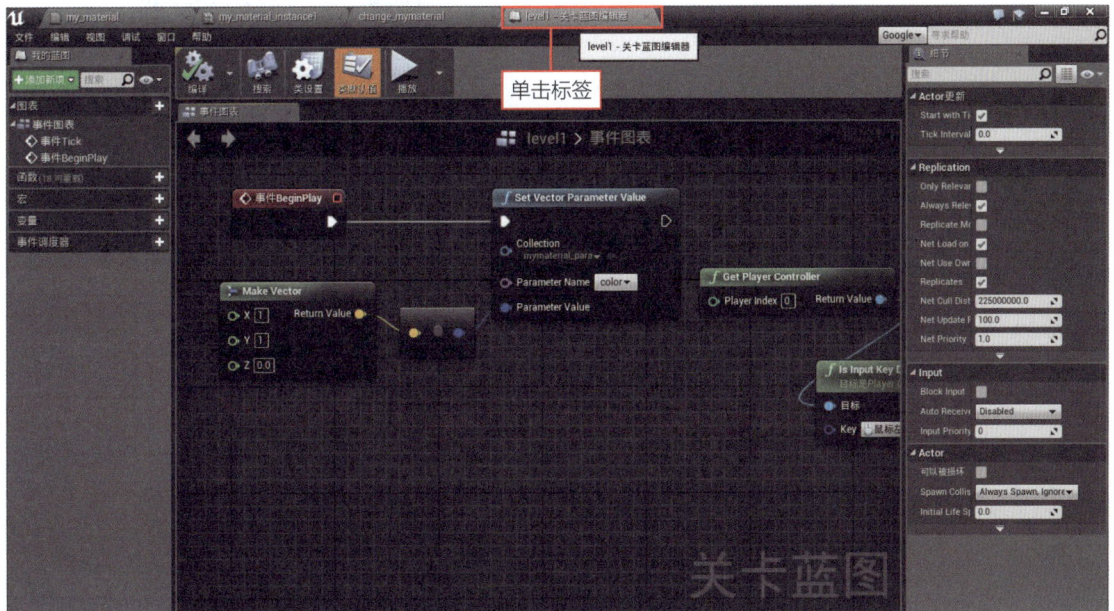

图5-136 切换至关卡蓝图编辑器

使用"Set Scalar Parameter Value"

右击关卡蓝图编辑器图表,键入"set scalar",从检索出的项目中找出"Set Scalar Parameter Value"并选择。

图5-137 选择"Set Scalar Parameter Value"选项

关于"Set Scalar Parameter Value"

创建的"Set Scalar Parameter Value"节点与之前创建的"Set Vector Parameter Value"节点相似。输入侧有"Collection""Parameter Name""Parameter Value"三项,为它们设置及使用的材质参数集、参数名称、设置值也完全相同。不同的是为Parameter Value设置的不是Vector值,而是一般的数值。

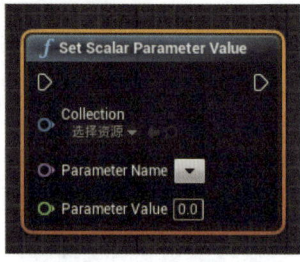

图5-138 Set Scalar Parameter Value节点

设置节点

接下来,进行"Set Scalar Parameter Value"的设置。
- 将"Collection"设置为"mymaterial_param"。
- 将"Parameter Name"设置为"roughness"。

不设置"Parameter Value"选项,为它连接后面准备的节点。

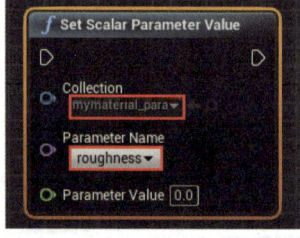

图5-139 Set Scalar Parameter Value的设置

使用"Get Game Time in Seconds"

为roughness参数设置一个表示游戏所用时间的值。右击图表,在菜单中重新勾选"情境关联",键入"game time",然后选择"Get Game Time in Seconds"选项。

该选项用于取出从游戏开始换算为秒的所用时间值,这样一个实时变化的值就准备好了。

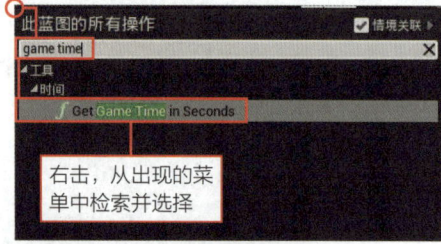

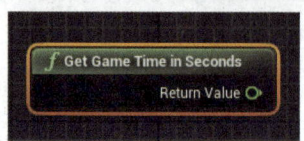

图5-140 准备Get Game Time in Seconds

连接节点

将放置的"Get Game Time in Seconds"节点连接至"Set Scalar Parameter Value"节点的"Parameter Value"。这样就可以将所用的秒数值设置到roughness参数中了。

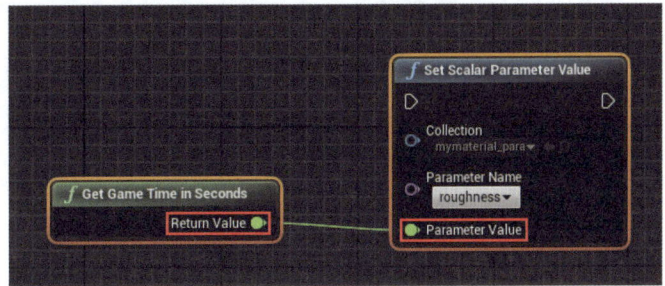

图5-141 将Get Game Time in Seconds连接至Set Scalar Parameter Value

为Tick事件的序列追加处理

将该处理加入Tick事件中。单击"事件Tick"后面的"序列"中的"添加引脚"标记,以添加一个输出项。

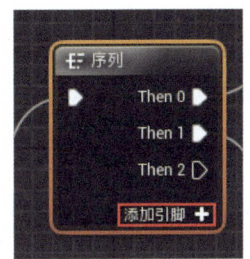

图5-142 通过序列的"添加引脚"添加输出项

为序列连接处理

将"序列"中添加的"Then 2"连接至"Set Scalar Parameter Value"的exec输入项。这样,就可以通过Tick事件更新roughness参数了。

这里通过Get Game Time in Seconds获取程序启动后所经过的时间,将其设置于Set Scalar Parameter Value节点的参数中。在该节点中,参数值除以5的余数被设置于参数集中。这样,时间经过的同时,使参数的值在0~5间变化的处理就创建完成了。

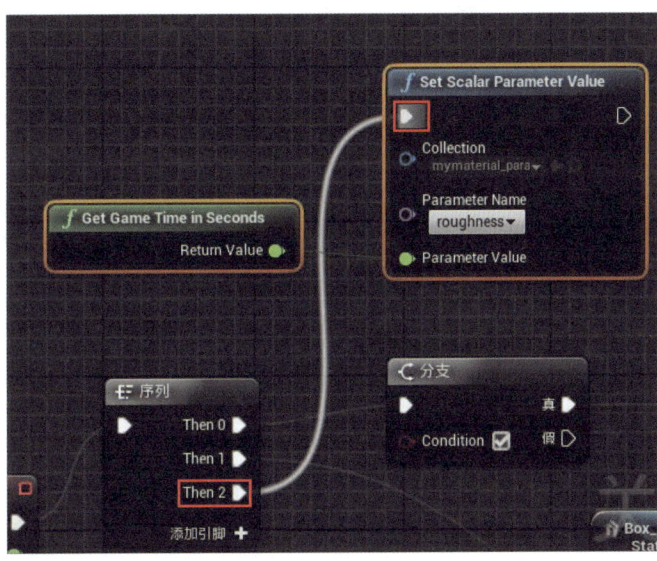

图5-143 将序列连接至Set Scalar Parameter Value

运行!

通过工具栏的"播放"图标运行程序,可以看到Actor表面的反射在实时变化。由于每5秒粗糙度的值会在0~1.0间变化,这样就形成了持续变化的材质。

图5-144 表面反射持续发生变化

本章重点知识

一开始我们说过，本章的内容全部忘记也没关系。为什么呢？材质基本上是与游戏的"效果和表现力"相关联的部分，而与游戏的"功能"没有关系。因此，不懂这些也能做出游戏。就算Actor全部显示为灰色，也能做出游戏。只是，稍微有些简陋……

但是，"一个连颜色都没有的游戏"估计没有人会玩吧，这就是一个很实际的问题了。如果要认真做一款有可玩性的游戏，就确实需要使用一定的材质了。下面为大家整理了一些"需要掌握"的要点。

只需要掌握基础颜色！

材质的基础就是"显示颜色"，通过"基础颜色"就可以实现。通过连接Vector值就可以显示颜色，掌握这些就掌握了材质的基础内容！

如果还能够掌握如何拖曳&释放贴图并进行连接，那就更棒了！

Vector与贴图的计算

我们还可以通过Vector值与贴图的加减法运算来设置基础颜色。如果能够掌握这个方法，会发现它非常好用。先来绘制一个单调的图案，然后通过它和Vector的加法运算来进行着色，可以非常迅速地完成。

掌握了材质参数集，就是材质之神！

本章的后半部分，我们使用材质参数集进行了许多复杂的操作：使用材质参数集准备参数→使用参数设置材质的项目→在关卡蓝图中操作参数。如果能够理解并使用这一流程，就能够从蓝图程序中灵活操作材质了。这样一来，就可以成为当之无愧的"材质之神"了，就没有什么能难倒我们了！

材质是一种用于渲染的技术，所以没有它也能做出游戏。然而，也可以说它是非常深奥的，越是精益求精就越能创作出精品。总之，问问自己："我是一个喜欢钻研的人吗？"。

如果不是，那么掌握"基础颜色"就足够了。但是，如果想要实现酷炫的渲染效果，那么就努力去学习掌握，以期达到熟练使用的水平吧，那时就会知道Unreal Engine的材质有多么深奥了。

材质实例、材质函数可以暂时不去掌握，它们都属于材质的应用部分，可以以后再慢慢进行回顾。

Chapter 6

编程Actor的"移动"！

Unreal Engine中预备有各种用于移动Actor的结构。本章中，就使用了"物理引擎"的Actor的移动方法以及移动后的Actor发生碰撞时的处理方法，另外还对在蓝图中通过过场动画来使用动画的技巧等进行了说明。

Chapter 6 编程Actor的"移动"!

Section 6-1 使用物理引擎进行移动

使用物理引擎进行的移动,并不是通过变更Actor的位置来实现的。而是施加一个力,通过"推"来实现移动。下面就从最基本的"Add Force"的使用方法进行说明。

使用物理引擎

到现在为止,我们已经讲解了各种关于Actor操作的处理,基本上都是通过"变更位置来实现移动"。但是,Unreal Engine中并不全是以这样的形式来移动Actor的。这种方法在使用"物理引擎"时会存在一些问题。

物理引擎是通过计算物理力的影响使其体现在Actor中,使Actor尽量像现实世界中那样动作。现实世界中,"物体在一瞬间立刻移动到其他位置"是不可能的事情。一般都是通过推拉物体、施加力量来实现物体的移动的。

使用了物理引擎的Actor的移动思路基本上也是相同的,不是通过"变更位置"来实现,而是通过"施加力"。不然,就无法正确展现物体的物理状况,使用物理引擎也就没什么意义了。

接下来,让我们运用物理引擎来预备一些Actor,并在蓝图中进行操作。首先,我们来复习并进行物理引擎的设置吧。"不太了解物理引擎"的用户,一起来掌握物理引擎的使用方法吧。

创建地板

首先,扩大地板部分,作为Actor的移动场所。选中地板Actor("Floor"或者名为"SM_Template_Map_Floor"),在细节面板中将"缩放"的值变更为"X:10.0""Y:10.0""Z:1.0"。

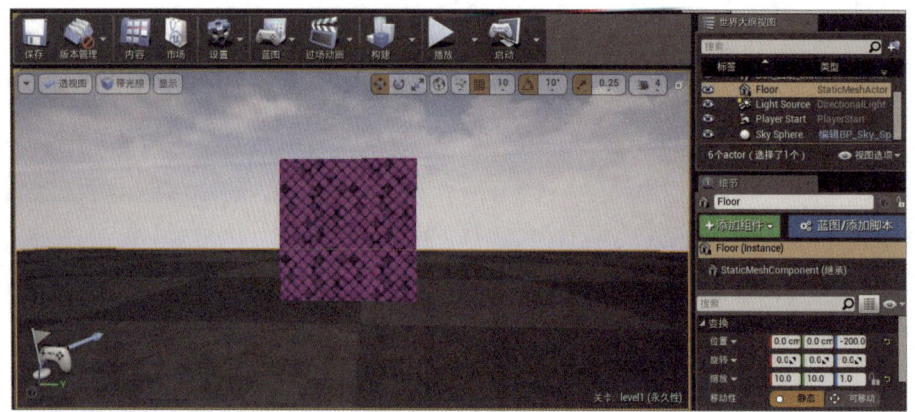

图6-1 扩大地板Actor

准备球体Actor

施加力使Actor移动是使用物理引擎时的基础操作。虽说无论什么Actor都可以实现,但是能够很容易看出移动的就非"球体"莫属了,因为球体稍微一推就会滚动。那么,下面就来创建一个球体Actor吧。

从菜单创建球体

在模式面板中选择"BSP",从其右侧的列表中拖曳"球体"放置于视口中。

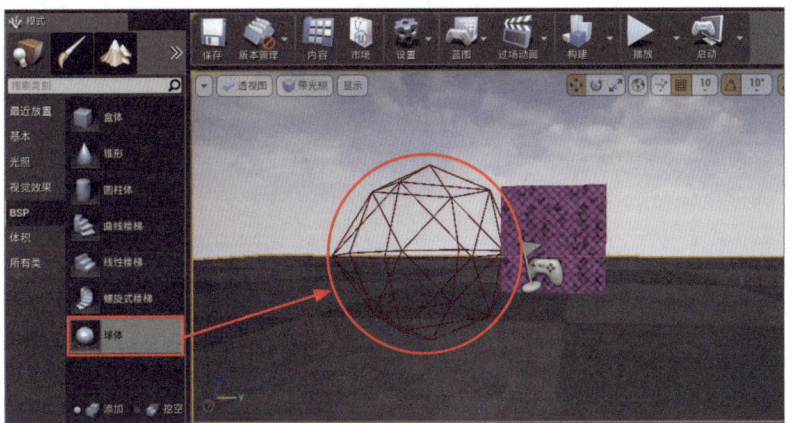

图6-2 拖曳并释放球体几何体至视口中

放置好球体几何体

释放后,球体几何体就放置好了。放置时,要距地板部分保持一些距离。
当前状态下是无法使用物理引擎的,我们把它转换为静态网格物体。

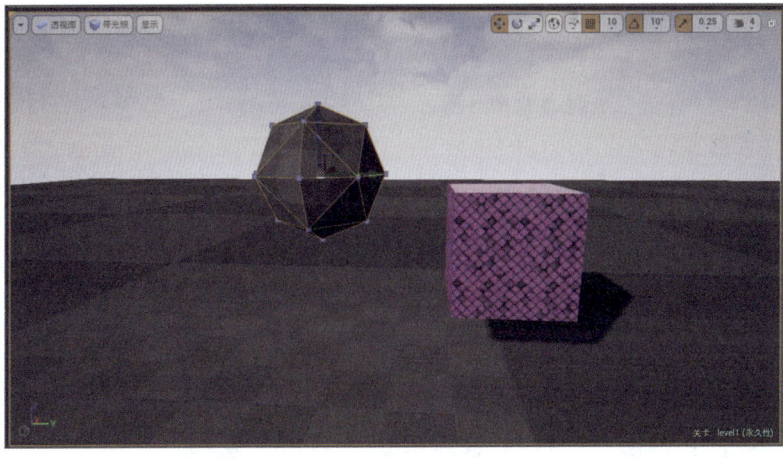

图6-3 放置好的球体几何体

转换为静态网格物体

选中已放置的球体,单击细节面板中"Brush Settings"内的"创建静态网格物体"按钮。

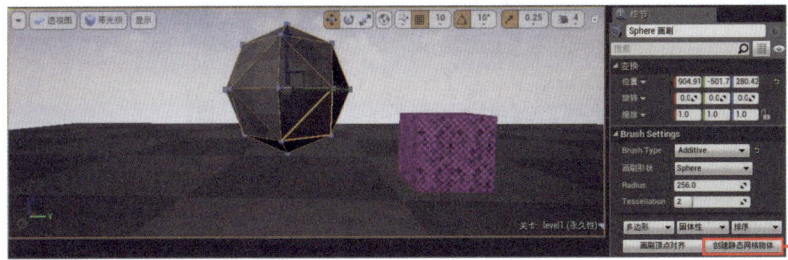

图6-4 单击"创建静态网格物体"按钮

命名为"Sphere_StaticMesh_1"

出现保存文件的对话框,以"Sphere_StaticMesh_1"的文件名保存于"Game"文件夹内。

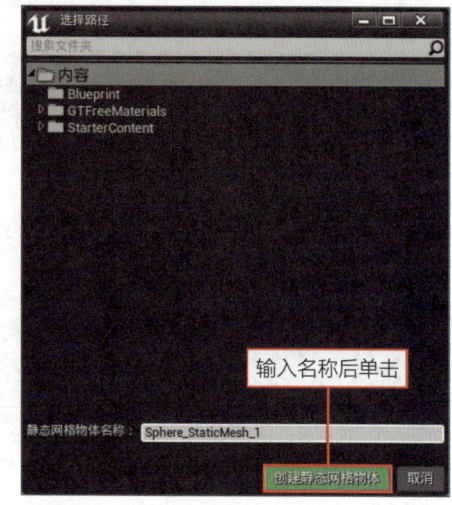

图6-5 以"Sphere_StaticMesh_1"的文件名保存

准备材质

准备Actor中使用的材质,将之前的材质稍作修改就可以使用。从内容浏览器中双击打开"my_material"。

上一章中讲解材质参数集的使用时,分别为基础颜色、高光、粗糙度连接了mymaterial_param的参数,将这些参数断开,替换连接至未使用的参数节点"mycolor""param1""param2"。

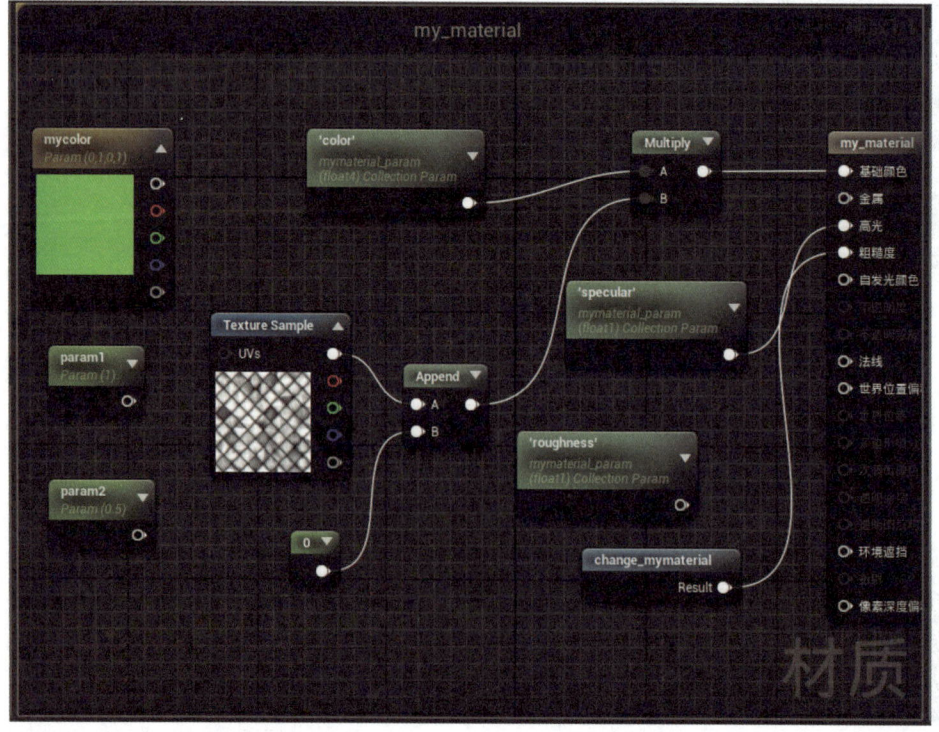

图6-6 上一章中创建的材质程序

断开连接

断开"color""specular""change_mymaterial（连接roughness时断开roughness）"各节点的所有连接。

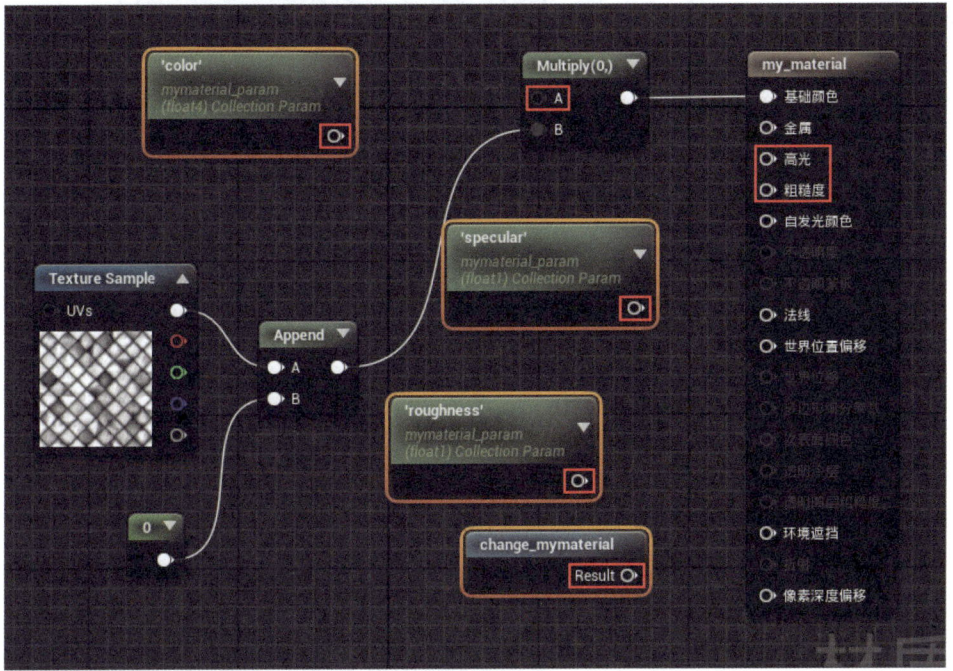

图6-7 断开mymaterial_param节点、材质函数节点的所有连接

删除不需要的节点

选中"Multiply""Append""0"三个不再需要的节点，删除。

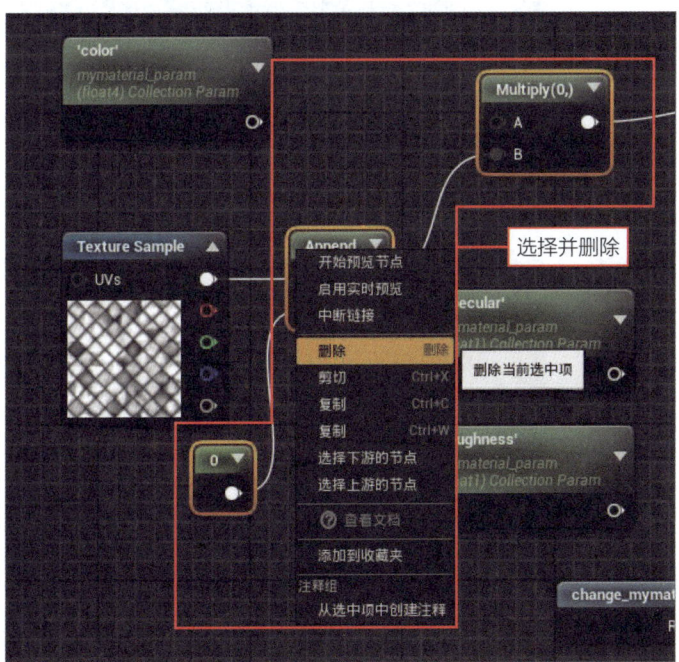

图6-8 删除Multiply、Append、0三个节点

添加Subtract

新添加一个减法运算节点"Subtract"。右击图表,键入"-"并选择"Subtract"选项。

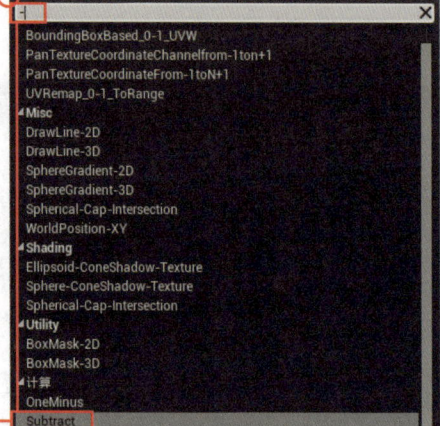

右击,从出现的菜单中检索并选择

图6-9 创建"Subtract"节点

连接节点

按照如下方式连接准备好的节点。这样,将显示出mycolor中设置的材质。

- 将"mycolor"节点最上方的输出项连接至"Subtract"的"A"。
- 将"Texture Sample"节点最上方的输出项连接至"Subtract"的"B"。
- 将"Subtract"连接至"基础颜色"。
- 将"param1"连接至"高光"。
- 将"param2"连接至"粗糙度"。

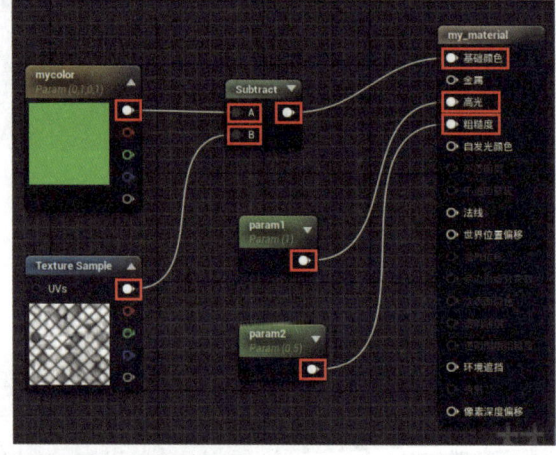

图6-10 连接节点完成材质

预览以确认!

在预览中确认材质的显示,显示没有问题的话,单击工具栏中的"保存"图标进行保存。

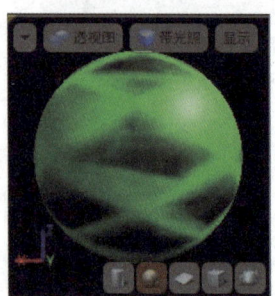

图6-11 在预览中确认显示

应用材质

这样,my_material和它的实例my_material_instance1这两个材质就分别显示为不一样的颜色。从内容浏览器中确认两个材质的显示。

图6-12 确认两个材质的显示

将材质应用到Actor中

选中视口中已放置的球体Actor(Sphere_StaticMesh_1),在细节面板中将"元素0"的材质变更为"my_material"。另一个Actor"Box_StaticMesh_1"当前的设置为"my_material_instance1"。

分别为两个Actor设置"my_material_instance1"和"my_material"材质。立方体的Actor应该已设置为"my_material_instance1"了。选中球体Actor,在细节面板中"Materials"下的"元素0"处,将材质的值变更为"my_material"。

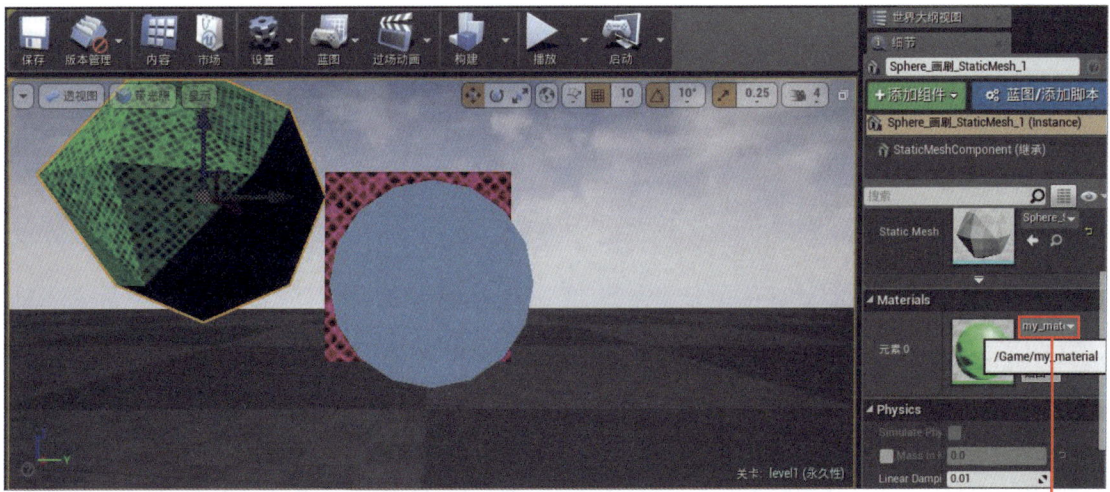

图6-13 将球体Actor的材质设置为my_material

确认显示！

材质设置完成后，单击工具栏中的"播放"图标，确认显示。可以看到，立方体和球体分别显示出各自的材质效果。

图6-14 运行后，分别显示各自的材质

调用静态网格的设置

现在进行使用物理引擎前的设置，从内容浏览器中找到球体静态网格"Sphere_StaticMesh_1"图标，双击打开。

图6-15 双击打开Sphere_StaticMesh_1

打开静态网格编辑器

出现新窗口，这就是静态网格编辑器。在此进行静态网格的设置。

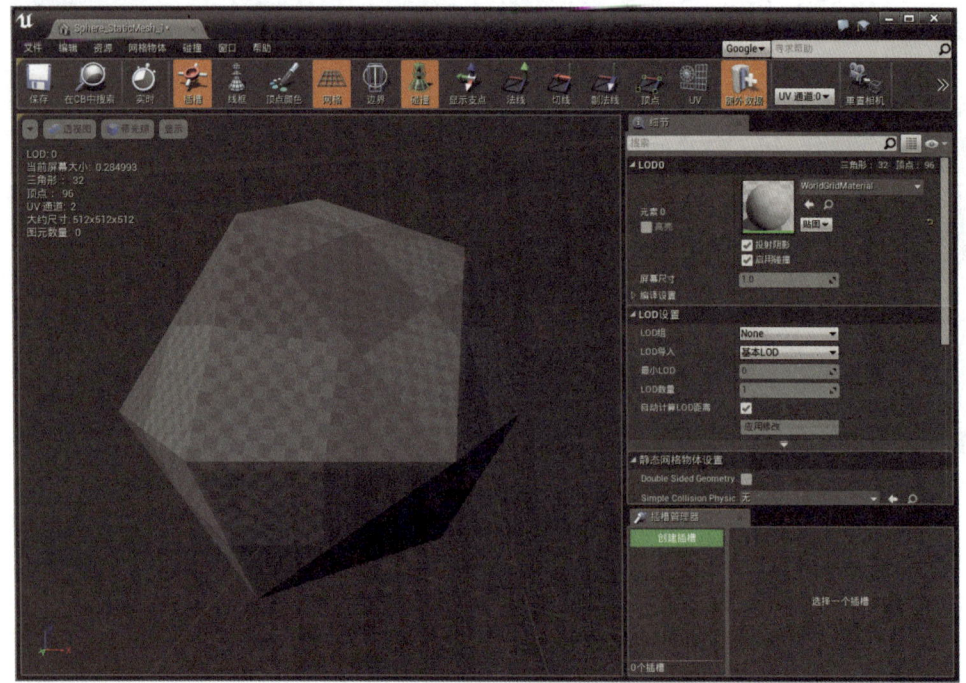

图6-16 静态网格编辑器。设置静态网格

添加碰撞

使用物理引擎时，就必须为Actor赋予具有"物体"性质的本体。那就是"碰撞"，碰撞是具有物理特性的本体。将检测碰撞，与其他碰撞相撞后弹回、由于空气或地面等的阻力移动速度渐渐变弱这些特性赋予Actor。

从菜单添加碰撞

在"碰撞"菜单中，选择"添加球体简化碰撞"选项。Unreal Engine中预备有几个基本形状的碰撞。这里添加一个简单的球体碰撞，所添加的碰撞与Actor的大小尺寸基本相同。

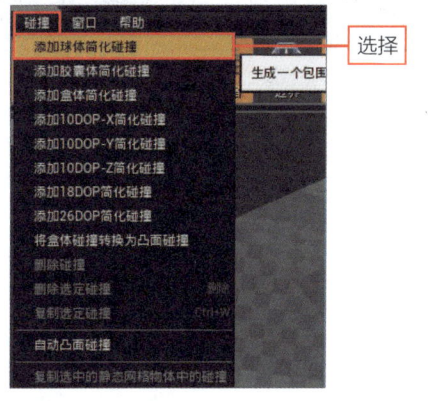

图6-17 选择"添加球体简化碰撞"选项

添加了碰撞

预览中图形的周围显示出的细线轮廓就是碰撞。碰撞是肉眼看不到的，因此图形看起来没有任何变化。

确认添加了碰撞后，单击工具栏中的"保存"图标进行保存，关闭编辑器。

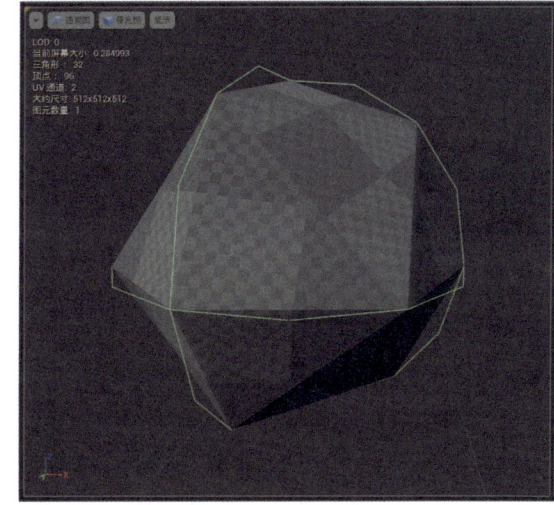

图6-18 显示出表示碰撞的轮廓线

将物理引擎设置为可用

将物理引擎设置为ON。返回关卡编辑器，选择前面已放置好的球体Actor（Sphere_StaticMesh_1），在细节面板中勾选"Physics"项目下的"Simulate Physics"复选框，这样物理引擎就处于可用状态了。

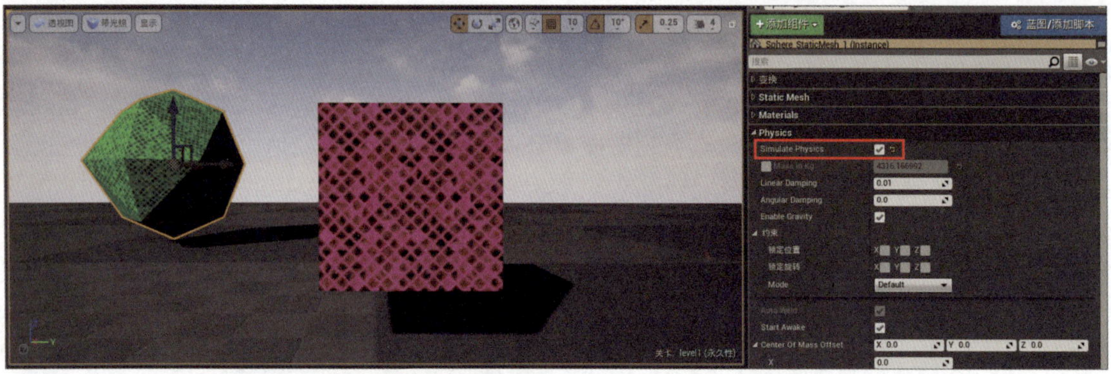

Chapter 6 | 编程Actor的"移动"！

图6-19 勾选Simulate Physics

运行！

单击工具栏中的"播放"图标运行。可以看到，漂着的球体将会落于地板。这是因为开启了物理引擎后受重力影响所致。

如果没有落下，就再确认一遍碰撞与Simulate Physics的设置。

图6-20 运行程序，球体落至地板后停止

球体与地板和立方体Actor的碰撞效果不同

该关卡中，设置的程序可通过鼠标前后左右移动立方体。如果程序没有删除，那么播放过程中单击视口应该可以移动立方体。

移动立方体撞击球体Actor，会发现并没有撞击而是重叠了。这是因为立方体中没有加入碰撞，因此无法撞击。

这样一来就出现新的问题了，"为什么地板Actor没有出现这个问题？"球体Actor因为重力落到地板上，而不是穿破地板，这是为什么呢？

事实上，答案很简单，地板Actor的静态网格中，一开始就加入了撞击。地板创建时使用的不是一般的立方体的静态网格而是Unreal Engine中预备的静态网格模板，一开始就预备有撞击。

图6-21 将球体撞击到立方体上，会直接陷入其中

在蓝图中移动Actor

接下来让我们从蓝图中操作使用了物理引擎的Actor。从工具栏的"蓝图"图标中选择"打开关卡蓝图"选项，打开蓝图编辑器。

打开后有之前创建的"使用鼠标前后左右移动Actor"处理，对它进行修改来移动物理引擎的Actor。

删除不需要的节点

找出连接于"序列"节点"Then 1"的"AddActorWorldOffset"节点，该节点用于移动Actor，删除该节点。另外，还连接有"Box_StaticMesh_1"节点，因为没有其他节点使用该节点，可以一并删除。如果还有别的节点需要使用到它，就无需删除。

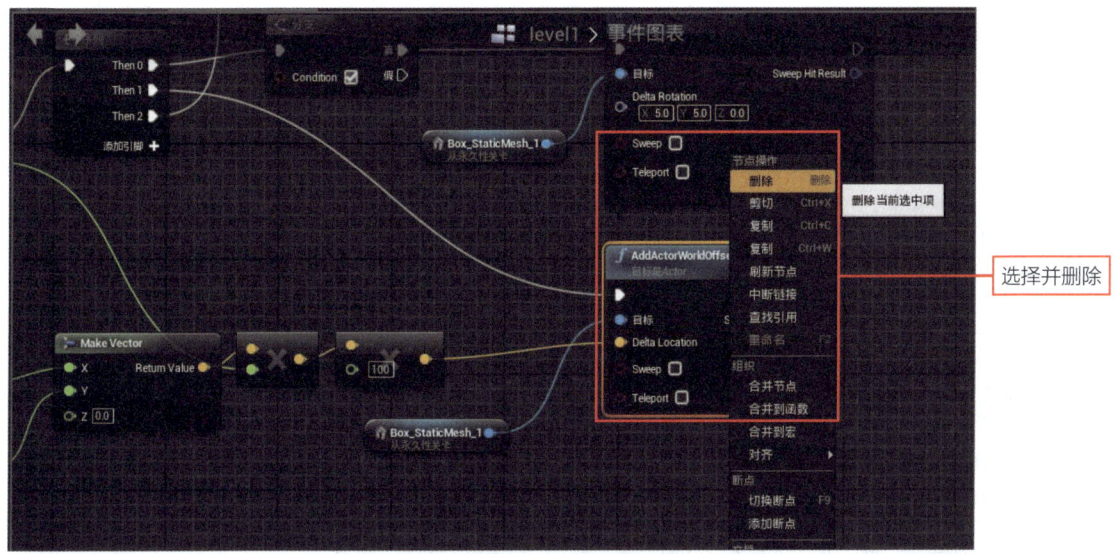

图6-22 删除"AddActorWorldOffset"节点

选择"Add Force"选项

添加节点。右击图表，去掉对右上角"情境关联"复选框的勾选，键入"add force"，从检索出的项目中选择位于"物理"项中的"Add Force"选项（而非选择"Pawn"项下的）。

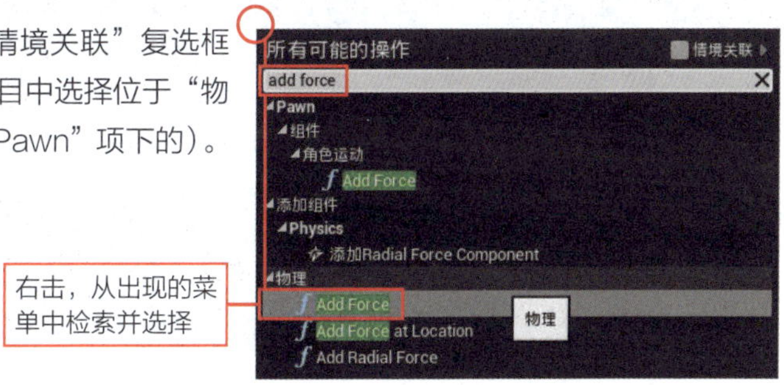

图6-23 选择"Add Force"选项

使用"Add Force"节点

所创建的"Add Force"节点用于给Actor施加物理力，该节点中除了exec输入输出项外还有4个输入项，下面介绍最常用的三个输入项。

目标	指定施加力的对象
Force	设置所施加力的信息。可在此直接填写，也可以为它传递其他节点的值
Bone Name	具有角色构造的网格，指定躯体。这里不使用

307

为目标指定球体Actor，为Force设置一个Vector值，从鼠标的移动开始计算而生成的值，为该方向施加一个力，就可以移动Actor了。Bone Name在单纯的静态网格中用不到，忽略即可。

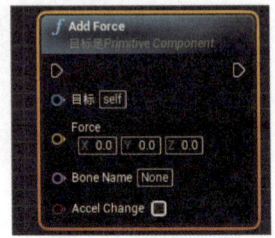

图6-24 "Add Force"节点。需要准备目标及Vector值

添加 "Sphere_StaticMesh_1"

在图表中添加"Sphere_StaticMesh_1"节点，并指定为目标。从位于下方的关卡编辑器的世界大纲视图中拖曳"Sphere_StaticMesh_1"项，释放到蓝图编辑器图表中，以添加该节点。

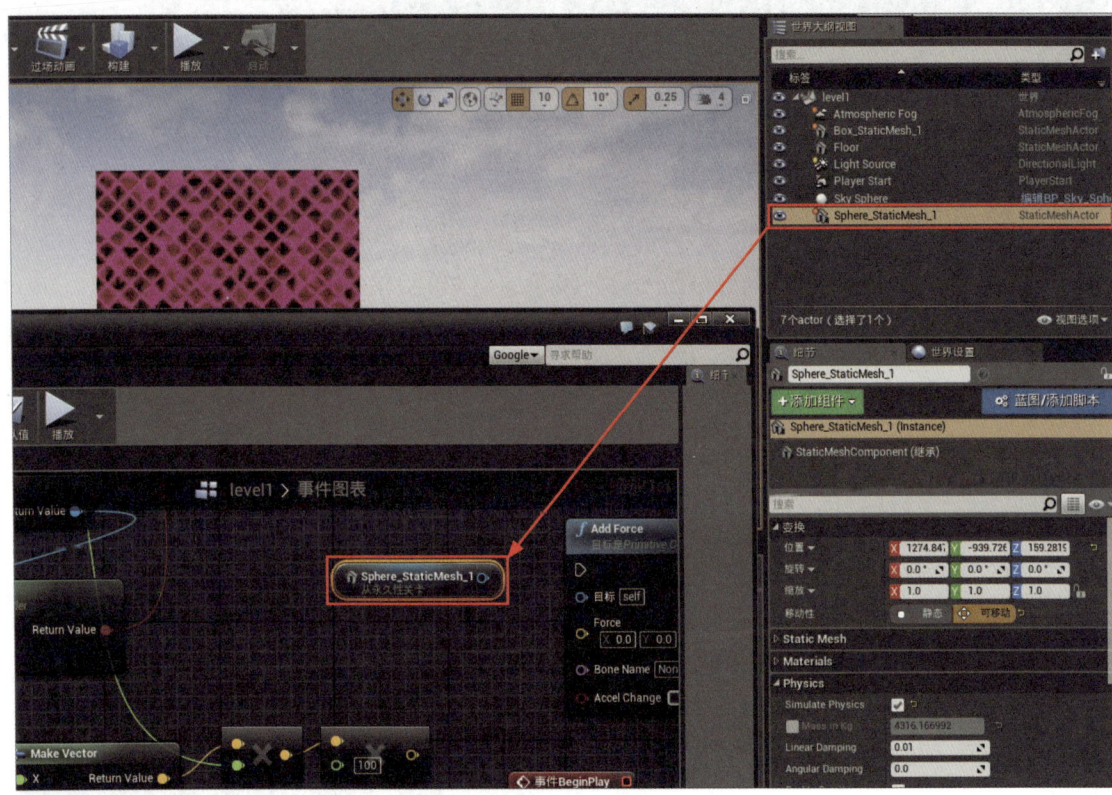

图6-25 拖曳并释放"Sphere_StaticMesh_1"，以添加节点

连接 "Add Force"

按照如下方式连接"Add Force"节点，加入程序中。
- 将"序列"的"Then 1"连接到"Add Force"的exec输入项。
- 将"Sphere_StaticMesh_1"连接到"Add Force"的"目标"。
- 将"×"节点（之前连接于"AddActorWorldOffset"的节点）的输出项连接至"Add Force"的"Force"。
- 将"×"节点中设置的数值（当前为"100.0"）变更为"10000000.0"。

使用物理引擎进行移动 | 6-1

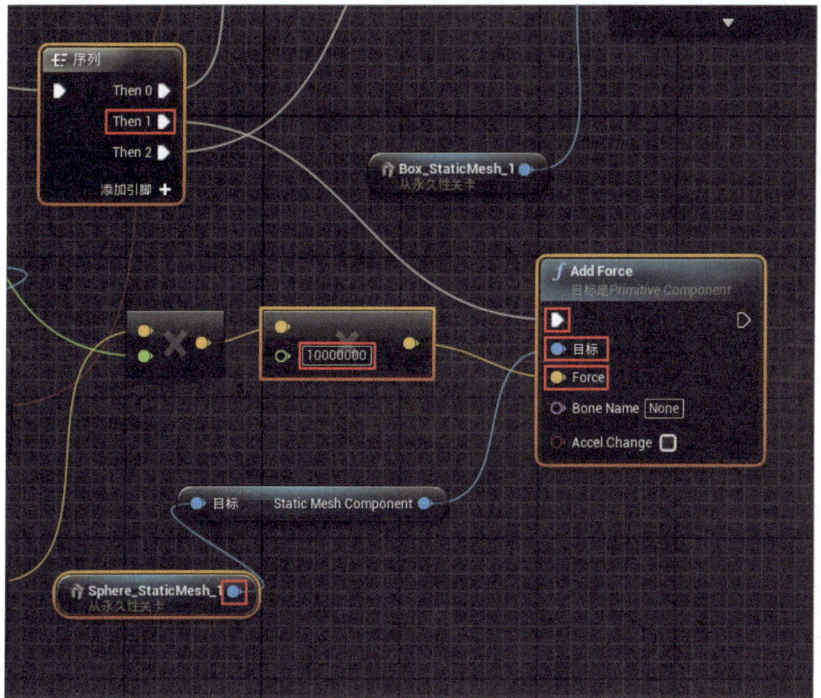

图6-26 为"Add Force"连接必要的节点

运行!

单击工具栏中的"播放"图标运行程序。播放过程中单击视口，前后左右移动鼠标，球体Actor随之相应滚动。

之前移动立方体的位置时，完全与鼠标同步移动，这次就不是这样了。水平移动时，球体也向相同方向滚动，但不是位置的瞬移，而是有"推着"的感觉。

 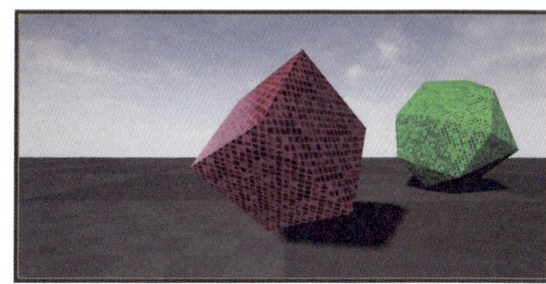

图6-27 鼠标向右移动，球体也向右滚动；鼠标向前移动，球体也向前滚动

检查移动球体的处理

这次使用的仍是之前创建的程序，可能有的用户忘记了是一个什么样的处理，这里就用鼠标滚动球体简单整理一下处理流程，逐一检查连接的节点来确认程序的动作。

"获得鼠标X/Y"

鼠标的动作可从"获得鼠标X"和"获得鼠标Y"查验，通过这些节点，就可以得到鼠标前后左右的移动量。

"Make Vector"

基于取出的鼠标移动量值，创建Vector值。

"×" "×"

将创建的Vector值乘以通过Tick而获得的"Delta Seconds"值，计算吸收了硬件速度差异后的值。接着将该值乘以"10000000.0"，计算移动Actor力的Vector值。

10000000.0是为了对值进行调整而设置的一个恰当的值。如果想快速移动，乘以10000000.0后值会变得更大；如果想缓慢移动，乘以10000000.0后值会变得更小。

"Add Force"

为Sphere_StaticMesh_1施加所预备Vector值的力，这样球体就可以移动了。

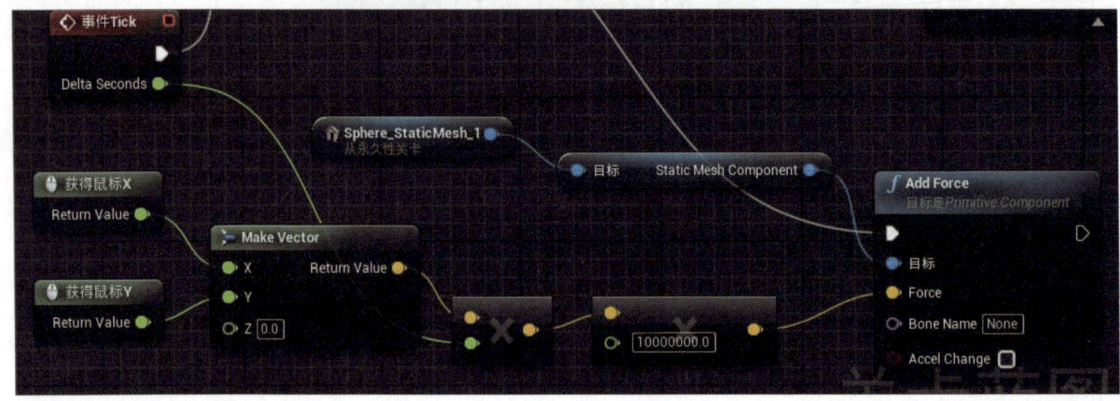

图6-28 通过鼠标移动球体的程序部分

Chapter 6 编程Actor的"移动"!

Section 6-2 关于Actor的碰撞处理

游戏是通过Actor与Actor间的碰撞接触来进行的,下文将对碰撞时的事件处理进行一个基础性的说明。本节中还将使用可检测碰撞的"触发器"功能来创建一个处理。

关于"碰撞"的碰撞

操作使用物理引擎的Actor,只需要通过Add Force推动就能够完成。仅此而已,意料之外的简单吧。

比较棘手的是移动Actor所使用的方法,简单说来就是"碰撞的处理"。游戏是通过各种各样Actor的碰撞接触来完成各种各样的处理的。"碰撞到敌人的导弹发生爆炸"、"触碰到一个显示就获取一个道具",通过各种各样的"接触到其他内容"的操作来进行游戏。要掌握物理引擎,还需一并掌握"碰撞的处理"。

勾选Hit Events

有碰撞就可进行碰撞的处理吗?事实上并不是。所谓碰撞处理,是在碰撞时发生事件,并为该事件连接一个处理来完成的,需事先对碰撞事件的发生进行设置。

在关卡编辑器中,选中球体Actor(Sphere_StaticMesh_1),在其细节面板中的"Collision"项目下有一个"Simulation Generates Hit Events"复选框,它用于设置碰撞事件的发生,勾选后,该球体Actor在与其他Actor发生碰撞时就可以发生事件了。

图6-29 勾选Simulation Generates Hit Events

使用OnActorHit事件

接着让我们来使用碰撞事件。首先准备事件节点。在关卡编辑器中,选中"Sphere_StaticMesh_1"Actor,在选中状态下,右击关卡蓝图编辑器的图表。

出现菜单后,勾选右上方的"情境关联",最上方出现了"Add Event for Sphere Static Mesh 1",单击其左端的▼展开,其中"碰撞"项目中预备有用于碰撞事件的选项,从中选择"添加On Actor Hit"选项。

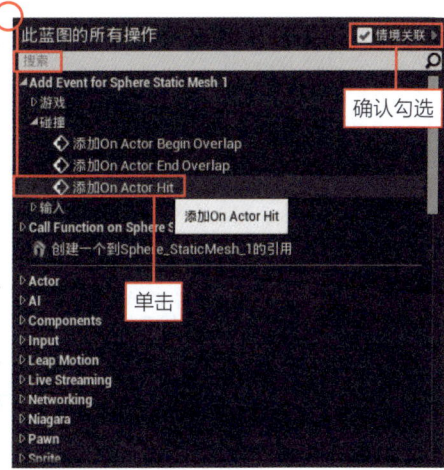

图6-30 选择"添加On Actor Hit"选项

添加了"OnActorHit"节点

所添加的"OnActorHit"是选中的Actor与其他Actor接触时所发生的事件,并且事件在碰撞期间连续持续地发生,分开后就不再发生。

该节点中除exec外预备有4个输出项,各自的作用整理如下。

Self Actor	传递碰撞自身Actor(本示例中为Sphere_StaticMesh_1)
Other Actor	传递碰撞对象
Normal Impulse	表示碰撞力的值。传递Vector的值
Hit	传递汇总有碰撞相关信息的结构体的值

最后的"Hit"是在获取碰撞相关信息时使用,当前用不到,忽略即可。最重要的是"Normal Impulse"与"Other Actor",通过这两项可得知碰撞对象和碰撞的力量。

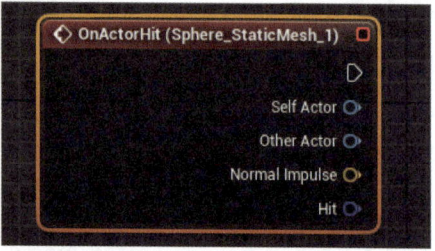

图6-31 OnActorHit节点。预备有4个输出项

通过Print String输出

那么,OnActorHit事件是如何动作的,让我们用Print String来确认一下吧。右击图表,键入"print",从检索出的项目中选择"Print String"选项。

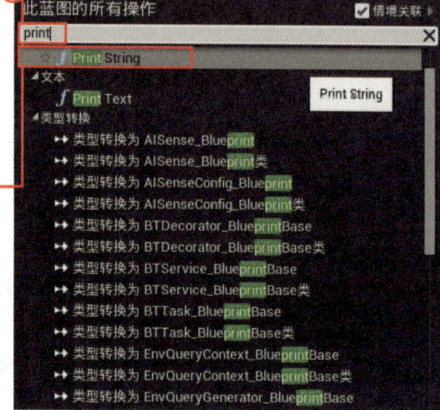

图6-32 添加"Print String"节点

连接节点

拖曳并释放"OnActorHit"节点的exec输出项至"Print String"的exec输入项进行连接,然后将"Print String"的"In String"改写为"Hit!"。这样,球体Actor与其他Actor碰撞后,画面上将会显示出"Hit!"。

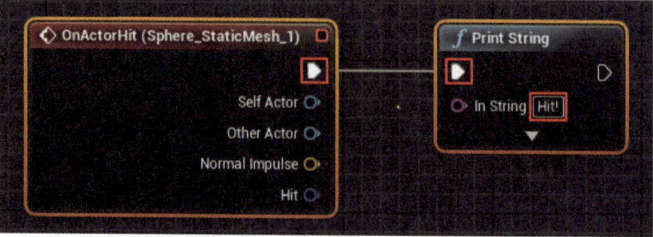

图6-33 连接节点,设置In String

运行后如何显示？

单击工具栏中的"播放"图标运行程序，移动球体使其与立方体Actor碰撞，就会发生OnActorHit事件，画面上将会输出"Hit!"。

但是，运行后还会发生一个意外情况。画面中将会不停地输出"Hit!"。

图6-34 持续输出"Hit!"

检查碰撞对象

添加"Get Display Name"

要探究这个原因，先来添加一个节点。右击图表，键入"get name"，然后从一览表中选择"Get Display Name"选项。这里会显示两个相同名称的项目，选择下方的那项。

图6-35 选择"Get Display Name"选项

关于"Get Display Name"节点

"Get Display Name"节点用于检查对象名称。为左侧的"Object"连接要检查的对象，其名称可从右侧的"Return Value"获知。

图6-36 Get Display Name用于检查对象名称

连接节点

按如下方式连接节点。

- 将"OnActorHit"的"Other Actor"连接至"Get Display Name"的"Object"。
- 将"Get Display Name"节点的"Return Value"连接至"Print String"的"In String"。

这样，碰撞事件发生后将会输出碰撞对象的名称。

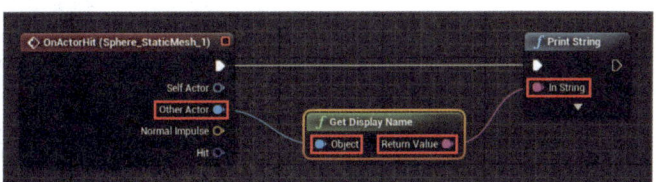

图6-37 连接节点创建程序

运行！

在工具栏单击"播放"图标运行程序。画面中将会显示出一长列"Floor（地板的名称）"文本。正如图中所示，使OnActorHit事件发生的正是地板Actor。

图6-38 运行程序后，将会持续输出地板Actor的名称

使用标签

试想，地板也是Actor，落在地板上后一直处于与地板接触的状态下，所以OnActorHit事件会持续发生。这样OnActorHit就无法用到了。但是我们又不得不从持续发生的OnActorHit中找出真正想要查验的碰撞事件。

可以通过许多办法来完成，这里我们来说明一下使用"标签"进行查验的方法。所谓"标签"是用于标注Actor的一种名称，并不是分配给Actor的像"Sphere_StaticMesh_1"这样的名称，而是用于整理Actor的种类而赋予Actor的像标签一样的名称。

标签并不是只能有一个，可以有好几个。像"这是敌方角色""这是道具"这样，根据种类及作用等准备一些标签，对Actor进行分类整理。

添加标签

为立方体Actor添加标签。在关卡编辑器中选中立方体Actor（Box_StaticMesh_1），然后从细节面板中找出用于管理标签的"Tags"部分。

单击"Tags"下的"+"标记。

图6-39 选择Actor，单击"Tags"下的"+"

为标签命名

"Tags"内创建了新的标签,输入名称"actor",这样就可以为该Actor设置"actor"标签了。

图6-40 将创建的标签命名为"actor"

为Box_StaticMesh_1添加碰撞

在创建使用标签的程序之前,为立方体Actor添加碰撞以进行碰撞事件处理。

打开静态网格编辑器

在内容浏览器中双击"Box_StaticMesh_1"图标打开静态网格编辑器。

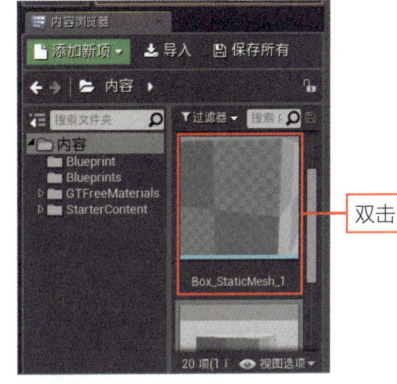

图6-41 双击"Box_StaticMesh_1"图标

添加盒体简化碰撞

打开编辑器后,从"碰撞"菜单中选择"添加盒体简化碰撞"选项,为立方体添加自动调整后的合乎尺寸的立方体碰撞。添加碰撞后,单击工具栏中的"保存"图标进行保存,关闭编辑器。

图6-42 添加盒体简化碰撞

创建判别标签的程序

使用"Actor Has Tag"节点

接下来开始创建程序。右击关卡蓝图编辑器的图表,键入"tag",从检索出的项目中找到"Actor Has Tag"选项并选择。可能会有两个名称相同的选项,任选一个就行。

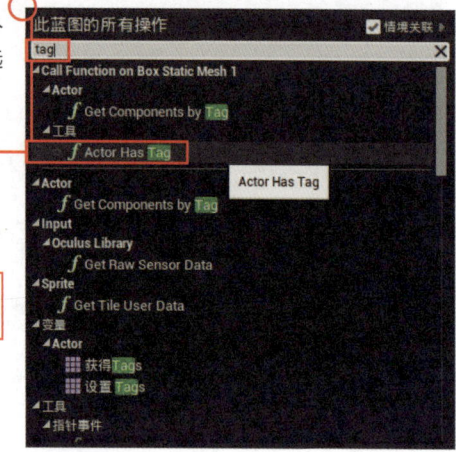

图6-43 选择"Actor Has Tag"选项

关于"Actor Has Tag"节点

图表中添加了"Actor Has Tag"节点。如果选中了立方体Actor则会自动添加"Box_StaticMesh_1"节点。如果不使用"Box_StaticMesh_1"节点,创建后可以删除。

"Actor Has Tag"节点由"目标""Tag""Return Value"这3个输入输出项组成。它们分别具有如下作用。

目标	连接要检查的Actor
Tag	设置要检查的标签名称
Return Value	如果有指定的标签则为真,没有则为假

图6-44 已创建的"Actor Has Tag"节点

检查标签

准备分支以检查标签。右击图表,键入"branch",从菜单中选择"分支"选项。

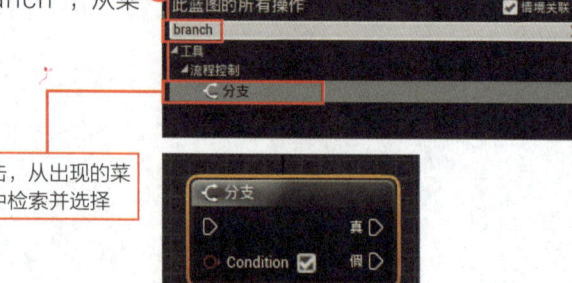

图6-45 创建分支

连接节点

将节点按如下方式连接,以完成程序。
- 将"OnActorHit"的输出项连接至"分支"的exec输入项。
- 将"分支"的"真"连接至"Print String"的exec输入项。
- 将"OnActorHit"的"Other Actor"连接至"Get Display Name"(已连接)。
- 将"OnActorHit"的"Other Actor"连接至"Actor Has Tag"的"目标"。
- 将"Display Name"的"Return Value"连接至"Print String"的"In String"。
- 将"Actor Has Tag"的"Return Value"连接至"分支"的"Condition"。
- 为"Actor Has Tag"的"Tag"设置"actor"值。

OnActorHit事件发生后,会通过Actor Has Tag检查是否有"actor"标签,仅在分支结果为真时(=有actor标签)执行Print String。

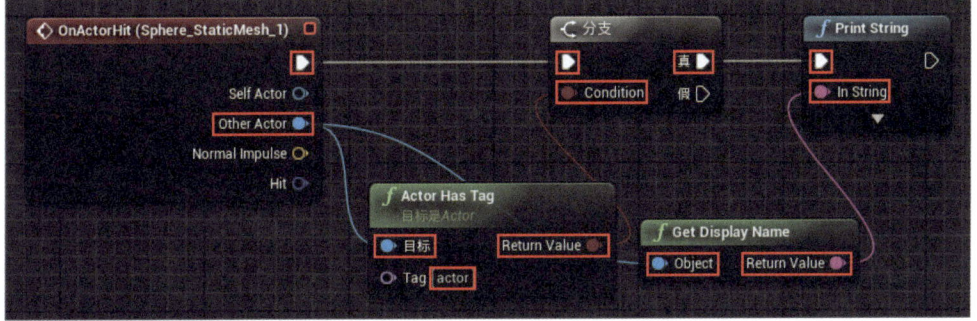

图6-46 连接节点以完成程序

运行!

确认动作!单击工具栏中的"播放"图标运行程序,然后单击视口,用鼠标移动Actor碰撞立方体。碰撞接触期间将会输出"Box_StaticMesh_1"文本。虽然也与地板发生了碰撞,但却不输出地板Actor的名称。

图6-47 将Actor与立方体碰撞,输出立方体Actor的名称

物理引擎设置为OFF时也发生碰撞事件?

这样,使用球形Actor与立方体Actor碰撞事件的处理就创建完成了。但是,我们来思考一下:立方体Actor中添加了碰撞,"Simulate Physics"或"Simulation Generates Hit Events"并没有勾选,但是OnActorHit事件也确实发生了。这没什么问题吗?

首先,"物理引擎设置为OFF时也会发生碰撞事件吗?"答案是会发生。冲突事件说到底是由"碰撞"来负责的,并不是勾选了物理引擎的原因。

再就是"Simulation Generates Hit Events并没有勾选,但是为什么发生了事件呢?"答案就是"没有勾选的Actor不发生事件,勾选的一方发生事件"。这次的示例中,立方体Actor中没有勾选该项,创建碰撞事件处理的是球体Actor。不论碰撞对象是否勾选了Simulation Generates Hit

Events，只要Actor自身勾选了该项事件就会发生。Simulation Generates Hit Events的设置是"表示该Actor是否发生事件"，与碰撞对象是否勾选Simulation Generates Hit Events无关。

重叠事件

以上是关于碰撞时的处理的一些内容。这里的OnActorHit是与其他Actor发生碰撞后，在接触期间使重复事件持续发生的节点。

"碰撞后发生事件，弹回分离后事件就终止了。"像这样的处理，基本上两方都作为"物体"而存在。然而，Actor中也有些不作为（不想作为）"物体"处理。

例如，接触到某Actor后获取道具、加分这样的处理。这些就不是"物体"而是一种"标记"。接触到道具标记后就获取道具，而这时如果"碰撞到标记后就弹回"就不好办了。因此具备这种作用的Actor，最好不作为"物体"而存在。

要创建具备这种功能的Actor就要使用"重叠"功能了。重叠是用于不作为"物体"而碰撞的一种功能。设置为重叠后，与对象Actor不发生碰撞而是直接重叠。但是，虽然不发生碰撞，但是接触后还是要发生事件的。使用重叠功能，就可以实现"接触后执行某些处理"。

要使用重叠事件，还需要进行一些设置。
- 对发生重叠事件的Actor，进行重叠事件的设置。
- 对与该Actor接触发生重叠事件的Actor也需要进行重叠事件的设置。
- 两者都设置好后，添加用于重叠事件的节点，创建处理。

也就是说，OnActorHit中"仅设置事件处理方即可"，但重叠事件中需要对处理方及接触方双方都进行设置。这点不同于OnActorHit。

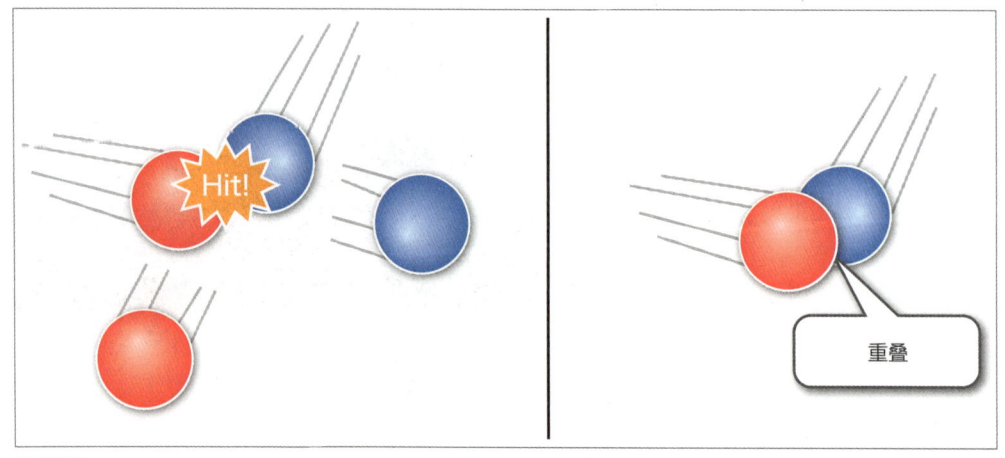

图6-48 不同于OnActorHit，重叠事件中Actor不发生碰撞而是直接重叠

设置立方体Actor

那么，我们来使用一下重叠事件吧。这里，我们为立方体Actor预备一个重叠事件并进行处理。

首先，设置立方体Actor（Box_StaticMesh_1）。在关卡编辑器中选择"Box_StaticMesh_1"，在细节面板的"Collision"中进行如下两项设置。

▎"Generate Overlap Events"

勾选，以使重叠事件发生。

"碰撞预设值"

表示该Actor的碰撞接受什么样的重叠，从值的弹出菜单中选择"OverlapAll"。这样就可以与设置了重叠的所有Actor重叠了。

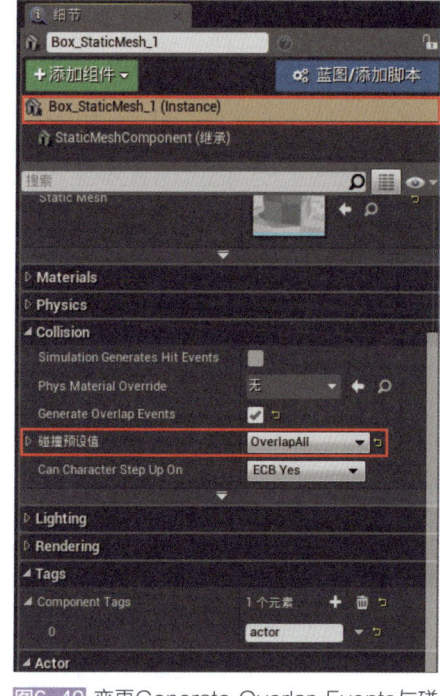

图6-49 变更Generate Overlap Events与碰撞预设值

设置球体Actor

接下来，设置重叠方的Actor，这里设置的是球体Actor。在关卡编辑器中选中"Sphere_StaticMesh_1"，从细节面板的"Collision"中勾选"Generate Overlap Events"。

"碰撞预设值"应该处于"PhysicsActor"状态，保持不变。与进行重叠事件处理的Actor所接触的Actor无需变更其"碰撞预设值"。

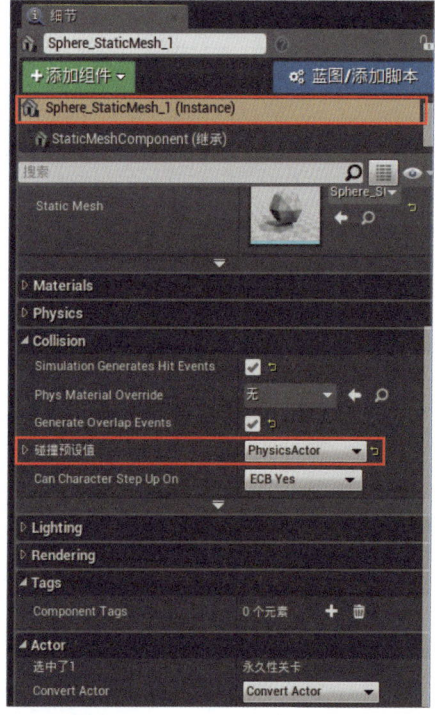

图6-50 设置球体Actor

预备重叠时的处理

使用OnActorBeginOverlap事件

准备重叠时的处理。在关卡编辑器中选择要为其添加事件的"Box_StaticMesh_1"Actor，切换到关卡蓝图编辑器，右击图表，勾选菜单中的"情境关联"，最上方出现"Add Event for Box Static Mesh 1"项目。

展开后，在"碰撞"中找到并选择"添加On Actor Begin Overlap"菜单项。

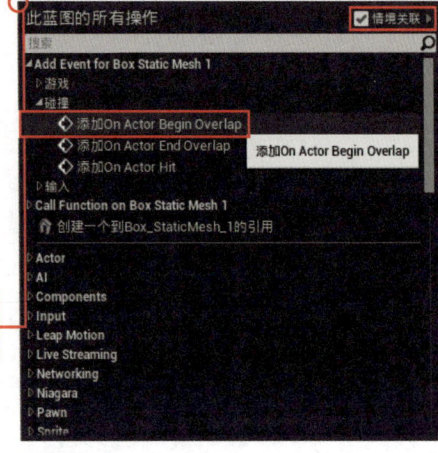

图6-51 选择"添加On Actor Begin Overlap"选项

关于"OnActorBeginOverlap"节点

所创建的"OnActorBeginOverlap"节点将在指定的Actor与其他Actor重叠的瞬间发生。与OnActorHit不同的是，该事件只发生一次。这之后Actor之间分开再接触的话也不会再发生。

该节点中，除了exec输出项外还预备有"Other Actor"这一输出项。从这里可以获取对象Actor。

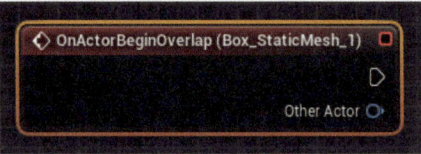

图6-52 "OnActorBeginOverlap"节点。重叠对象可通过输出项取出

复制必要的节点

接下来，准备用于显示接触对象的节点。选中之前在OnActorHit事件中准备的"Get Display Name"与"Print String"两个节点，右击选择"复制"选项。

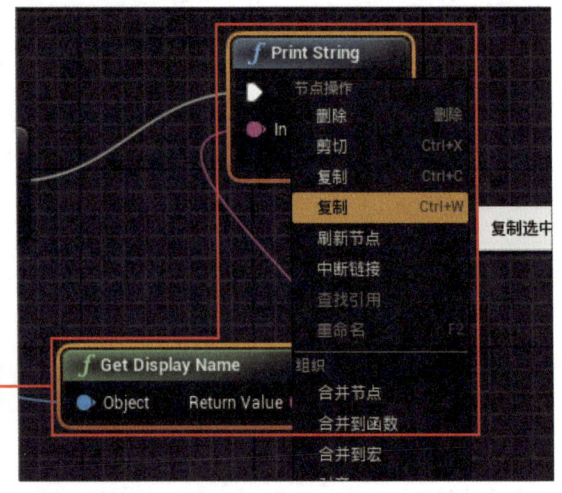

图6-53 复制Get Display Name与Print String

连接节点

按如下方式连接准备好的节点。
- 将"OnActorBeginOverlap"的exec输出项连接至"Print String"的exec输入项。
- 将"OnActorBeginOverlap"的"Other Actor"连接至"Get Display Name"的"Object"。
- 将"Get Display Name"的"Return Value"连接至"Print String"的"In String"。

这样,重叠事件一发生,屏幕上将会显示出接触对象Actor的名称。

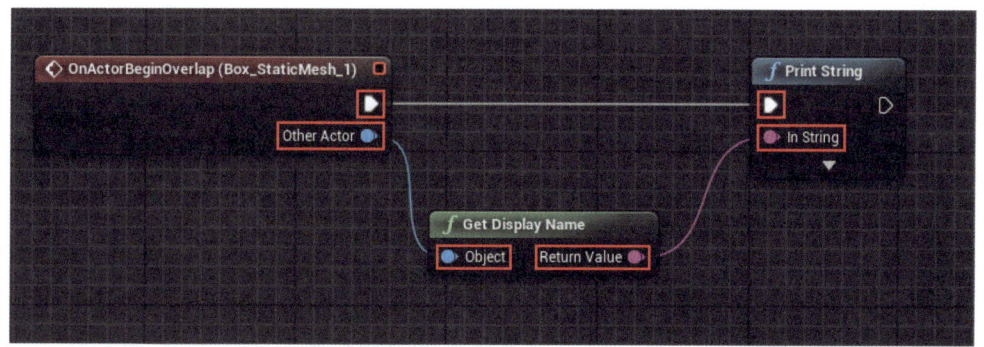

图6-54 连接准备好的节点

运行!

运行程序。单击工具栏中的"播放"图标运行程序,然后单击视口操作球体。球体与立方体接触后,将会输出与"Box_StaticMesh_1"接触的Actor的名称。

图6-55 运行程序使Actor接触,显示接触对象Actor的名称

ⓤ 关于触发器Trigger

重叠事件在创建具有标记作用的Actor时发挥了很大的作用。但它并不是万能的,也存在许多缺点。

- 重叠事件仅在与Actor接触时(或分离时)发生一次。并不能像OnActorHit那样,在接触期间,不断进行处理。
- 基本上因为我们放置了Actor并进行了设置,那么要使用重叠事件,Actor是必定要显示出来的。如果是"进入什么都没有的地方发生了事件",这种情况是无法做到的。

仅指定一个事件发生的"场所",在进入或离开该场所时发生事件,且在场所范围内

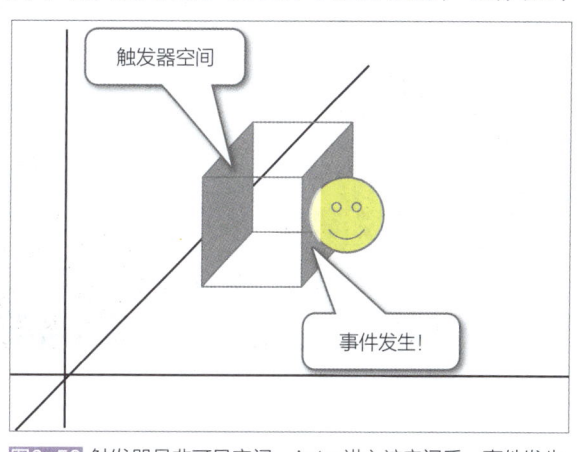

图6-56 触发器是非可见空间。Actor进入该空间后,事件发生

一直发生事件并进行处理。若有一项功能能够实现上述内容，就可创建出比重叠事件更为灵活的处理。

为此，蓝图中预备有"触发器"这一功能。

触发器用于指定发生碰撞事件的"范围（空间）"。触发器是非可见的内容，虽然看不到它，但却预备有各种形状。通过放置，可使Actor进入指定范围内时发生事件。预备事件时，不仅要预备出入范围时的事件，还要预备在其范围内持续发生的事件。

触发器的种类

触发器包括几个种类。Actor的基础结构（几何体画刷或光照、相机等）可以通过模式面板进行放置，触发器也同样可以从模式面板中预备。

盒体触发器	立方体的触发器
球体型触发器	球体的触发器

选择模式面板中的"基本"，其中将会显示如下触发器项目。

它们惟一的不同之处就是"形状"，蓝图中预备有几种不同形状的触发器，它们的基本作用及使用方法完全相同。

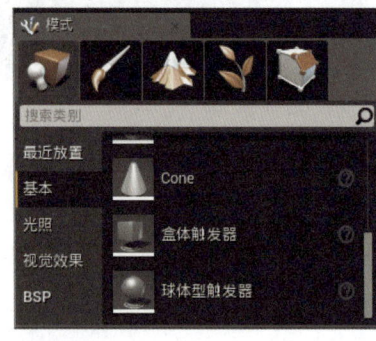

图6-57 所预备的触发器种类及形状

使用触发器

放置触发器

接下来，我们来实际放置并使用触发器。拖曳模式面板"基本"中的"盒体触发器"释放于视口中进行放置。

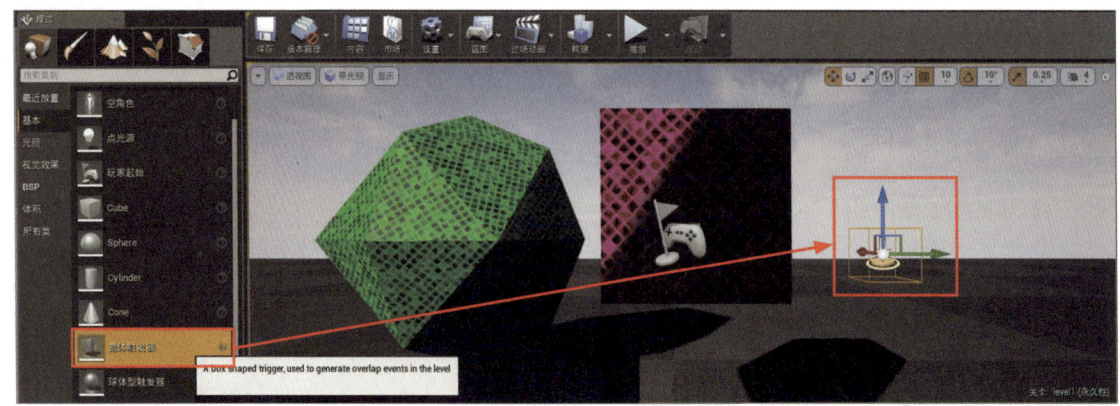

图6-58 放置盒体触发器

调整触发器的位置及尺寸

调整触发器的位置。选中已放置的触发器，在细节面板的"变换"中按右侧所示内容进行位置的调整。设置的前提是这里的立方体Actor（Box_StaticMesh_1）的位置设置应为X:500.0, Y:0.0, Z:0.0。

位置	X:500.0, Y:0.0, Z:0.0
旋转	X:0.0, Y:0.0, Z:0.0
缩放	X:5.0, Y:5.0, Z:5.0

放置时要覆盖立方体Actor。由于触发器是透明的，也没有什么标记，完全看不出它的位置，因此我们把它放置在立方体所在位置。

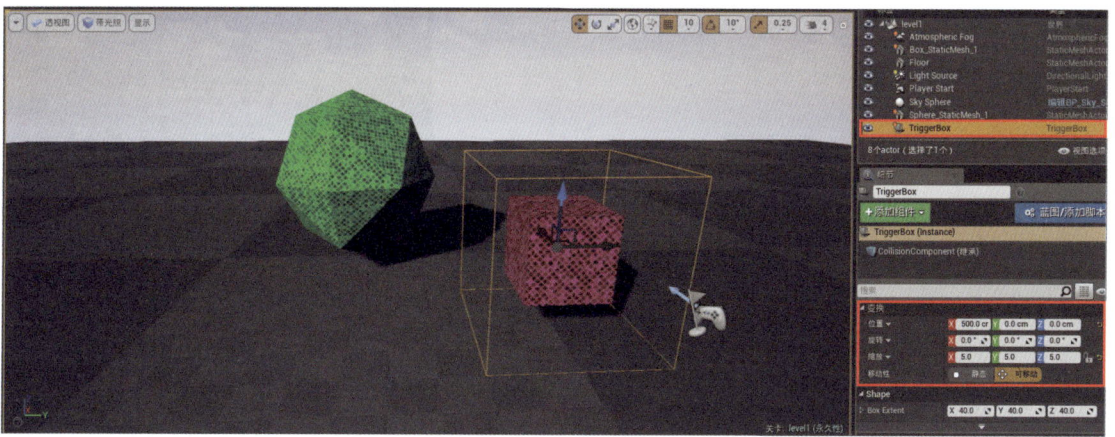

图6-59 调整触发器的位置及大小

确认碰撞的设置

选中已放置的触发器，查看细节面板中的碰撞关系设置。触发器已处于其所必须的默认设置状态，只需要变更一部分。

Simulation Generates Hit Events	本次不使用，勾选/不勾选均可（默认为不勾选）
Generate Overlap Events	勾选（默认应为勾选）
碰撞预设值	选择"Trigger"（默认选择）

默认仅勾选了重叠事件。碰撞预设值为"Trigger"，是触发器的专用设置。

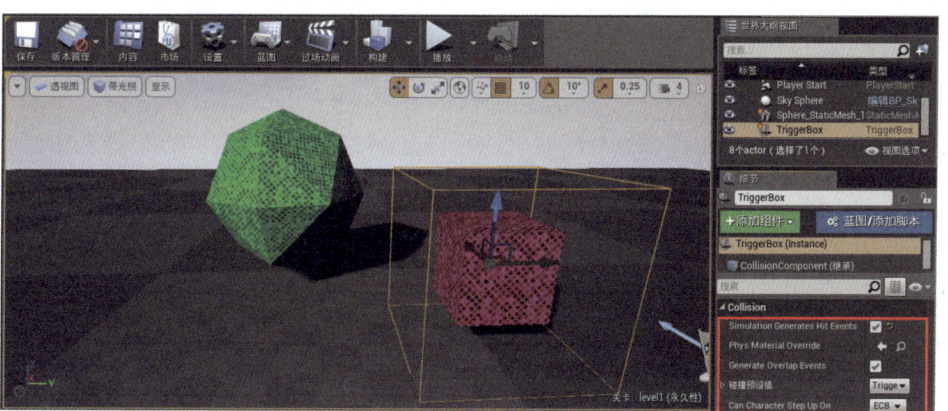

图6-60 确认触发器的碰撞设置

使用触发器事件

从菜单创建事件

使用触发器事件。如果你已经关闭了蓝图编辑器,可以从工具栏的"蓝图"图标处选择"打开关卡蓝图"选项来打开关卡蓝图编辑器。在关卡蓝图编辑器中准备触发器事件。

在关卡编辑器中选中触发器(TriggerBox),返回关卡蓝图编辑器。然后右击图表,菜单的最上方显示出"Add Event for Trigger Box 1"菜单项,从中选择"碰撞"项目内的"添加On Actor Begin Overlap"选项。

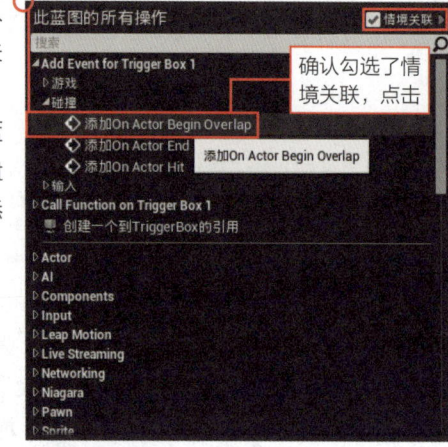

图6-61 选择"添加On Actor Begin Overlap"选项

连接Get Display与Print String

断开先前连接于Box_StaticMesh_1的"OnActorBeginOverlap"的"Get Display"与"Print String",然后连接到TriggerBox的"OnActorBeginOverlap"。

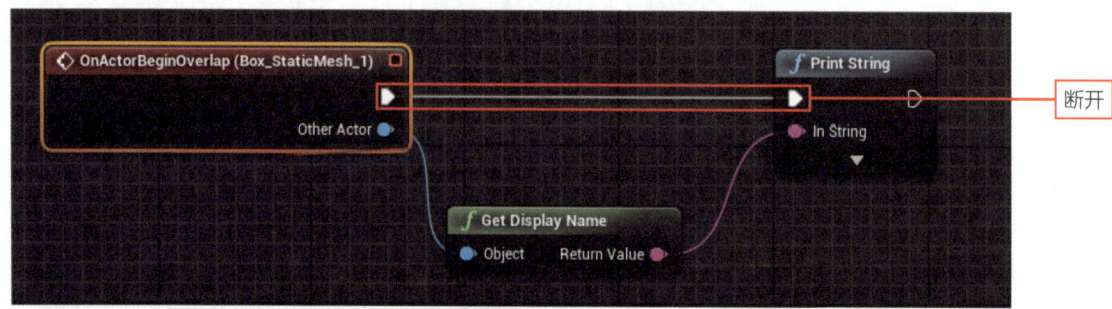

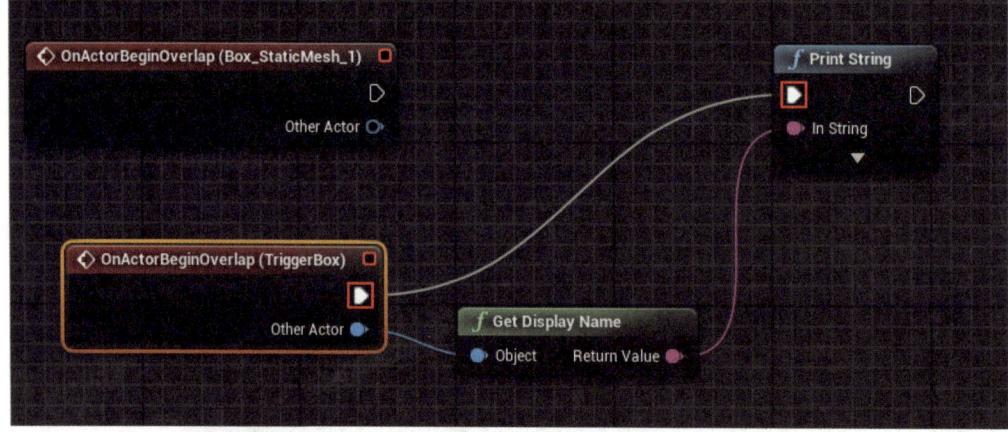

图6-62 将Get Display与Print String连接至新添加的OnActorBeginOverlap

添加OnActorEndOverlap

接下来添加重叠事件结束时的事件。右击图表,从出现菜单中"Add Event for Trigger Box 1"菜单项下的"碰撞"项目内选择"添加On Actor End Overlap"选项。

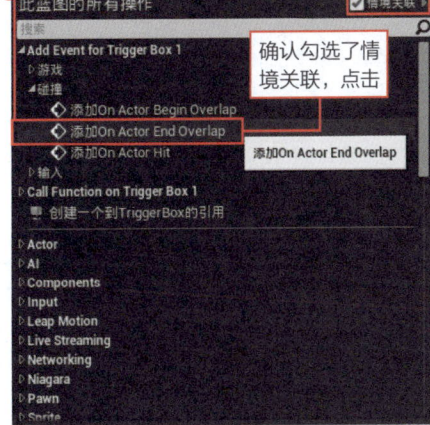

图6-63 添加OnActorEndOverlap节点

复制Print String

复制图表中的"Print String",来准备另一个"Print String"。

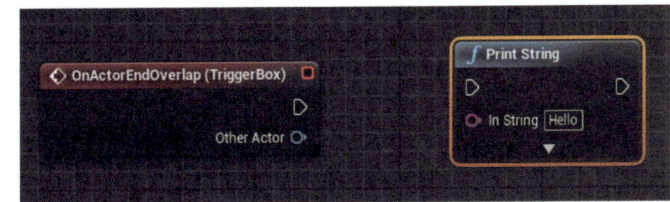

图6-64 准备另一个Print String

连接节点

将"OnActorEndOverlap"的exec输出项连接至"Print String"的exec输入项。然后为"In String"项设置"Overlap Ended"文本。

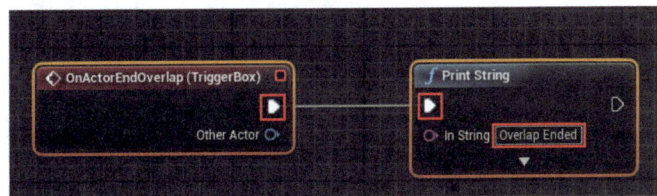

图6-65 连接节点,设置In String的文本

运行!

运行。单击工具栏中的"播放"图标运行程序,单击视口用鼠标移动Actor。一靠近立方体,屏幕显示"Sphere_StaticMesh_1",离开立方体后,屏幕显示"Overlap Ended"。可知刚离开立方体Actor时就发生了事件。虽然整个过程并不可见,但却能够得出是触发器使事件发生的。

图6-66 靠近与离开立方体时显示文本

Chapter 6 编程Actor的"移动"!

Section 6-3 在过场动画中使用程序

过场动画是用于移动Actor的最基本的功能。通过过场动画可以很容易地从蓝图中实现动画的操作。理解其基本原理后,就可以灵活操纵动画了。

通过过场动画实现移动!

思考如何"移动Actor"时,最不能忘记的就是"动画"了。在Unreal Engine中使用"过场动画"就可以简单地实现Actor的移动。之前我们讲解了"操作Transform来进行移动"和"通过物理引擎的推动来移动Actor"这两种移动方法,本节中我们还要讲解另外一种方法,那就是"通过过场动画来移动Actor"。

"过场动画"是通过自动变更Actor等的设置来实现移动。有的用户可能会问了"这与蓝图又有什么关系呢?"事实上是有关系的。

首先肯定会想到的最直接的使用方法就是预先在过场动画中准备动画,然后从蓝图内的程序中运行、停止或操作动画,这也是需要我们掌握的关于过场动画的基本内容。

不仅如此,过场动画有时也与蓝图程序联动,这种方法是通过过场动画来变更程序中使用的变量等内容。过场动画可以实现的并不限于Actor,程序的变量等元素也可以使用过场动画来进行操作。

掌握了"从程序中操作过场动画"和"从过场动画中操作程序"这两种方法,就等于掌握了过场动画编程了。

创建过场动画

那么我们来创建过场动画。从工具栏"过场动画"弹出菜单中选择"添加Matinee"选项。

图6-67 选择"添加Matinee"选项

打开Matinee编辑器

画面中出现新的窗口,这是用于编辑Matinee的"Matinee编辑器",在这里进行Matinee的创建。有的用户觉得"没怎么用过Matinee",那我们就一边操作一边来学习吧。

Matinee编辑器中有两个重要的面板——"曲线编辑器"和"轨迹"。下面对它们进行介绍。

轨迹	位于编辑器的下部,在这里添加动画Actor。例如,想要移动某个Actor就把它添加到这里
曲线编辑器	将Matinee中要操作的Actor(添加于轨迹中的Actor)的设置项目等都添加到这里。然后将值的变化以图表形式加入

Matinee创建的步骤流程为:"在轨迹中添加Actor"→"在轨迹中添加Actor的设置项目"→"在轨迹中编辑曲线"。

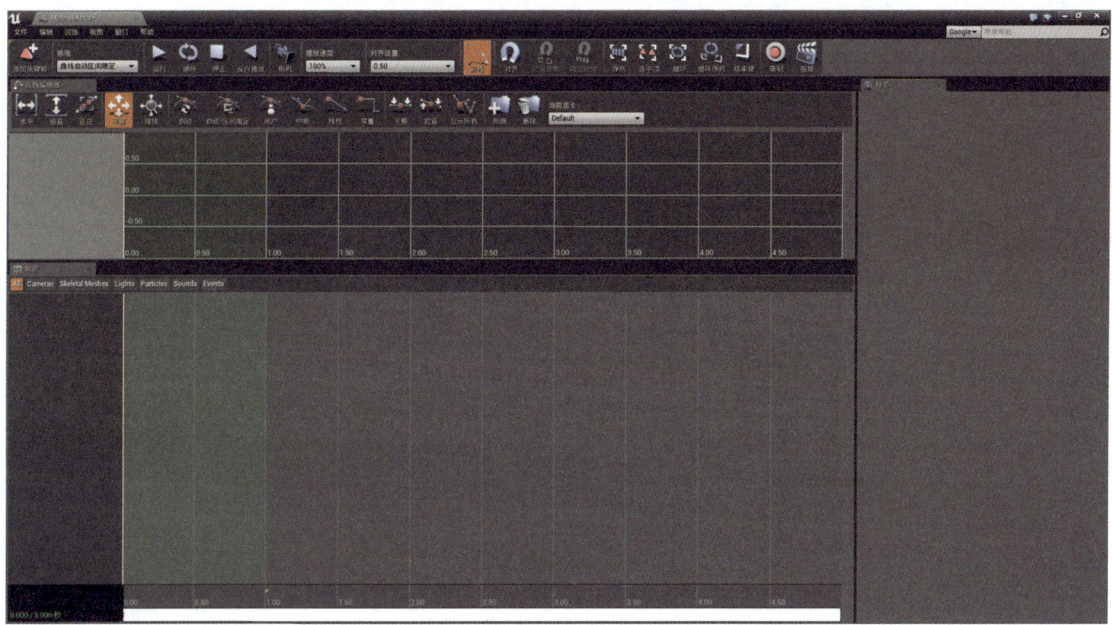

图6-68 打开的Matinee编辑器窗口

准备动画

创建组

接下来,在Matinee中准备简单的动画。在Matinee编辑器中进行操作时,首先从创建"组"开始。

右击轨迹的空白部位,从弹出的菜单中选择"添加新空组"选项。

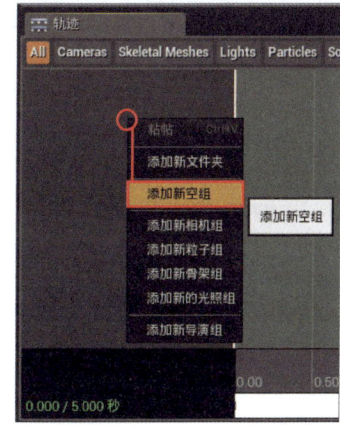

图6-69 选择"添加新空组"

输入组名

出现一个名为"新组名称"的对话框,在这里输入组名"mygroup"。

图6-70 命名为"mygroup"

组创建完成！

轨迹中添加了"mygroup"。在此基础上添加必须的轨迹。

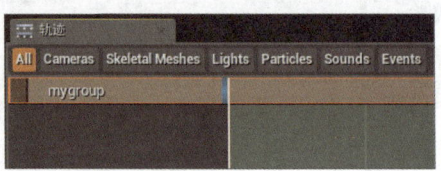

图6-71 添加于轨迹中的组

选择要移动的Actor

在关卡编辑器中，选择过场动画中要移动的Actor。这次选择盒体Actor（Box_StaticMesh_1）。

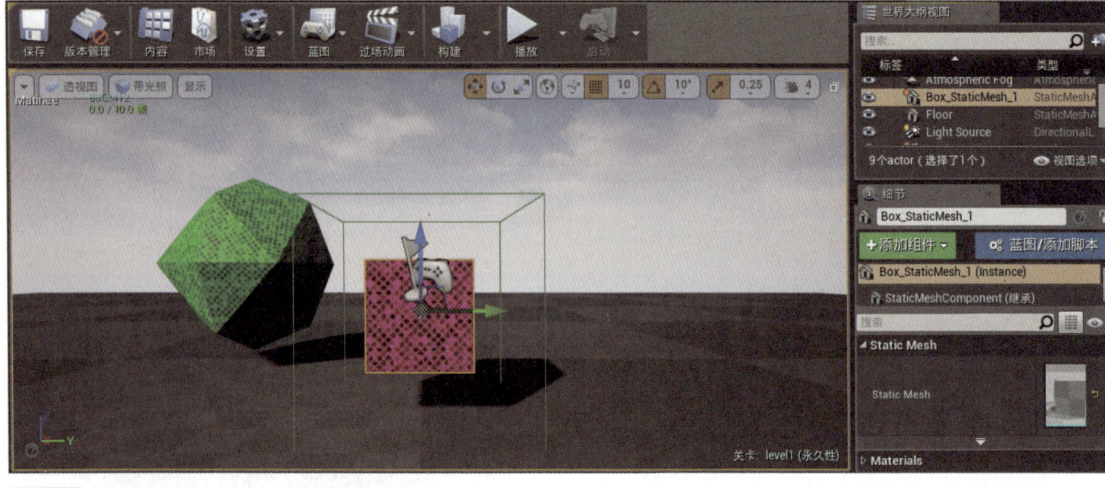

图6-72 选择要操作的Actor

添加Actor

右击轨迹中的"mygroup"，从出现的菜单中选择"Actor"子菜单中的"选择选中的Actors"选项，将选中的Actor添加到组中。

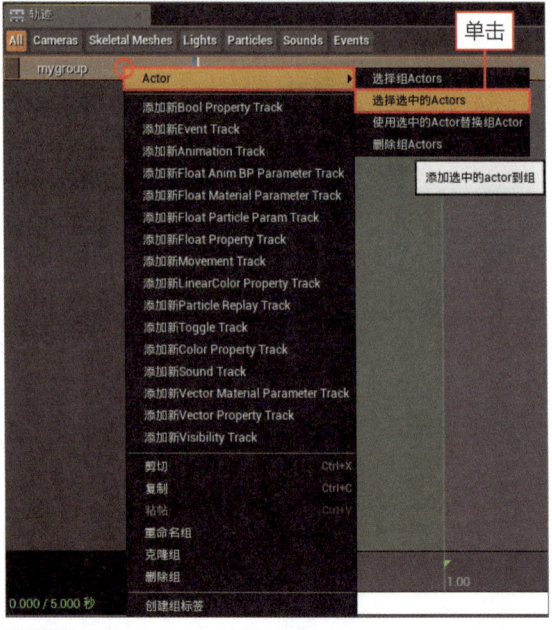

图6-73 选择"选择选中的Actors"选项

单击摄影机图标

"mygroup"组的右端添加了一个摄影机一样的图标。单击该图标可在灰色状态和有色状态间切换。这里将图标切换为灰色状态。

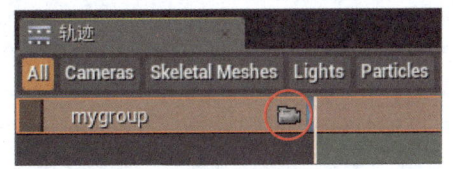

图6-74 单击mygroup右侧图标，使其显示为灰色

添加Movement Track

添加用于移动Actor的"Movement Track"轨迹。右击"mygroup"组，在弹出菜单中选择"添加新Movement Track"选项。

图6-75 选择"添加新Movement Track"选项

添加了Movement Track！

mygroup下方添加了用于移动Actor的Movement Track项目。

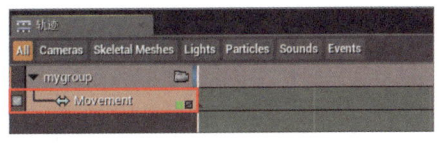

图6-76 添加了Movement Track轨迹

编辑曲线

在已添加的"Movement"项目的右端显示有两个小标记。单击最右边的标记（像图表一样的图标）。这样，上方的图表部分会显示出曲线。

如果没有显示，可以拖曳曲线编辑器与轨迹之间的边界部分来调整一下曲线编辑器的大小。

更新显示后,之前看不到的曲线编辑器项目应该就会显示了。

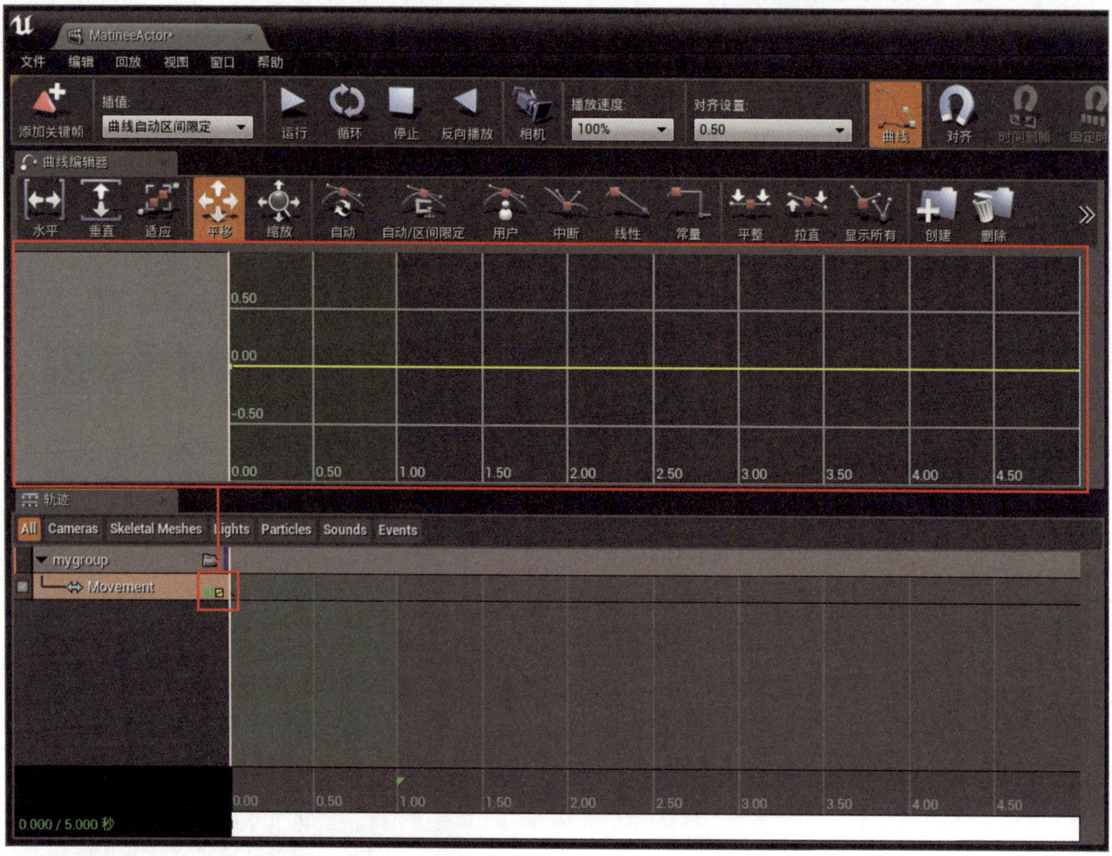

图6-77 单击Movement最右侧的小标记,曲线编辑器中将会出现显示曲线的区域

选择红色标记

曲线编辑器中所显示的"mygroup_Movement"中显示有红绿蓝的标记,这是表示与移动相关的3个值(总而言之就是X轴、Y轴、Z轴各方向的值)。

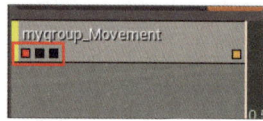

单击绿色、蓝色的标记使其显示为灰色,这样就只显示红色(X轴)值的曲线。只是,此时的显示位置偏离了红色曲线的位置,看不到曲线了。

图6-78 单击绿色和蓝色标记,仅显示红色

垂直

在该状态下,单击工具栏中的"垂直"图标来调整显示位置,以使红色项目的曲线显示在图表的中央。此时查看图表纵向的刻度,发现中央位置变成了"500.00"。

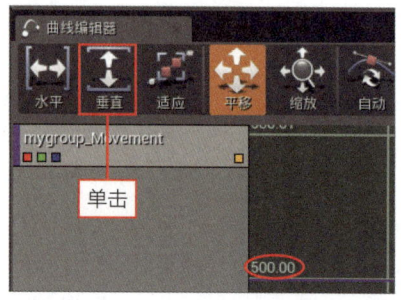

图6-79 单击"垂直"图标调整图表的显示

移动当前的选择位置

轨迹的图表显示部分的最下方显示有表示经过时间的刻度。在0:00处可以看到一条黑色的竖线，它用于指定当前的位置。

用鼠标拖曳黑色竖线，将其移动至最右端（5:00处）。

图6-80 将当前位置移动至5:00处

添加关键帧

在5:00处添加关键帧。单击工具栏中的"添加关键帧"图标，为选中的地点添加关键帧。

另外，此时须选中"mygroup"内的"Movable"。如果单击"添加关键帧"图标时出现了警告，要重新选择mygroup_Movable再进行添加。

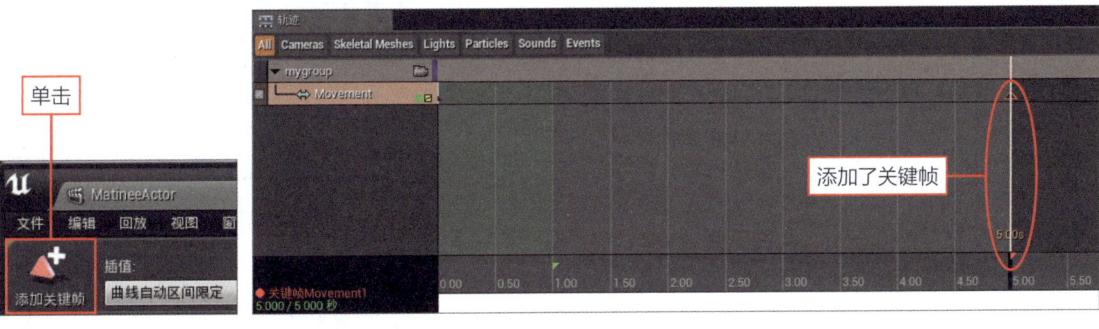

图6-81 单击"添加关键帧"图标，添加关键帧

确认曲线编辑器

曲线编辑器中，0:00处与5:00处显示有一个小的方形标记。这就是所添加的关键帧。

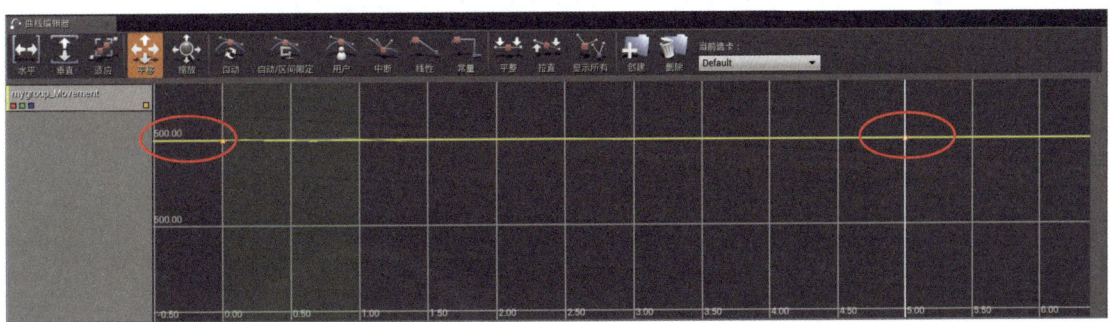

图6-82 曲线的两处添加了关键帧标记

将曲线（当前为直线）变为曲线

在两处关键帧内，任意单击选择一方，将会显示出控制点（用于操作图表曲线的辅助线）。拖曳该控制点，在曲线中央处作出山形曲线。以同样的方式移动0:00与5:00两处的控制点来操作曲线。

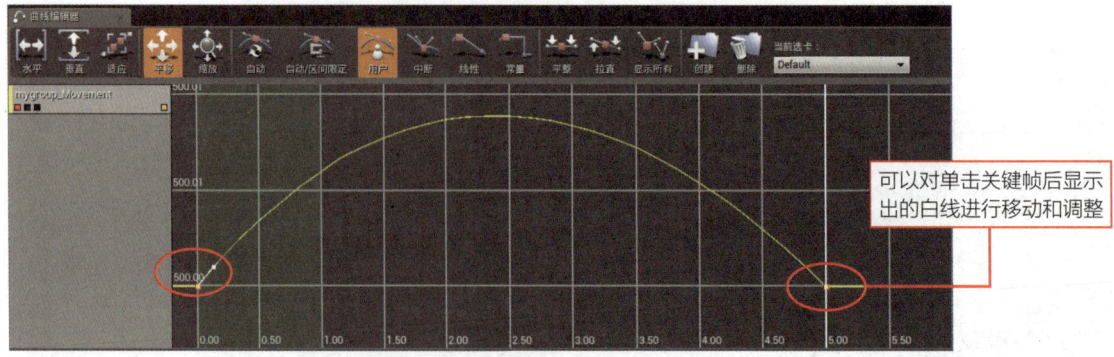

可以对单击关键帧后显示出的白线进行移动和调整

图6-83 选择两个关键帧，操作曲线变为向图表中央隆起的形状

完成图表！

将两个关键帧之间的值大概调整为500~1000之间的数值。两个关键帧处于0:00处。将图表中央部分调整为1000~1500。

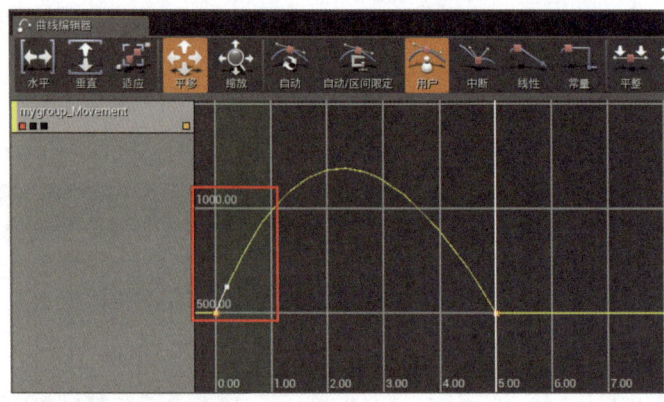

图6-84 将图表中央调整为1000~1500

图表的扩大缩小

图表的显示一开始可能非常细化，要调整到这么大的值恐怕比较困难。从工具栏选择"缩放"图标，上下拖曳图表部分来扩大或缩小图表，调整图表的比例尺。

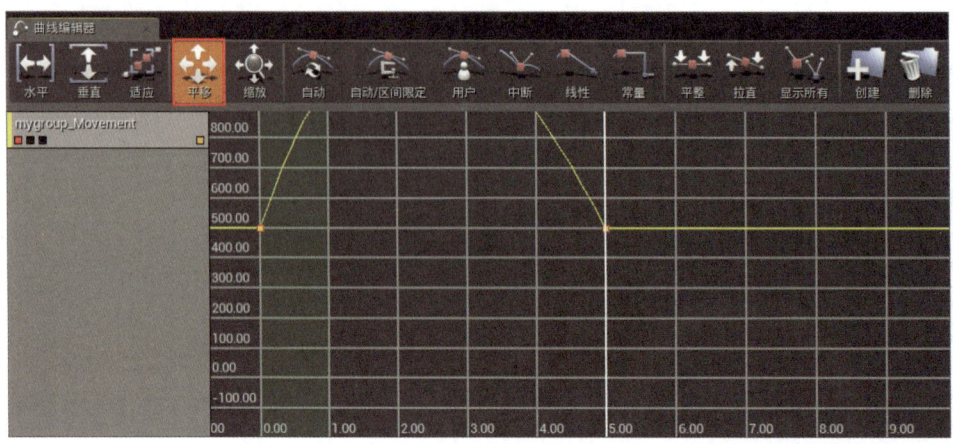

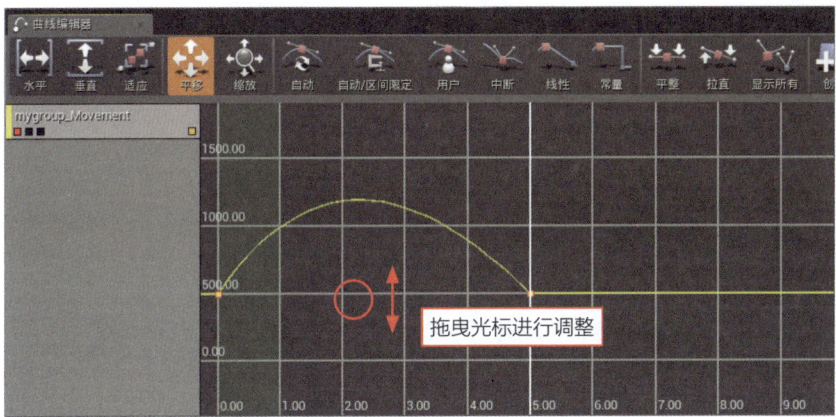

图6-85 选择"缩放"图标,用鼠标拖曳图表扩大或缩小显示

播放确认动作

确认动作。单击Matinee编辑器工具栏的"运行"图标,这样Actor将会如我们所设置的那样动作。移动Matinee编辑器的窗口,在其下面的关卡编辑器视口中确认Actor的动作。

本示例中,盒体Actor(Box_StaticMesh_1)将会远离,然后再次返回原来的位置。看看自己的是这样移动吗?

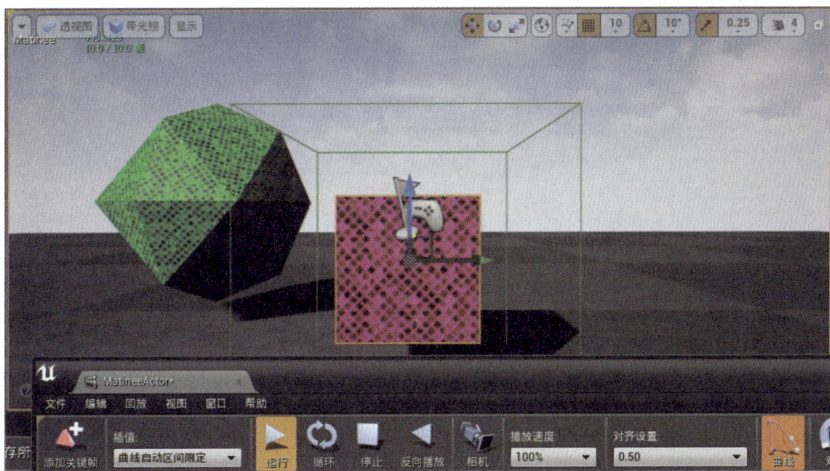

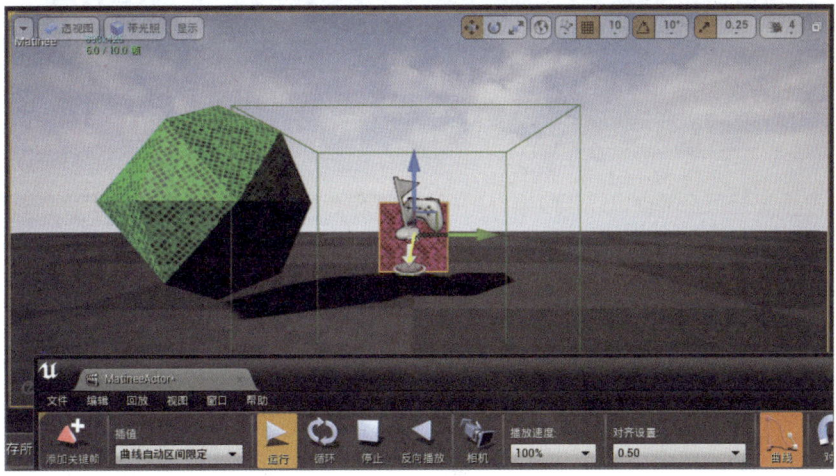

图6-86 单击"运行"图标,Actor前后移动

在蓝图中操作Matinee

接下来，让我们从蓝图中来操作创建的Matinee吧。选择工具栏中"蓝图"图标处的"打开关卡蓝图"，打开蓝图编辑器。

删除不需要的节点

到现在为止我们已经创建了各种各样的蓝图程序，关卡蓝图编辑器中应该还残留有许多程序。这里我们把它们一次性删除。选择放置的所有节点，删除。如果节点分散在各处，可以滚动鼠标滚轮缩小显示，拖曳可整体选中。

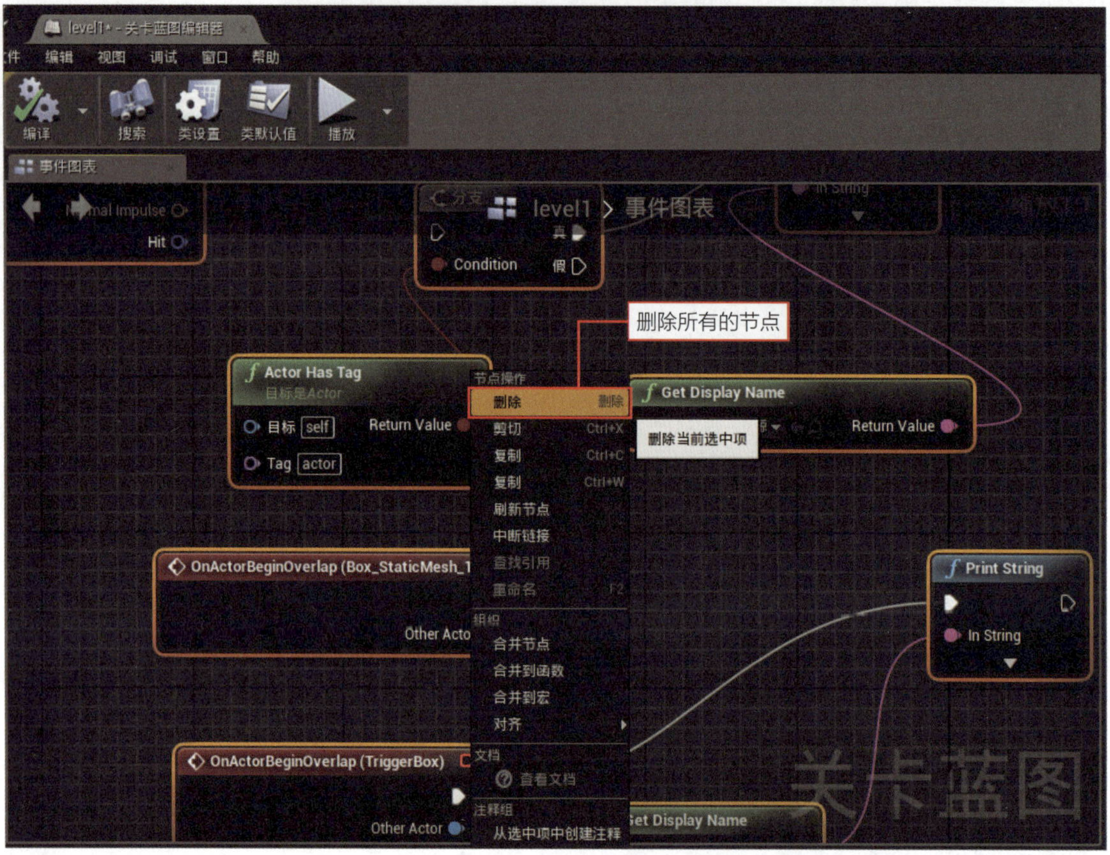

图6-87 选中所有的节点，删除

添加"空格键"

准备事件节点。首先，来添加按下空格键以运行Matinee的事件节点吧。

右击图表部分，从弹出的菜单中键入"spacebar"，从检索出的项目中选择"空格键"选项。

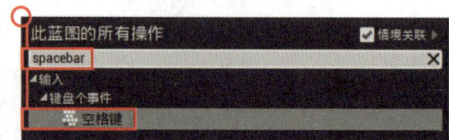

图6-88 右击，从出现的菜单中找到"空格键"并选择

选择Matinee Actor

从关卡编辑器的世界大纲视图面板中选择Matinee项目（MatineeActor）。

图6-89 选择MatineeActor

从菜单中选择"Play"选项

接着，右击图表，在出现的菜单中键入"play"。从检索出的项目中选择位于"Call Function on Matinee Actor 0"项目内的"Play"选项，这是用于运行Matinee的节点。

右击，从显示出的菜单中检索并选择

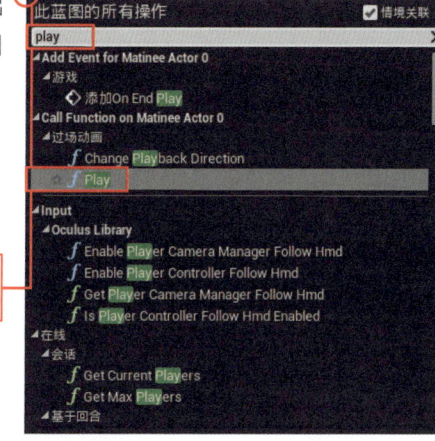

图6-90 选择"Play"选项

添加了"Play"节点

这样图表中就添加了"Play"节点。同时，"MatineeActor"项目以连接于"Play"的状态被创建。

图6-91 MatineeActor与Play同时被创建

关于Play节点

"Play"节点用于运行Matinee，具有一个"目标"输入项，连接于Matinee节点。运行后将运行连接的Matinee，使Actor显示为动画。创建Play节点时若在关卡中选中Matinee的话，就会连接于Matinee节点而被创建。这样就不需要一一准备Matinee节点，非常省时省力。

图6-92 "Play"节点。目标连接有Matinee节点

连接节点

连接节点。拖曳"空格键"节点的"Pressed"到"Play"的exec输入处释放以连接。这样，按下空格键后将会执行"Play"。

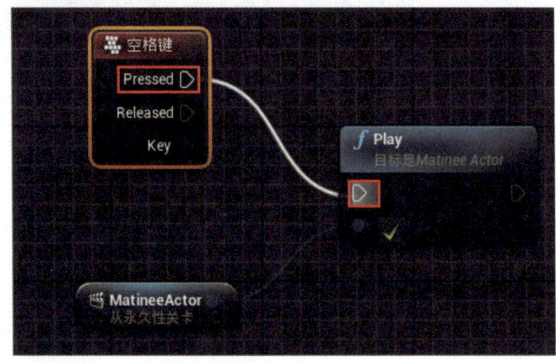

图6-93 将空格键连接至Play

运行！

运行程序。单击工具栏中的"播放"图标运行程序。然后单击关卡编辑器的视口，按下空格键后，盒体会缓慢地来回运动。

"Play"节点用于执行连接于目标的Matinee的动画，动画的播放基本上仍沿用Matinee的设置。

图6-94 按下空格键，Actor缓慢地移动到对面并返回

Play与Matinee的位置

实际移动几次确认程序动作会发现一个令人困扰的现象，那就是"第1次移动，第2次起就不移动了"。也就是说，按下空格键后第一次有动画显示，再按一次空格键后就不发生动作了，动画仅显示一次。

为什么呢？那是因为"Play"节点就"仅负责播放Matinee"。Matinee开始播放后，在时间经过的同时变更Actor位置等的值来进行移动，到达最后的关键帧时就停止移动了。所以通过"Play"节点运行后，就成了现在的"停留于最终位置"的状态。

Matinee当前播放处称为"位置（Position）"，执行"Play"节点后，我们如果能把这个Position返回0.00处（开始处），那么再次调用"Play"节点时应该就能够播放Matinee了。

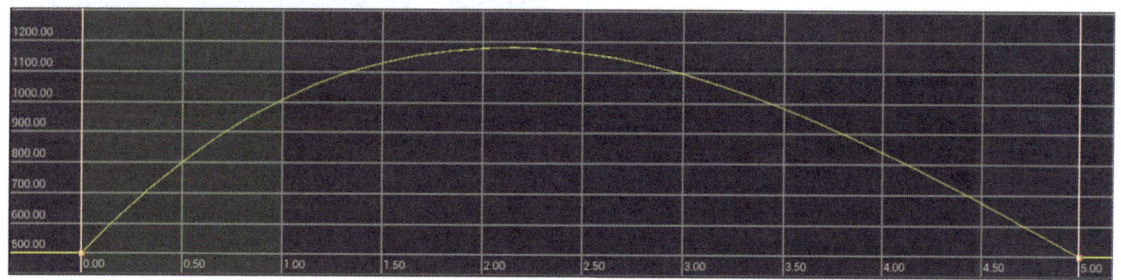

图6-95 Matinee最初关键帧为0，从这里起在时间经过的同时值发生变化，在最后的关键帧处停止。"当前播放处"称为"位置"

将Position返回开始位置

准备一个使Position返回开始位置的节点。右击蓝图编辑器图表，在出现的菜单中键入"set pos"，从出现的项目中选择"Set Position"选项。

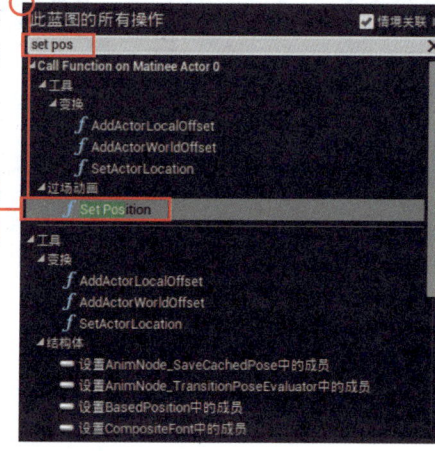

图6-96 选择"Set Position"选项

添加了"Set Position"节点

添加了"Set Position"节点。同时也添加了"MatineeActor"节点，并且连接于"Set Position"的"目标"。

"Set Position"节点用于变更Matinee的Position，包括如下输入项。

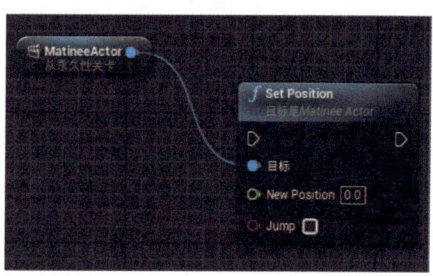

图6-97 添加的"Set Position"及"MatineeActor"节点

目标	连接要操作的Matinee节点
New Position	指定所设置的Position的值，可以直接输入值，也可以连接外部的实数值进行使用。初始状态为"0.0"
Jump	用于瞬时移动至新Position。勾选后，将会瞬时移动

连接节点

连接节点。拖曳"Play"的exec输出项释放于"Set Position"的exec输入项处以连接。这样,执行"Play"后,将会通过"Set Position"移动至0.0。

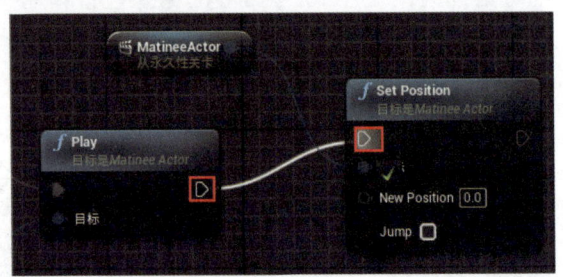

图6-98 将Play连接至Set Position

确认程序!

这样,"空格键→Play→Set Position"这一事件处理流程就创建完成了。事先确认连接没有遗漏。

另外,本示例中创建节点时分别自动创建了Matinee节点,可以把它们汇总至一个节点中,即把一个Matinee节点分别连接至"Play"与"Set Position"的目标,动作是完全相同的。

图6-99 完成的程序。Matinee节点有两个,可以都保留

运行!

单击工具栏中的"播放"图标运行程序,然后单击视口,按下空格键确认Matinee动画的移动。无论我们按多少次空格键,都会瞬间开始重新播放动画。即便动画正在播放,也会从一开始重新进行播放。

图6-100 播放并确认动作。无论按多少次空格键,都会瞬间开始重新播放动画

循环播放、停止与暂停

前面我们进行的都只是播放一次Matinee的操作。然而,Matinee也可以实现"循环播放"。通过一些设置就可以实现无限循环播放。

这时，就不仅仅是要使用"Play"播放了，还需要掌握"如何停止"。蓝图中预备有用于停止或暂停播放中的 Matinee 的节点。我们来使用一下。

首先我们来实现动画的无限循环播放。在关卡编辑器中选择"MatineeActor"，从细节面板的"Play"中设置如下项目。

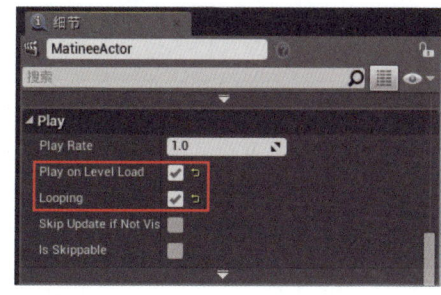

图6-101 勾选Play on Level Load与Looping

Play on Level Load	加载关卡后自动开始播放，勾选该项
Looping	用于循环播放，勾选该项

删除"Set Position"节点

返回蓝图编辑器，删除"Set Position"以及与之相连的"MatineeActor"节点。

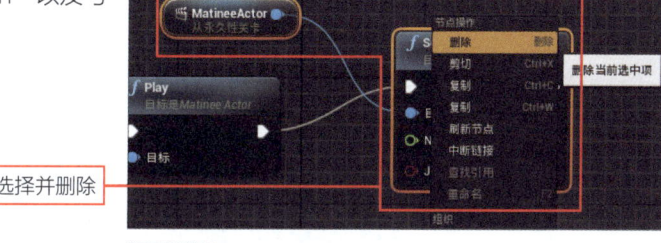

图6-102 删除不需要的节点

断开连接

断开"空格键"与"Play"间的连接。右击任意一方连接项，选择"断开到〇〇的连接"。

图6-103 断开"空格键"与"play"的连接

将"Play"连接至Released

将"空格键"的"Released"连接至"Play"的exec输入项。拖曳并释放Released到"Play"的exec输入项进行连接。这样，松开空格键后就可以进行播放了。

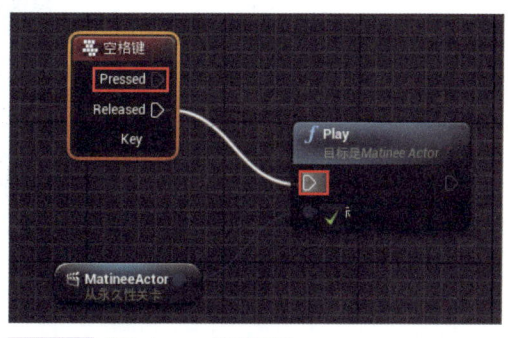

图6-104 将Released连接至Play

使用"Stop"节点

添加停止Matinee播放的节点,蓝图中预备有两个用于停止播放的节点。

停止的基本节点为"Stop"节点,用于在当前Position停止播放。如果再通过Play进行播放的话,会继续进行播放,不返回初始位置。

从菜单创建节点

接着,我们来使用Stop节点。在关卡编辑器中,选中Matinee(MatineeActor),右击关卡蓝图编辑器的图表,键入"stop",从检索出的菜单中选择"Stop"选项。

右击,从出现的菜单中检索并选择

图6-105 从菜单选择"Stop"

"Stop"节点创建完成

这样,"Stop"节点就创建完成了。照例也同时创建了Matinee节点,并且连接于"目标"。"Stop"与"Play"同样有着简单的结构,仅有一个用于连接要操作的Matinee的"目标"输入项。运行后,目标Matinee将停止播放。

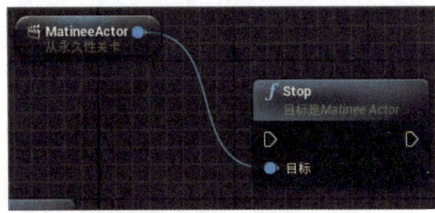

图6-106 添加的Stop与Matinee节点

将Stop连接至Pressed

将已创建的"Stop"连接至"空格键"。拖曳并释放空格键的"Pressed"至Stop的exec输入项进行连接。

这样,按下空格键后执行Stop,松开后执行Play的程序就创建完成了。

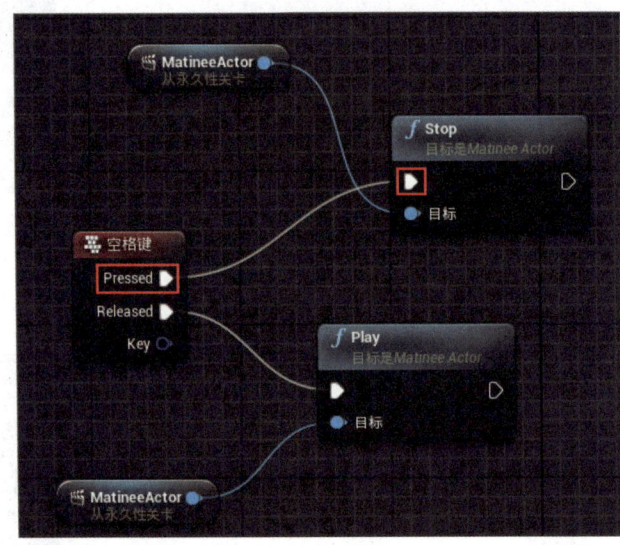

图6-107 将Stop连接至Pressed

运行！

运行程序。单击工具栏中的"播放"图标运行程序，盒体Actor立刻开始来回运动。单击视口，然后按下空格键，Actor仅在按下的期间停止运动，松开空格键后，又开始从停止的位置运动。

图6-108 按下空格键后，Actor在当前位置停止，松开按键后又开始运动

关于"Pause"节点

停止与播放的基础内容我们已经了解了，然而，如果要频繁重复示例中的"停止再恢复"操作，事实上有一个更易于使用的节点，那就是"Pause"节点。

Pause用于暂停Matinee，运行后，Actor会在当前位置停止。可能有人会问了"那不是和Stop一样吗？"两者的不同之处就在于是如何恢复静止的Matinee的。

通过Pause而静止的Matinee可以再次调用Pause来恢复动作，不需要Play。也就是说，只需要多次调用Pause就可以重复进行停止恢复的动作。

只是需要注意的是，"通过Pause恢复的只能是通过Pause而暂停的"。通过Stop而完全停止的，不能通过Pause恢复。

删除不需要的节点

那么，我们也来使用一下Pause节点吧。首先，删除不需要的节点。把"空格键"以外的所有节点都删除。

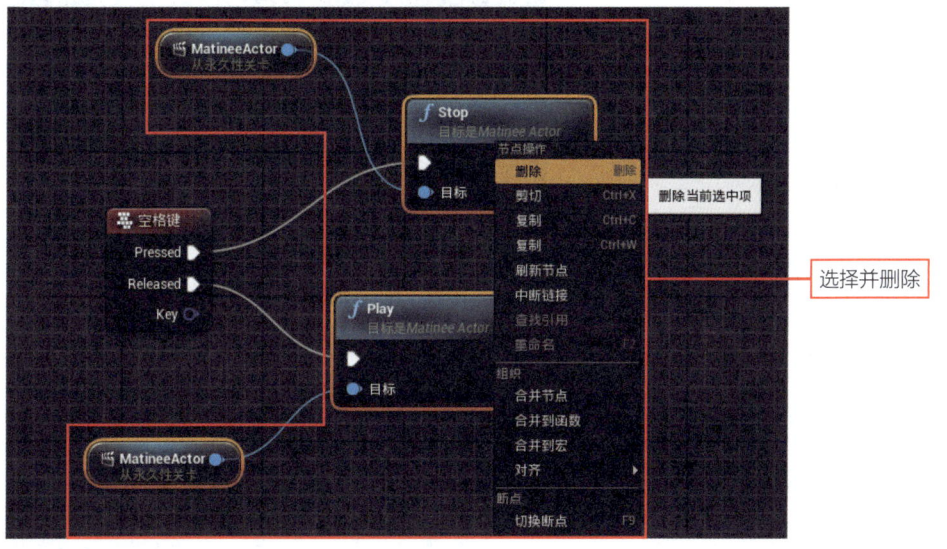

图6-109 删除空格键以外的所有节点

添加"Pause"

现在添加"Pause"节点。在关卡编辑器中选中Matinee（MatineeActor），右击蓝图编辑器图表，键入"pause",然后从检索出的项目中选择"Pause"选项。注意，会出现多个包含"Pause"名称的选项，这里使用的是仅显示为"Pause"的选项。

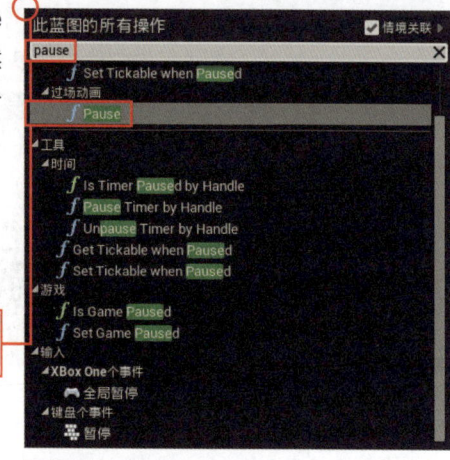

图6-110 右击图表，选择"Pause"选项

添加了"Pause"节点

图表中添加了"Pause"节点及Matinee节点，Matinee节点照例连接于"Pause"的"目标"。

该"Pause"与Play和Stop节点同样也是一个简单的节点，只有一个用于连接要操作的Matinee的"目标"输入项。只这样就可以实现暂停和恢复。那么两者有什么区别吗？并没有什么区别。如果是暂停状态通过"Pause"就可以恢复，如果是运行状态就可以实现暂停，仅此而已，非常简单！

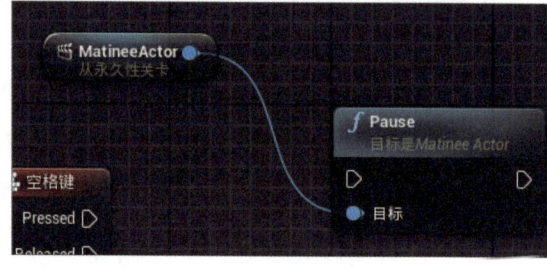

图6-111 添加了Pause与Matinee节点

连接空格键与Pause

连接"空格键"与"Pause"节点。将"空格键"的"Pressed"拖曳释放至"Pause"的exec输入项以连接。这样，按下空格键后调用Pause的处理流程就创建完成了。

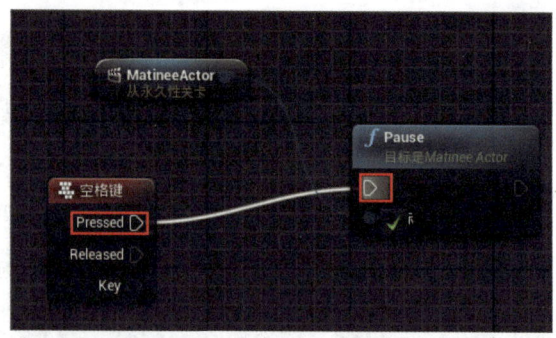

图6-112 连接Pressed与Pause

运行！

单击工具栏中的"播放"图标运行程序。开始后Actor来回运动，单击视口，按下空格键，Actor在当前位置停止，再次按下空格键Actor又开始运动。每次按下空格键Actor就会停止或恢复，这样反复运动。

图6-113 按下空格键，Actor停止。再次按下又开始运动

Matinee的结束处理与Matinee控制器

Matinee动画的动作通过"Play""Stop""Pause"就可以实现，还有一个需要掌握的就是"结束时的处理"。那么Matinee运行结束后该进行什么处理呢？

可能大家都会想"在Play节点后连接一些处理不就好了吗"，事实上这是不可行的。为什么呢？"Play"不会等到程序运行结束。"Play"只是单纯地命令Matinee"开始"，Matinee开始运行后立刻进入下一步处理。连接于Play后的节点，早在Matinee结束前（开始后紧跟着）就已经执行完毕了。

该怎么办呢？这时候蓝图中为我们预备有"Matinee控制器"。

使用Matinee控制器可根据Matinee的状态执行处理。Matinee结束后，调用连接于Matinee控制器的处理并执行。使用Matinee控制器后就可以在"结束后进行处理"了。

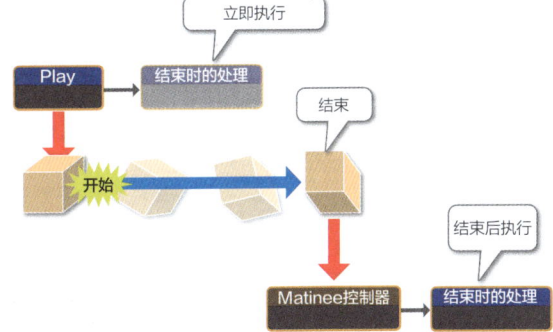

图6-114 在Play后准备的处理在Matinee开始后就立即运行了。使用Matinee控制器就可以在Matinee结束后执行处理

准备Matinee控制器

我们来实际使用一下Matinee控制器。在关卡编辑器中选中Matinee（MatineeActor），在选中状态下右击蓝图编辑器图表，选择"为Matinee-Actor_0创建一个Matinee控制器"选项。

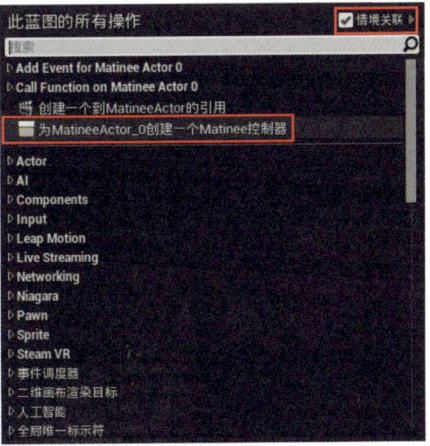

图6-115 选择"为MatineeActor_0创建一个Matinee控制器"选项

Matinee控制器创建完成

图表中添加了显示为"MatineeActor"的节点，即为Matinee控制器。该Matinee控制器中预备有"Finished"输出项。Matinee运行到最后并结束后，将调用连接于该Finished的处理并执行。

图6-116 已添加的Matinee控制器

如何"消除"Actor？

创建Set Actor Hidden In Game节点

现在我们创建一个处理，Matinee结束后"消除Actor"。在关卡编辑器中选中盒体Actor（Box_StaticMesh_1），然后右击蓝图编辑器图表，在出现的菜单中键入"hidden"，从检索出的项目中选择"Set Actor Hidden In Game"选项。

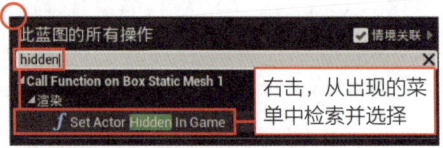

图6-117 选择Set Actor Hidden in Game

添加了"Set Actor Hidden In Game"节点

图表中添加了"Set Actor Hidden In Game"节点，同时也创建了Actor节点，连接于"Set Actor Hidden In Game"的"目标"。

"Set Actor Hidden In Game"节点用于消除Actor，可将Actor的渲染设置为OFF，以使Actor不显示。该节点有如下两个输入项目。

目标	连接要操作的Actor
New Hidden	指定显示状态。勾选后不显示，去掉勾选将显示

勾选New Hidden后将消除Actor，注意不要弄错。

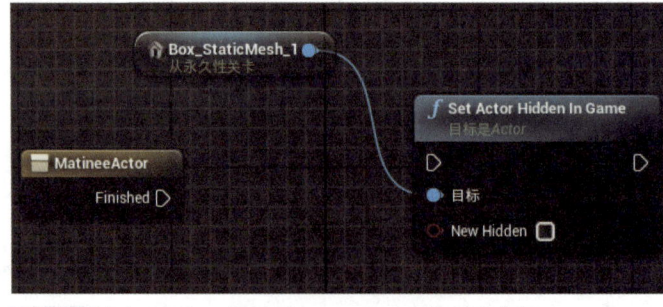

图6-118 添加了Set Actor Hidden In Game与Actor节点

连接节点

连接节点。将Matinee控制器的"Finished"拖曳并释放至"Set Actor Hidden In Game"的exec输入项以连接。然后勾选"New Hidden"。

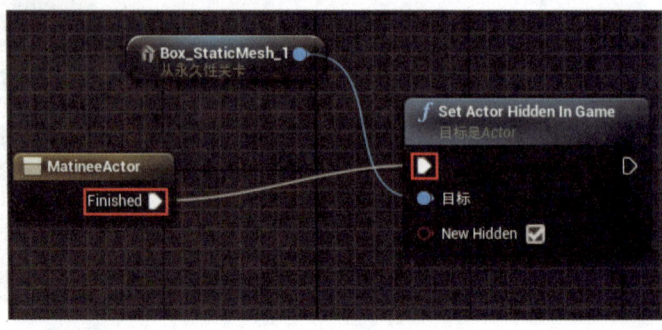

图6-119 连接Finished与Set Actor Hidden In Game，勾选New Hidden

去掉Matinee的Looping勾选

这样蓝图项目就创建完成了,但是还需要修改一个地方,那就是需要去掉Matinee的Looping勾选。本次使用的Matinee控制器是在Matinee正常结束时执行处理,循环播放的话就不会结束,那么也就一直无法进行调用了。

在关卡编辑器中选中Matinee(MatineeActor),从细节面板中的"Play"项目中去掉"Looping"的勾选。

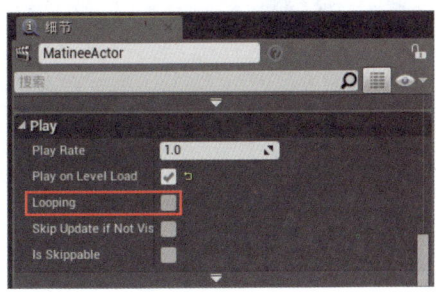

图6-120 从详细信息面板中去掉Looping的勾选

运行!

运行程序。单击工具栏中的"播放"图标开始运行后,Actor开始移动,缓慢来回运动回到最初位置后"啪"地消失了。由此可知,在Matinee的动画刚结束后就执行了"Set Actor Hidden In Game"。

图6-121 Actor开始移动,返回最初位置后瞬间消失

Chapter 6 编程Actor的"移动"!

Section 6-4 Matinee与蓝图Actor

使用Matinee也可以实时变更蓝图的变量,其中需要掌握"蓝图Actor"这一特殊Actor的使用方法。创建蓝图Actor就可以从Matinee操作变量的值了。

Matinee与蓝图

Matinee与蓝图的基本关系正如前面介绍过的,使用蓝图移动或停止Matinee,仅此而已。掌握这些就可以从程序中使用这些小动画了。

然而,Matinee的动画功能只是如此的话未免也太可惜了。可能很多人会问,就不能在程序中更好地发挥Matinee的功能吗?Matinee是通过使用曲线来平滑地变更各种值的。要是能够在程序中"使各种值按照事先指定的那样发生变化"就能做出非常有意思的内容了。例如要是能够使变量的值通过Matinee发生变化的话,那么"随时间而发生变化"这样的处理就可以很容易完成了。

像这样不仅可以"从蓝图内操作Matinee",要是还能做到"从Matinee内操作蓝图"的话,那么Matinee的用处就一下子多了起来。使之变为可能的关键就在于"蓝图Actor"。

什么是蓝图Actor?

蓝图Actor正如字面所说是"可以作为Actor而放置于关卡中的蓝图"。一提到蓝图就会自动想到"关卡蓝图",然而,蓝图除了关卡蓝图以外还有着其他多种多样的形式,蓝图Actor就是其中的一种。

蓝图Actor与静态网格和材质等一样是以文件的形式创建的,可在其中创建蓝图程序。其基本的使用方法与关卡蓝图相同,不同的是"只可以创建蓝图而不能运行"。

所创建的程序与静态网格等一样可以放置于关卡中使用,因为是蓝图的形式,所以即使放置了也不可见。但是,其中所创建的程序可以实现运行。

为什么突然冒出个蓝图Actor呢?那是因为"蓝图Actor是Actor,可在Matinee中操作"!

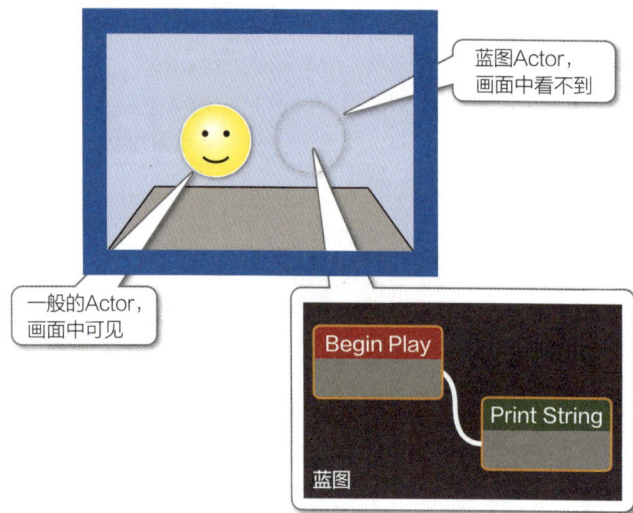

图6-122 蓝图Actor与一般的Actor一样,可以放置于关卡中使用。虽然画面中不显示,但是其中的程序可以实现运行

创建蓝图Actor

从内容浏览器中创建

我们来实际创建蓝图Actor。首先,如果Matinee编辑器或关卡蓝图编辑器是打开状态,关闭窗口返回关卡编辑器。

蓝图Actor是从内容浏览器中创建的,在内容浏览器中选中"Game"文件夹,单击"添加新项"图标,从中选择"蓝图类"。

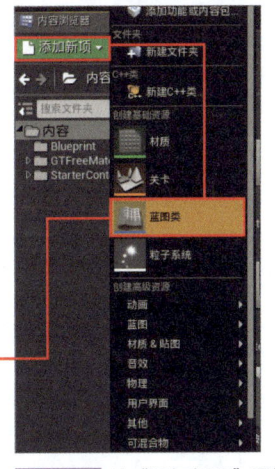

图6-123 从"添加新项"图标选择"蓝图类"

单击"Actor"按钮

出现一个对话框,从中选择要创建的蓝图种类。在该对话框中单击"Actor"按钮。

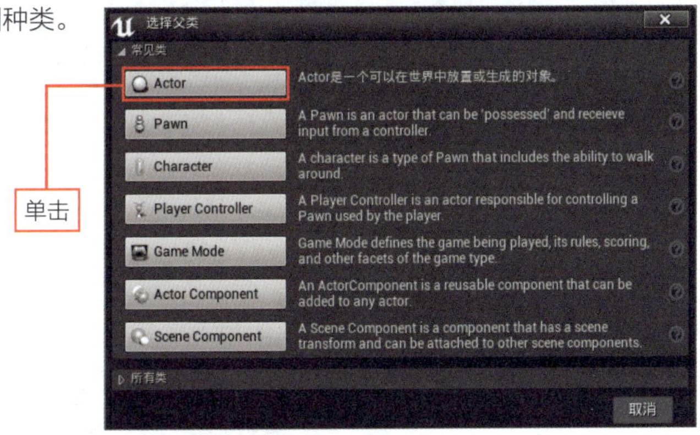

图6-124 单击"Actor"按钮

命名为"BPActor"

在内容浏览器中创建了蓝图文件,可以直接输入文件名,此处输入"BPActor"。这样蓝图Actor文件就创建好了。

图6-125 文件命名为"BPActor"

编辑蓝图Actor

打开已创建的蓝图Actor可进行编辑，双击打开，画面中出现编辑器窗口。与关卡蓝图编辑器的显示略有不同，画面中央的显示我们在材质编辑器中见过，显示有3D预览视口（可能有的用户的显示与图中不同，这个我们后面再进行说明）。

该蓝图Actor编辑器中央排列有用于创建蓝图的编辑器及预览画面视口。仔细观察，视口上方显示有"视口""构建脚本""事件图表"三个选项卡标签，单击后会切换到相应的界面。

另外，工具栏中还预备有"类设置""类默认值"这些不常见的图标，用于对蓝图进行细项设置。将"视口""蓝图图表""各种设置"组合来创建蓝图类。

图6-126 蓝图类的编辑画面。画面中央为预览显示的视口

加入静态网格

加入作为Actor显示的组件。从位于关卡编辑器的内容浏览器拖曳"Box_StaticMesh_1"图标，释放在蓝图类编辑器的"组件"面板内，以加入Box_StaticMesh_1。

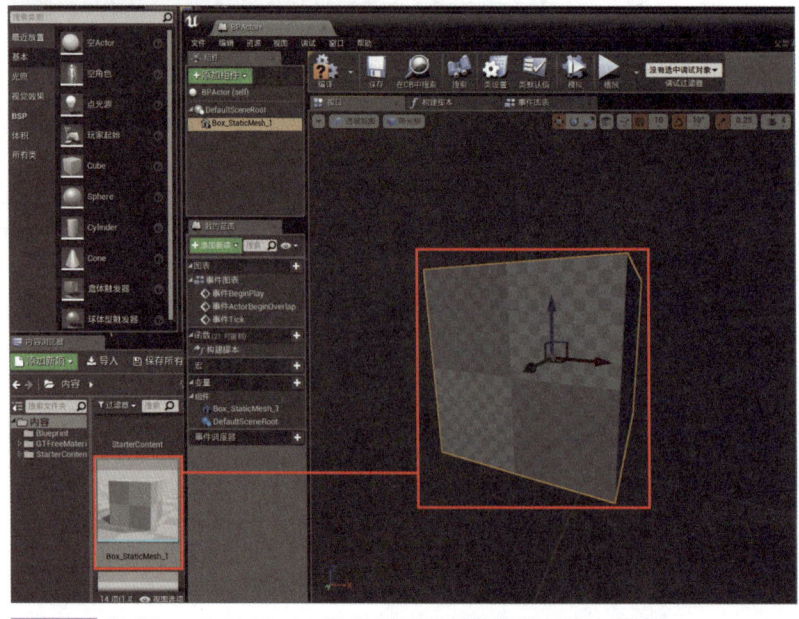

图6-127 将"Box_StaticMesh_1"拖曳并释放到组件面板以加入该组件

关于默认设置

从工具栏单击"类默认值"图标，细节面板中将会显示出细节设置。同样，单击工具栏中的"类设置"图标，细节面板中也将显示出另外的细节设置。这些是蓝图类的初始设置以及与行动相关的设置。这些无需马上掌握，可以忽略这些显示的设置。只需要知道"使用这些图标可以进行蓝图类的设置"。

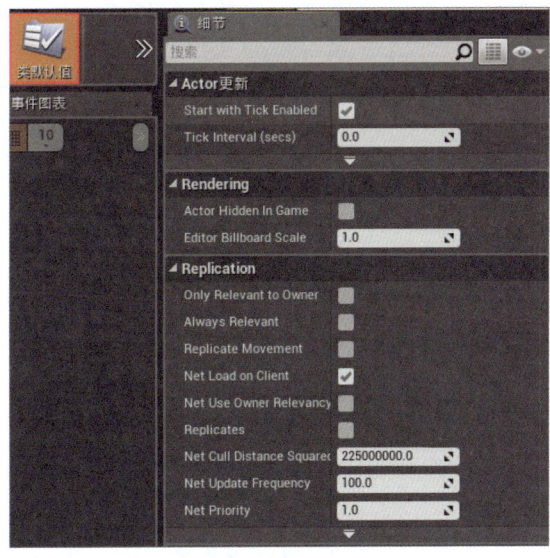

图6-128 默认模式下细节面板中所显示的细节设置

关于"事件图表"模式

接下来我们进入蓝图创建画面。单击视口上方的"事件图表"选项卡标签，切换至我们已熟知的蓝图编辑画面，在这里创建蓝图程序。

图6-129 图表模式下可创建蓝图

操作变量

准备变量

现在来创建蓝图。首先准备变量。单击"我的蓝图"中"变量"处的"+"标记,创建一个变量,命名为"F_VAL"。

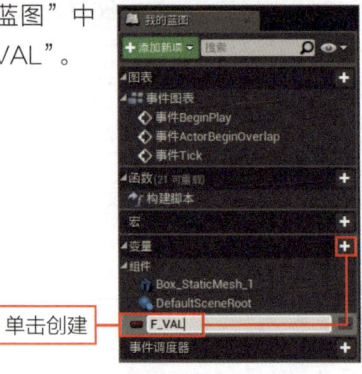

图6-130 创建变量并命名为"F_VAL"

设置变量

选中已创建的变量F_VAL,从细节面板中将"变量类型"变更为"浮点型",并勾选下方的"显示到Matinee"。这样就可以从Matinee访问该变量了。

设置完成后,单击工具栏中的"编译"图标进行编译。

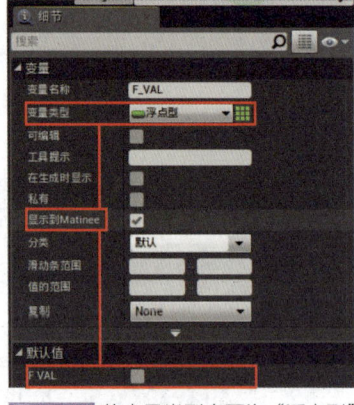

图6-131 将变量类型变更为"浮点型",并勾选"显示到Matinee"

创建Tick事件处理

接下来为蓝图创建处理。这里我们创建一个简单的处理"设置Actor的角度"。

首先,准备事件。该图表中预备有"事件图表"与"构建脚本"两个选项卡,创建是在"事件图表"中进行,而不是在"构建脚本"中,注意不要弄错。

创建Tick事件

"事件图表"的初始状态下就预备有"Tick"节点,直接就可以使用。若没有找到,可以右击图表,键入"tick"选择"事件Tick"选项来添加节点。

图6-132 没有找到Tick节点时,可以右击图表选择"事件Tick"选项来添加节点

添加了"事件Tick"节点

图表中预备有"事件Tick"节点,因为之前使用过,这里就不多做说明了。为其连接处理后就可以实时持续执行处理了。

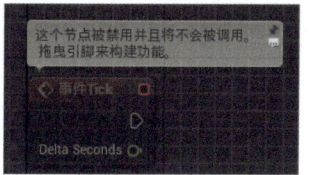

图6-133 默认预备的Tick节点

选择"Set Actor Rotation"选项

右击图表,键入"actor rotation",从检索出的项目中选择"Set Actor Rotation"选项。

右击,从出现的菜单中检索并选择

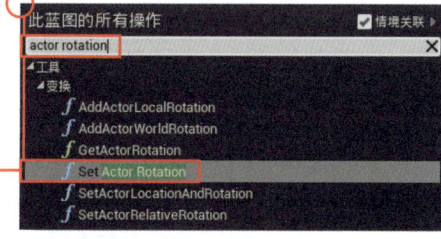

图6-134 选择"Set Actor Rotation"选项

添加了"Set Actor Rotation"节点

这样,"Set Actor Rotation"节点添加完成,现在就可以设置Actor的朝向了。

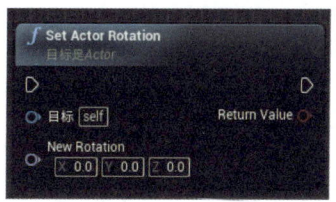

图6-135 添加了"Set Actor Rotation"节点

添加F_VAL节点

从"我的蓝图"中,将"F_VAL"拖曳并释放于图表中并选择"获得"选项,以添加F_VAL节点。这样,3个节点就准备好了。

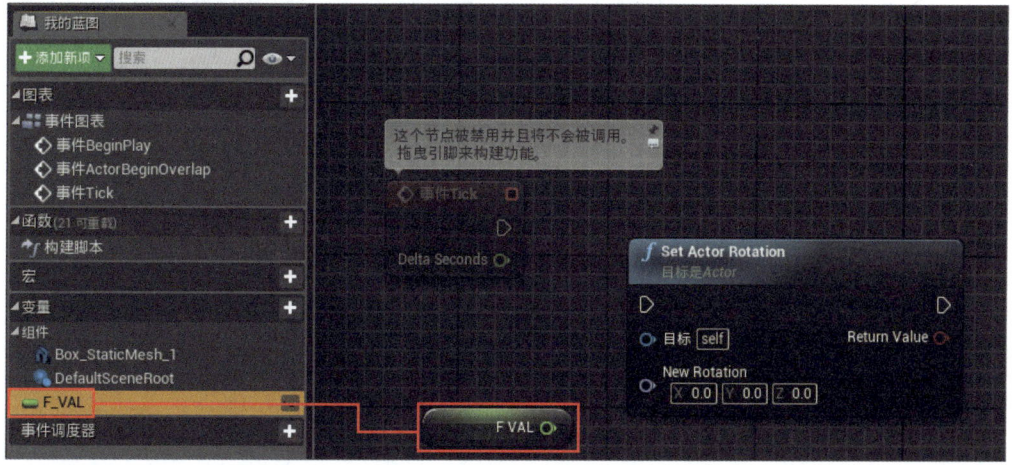

图6-136 将变量F_VAL放置于图表中

添加"Make Vector"节点

接着,添加"Make Vector"节点。右击图表,键入"make vector"并选择"Make Vector"选项。

右击,从出现的菜单中检索并选择

图6-137 选择"Make Vector"选项

添加了"Make Vector"节点

这样,"Make Vector"节点就添加完成了。至此,所需节点已全部准备就绪。

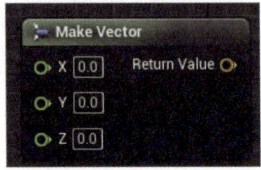

图6-138 添加的"Make Vector"节点

连接节点

接下来,按如下步骤连接节点。
- 将Tick的exec输出项连接至"Set Actor Rotation"的输入项。
- 将变量F_VAL的输出项连接至新添加的"Make Vector"的"X"。
- 将"Make Vector"的"Return Value"连接至"Set Actor Rotation"的"New Rotation"(自动插入类型转换节点)。
- 将"Make Vector"节点的"Y"值设为"1.0",将"Z"的值设为"0.0"。

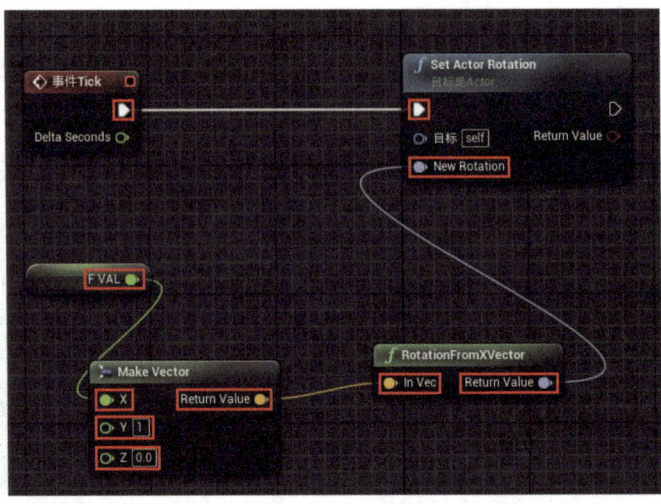

图6-139 连接节点以完成程序

放置BPActor

这样，蓝图Actor的程序就完成了。接下来将BPActor放置于关卡内。从内容浏览器中拖曳"BPActor"图标，在视口内释放以进行放置。调整位置确保不与其他Actor发生重叠。

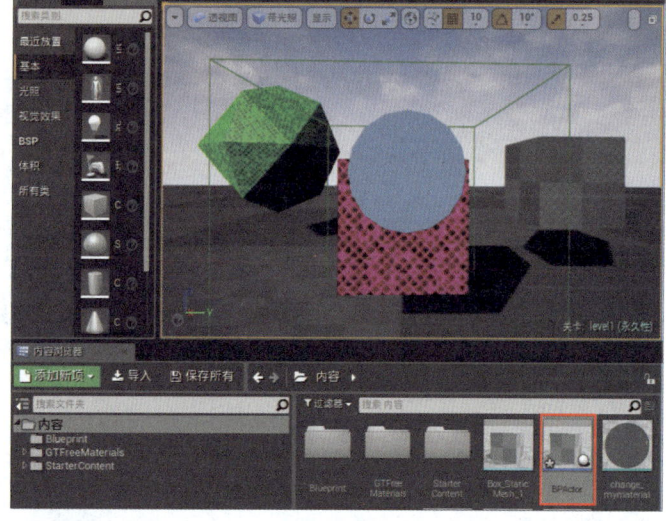

图6-140 拖曳并释放BPActor进行放置

运行！

单击工具栏中的"播放"图标运行程序，屏幕将显示已放置的BPActor。

只是，虽然为Tick设置了Set Actor Rotation，但是Actor并没有旋转。这是因为旋转角度中使用到的"Make Vector"的值所设置的变量F_VAL的值仍为0，并没有发生改变，所以没有旋转。

图6-141 运行后，BPActor为静止状态

添加Matinee

接下来添加Matinee，操作蓝图Actor的变量。单击关卡编辑器工具栏中的"过场动画"图标，选择"添加Matinee"选项，以添加Matinee。示例中为"MatineeActor1"。

图6-142 选择"添加Matinee"选项，以添加新Matinee

打开了Matinee编辑器

添加Matinee的同时打开了名为MatineeActor1的Matinee编辑器，在这里创建操作BPActor的Matinee。

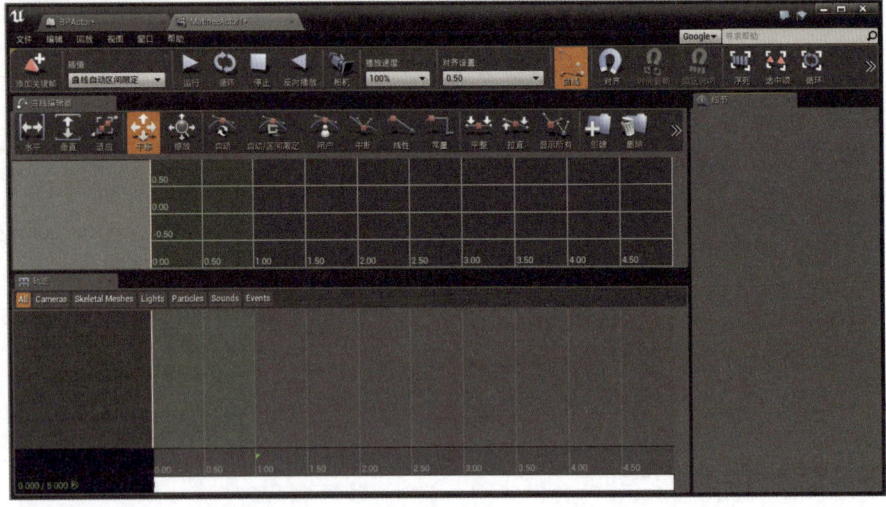

图6-143 打开的Matinee编辑器

创建新组

为轨迹添加组。右击轨迹，选择"添加新空组"选项，命名为"val_group"。

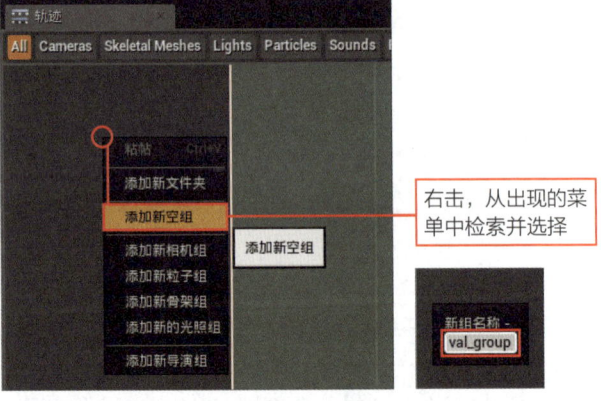

图6-144 创建新组，命名为"val_group"

添加Actor

在关卡编辑器中选中之前添加的"BPActor"，然后右击添加于Matinee轨迹的"val_group"，选择弹出菜单中"Actor"下的"选择选中的Actors"选项，以添加BPActor。

图6-145 选择"选择选中的Actors"选项

添加Float Property Track

右击轨迹中的"val_group",选择"添加新Float Property Track"选项。

右击,从出现的菜单中检索并选择

图6-146 选择"添加新Float Property Track"选项

选择属性

画面中出现"选择属性"窗口。"属性名称"选择"F_VAL",单击"好"按钮。

图6-147 选择属性

F_VAL添加完成!

轨迹中添加了"F_VAL"项,接下来在曲线中设置该F_VAL的值即可。

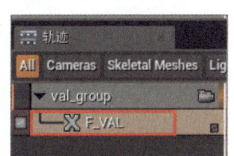

图6-148 轨迹中添加了"F_VAL"项

在曲线中设置变量F_VAL的值

接下来在曲线编辑器中变更F_VAL的值。单击轨迹中添加的"F_VAL"项右侧的小方块标记,将F_VAL添加于曲线编辑器中。如果项目没有显示,则调整曲线编辑器的大小以更新显示。

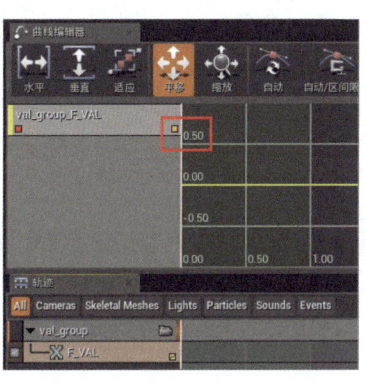

图6-149 使F_VAL显示于曲线编辑器中

添加关键帧

接着单击工具栏中的"添加关键帧"图标,为0.0处添加关键帧。

图6-150 在0.0处添加了关键帧

添加结束的关键帧

拖曳轨迹刻度0.0处的黑色竖线至5.0处,然后单击工具栏中的"添加关键帧"图标,在5.0处添加第2个关键帧。

图6-151 为5.0处添加关键帧

变更关键帧的值

拖曳第2个关键帧（5.0处）将值变更为"90"。纵轴的值可以单击"缩放"图标后在曲线图表内拖曳来放大或缩小。选择工具栏的"平移"工具并拖曳关键帧来调整位置。

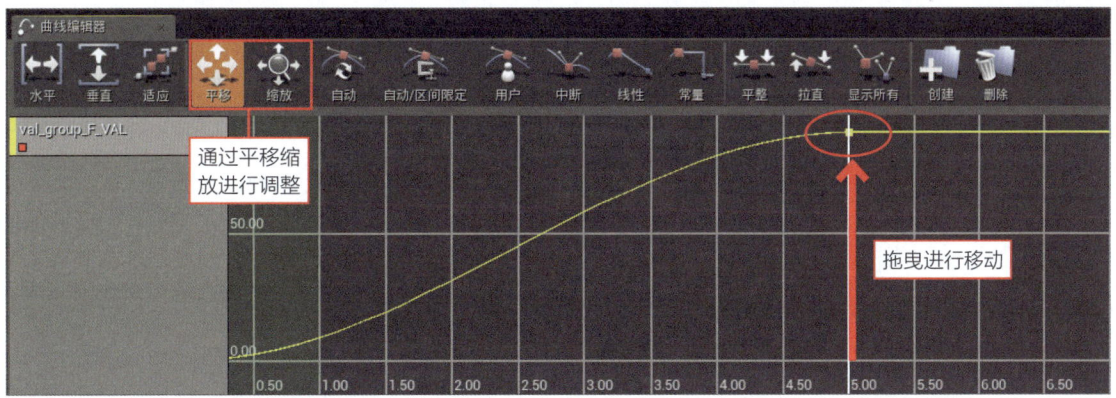

图6-152 将第2个关键帧的值变更为90

设置Matinee

这样Matinee就创建完成了。接下来，对已放置的Matinee进行设置。在关卡编辑器中选择"MatineeActor1"，在细节面板中勾选"Play on Level Load"和"Looping"复选框。这样，开始后就可以不停地播放Matinee了。

图6-153 设置Matinee

运行！

使用工具栏中的"播放"图标运行程序，已放置的BPActor立方体就以一定的间隔进行旋转。旋转并不是以一定的速度进行，而是慢慢地旋转或者突然变快。不同于Tick事件中单纯以一定的角度进行旋转。这是由于使用了Matinee曲线，变量F_VAL的值会实时发生变化，于是形成了这样不稳定的旋转。

像这样，通过在Matinee中操作变量的值，就可以平滑地变换程序中进行的处理。通过计算来变更值也只是增减一定的值，程序往往过于单一。使用Matinee就可以简单地实现值的曲线变化。

本章重点知识

以上就是与动画有关的基本操作，动画是制作程序的关键部分，虽然Unreal Engine中还预备有许多功能，但能够先掌握并使用这些内容应该就可以创建动画与蓝图相结合的处理了。

只是本章内容较多，要一次理解掌握比较困难。首先来掌握一些要点内容吧。

物理引擎的使用中只需理解"Add Force"即可！

本章一开始讲解了如何使用物理引擎进行处理，非常简单。通过"Add Force"来推动Actor移动，明白这点即可。

掌握OnActorHit

碰撞处理只需要牢牢掌握最基本的"OnActorHit"，就可以创建碰撞Actor的处理。而且，后面所介绍的事件与OnActorHit的使用方法大致相同，所以掌握了OnActorHit，这些也就不在话下了。

"Play"和"Stop"是操作Matinee的基础内容

要从蓝图内使用Matinee，只需牢牢掌握"Play"与"Stop"就可以根据需要灵活地停止或播放Matinee。

重叠、触发器这些内容可在熟练使用OnActorHit之后再进行了解掌握。此外，蓝图Actor与Matinee的结合使用只是一种应用技巧，不掌握也无妨。

Chapter 7

创建正式的应用程序！

前面我们学习了蓝图的基本功能，下面让我们来学习制作真正的游戏所用到的技巧吧。本章中我们一起来掌握"平视显示器"的使用方法，并用它来制作应用程序吧。

Chapter 7 创建正式的应用程序！

Section 7-1 平视显示器（HUD）

在Unreal Engine中，平视显示器是用于为玩家显示信息的一项重要功能。本章中我们来学习它的基本使用方法。

什么是平视显示器？

前面我们主要对如何从蓝图中使用Actor为中心内容进行了讲解。然而，游戏画面中除了预备有Actor，还有其他一些重要的内容，那就是"用户界面（UI）"。

例如，显示游戏得分、提示、道具选择，游戏关卡设置，这些都是以文本或数字显示于画面中，通过鼠标操作滑块、菜单、按钮等来进行。而显示与设置这些信息，必不可少的就是UI。

Unreal Engine中预备有"平视显示器"，它是可以直接显示于画面中的一种UI。通过创建HUD并显示，就可以将一些必要的信息传递给玩家，或供玩家输入所需信息。

该平视显示器是以"控件蓝图"的形式创建的，虽说如此，也并不全部通过蓝图来实现。还需要使用专门的设计工具来创建显示画面，随后通过蓝图在其中设置值、取出所变更的值，仅处理部分是通过蓝图创建的，然后方可使用。

那么，让我们在创建HUD的过程中来掌握它的基本使用方法吧。

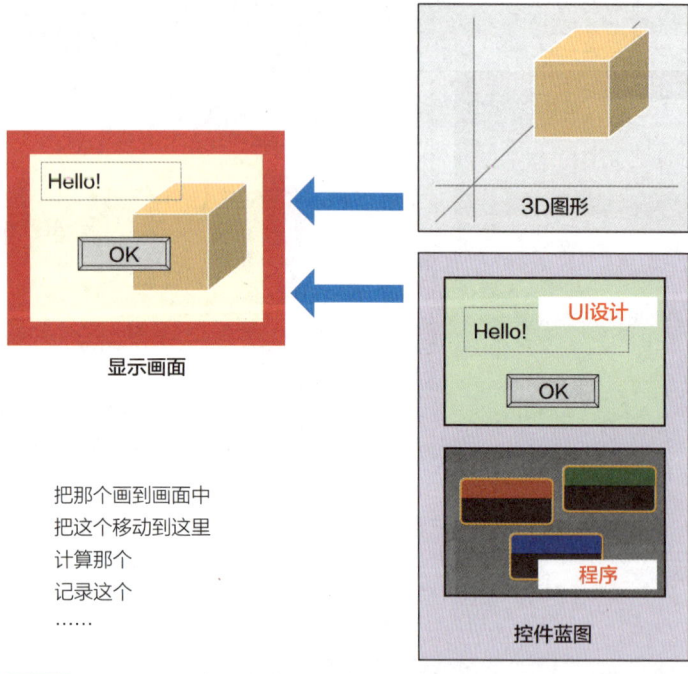

图7-1 平视显示器是在3D图像上叠加控件蓝图所设计的UI来进行画面显示的

创建控件蓝图

从内容浏览器创建

接下来我们来创建控件蓝图。控件蓝图可通过关卡编辑器的内容浏览器来创建。单击"添加新项"按钮，从出现的菜单中选择"用户界面"（滚动至下方就可以看到）子菜单中的"控件蓝图"选项。

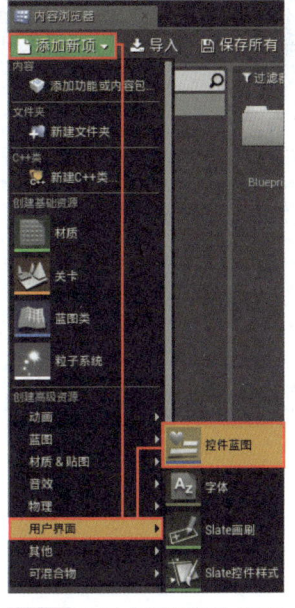

图7-2 选择"控件蓝图"选项

设置名称

内容浏览器中创建了控件蓝图文件，可直接输入文件名"HudWidget1"。

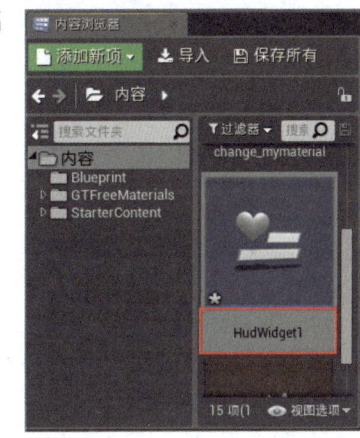

图7-3 命名为"HudWidget1"

打开控件蓝图

双击已创建的控件蓝图图标，打开一个蓝图编辑器窗口，其界面与关卡蓝图编辑器略有不同。

窗口的右上方显示有"设计师"与"图表"两个标签，分别为设计GUI（图形用户界面）的界面和创建蓝图程序的界面，可切换两种模式进行相关操作。默认显示为进行HUD设计的专用模式界面，这是我们之前没有见过的界面显示。

设计师模式和图表模式的切换可以通过单击右上方显示的"设计师""图表"标签来实现，使用方法和其他编辑器相同。下面简单总结一下界面中所显示的面板。

图7-4 控件蓝图编辑器的"设计师"模式界面

设计师面板

显示于画面中央的面板,虚线方框内的区域用于设计UI,在这里放置和布局UI部件。

图7-5 设计师面板,在这里放置和编辑UI

工具栏

工具栏再熟悉不过了吧,位于窗口上方排列有各种图标,包括"编译""保存""在CB中搜索""播放"。此外还有"调试过滤器",在确认动作时使用,眼下还用不到。

图7-6 工具栏,常用功能以图标的形式排列

控制板

位于左上方的面板。这里汇总了可在HUD中使用的部件。可以从这里拖曳要使用的部件释放于设计师面板中，以创建所需画面。

图7-7 控制板，汇总有UI部件

层次结构面板

位于控制板下方。这里可以层次分明地整理显示出加入设计师面板中的UI部件的排列状态。UI部件中有大量部件，其中包含有用于整理布局的部件，使用它们就可以一目了然地布局大量的部件。

使用这样的部件进行布局时，哪个部件加入到什么位置可能不易区分，但从层次结构面板中就可以清楚地确认其组织结构了。

图7-8 层次结构面板，层次分明地显示UI部件的组织结构

详细信息面板

这也是再熟悉不过的面板了，用于对UI部件进行细项设置。选中UI部件后，其设置内容将显示在这里。

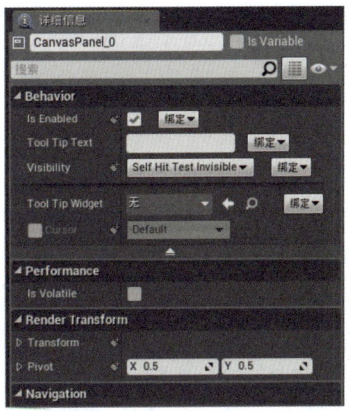

图7-9 详细信息面板，用于设置选中的项目

动画/时间轴

并排显示于窗口下方的两个面板，用于对动画进行相关设置（这里不使用）。

图7-10 动画与时间轴面板，可用于设置动画

放置UI部件

接下来，在设计师面板中放置UI部件。设计师面板中默认只放置有一个部件"[Canvas Panel]"，其透明且不显示任何内容，只能看到一个虚线方框。这个Canvas Panel是UI部件的基础，UI部件并不是可以随意放置的，而是要放入Canvas Panel中。

图7-11 默认只放置有一个Canvas Panel部件，将UI部件放入其中

放置Vertical Box

接下来放置用于布局的"Vertical Box"部件。从控制板中找出"面板"下的"Vertical Box"部件进行放置。放置后，选中并调整其位置和大小。这里我们将它放置于Canvas Panel的左上方，大小调整为Canvas Panel的一半。

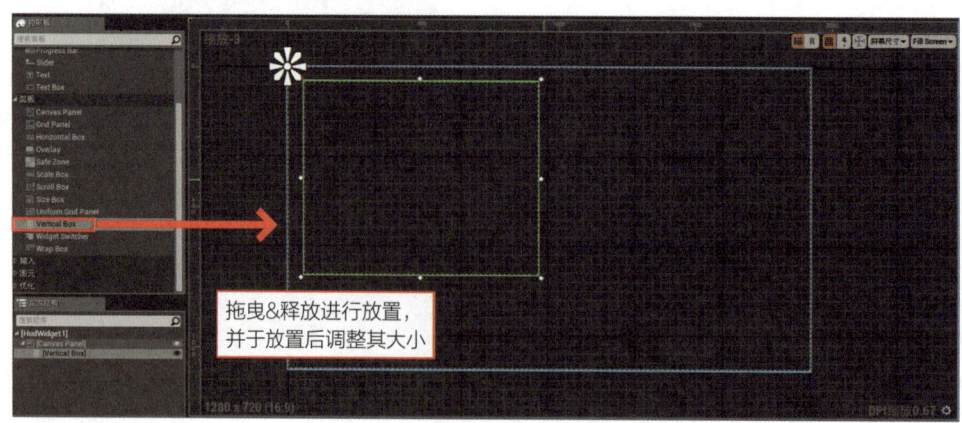

图7-12 放置Vertical Box

放置Text

接下来放置需要显示的部件。首先来添加用于显示文本的"Text"部件。

从控制板中拖曳"常见"项中的"Text"部件释放于已放置在设计师面板中的Vertical Box中。这样就加入了显示为"文本块"的Text部件。

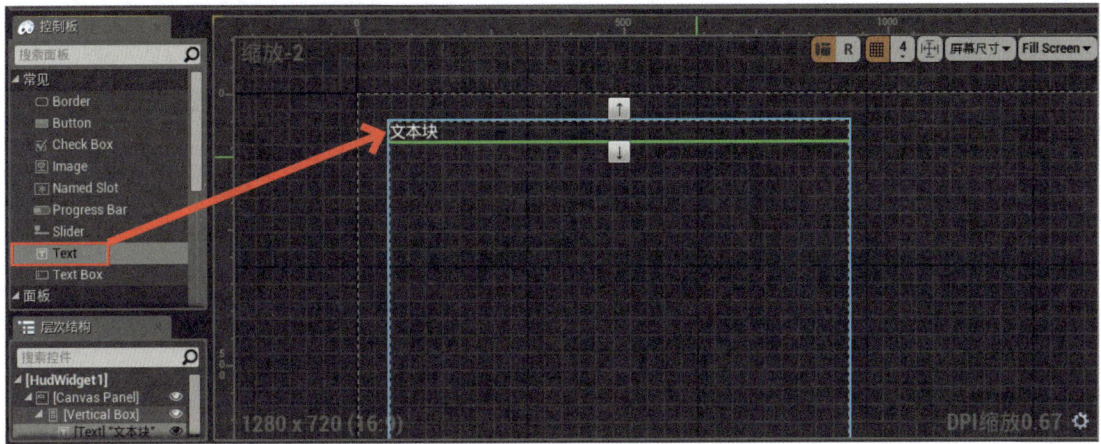

图7-13 放置Text

设置Text

对已放置的Text进行设置。选中Text，从详细信息面板中变更如下项目的值。

名称	在详细信息面板最上方将名称设置为"TextBlock_1"
Padding	设置周围的空白，这里设为"25"
Text	设置要显示的文本，这里设为"HUD Widget"
Color and Opacity	在"Appearance"中，用于设置颜色与透明度。可保留为默认的白色，如果想为其上色，可以在这里选择适当的颜色
Font	在"Appearance"中，用于指定字体名称、类型、大小。设置为"Roboto""Bold""48"

设置完成后，单击工具栏中的"保存"图标进行保存。

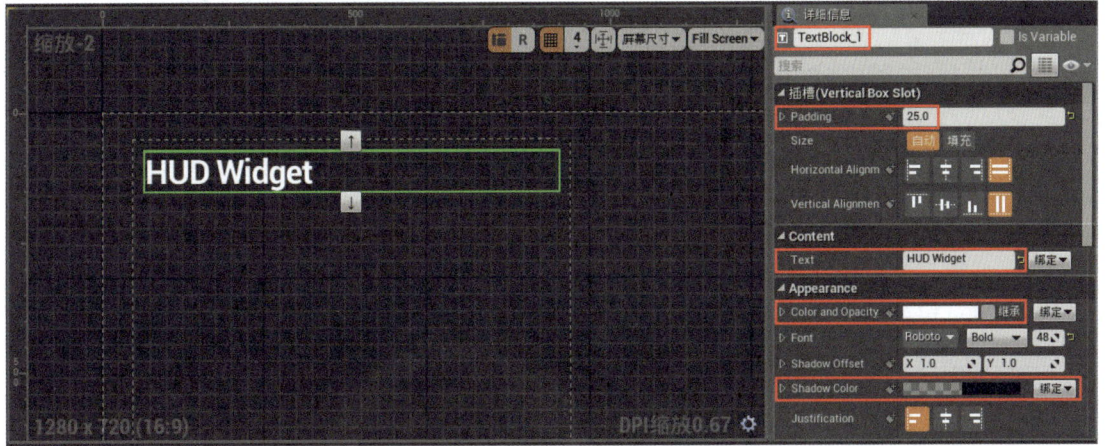

图7-14 设置Text

显示HUD

这样就可以显示HUD了，先来创建HUD并显示吧。

添加Begin Play节点

从关卡编辑器的工具栏中单击"蓝图"图标，选择"打开关卡蓝图"选项。右击图表，键入"begin play"，选择"事件BeginPlay"选项。

图7-15 选择"事件 Begin Play"菜单

添加了Begin Play节点

这样"事件BeginPlay"节点就添加完成了。这是游戏开始时自动调用的节点。在这里准备用于显示HUD的处理。

图7-16 添加了Begin Play节点

选择"创建控件"选项

准备创建控件蓝图的节点。右击图表，键入"creat widget"，然后选择"创建控件"选项。

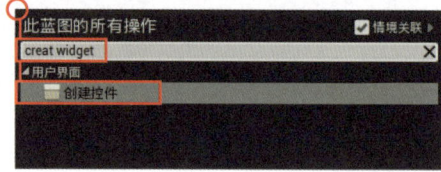

图7-17 选择"创建控件"选项

添加了"创建控件"节点

图表中添加了节点，默认显示标题为"构建NONE"，用于创建控件蓝图，其中预备有几个输入输出项。

Class	指定要创建的控件蓝图
Owning Player	指定Owning Player部件。本次不使用
Return Value	传递所创建的部件

图7-18 创建的控件节点

设置并连接节点

接下来按如下方式对所放置的节点进行设置并连接。
- 将"事件BeginPlay"的exec输出项连接至"创建控件"节点的exec输入项。
- 单击"创建控件"节点的"类"值，选择"Hud Widget 1"。

这样，游戏一开始就会创建Hud Widget 1部件。但是，程序还没有完成。

图7-19 设置并连接节点。这样就可以进行创建控件蓝图的处理了

选择 "Add to Viewport" 选项

这样控件蓝图就创建完成了,但是不会在画面中显示。接下来,添加用于显示控件蓝图的节点。右击图表,键入"add to view",选择"Add to Viewport"选项。

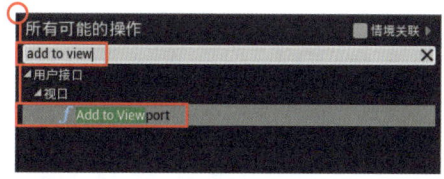

图7-20 选择"Add to Viewport"选项

添加了 "Add to Viewport" 节点

图表中添加了"Add to Viewport"节点,用于将蓝图中创建的部件显示于画面中。为"目标"输入项连接添加的部件。

图7-21 Add to Viewport节点,这样就可以将部件显示于画面中了

连接节点

连接节点。将"创建控件"节点与"Add to Viewport"节点按如下方式进行连接。
- 将"创建控件"节点的exec输出项连接至"Add to Viewport"节点的exec输入项。
- 将"创建控件"节点的"Return Value"连接至"Add to Viewport"节点的"目标"。

这样,游戏开始后就会创建控件蓝图并显示于画面中,处理创建完成。

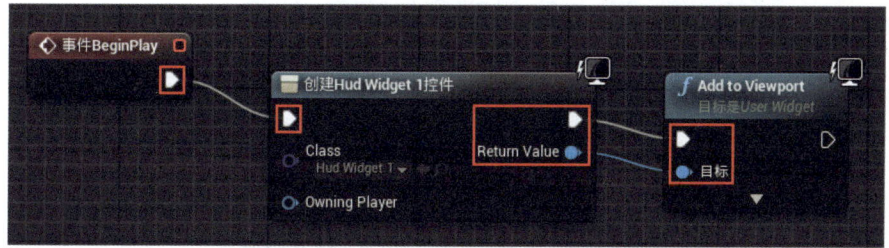

图7-22 连接Add to Viewport节点

运行！

使用工具栏中的"播放"图标运行程序，运行后，画面左上方将显示"HUD Widget"文本，即通过所创建的控件蓝图显示出的HUD。

图7-23 运行后，显示"HUD Widget"文本

为GUI设置值

单纯显示UI，我们已经完成了。然而，所谓UI，是从程序内部设置值或根据需要将用户设置的值取出并进行使用，我们还要理解程序与UI之间的交互。

从外部设置文本的相关准备

首先，我们来实现从外部设置Text的显示文本。这就要用到"绑定"功能了。回到Hud Widget 1的控件蓝图编辑器，然后选中所放置的Text，从详细信息面板中找出"Text"项。

该项目的右侧显示有"绑定"按钮，单击，将会出现"创建绑定"选项，选择该选项。

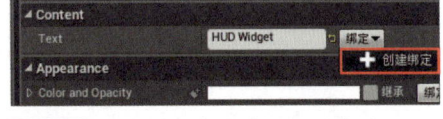

图7-24 选择"Text"的"创建绑定"选项

创建了"GetText_0"函数

编辑器的显示由"设计师"切换至"图表"，函数部分也创建了"GetText_0"，当前处于打开的可编辑状态。该"GetText_0"是用于为UI的Text设置值的函数。这里默认准备有"Get Text 0"与"返回节点"节点。"Get Text 0"为函数的起始点，"返回节点"用于为Text指定设置值。为"返回节点"的"Return Value"设置值后，将会设置于Text中。

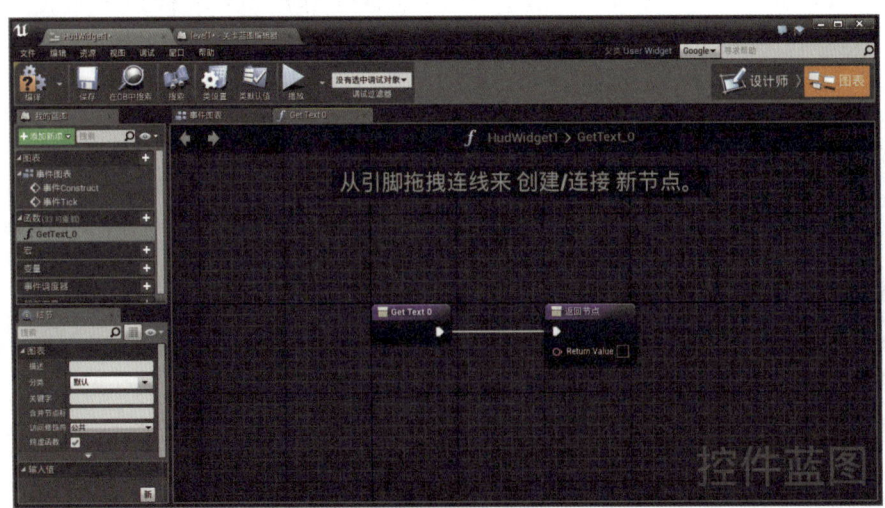

图7-25 创建了"GetText_0"函数

准备变量text_val

将通过GetText_0设置的文本以变量的形式创建。单击HudWidget1图表中的"事件图表"选项卡标签切换显示（没有该选项卡时，从"我的蓝图"中双击"事件图表"打开）。在该"事件图表"中可创建HudWidget1的常规程序。

单击"我的蓝图"中"变量"处的"+"标记创建变量，并将其命名为"text_val"。

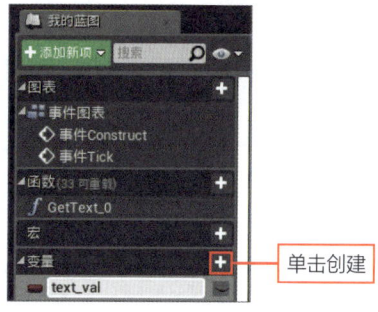

图7-26 创建"text_val"变量

设置text_val

选中创建的变量"text_val"进行如下设置。

变量公有	在"我的蓝图"的"text_val"项的右端有一个闭着眼睛的图标，单击，将其变更为睁着眼睛的状态。这样，就可以从外部使用该变量了。变更后，单击工具栏中的"编译"图标进行编译
变量类型	从细节面板中将变量类型的值变更为"字符串"

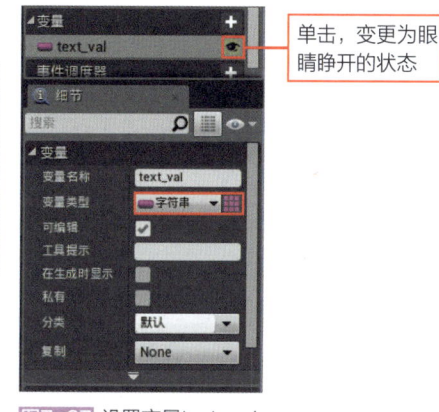

图7-27 设置变量text_val

为关卡蓝图添加"text_val"

接下来，切换至关卡蓝图编辑器（单击窗口上方的选项卡标签进行切换），在这里添加取出变量text_val值的节点。

右击图表，去掉"情境关联"的勾选，键入"text val"，从检索出的项目中选择"设置 Text Val"选项。

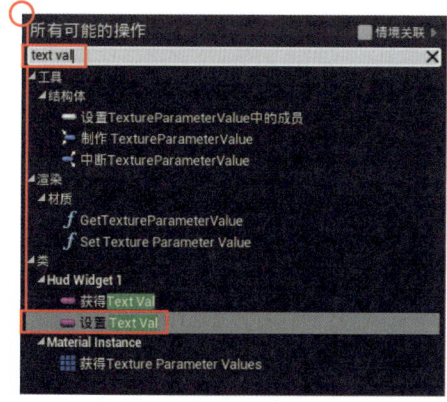

图7-28 选择"设置 Text Val"选项

连接节点

将创建的"设置"节点加入程序中，按如下步骤进行操作。
- 将"Add to Viewport"的exec输出项连接至"设置"节点的exec输入项。
- 将"创建控件"的"Return Value"连接至"设置"节点的"目标"。

- 将"设置"节点的"Text Val"变更为"this is new text."。

这样,在游戏开始时为游戏添加了变更text_val值的处理。

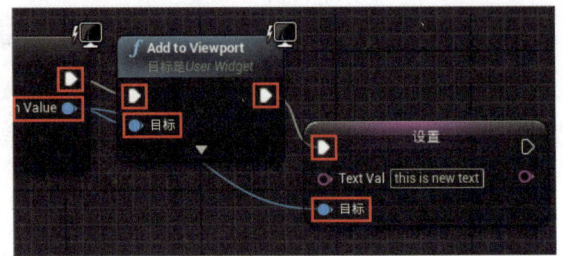

图7-29 连接节点并设置值

将text_val设置于Text中

最后,将变量text_val的值设置于Text中。再次切换至蓝图编辑器"HudWidget1",切换到"Get Text 0"选项卡。

将"我的蓝图"中的"text_val"拖曳并释放至图表中,选择"获得"选项,以添加"Text Val"节点。

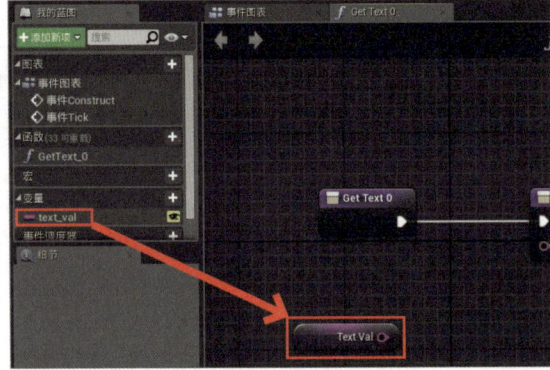

图7-30 在Get Text 0函数中,将变量text_val节点添加至图表中

将节点连接至返回节点

将已放置的"Text Val"节点连接至"Return Value"。这样,就可以在Text中显示变量text_val的值了。

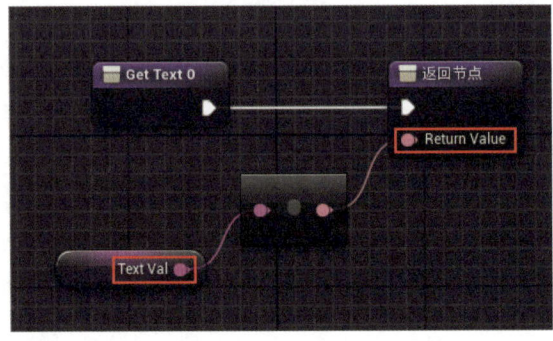

图7-31 将"Text Val"连接至"Return Value"

运行!

程序创建完成。使用工具栏中的"播放"图标运行程序,可以看到,运行后画面中将显示"this is new text."文本。变量text_val中设置的值显示于画面中!

图7-32 运行后,文本变为"this is new text."

添加Text Box

这次,我们来实现用户输入值的效果。有各种UI可供选择,这里我们使用最基本的"Text Box"。Text Box可用于直接填写文本,但仅供输入一行简单文本时使用。

从控制板放置Text Box

单击HudWidget1右上方的"设计师"标签切换至"设计师模式",然后从控制板的"常见"中拖曳"Text Box"释放于设计师面板的"Vertical Box"中。

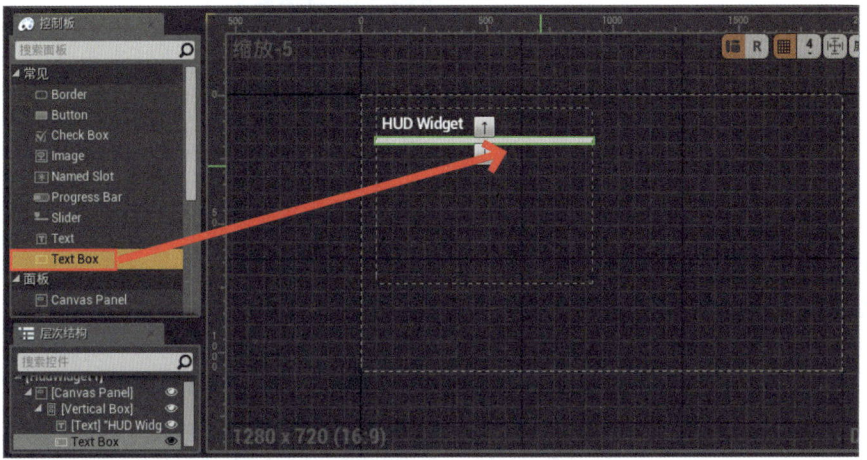

图7-33 将Text Box放置于Vertical Box内

设置Text Box

选中已放置的Text Box,从详细信息面板中进行细节设置,变更如下项目。

名称	将最上方的部件名称设置为"EditableTextBox_1"
Padding	设置为"25"
Font	设置为"36"

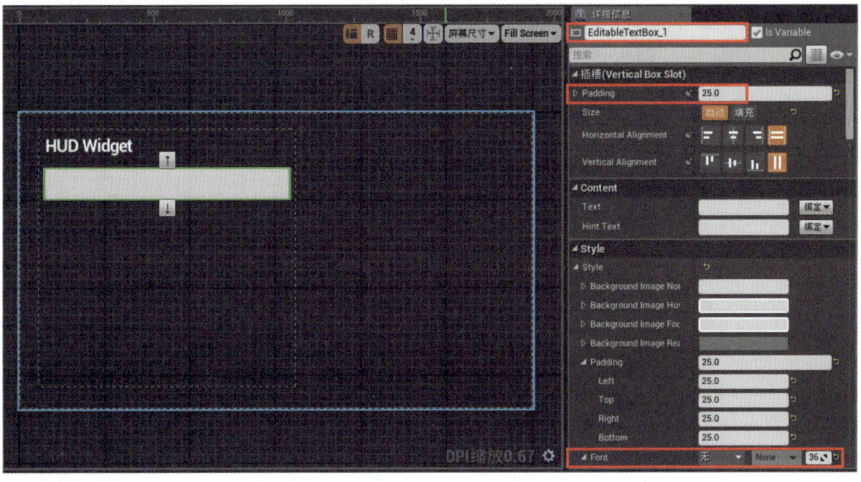

图7-34 设置Text Box

为关卡添加变量

在控件蓝图中创建用于保管该Text Box文本值的变量。单击右上方的"图表"标签切换至图表模式,然后单击"我的蓝图"中"变量"右侧的"+"标记创建新的变量,命名为"textbox_val"。

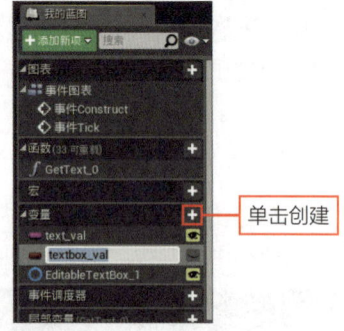

图7-35 创建textbox_val变量

设置textbox_val

设置已创建的变量"textbox_val",从"我的蓝图"中选中变量,进行如下设置。

变量公有	单击"我的蓝图"中变量名称右端的眼睛图标,将其变更为睁眼状态。这样,变量就变为公有变量了
变量类型	变更为"字符串"(若一开始为字符串,则无需变更)

图7-36 设置变量textbox_val

添加Button

用于保管TextBox值的变量就创建完成了。接下来,我们添加一个按钮,用于取出TextBox的文本进行处理。

放置按钮

"按下按钮"(单击执行某些内容的按钮)是通过"Button"部件来创建的。单击HudWidget1编辑器右上方的"设计师"标签返回设计师模式,然后从控制板的"常见"中拖曳"Button"释放于图表的Vertical Box内,以添加Button部件。

图7-37 拖曳并释放Button以放置

设置Button

选中已创建的Button，在详细信息面板中进行如下变更。

名称	将最上方的部件名称变更为"Button_1"
Padding	设置为"25"
Horizontal Alignment	选择左起第2个图标（居中）

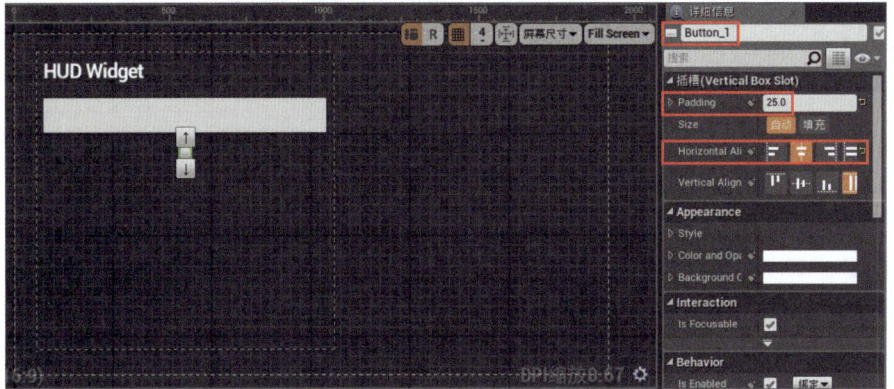

图7-38 设置Button

为Button添加Text

为按钮添加文本，拖曳控制板的"常见"中的"Text"，释放于图表中的Button上。

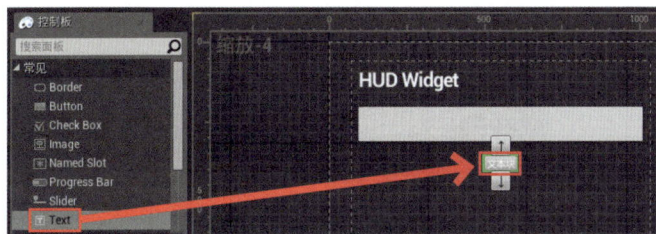

图7-39 为Button加入Text

设置Text

选中加入Button中的Text，在详细信息面板中变更如下项目。

部件名称	设置为"TextBlock_in_Button"
Padding	设为"25"
Text	改写为"点击"
Color and Opacity	单击颜色弹出颜色对话框，变更为易看清的颜色，示例中设置为了蓝色
Font	设置为"Roboto""Bold""36"

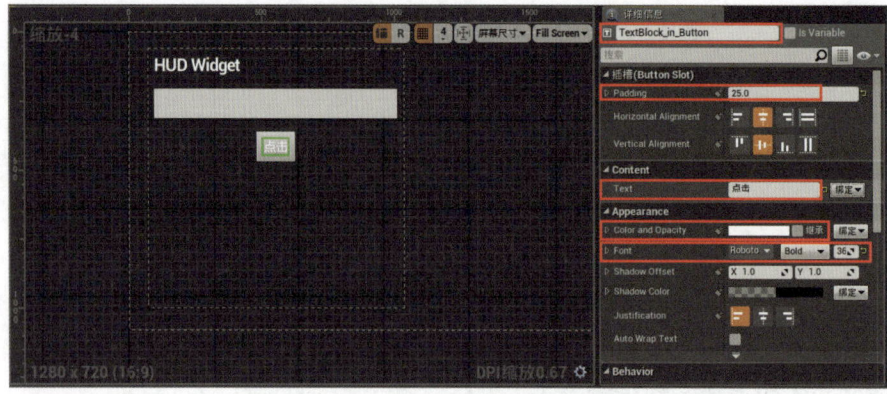

图7-40 设置Button中的Text

单击Button时的事件

添加处理

接下来创建单击Button时的处理。选中放置的Button_1，从详细信息面板中找到"事件"项中的"OnClicked"，然后单击"+"按钮。

图7-41 单击"OnClicked"右侧的"+"按钮

添加了OnClicked节点

单击后，画面切换至图表模式的"事件图表"选项卡，图表中添加了"OnClicked"节点。

该节点用于准备单击按钮时所调用的处理。为其连接处理后，单击按钮时将会执行相关处理。

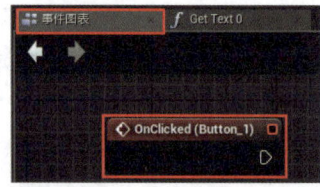

图7-42 添加了OnClicked节点

添加text_val与textbox_val节点

从"我的蓝图"中分别将"text_val"与"textbox_val"拖曳并释放至图表中以添加节点。释放时，为"text_val"选择"设置"选项，为"textbox_val"选择"获得"选项。这样，text_val的设置节点和textbox_val的获得节点就创建好了。

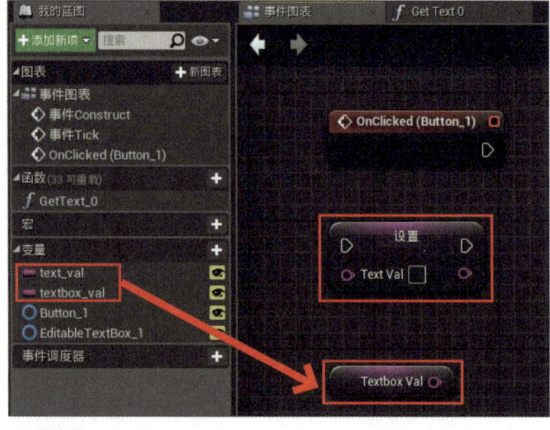

图7-43 text_val的设置节点和textbox_val的获得节点创建完成

连接节点

连接准备好的节点。按如下方式进行连接以完成处理。

- 将"OnClicked"节点的exec输出项连接至"设置"的exec输入项。
- 将"Textbox Val"连接至"设置"的"Text Val"。

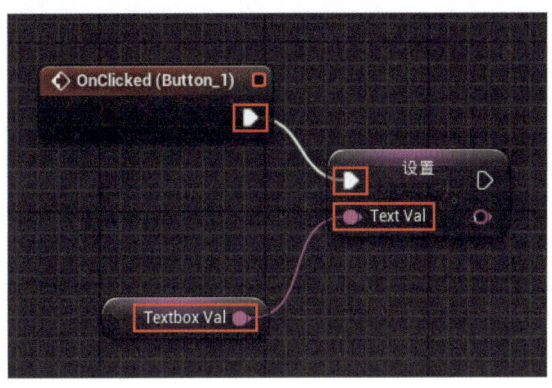

图7-44 连接节点以完成处理

为TextBox添加变更时的处理

文本为什么会消失呢？

这样，单击按钮操作变量值的处理就创建完成了。然而，单击"播放"图标运行程序，却发现并没有那么顺利。输入文本单击按钮后，发现文本被清空了。

这是为什么呢？原来，输入TextBox的文本并没有被设置到变量textbox_val中。所以还需要准备相关处理。

图7-45 运行程序。输入文本，单击按钮，文本消失了

为TextBox添加OnTextChanged事件

那么，如何为textbox_val设置TextBox的文本呢？这里需要使用的是"OnTextChanged"事件。

单击窗口右上方的"设计师"标签返回设计师模式。然后，选中放置的TextBox，可以看到详细信息面板的下方有一个"事件"项目，其中预备有"OnTextChanged"事件，是变更文本时所发生的事件。

单击"OnTextChanged"右侧的"+"按钮。

图7-46 单击"OnTextChanged"右侧的"+"按钮

添加了OnTextChanged节点

单击后,画面切换至图表模式,"事件图表"中添加了"OnTextChanged"节点。该节点用于变更文本时执行相关事件。

该节点中有一个"Text"输出项,可在此获取变更的文本。

图7-47 添加了OnTextChanged节点

添加textbox_val的设置节点

从"我的蓝图"中拖曳并释放"textbox_val"到图表中,选择"设置"选项以添加节点。

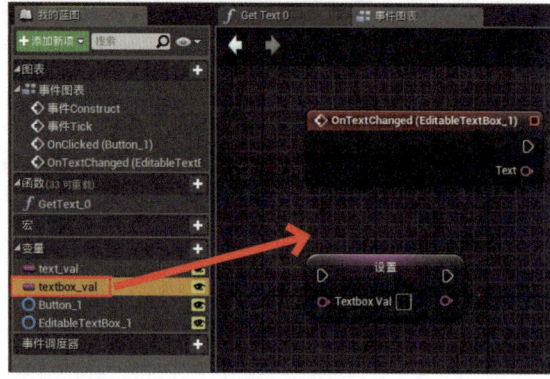

图7-48 添加textbox_val的设置节点

连接节点

将"OnTextChanged"的exec输出项连接至"设置"的exec输入项,将"OnTextChanged"的"Text"连接至"设置"的"Textbox Val"。这样,在文本发生变更后,其值将会保管于textbox_val中。

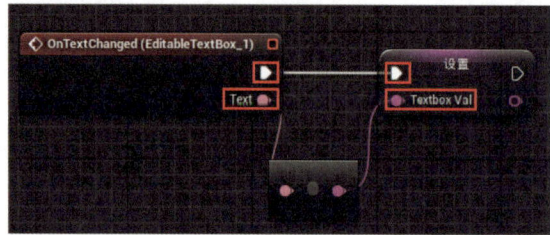

图7-49 连接节点以完成处理

运行!

通过工具栏的"播放"按钮运行程序。单击TextBox输入文本,然后单击"点击"按钮,上方显示的文本发生改变,即将输入的文本取出,变更显示的文本。这样,就可以进行UI值的交互了!

图7-50 输入文本单击按钮,显示出该文本

从关卡蓝图中使用HUD

以上就是HUD最基本的使用方法。那么，如何从关卡蓝图程序内根据需要调用准备好的HUD呢，让我们一起来学习。

当前的程序中，是在Begin Play时创建HUD并进行显示的。然而，如果需要使用HUD就需要做一些修改了。可以在Begin Play中创建HUD部件，并放置于变量中（不显示）。需要时，再将保管于变量中的HUD进行显示。

删除不需要的节点

打开关卡蓝图编辑器，删除之前创建的"Add to Viewport"与"设置（text_val）"节点。保留"创建控件"节点。

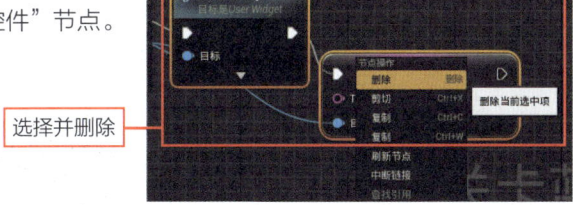

图7-51 删除Add to Viewport与设置节点

准备变量HUD

创建保管HUD部件的变量。单击"我的蓝图"中"变量"处的"+"标记创建新的变量，命名为"HUD"。

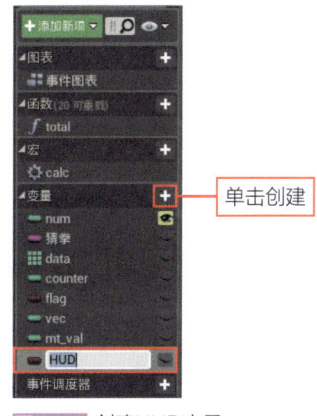

图7-52 创建HUD变量

将变量类型变更为Hud Widget 1

选中创建的变量"HUD"，从细节面板中变更变量类型。单击"变量类型"右侧的按钮，出现菜单后键入"hud"，从检索出的项目中选择"对象类型"下的"Hud Widget 1"选项，这样变量类型就变更为Hud Widget 1。

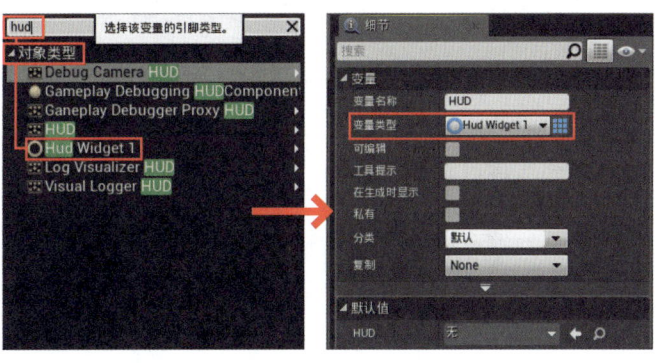

图7-53 将变量类型变更为Hud Widget 1

创建变量HUD的设置节点

从"我的蓝图"中将变量"HUD"拖曳并释放至图表中,选择"设置"选项,以添加设置变量的节点。

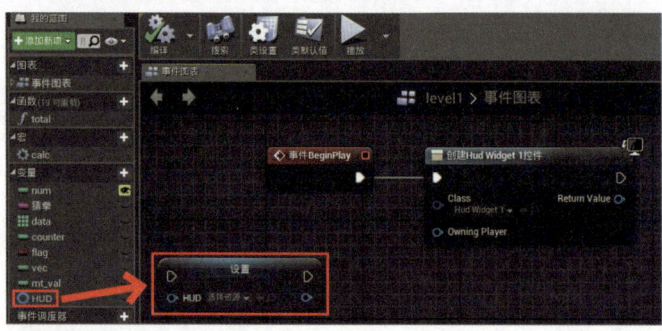

图7-54 添加HUD的设置节点

连接节点

连接已放置的节点。将"创建控件"的exec输出项连接至"设置"的exec输入项,将"创建控件"的"Return Value"连接至"设置"的"HUD"。

图7-55 连接创建控件节点与设置节点

开关HUD显示

创建Shift按键节点

接下来创建开关HUD显示的处理。这里,使用Shift按键事件。右击关卡蓝图编辑器图表,键入"shift",选择"右Shift"选项。

图7-56 选择"右Shift"选项

准备两个Shift节点

同样的方法,选择"左Shift"选项,这样就准备了"右Shift"和"左Shift"两个节点。

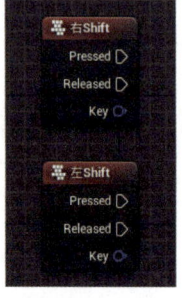

图7-57 准备好两个Shift按键用节点

添加"Add to Viewport"

接着创建用于显示HUD的节点。右击图表,去掉"情境关联"的勾选,键入"add to view",从检索出的项目中选择"Add to Viewport"选项,以添加节点。

可以通过在视口中加入或去除部件来开关HUD的显示。这里,我们使用已加入的"Add to Viewport"部件。

图7-58 添加"Add to Viewport"

添加"Remove from Parent"

添加隐藏HUD的节点。右击图表,去掉"情境关联"的勾选,键入"remove from",从检索出的项目中选择"Remove from Parent"。

"Remove from Parent"节点可以将特定的部件从其加入的位置去除。使用该节点,可以去除所加入的HUD使其隐藏。

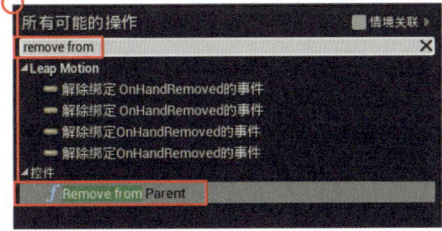

图7-59 添加"Remove from Parent"

添加HUD获得节点

接下来,创建用于取出变量HUD值的节点。从"我的蓝图"中拖曳并释放"HUD"至图表中,选择"获得"选项,以创建节点。

图7-60 添加变量HUD的获得节点

连接节点

这样两个Shift按键事件、显示/隐藏HUD节点及HUD获得节点创建完成,接着按如下方式连接。

- 将"右Shift"的Pressed输出项连接至"Add to Viewport"的exec输入项。
- 将"左Shift"节点的Pressed输出项连接至"Remove from Parent"的exec输入项。
- 将"HUD"节点分别连接至"Add to Viewport"和"Remove from Parent"两个节点的"目标"。

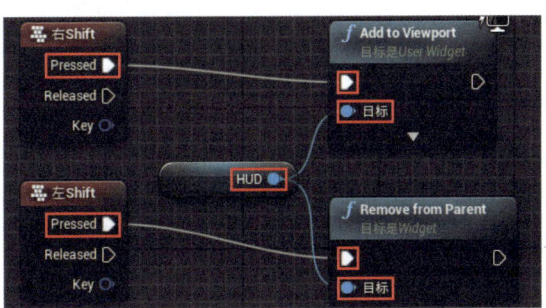

图7-61 连接节点以完成程序

运行！

通过工具栏中的"播放"图标运行程序。运行后按住右Shift键，画面中显示HUD；按住左Shift键，隐藏显示。

图7-62 按住右Shift键，画面中显示HUD；按住左Shift键，隐藏显示

控制光标的显示

至此，开关HUD的显示就实现了，但是还存在问题。虽然显示了HUD，但是并没有显示鼠标指针，无法单击按钮。因此，显示HUD的同时还应显示鼠标指针。

创建设置 Show Mouse Cursor节点

为此要使用设置Show Mouse Cursor节点。右击图表，去掉"情境关联"的勾选，键入"show mouse"，从检索出的项目中选择"设置Show Mouse Cursor"选项。

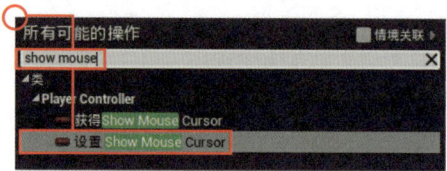

图7-63 添加设置Show Mouse Cursor节点

关于设置 Show Mouse Cursor节点

设置 Show Mouse Cursor节点用于变更鼠标指针的显示状态，其中有两个输入项。

"Show Mouse Cursor"表示鼠标指针的状态，勾选后显示鼠标指针，反之则隐藏。"目标"指定为"玩家控制器"，玩家控制器用于管理游戏整体播放的相关设置。

图7-64 设置 Show Mouse Cursor节点，有两个输入项

复制节点

再添加一个设置 Show Mouse Cursor节点。右击节点选择"复制"选项。

 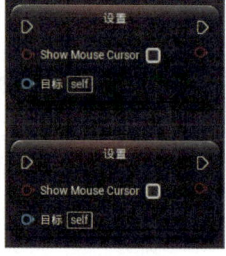

图7-65 复制设置 Show Mouse Cursor节点

添加"Get Player Controller"

接下来，添加在"设置（Show Mouse Cursor）"节点中用到的玩家控制器节点。右击图表，键入"player controller"，然后选择"Get Player Controller"选项。"情境关联"勾不勾选都可以，勾选后检索出的项目比较一目了然。

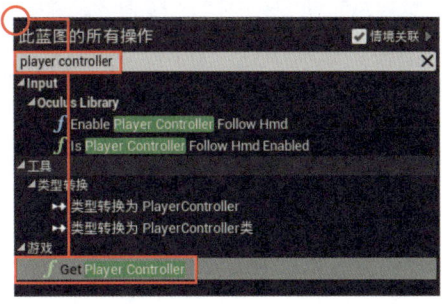

图7-66 选择"Get Player Controller"选项

关于"Get Player Controller"节点

"Get Player Controller"节点用于获取玩家控制器，有一个"Player Index"输入项，可以指定玩家编号。根据情况可以准备多个玩家控制器，可以指定"玩家编号"并取出。

这里没有特别创建玩家控制器，可以理解为"没有创建玩家控制器时，编号指定为0"。

图7-67 Get Player Controller节点，指定玩家编号

连接节点

按如下方式连接节点。

- 将"Add to Viewport"的exec输出项连接至第1个"设置（Show Mouse Cursor）"节点的exec输入项。
- 将"Remove from Parent"节点的exec输出项连接至第2个"设置（Show Mouse Cursor）"的exec输入项。
- 勾选连接于"Add to Viewport"的"设置"的"Show Mouse Cursor"。
- 去掉连接于"Remove from Parent"的"设置"中"Show Mouse Cursor"的勾选。
- 将"Get Player Controller"的"Return Value"连接至两个"设置"的"目标"。

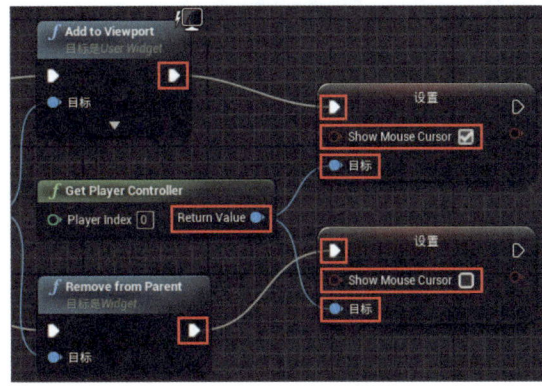

图7-68 连接添加的节点以完成程序

运行！

运行程序。单击工具栏中的"播放"图标运行程序，单击视口，鼠标指针消失，按住右Shift键，HUD显示的同时也显示出了鼠标指针，单击画面的任意位置鼠标指针消失。

图7-69 按住右Shift键，HUD显示的同时也显示出了鼠标指针，可进行操作

Chapter 7 创建正式的应用程序！

Section 7-2 Canon保龄球游戏！

接着，使用前面我们所学的蓝图技巧来制作一个小游戏吧。就是射出球击倒柱子，这样一个将射击和保龄球结合的动作游戏。

射击+保龄球=？

如何在HUD画面显示各类信息想必各位都大概了解了，到此为止"制作游戏所需的最起码的功能"就大体上介绍过一遍了。可能有的用户会问"已经介绍了这么多了吗？"是的，确实介绍了大量的内容。Actor的基本操作、按键或鼠标的输入事件处理、材质和Matinee的操作及HUD。在蓝图中能够操作这些的话，把它们组合应该就可以制作出一个简单的游戏了。

那么，就来尝试制作一个简单的游戏作为蓝图的毕业测试吧。我们要制作的是一个名为"Canon保龄球"（可以随意命名）的动作游戏，是一个非常简单的游戏。

这个游戏是将球射出，撞倒无规则排列的所有立柱，仅使用鼠标操作。按住鼠标左键可以充满能量，松开后依靠所充能量将球发射。射出的方向（上下和左右）可以通过上下左右移动鼠标来进行调整。射出的球停止后，准备下颗球。

当所有的柱子都打倒后，游戏结束。挑战一下发出几颗球可以把它们全部打倒。另外，立柱的数量可以简单实现增减，明白怎么玩以后可以通过增加立柱数量来增加游戏难度。

画面中要显示的有：能量槽、表示上下左右方向的进度条以及球的当前数量。摄影机默认设置于球的发射位置稍靠后的地方，按下空格键后摄影机的视点将会与球保持一致进行移动，可以观察受力情况。

图7-70 Canon保龄球。发射球击倒立柱。按下空格键，转换为球的视点

创建关卡

从菜单创建关卡

准备新的关卡,在其中加入游戏。从"文件"菜单中选择"新建关卡"选项,在出现的对话框中选择"Default"。

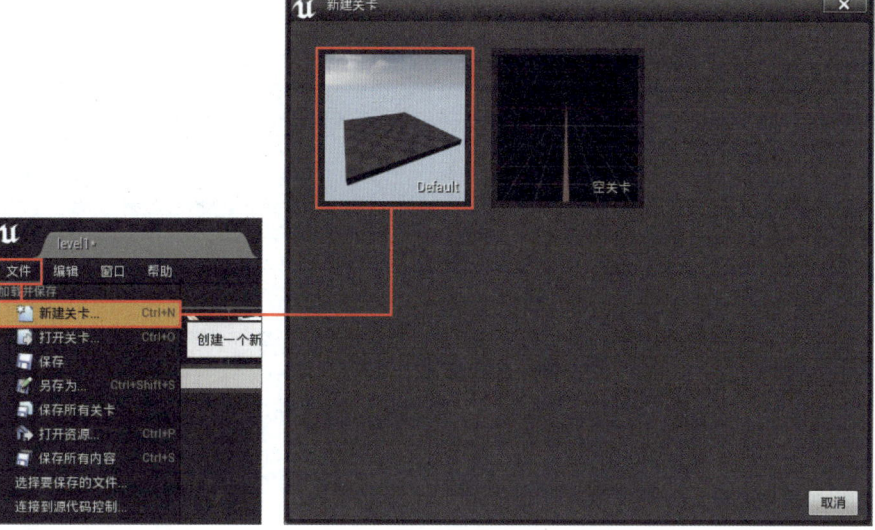

图7-71 创建新关卡

保存关卡

保存创建的关卡。从"文件"菜单中选择"另存为..."选项,在出现的对话框中选中"内容"文件夹,命名为"CanonBalling"并保存。

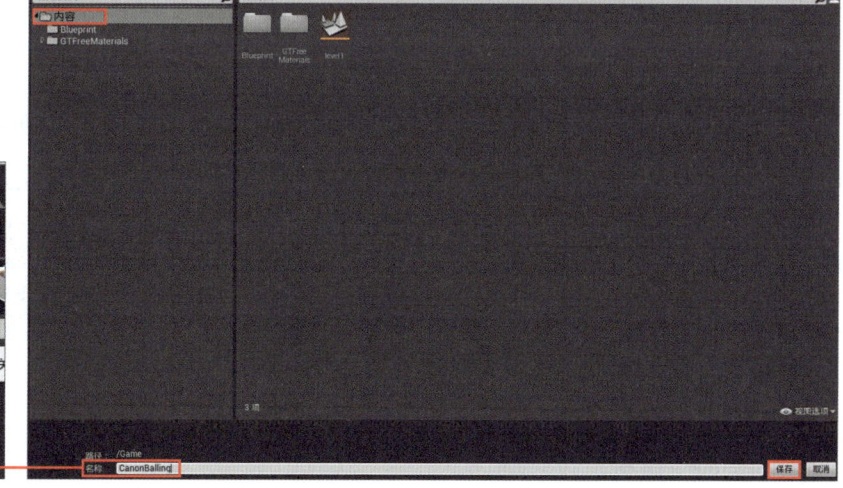

图7-72 将关卡命名为"CanonBalling"并保存

为地面设置材质

关卡中默认放置有名为"Floor"的地板的静态网格，将其作为地面使用。

首先，拖曳并释放适当的材质进行设置。这里拖曳并释放之前示例中创建的"my_material"设置于Floor中。

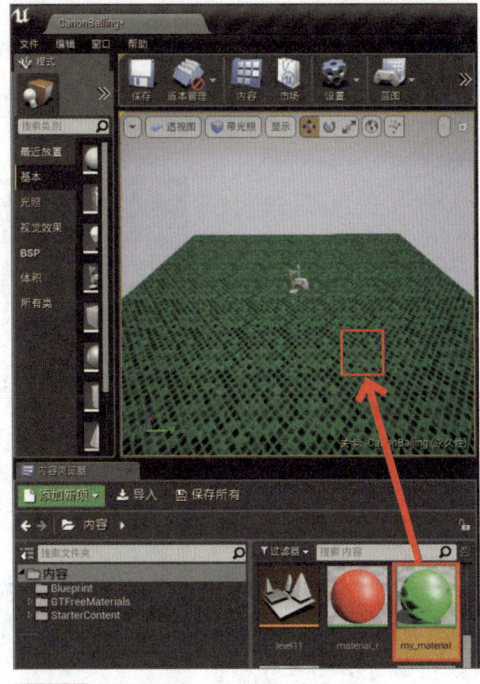

图7-73 拖曳并释放，为地板设置材质

设置比例

然后，扩大Floor作为地面使用。选中Floor，在细节面板中对位置及缩放进行如右侧表格中所示的设置，其余项目保持默认。

位置	X:0.0, Y:0.0, Z:-100.0
缩放	X:100.0, Y:100.0, Z:1.0

图7-74 调整Floor的位置与大小

准备相机

从模式面板放置相机

接下来，准备相机。从模式面板的"所有类"项中拖曳并释放"相机"于视口中进行放置。这样就添加了"CameraActor"相机。

图7-75 添加一个相机

调整相机的位置与旋转

选中已放置的相机,在细节面板中调整位置与旋转。将位置的X、Y、Z及旋转的X、Y、Z都设为"0"。

图7-76 调整已放置的相机的位置与旋转

设置相机的Auto Activate

还有一项需要在细节面板中设置,那就是"Auto Activate for Player"项目。将该项目的值设置为"Player 0",这样程序运行后就可以自动使用该相机了。

图7-77 指定"Auto Activate for Player"值

创建球体

接着创建游戏中使用的部件。该游戏中需要创建"球体""立柱""HUD"3个部件,首先创建球体。

从模式面板放置球体

从模式面板的"BSP"内拖曳并释放"球体"至视口中进行放置。

图7-78 拖曳并释放"球体"至视口中进行放置

对球体进行设置

选中已放置的球体,在细节面板中将"Brush Settings"中的"Tessellation"的值变更为"3",这样就变得更像球体了。

图7-79 将Tessellation的值变更为3

创建静态网格物体

单击细节面板内的"创建静态网格物体"按钮,出现对话框后输入"CB_Ball"进行保存。

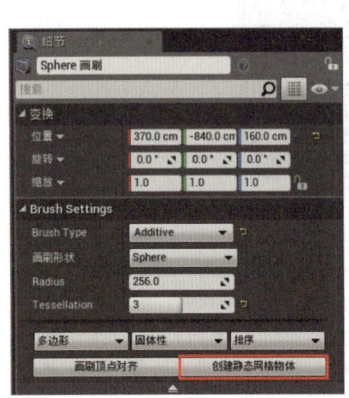 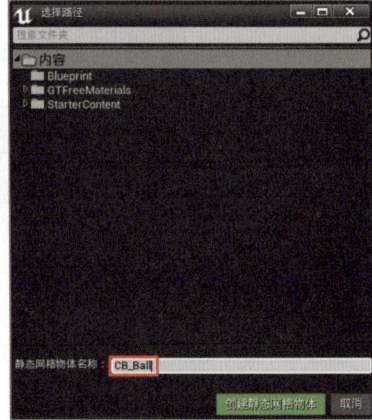

图7-80 创建静态网格物体,命名为"CB_Ball"

删除已放置的球体

已放置的球体已经变为CB_Ball静态网格物体。选中球体进行删除,因为本次的球体是在程序内部生成的,因此无需事先放置。

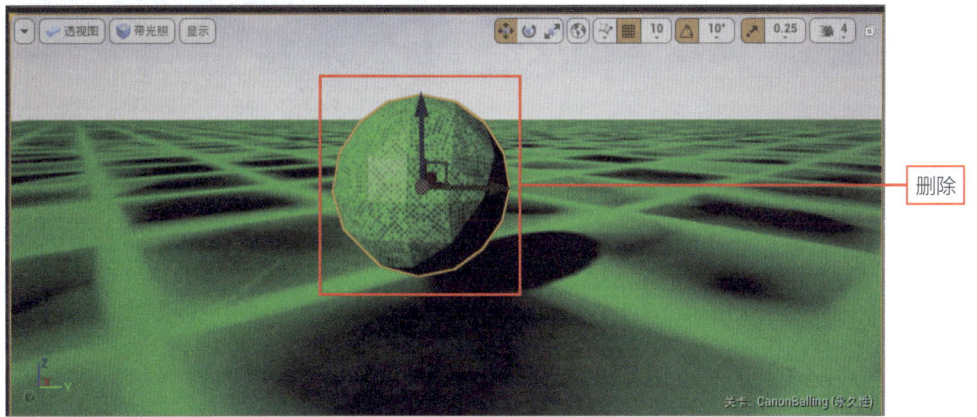

图7-81 选中放置的球体并删除

打开CB_Ball

从内容浏览器中找到已创建的"CB_Ball"图标,双击打开。

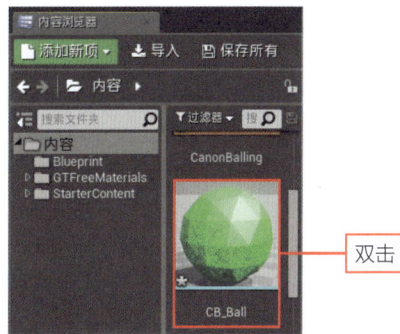

图7-82 打开CB_Ball

添加碰撞

打开静态网格编辑器后,从"碰撞"菜单中选择"添加球体简化碰撞"选项以添加碰撞。

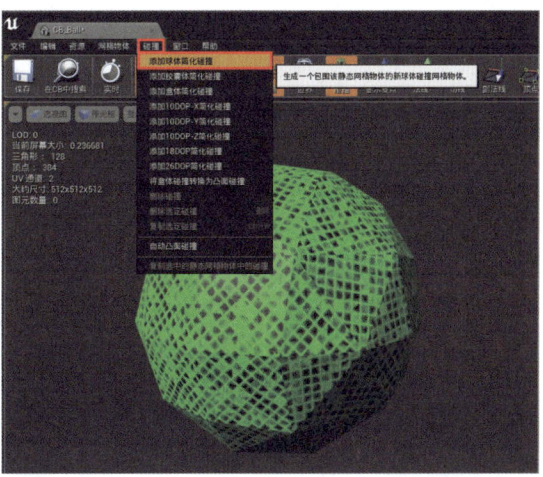

图7-83 添加球体简化碰撞

设置静态网格

在细节面板中对静态网格进行如下几点设置。设置后单击工具栏中的"保存"图标进行保存,然后关闭编辑器窗口。

材质	为"元素 0"的材质进行恰当设置,这里选择之前示例中创建的"my_material_instance1"
投射阴影	勾选
启用碰撞	勾选

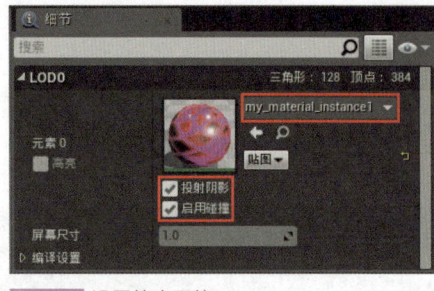

图7-84 设置静态网格

创建柱体的静态网格物体

从模式面板放置盒体

接下来创建立柱部件的静态网格物体。首先,从模式面板的"BSP"内拖曳并释放"盒体"选项于视口中进行放置。

图7-85 放置一个盒体

设置盒体

选中已放置的盒体,在细节面板的"Brush Settings"中进行如下设置,以调整大小。

Brush Settings	X:200.0,Y:200.0,Z:1000.0

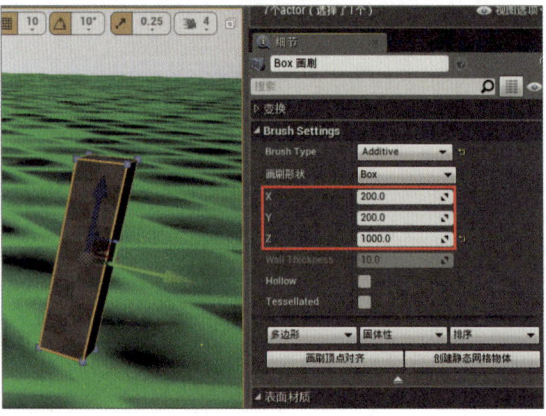

图7-86 调整盒体的大小

创建静态网格物体

单击细节面板中的"创建静态网格物体"按钮，在出现的对话框中输入名称"CB_Box"，保存于"内容"文件夹中。

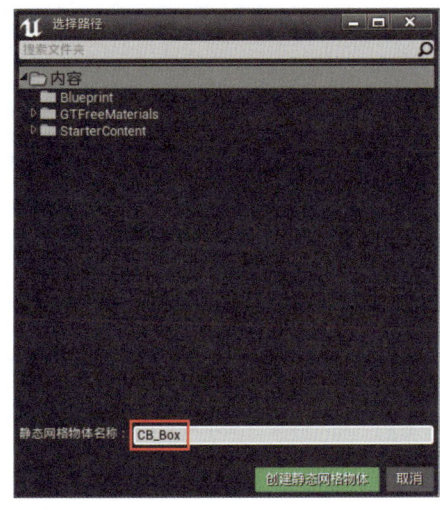

图7-87 命名为"CB_Box"并保存

删除已放置的盒体

盒体也要通过程序创建，所以将放置的盒体删除。选中已放置的盒体，按下Delete键删除。

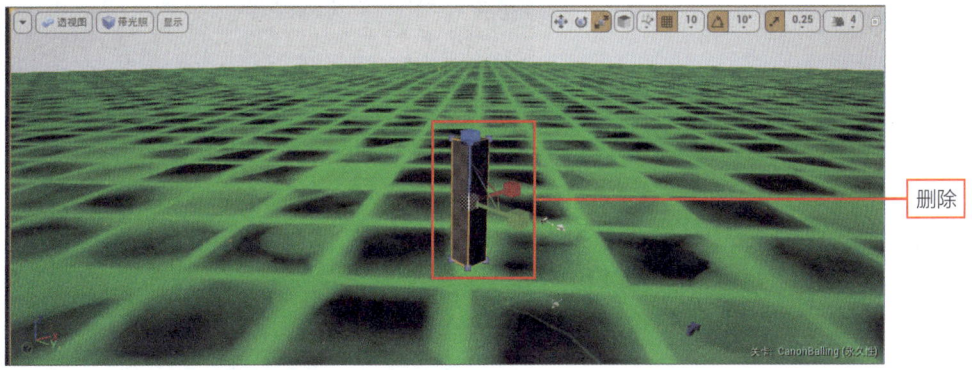

图7-88 选中已放置的盒体，按下Delete键删除

打开CB_Box的静态网格编辑器

从内容浏览器中找到"CB_Box"图标，双击打开静态网格编辑器。

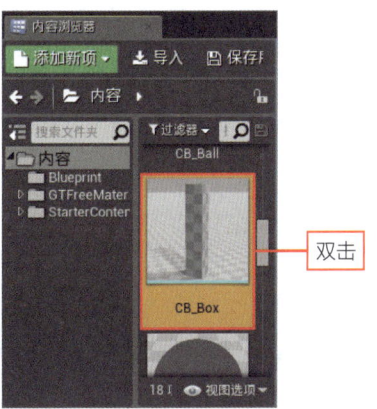

图7-89 双击CB_Box图标打开

添加碰撞

打开编辑器后,从"碰撞"菜单中选择"添加盒体简化碰撞"选项,为立柱添加碰撞。

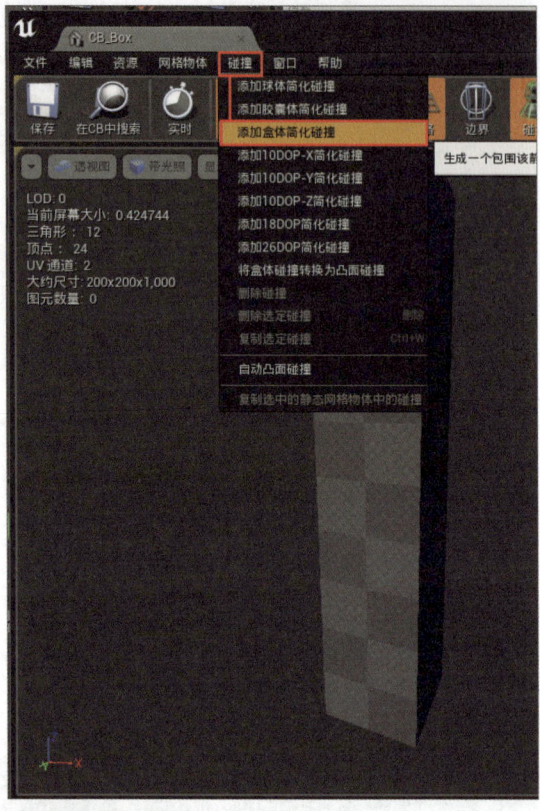

图7-90 添加碰撞

设置材质

细节面板中的"元素 0"处显示有材质图标,单击旁边的材质名称,从出现的菜单中选择材质。这里我们选择"Wood_InterlockingFloor"。

另外,确认材质图标下方的"启用碰撞"处于勾选的状态,然后单击工具栏中的"保存"图标进行保存并关闭编辑器。

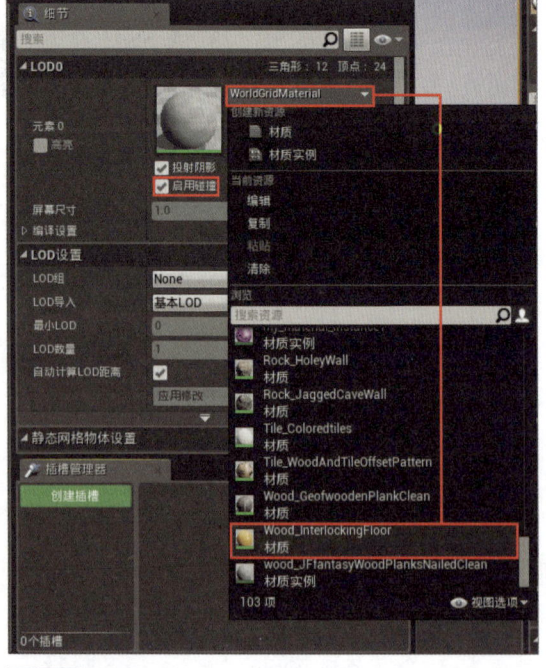

图7-91 设置材质

创建HUD

接下来要准备的是HUD,像之前那样来创建一个控件蓝图。

从菜单创建

单击内容浏览器的"添加新项"按钮,然后从出现的菜单中选择"用户界面"子菜单中的"控件蓝图"选项。

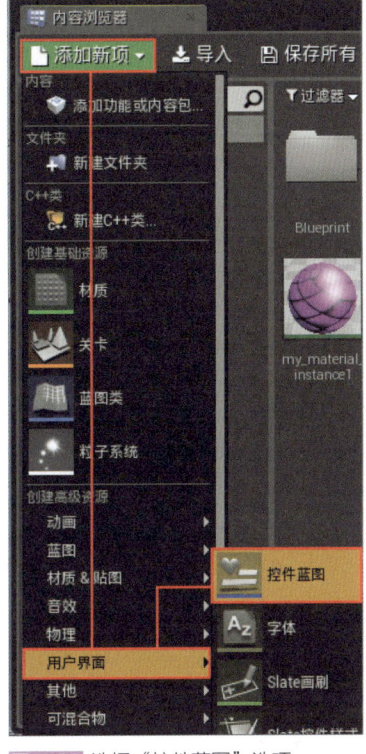

图7-92 选择"控件蓝图"选项

设置名称

这样,内容浏览器中就创建了控件蓝图,直接输入名称"CB_HUD",然后双击打开编辑器。

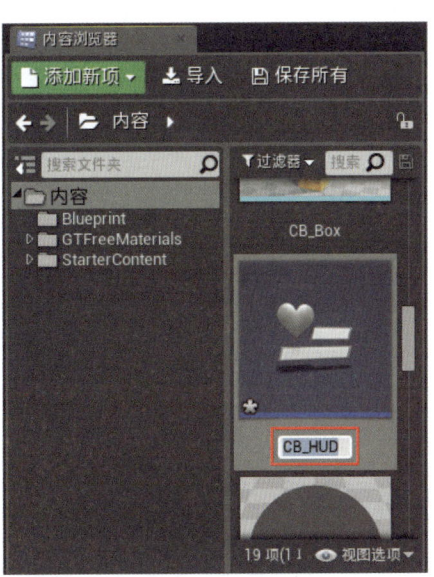

图7-93 命名为"CB_HUD"

创建能量槽

接下来创建GUI，首先是位于左上方的能量槽（表示发球时的能量）。

从控制板创建

从控制板中将"Horizontal Box"部件拖曳并释放至设计师面板内，以进行放置。横向放置于Canvas Panel左上方，并调整位置及大小。该Horizontal Box用于水平排列多个部件。

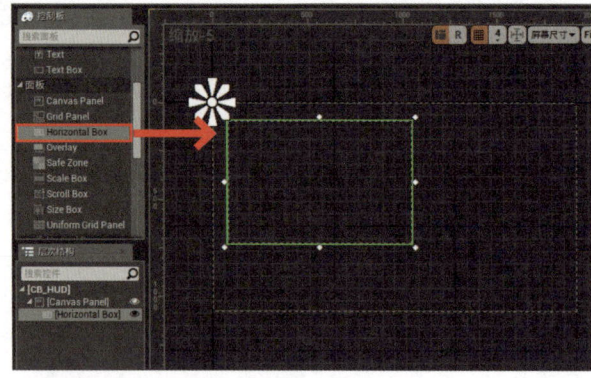

图7-94 放置Horizontal Box

设置Horizontal Box的锚点

选中已放置的Horizontal Box，在详细信息面板中单击"锚点"按钮。然后选择弹出菜单中表示左上方锚点的选项，这样调整Horizontal Box的画面尺寸时，将以左上方位置为基准进行调整。

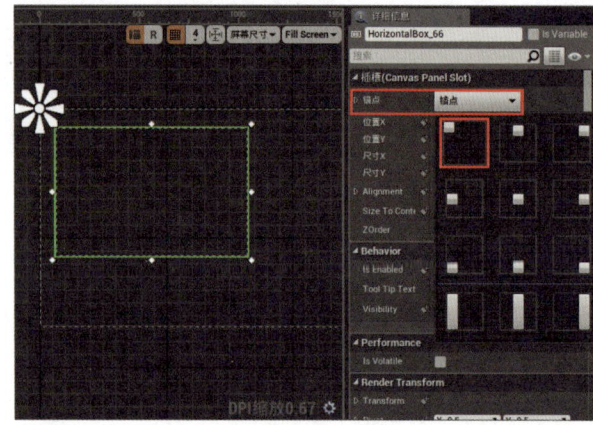

图7-95 将基准锚点设置为左上方

添加Text至Horizontal Box

从控制板中拖曳"Text"，释放至放置于设计师面板中的Horizontal Box内。

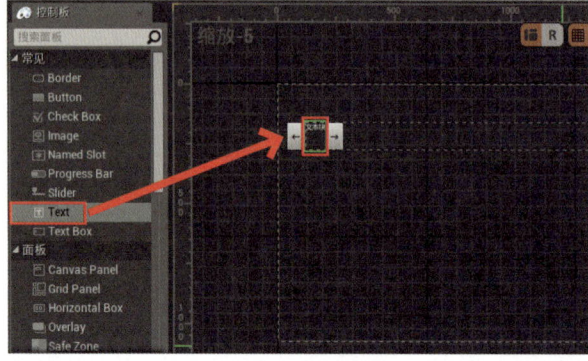

图7-96 将Text放置于Horizontal Box内

设置Text

选中已放置的Text，在详细信息面板中进行设置。将"Text"的值变更为"POWER"，并适当调整显示颜色（Color and Opacity）与字体（Font），这里将颜色设为红色，字体大小设置为36。

图7-97 调整Text的显示

放置Progress Bar

从控制板的"常见"项内拖曳"Progress Bar"，并释放于设计师的Horizontal Box内（已放置文本右侧的空白处）进行放置。

放置后发现缩小了，"咦？没放进去吗？"可能有人会有此疑问，这时不要急着放第二次、第三次，确认一下层次结构的Horizontal Box下是否加入了Progress Bar，如果加入的话就没问题。

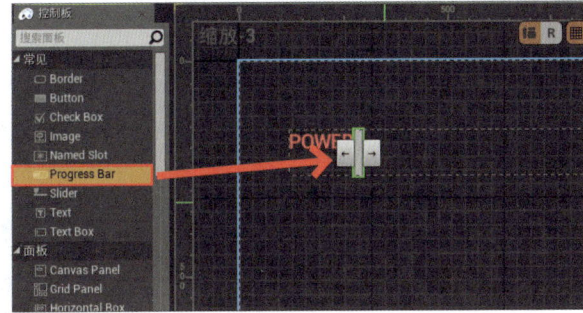

图7-98 将Progress Bar放置于Horizontal Box内

设置Progress Bar

选中已放置的Progress Bar（从层次结构面板中进行选择较为容易），在详细信息面板中进行如下设置。

名称	将最上方Progress Bar的名称变更为"PowerBar"
Size	选择"填充"，拓宽Progress Bar的横向宽度
Bar Fill Type	选择"Left to Right"，从左至右进行显示
Fill Color and Opacity	选择适当的颜色，这里我们选择粉色

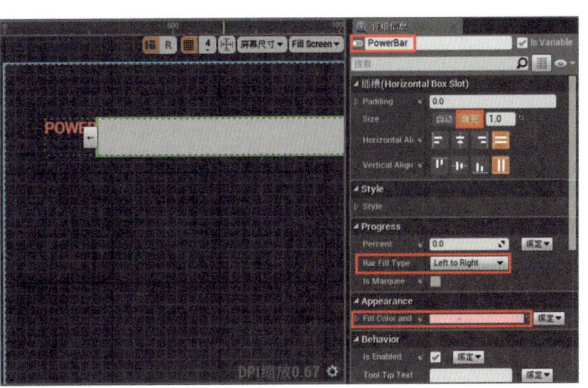

图7-99 设置Progress Bar

创建方向条

从控制板创建

接下来，创建表示发球的上下和左右方向条。首先，从控制板中找出"Grid Panel"，放置于设计师模式Canvas Panel内的右上方。

Grid Panel用于纵横排列放置部件。使用Grid Panel可以纵横排列多个部件。

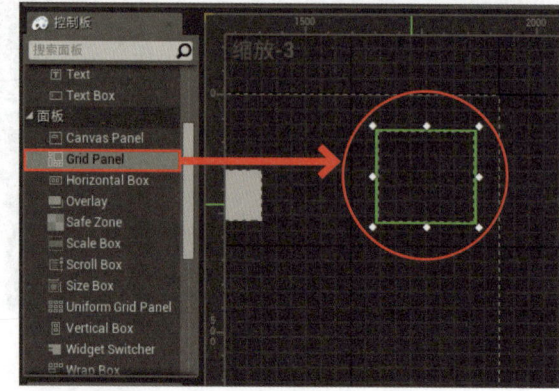

图7-100 将Grid Panel放置于右上方

设置Grid Panel的锚点

选中放置的Grid Panel，适当调整其距画面右上方的位置。然后单击详细信息面板中的"锚点"按钮，选择表示右上锚点的选项。这样，就可以通过调整与画面右上方的距离来调整Grid Panel的显示位置。

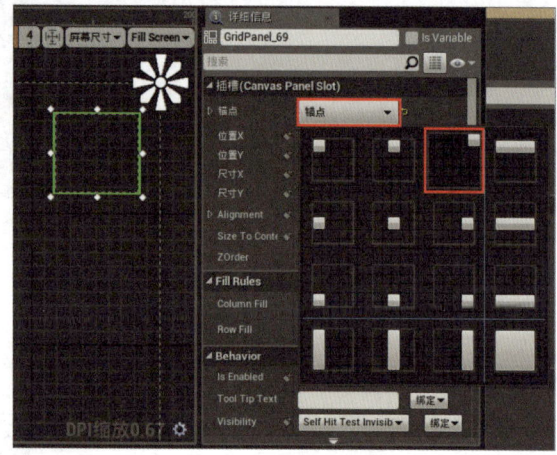

图7-101 调整Grid Panel的锚点

为Grid Panel添加Progress Bar

从控制板中拖曳"Progress Bar"释放于Grid Panel内进行放置，以显示上下和左右方向。

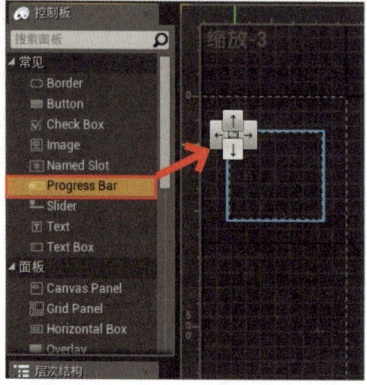

图7-102 将Progress Bar拖曳并释放于Grid Panel

放置第2个Progress Bar

接着拖曳并释放另一个Progress Bar到Grid Panel内进行放置。此时感觉两个Progress Bar重合在一起难以区分，进行设置后就没问题了。

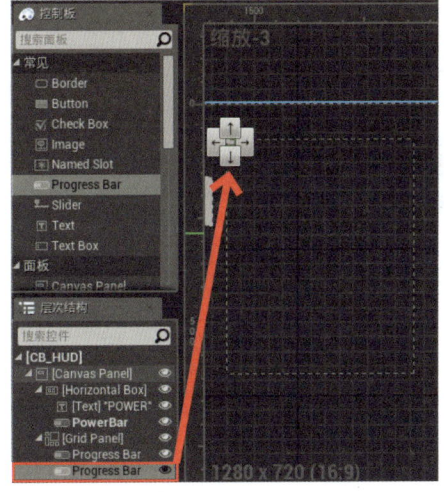

图7-103 放置第2个Progress Bar

调整Row与Column

从层次结构面板中选中已放置完毕的第2个Progress Bar，在详细信息面板中分别将"Row"与"Column"的值变更为"1"（第1个Progress Bar的两项都为"0"）。

这样，第1个Progress Bar就位于第1行的最左边，而第2个Progress Bar则位于第2行左起的第二位。

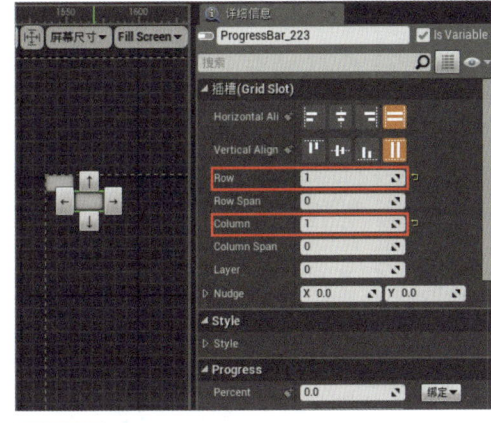

图7-104 设置Progress Bar的Row与Column

添加Grid Panel的Fill Rules

选中Grid Panel，从详细信息面板中找到"Fill Rules"，其中预备有"Column Fill"和"Row Fill"设置项，单击它们右侧的"+"标记，为其添加项目。

分别单击两次Column Fill及Row Fill的"+"标记，为它们各添加两个元素，以用于设置各自的列和行的显示比例。

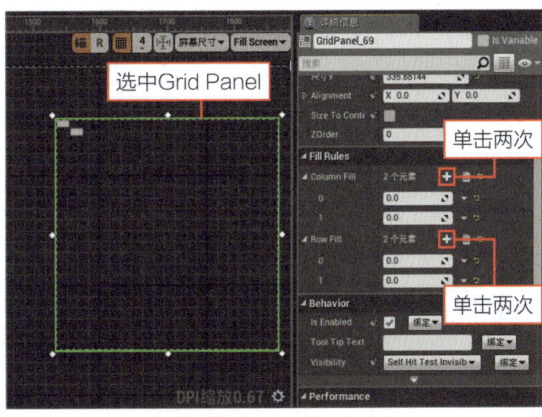

图7-105 分别为Column Fill及Row Fill添加两个元素

设置Column Fill/Row Fill

为已创建的Column Fill/Row Fill设置如下值。这样，两个Progress Bar就可以显示出各自的长宽了。

	第1个	第2个
Column Fill	0.9	0.1
Row Fill	0.1	0.9

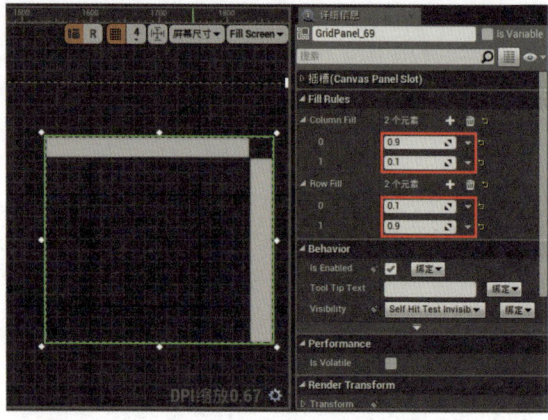

图7-106 为Column Fill/Row Fill设置值

设置Progress Bar

布局完成后，对Progress Bar的设置进行如下变更。

名称	将第1个设置为"Bar_H"，第2个设置为"Bar_V"。然后在Color and Opacity中适当调整所显示的颜色（默认即可）
Bar Fill Type	指定进度条的上升方向。Bar_H设置为"Left to Right"，Bar_V设置为"Bottom to Top"

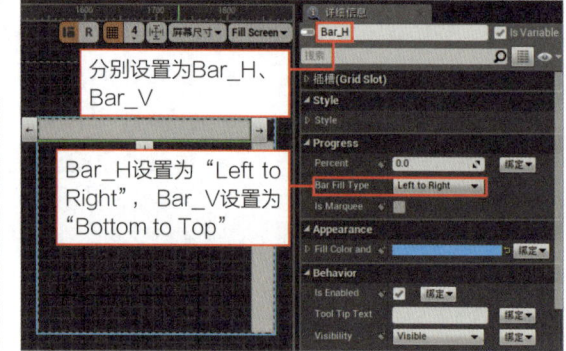

图7-107 为两个Progress Bar设置名称并调整颜色

准备Text记录发球数

从控制板创建

接下来，准备Text显示发球数。从控制板中拖曳"Text"，释放于Grid Panel内进行放置。

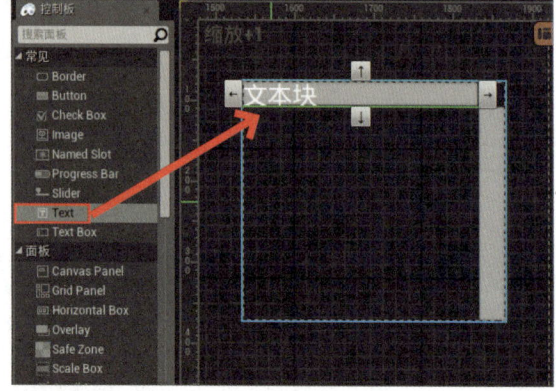

图7-108 将Text放置于Grid Panel内

设置Text

选中已放置的Text,在详细信息面板中变更如右侧表格中所示的设置。

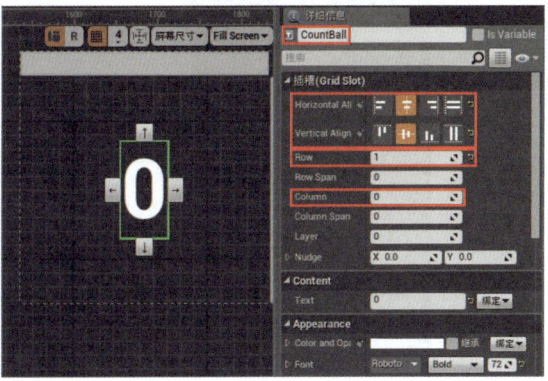

图7-109 设置Text

名称	将最上方的名称变更为"CountBall"
Horizontal Alignment	选择"Center"
Vertical Alignment	选择"Center"
Row	设为"1"
Column	设为"0"
Text	设为"0"(后续将进行绑定,可任意填写)
Color and Opacity	选择适当的颜色(默认即可)
Font	调整为适当尺寸(这里设为"72")

绑定Text

对Text的"Text"值进行绑定,以通过外部的变量对其进行设置。单击详细信息面板"Text"处的"绑定"按钮,选择"创建绑定"选项。

图7-110 选择"创建绑定"选项

创建了绑定函数

切换至图表模式,可以看到自动创建了用于绑定的函数"Get_CountBall_Text_0",在此处创建绑定处理即可。

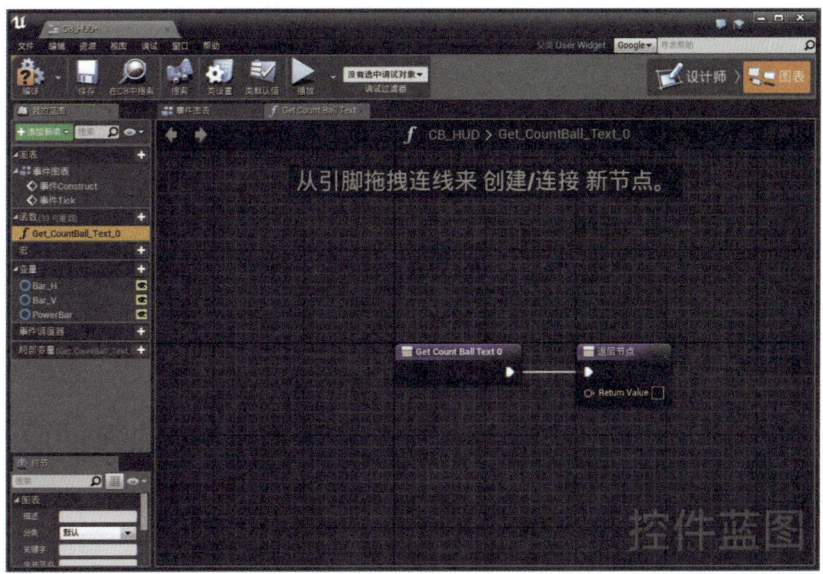

图7-111 自动创建函数

添加变量

接下来,创建用于保管该Text Box文本值的变量。单击"我的蓝图"中"变量"处的"+"标记添加一个新的变量,命名为"Count Ball Num"。

图7-112 添加一个变量

设置变量

选中变量"Count Ball Num",在细节面板中进行设置。单击变量名称"Count Ball Num"右端的眼睛图标,将其变更为睁着眼睛的状态。这样,变量就变为公有变量了。

然后在细节面板中将"变量类型"变更为"整型",编译后默认值设为"0"。其他项目无需特别设置。

图7-113 设置变量

放置变量Count Ball Num

从"我的蓝图"中将"Count Ball Num"拖曳并释放至图表中,选择"获得"选项,添加取出变量值的节点。

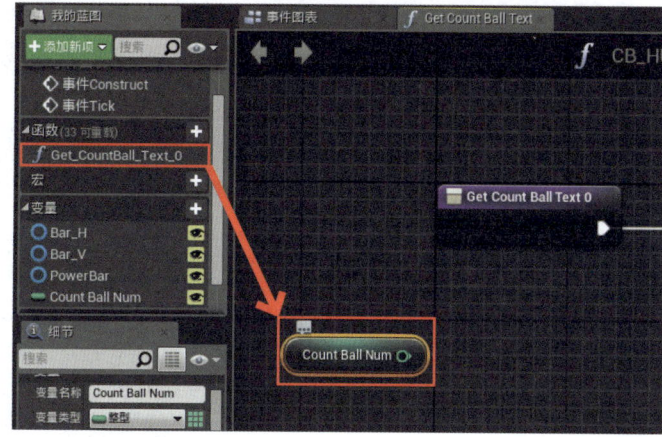

图7-114 将变量添加至图表中

连接节点

连接已放置的节点。将"Count Ball Num"连接至"返回节点"的"Return Value"。连接后,将自动加入用于转换为文本的类型转换节点。

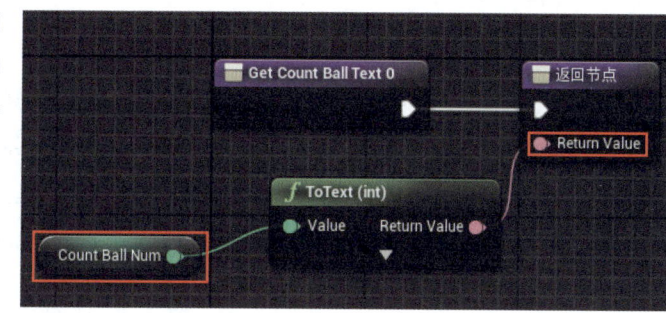

图7-115 将Count Ball Num连接至Return Value

添加显示信息的Text

最后,添加用于显示信息的Text。单击编辑器右上方的"设计师",返回至设计师模式。

从控制板创建

从控制板拖曳"Text",放置于设计师模式中Canvas Panel的中央附近。

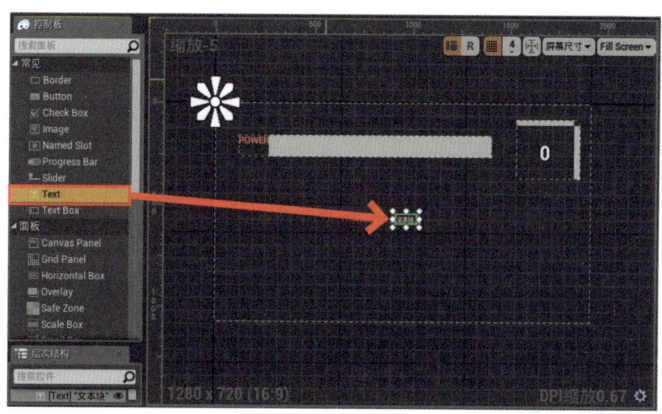

图7-116 放置Text

设置锚点

选中Text,单击详细信息面板中的"锚点"按钮,选择左起第2、上起第2项(中心对齐)。这样就可以通过调整与画面中心的距离来调整位置了。

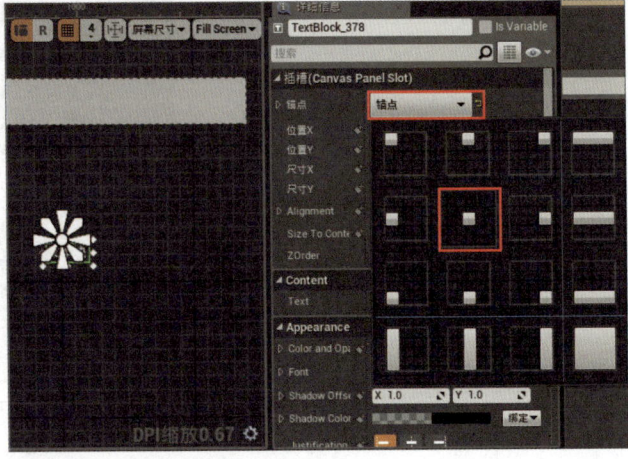

图7-117 将锚点设为中心对齐

设置Text

接下来对放置的文本进行设置,项目较多,请注意。

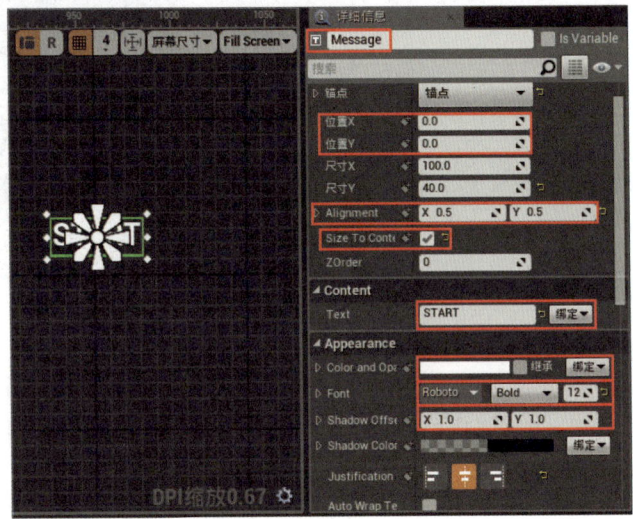

图7-118 设置Text

名称	将最上方Text的名称设置为"Message"
位置X/位置Y	均设为"0.0"
Alignment	两项均设为"0.5"
Size To Content	勾选
Text	设为"START"(后续将进行绑定,可填写为其他内容)
Color and Opacity	调整为易识别的颜色
Font	将字体大小调整为合适的大小
Justification	选择居中图标

绑定Text

设置完成后，和刚才一样绑定Text的值。单击详细信息面板"Text"右侧的"绑定"按钮，选择"创建绑定"选项。

图7-119 选择"创建绑定"选项

创建了函数

切换至图表模式，可以看到自动创建了用于绑定的名为"Get_Message_Text_0"的函数，在此处创建绑定内容即可。

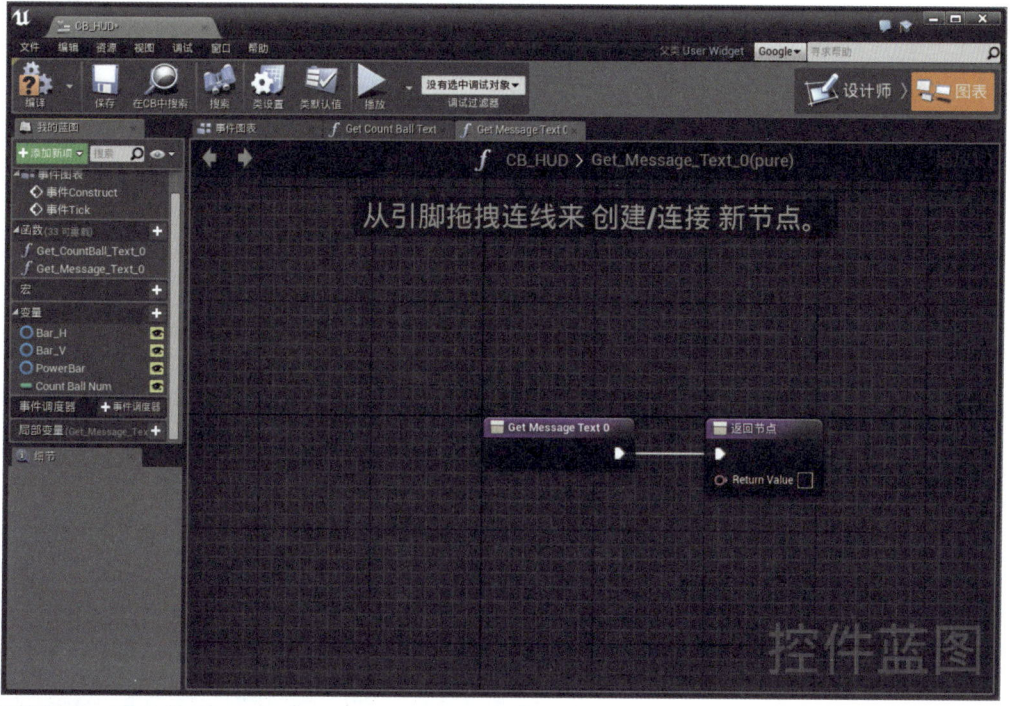

图7-120 创建了绑定函数

创建变量

单击"我的蓝图"中"变量"右侧的"+"标记创建变量，并命名为"Message Text"。

图7-121 创建名为"Message Text"的变量

设置变量

选中变量"Message Text",进行设置。首先,单击变量名称右端的眼睛图标,将其变更为睁着眼睛的状态,这样就将变量变为公有变量了。然后将"变量类型"变更为"文本",编译后将默认值设为"START"。

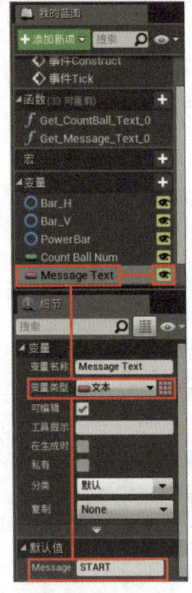

图7-122 设置变量

放置变量

拖曳并释放创建的变量"Message Text",选择"获得"选项,放置节点。

图7-123 拖曳并释放变量至图表中

连接节点

连接已放置的"Message Text"节点。将"Message Text"连接至"返回节点"的"Return Value"。这样就将Message Text的值设置到文本中了。

完成后,使用工具栏中的"编译"图标进行编译,然后单击"保存"图标进行保存。

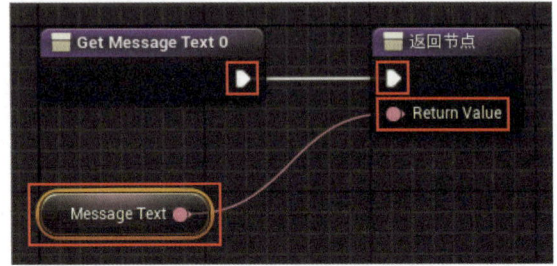

图7-124 将Message Text连接至Return Value

Chapter 7　创建正式的应用程序！

Section 7-3 创建蓝图

我们已经学会了制作游戏界面和GUI。接下来只需再使用蓝图编辑程序即可。本节中，有很多初次涉及的节点，一起来学习一下吧！

打开关卡蓝图

至此，已经创建完成了所有需要的部件。接下来就只剩编辑程序了。不过，本节中的蓝图数量众多，请注意不要操作失误。

另外，本节中会有很多之前没有涉及的节点，没有一一详细说明，只是简单介绍了一下"该节点有这个作用"。

要想制作真正的程序，还需要记住数量众多的节点。在使用的过程中，需要习惯于"不断有之前没有遇到过的新节点出现"这种情况。在真正的开发工作中，对于新节点的作用只需有一个大概了解，即该节点"大致有某某作用，这样使用就行"。以此为训练目标，我们来看以下内容。

单击工具栏中的"蓝图"图表，选择"打开关卡蓝图"选项，打开关卡蓝图编辑器。

图7-125 选择"打开关卡蓝图"选项，打开编辑器

准备变量

首先，准备必须使用的变量。这次会用到很多变量，以下将需要准备的内容列表汇总了。可以按照这个顺序，依次创建。

move_flag	用于检查球体是否正在运动
game_flag	用于检查游戏是否正在播放
delta	用于保管Tick事件触发间隔内的值
counter	用于保管已用的球体数量
Ball	用于预先保管球体（CB_Ball）的对象
Boxes	用于保管柱体（CB_Box）
HUD	用于保管创建的CB_HUD对象

创建变量move_flag

在"我的蓝图"中,单击"变量"右侧的"+"图标创建变量,并命名为"move_flag"。

创建完成后,单击项目右端的眼睛图标,将变量设置为公有变量。再在细节面板中将"变量类型"修改为"布尔型"。再次编译后,将默认值设置为"OFF"。

图7-126 创建变量move_flag

创建变量game_flag

继续创建变量"game_flag"。单击"变量"右侧的"+"图标新建变量,命名为"game_flag"。单击项目右侧的眼睛图标,将变量设置为公有变量。变量类型与刚才一样,也是"布尔型"。将默认值修改为"ON"。

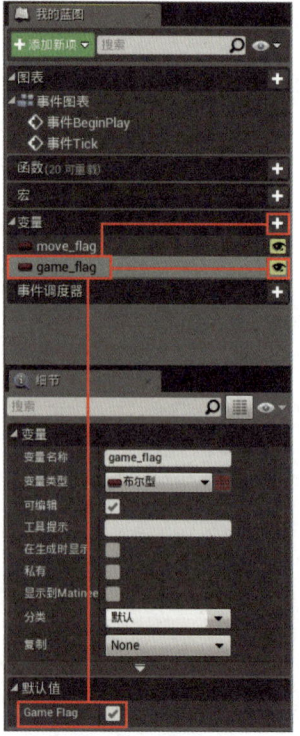

图7-127 创建变量game_flag

创建变量delta

接下来是变量"delta"。这次也是新建后,直接命名,并单击项目右端的眼睛图标,设置为公有变量。变量类型设置为"浮点型"。默认值保持为"0"即可。

图7-128 创建变量delta

创建变量counter

接下来是变量"counter"。该变量也设置为公有变量。变量类型设置为"整型"。默认值保持为"0"。

图7-129 创建变量counter

创建变量Ball

然后创建保管CB_Ball的变量"Ball"。以同样的方法创建变量，命名为"Ball"。单击项目右端眼睛图标，设置为公有变量。这些都与通常的变量处理方式一样。

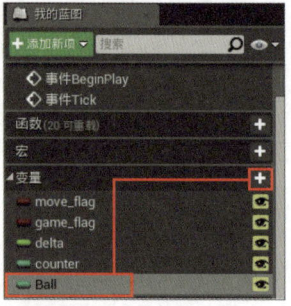

图7-130 创建变量Ball

将变量类型设置为"Static Mesh Component"

关键是"变量类型"。单击变量类型值的部分，弹出菜单后，输入"staticmesh"，然后从筛选出的显示项目中选择"Static Mesh Component"选项。这是用于保管静态网格物体的变量类型。

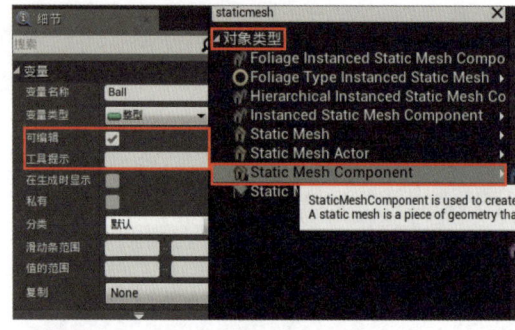

图7-131 指定变量类型为Static Mesh Component

创建变量Boxes

接下来是变量"Boxes"。创建变量后，也与变量Ball一样，将变量类型设置为"StaticMeshComponent"。而且，为了能保管多个柱体，需要单击变量类型右侧的"数组"图标，修改为数组。完成所有设置后，再设置为公有变量。

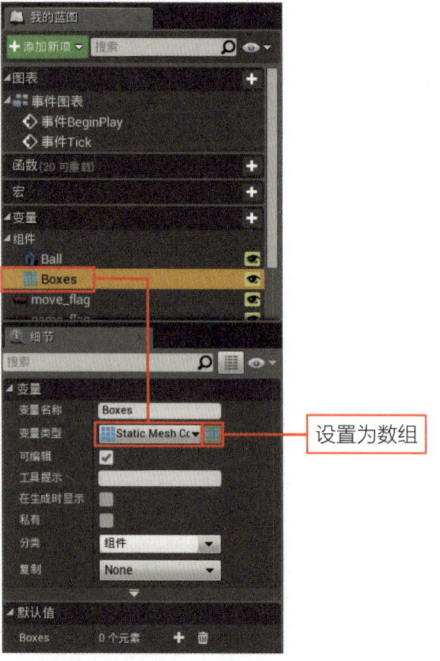

图7-132 创建变量Boxes。将变量类型设置为StaticMeshComponent后，将变量修改为数组

在默认值中准备元素

设置完成之后，单击"编译"图标，再看一下Boxes的细节面板。"默认值"的位置，有"Boxes"项目。单击这里的"+"标志，创建数组中保管的元素。多次单击"+"，有几个柱体就准备几个元素。范例中使用了5个。

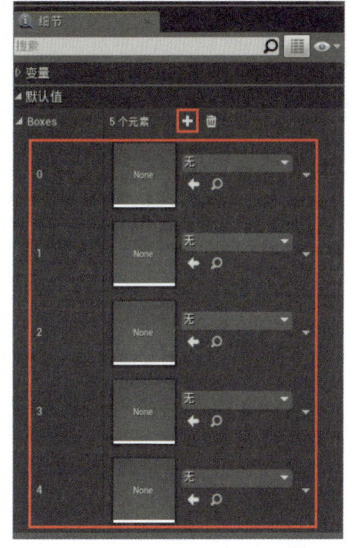

图7-133 单击默认值的"+"，准备5个元素

准备变量HUD

最后一个变量就是"HUD"。用同样的方法创建变量，并命名为"HUD"，设置为公有变量。单击变量类型值的部分，弹出菜单，输入"hud"。从筛选出的项目中，选择"对象类型"内"CB HUD"子菜单中的"引用"选项。

因为刚创建了数组变量，所以新建的变量可能被设置为"数组"了。需要先单击数组标志，恢复到普通变量（非数组变量）再进行以上操作。

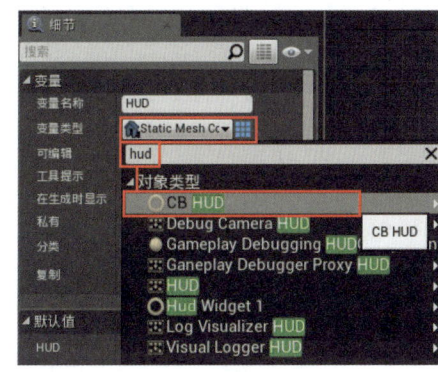

图7-134 将变量类型设置为"CB HUD"

创建完成的变量

这样就准备好了所有需要使用的变量。仔细确认一下，看看是否有遗漏或变量类型错误等问题。

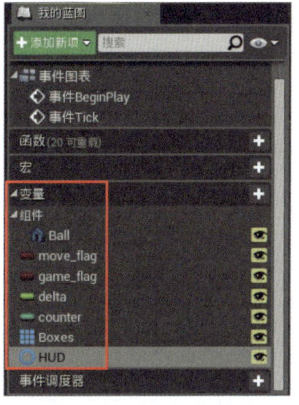

图7-135 准备好的变量总览

创建函数

准备好了变量，就开始编辑程序吧。但是，目前的状况就如同"在关卡蓝图中创建了事件节点，但是还没有执行节点"一样，还无法立即开始。

这次我们制作的程序相当复杂，使用的节点也非常多，如果全部放置在关卡蓝图的事件图表内，就太过于繁琐了。因此，我们创建不同功能的函数，将各个处理放到函数中进行。

创建完所有函数之后，只要将函数连接组合起来就能编辑出主要程序了。而且从整体来看，编程也更加清楚易懂，处理的内容也更容易把握。

那么，哪些函数是必要的呢？在这里大概整理如下：

Set HUD	设置HUD
Create Ball	准备新的球体
Create Boxes	准备新的柱体
Mouse Button Down	按住鼠标左键时的处理
Mouse Button Up	松开鼠标左键时的处理
Mouse Move H	鼠标横向移动时的处理
Mouse Move V	鼠标纵向移动时的处理
Change Camera Eye	切换摄影机视角的处理
Is Ball Stopped?	检查球体是否停止的处理
Check Boxes	检查柱体是否全部倒下的处理
End Game	游戏结束时的处理

此外，还需创建Begin Play和Tick等事件的处理。要进行很多编程工作，大家一起加油吧！

创建Set HUD函数

创建函数

首先从创建"Set HUD"函数开始。单击"我的蓝图"中"函数"右侧的"+"图标，新建函数，输入名称"Set HUD"。

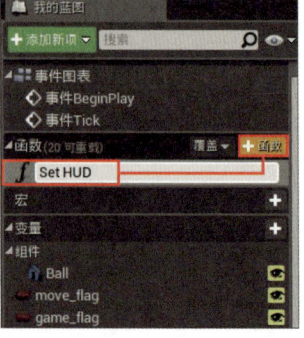

图7-136 创建"Set HUD"函数

打开函数Set HUD

创建完成后,就自动打开了"Set HUD"的蓝图编辑器(如果没有打开的话,就双击"Set HUD"打开)。图表中,只显示了一个"Set HUD"节点。我们将会把处理连接到此节点上。

图7-137 打开"Set HUD"函数的蓝图编辑器

在图表中放置"创建CB HUD控件"节点

创建节点。首先从"创建控件"节点开始。

右击图表,输入"create widget"并选择"创建控件"选项,完成放置节点。在该节点上,有"Class"输入项目。将该输入项的值修改为"CB_HUD"。这样就完成了"创建CB HUD控件"节点。

图7-138 添加"创建CB HUD控件"节点

添加"Add to Viewport"节点

然后,添加"Add to Viewport"节点。右击图表,输入"add to view",选择"Add to Viewport"选项,即可完成创建。

图7-139 添加Add to Viewport节点

添加HUD的"设置"节点

准备设置变量HUD值的节点。从"我的蓝图"中,拖曳并释放"HUD"到图表内,选择"设置"选项,添加节点。

图7-140 添加HUD的"设置"节点

确认准备的节点

这样就准备好了必要的节点。只是添加了3个节点,请确认没有操作错误。

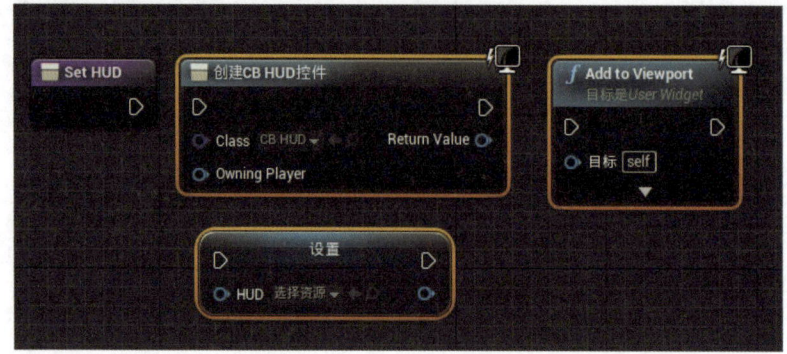

图7-141 创建的节点。请仔细确认

连接节点

接下来连接节点。按如下操作进行,就能完成函数Set HUD。
- 将"Set HUD"的exec输出项连接至"创建CB HUD控件"的exec输入项。
- 将"创建CB HUD控件"的exec输出项连接至HUD"设置"节点的exec输入项。
- 将"创建CB HUD控件"的"Return Value"连接至"设置"节点的"HUD"。
- 将"设置"的exec输出项,连接至"Add to Viewport"的exec输入项。
- 将"创建CB HUD控件"的"Return Value"连接至"Add to Viewport"的"目标"。

这部分我们进行的是"创建HUD控件→设置变量HUD→将其添加到视口"的处理。关于创建HUD,我们已经操作过了,大家应该有了大致的了解吧。

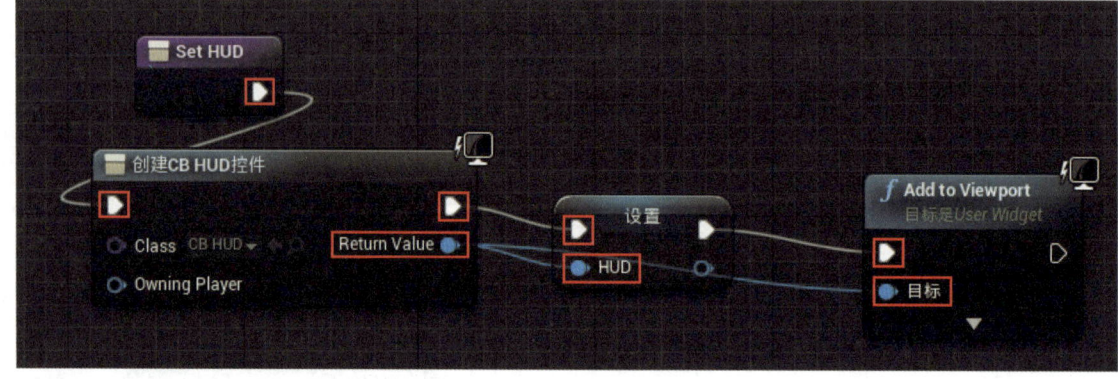

图7-142 连接节点,完成函数

创建"Create Ball"函数

接下来准备"Create Ball"函数。这是用于创建新球体的函数。创建CB_Ball部件,将其设置到变量Ball的处理过程中。

创建函数

首先，在"我的蓝图"中单击"函数"右侧的"+"图标，创建函数名称设置为"Create Ball"。

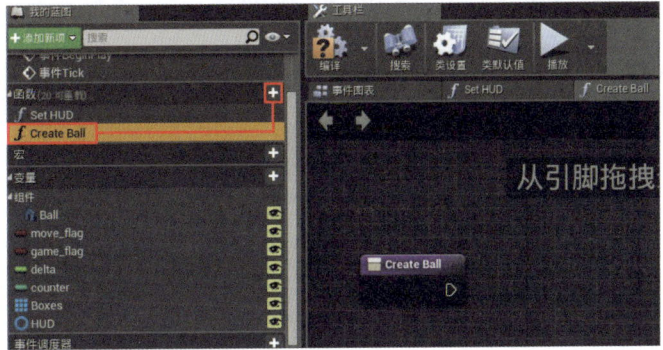

图7-143 创建"Create Ball"函数

添加CB_Ball

稍微移开关卡蓝图编辑器，露出关卡编辑器的内容浏览器。将内容浏览器中的"CB_Ball"图标，拖放到蓝图编辑器的图表内。这样就创建了"添加Static Mesh Component"节点。

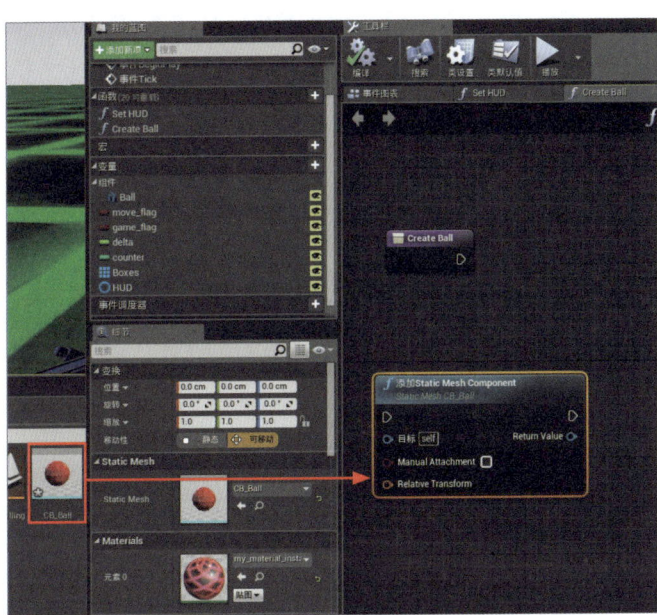

图7-144 将CB_Ball图标拖放到图表中，创建节点

新建"Set Simulate Physics"节点

右击图表，选择"Set Simulate Physics (Ball)"选项（输入"set simulate"就能立即出现）即可成功添加"Set Simulate Physics"节点。如果"情境关联"没有勾选的话，就不会出现"Set Simulate Physics (Ball)"选项（只有一个在末尾没有显示"Ball"的选项），需注意。

这个节点用于设置在变量Ball中被设置的部件Simulate Physics（模拟物理）。当勾选"Simulate"复选框时，就启用了所创建的Ball的物理引擎。

图7-145 创建Set Simulate Physics节点，将Simulate设置为ON

添加 "Set Enable Gravity" 节点

右击图表，在勾选"情境关联"的状态下，选择"Set Enable Gravity (Ball)"选项（输入"set enable"就会立即筛选出来）。创建之后，勾选"Gravity Enabled"复选框。

该节点用于设置是否受重力影响。勾选Gravity Enabled复选框，该部件就会受重力影响了。

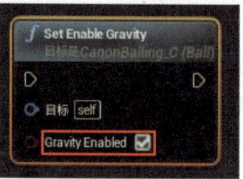

图7-146 添加Set Enable Gravity节点

添加 "Set Angular Damping" 节点

右击图表，在勾选"情境关联"的状态下选择"Set Angular Damping (Ball)"选项（输入"set angular"，就很容易选择）。添加后，将"New Angular Damping"的值设置为"1.0"。

该节点用于设置与旋转相关的摩擦。通过它来设置摩擦阻力，这就决定了旋转能持续到何时。

图7-147 添加"Set Angular Damping"节点

添加 "Set Linear Damping" 节点

右击图表，在勾选"情境关联"的状态时下，选择"Set Linear Damping (Ball)"选项（输入"set linear"，筛选选项）。创建后，将"In Damping"的值设置为"0.1"。

该节点用于设置移动时的摩擦。这次稍微添加了一点摩擦。

图7-148 添加"Set Linear Damping"节点

添加 "Make Vector" 节点

初次遇到的复杂节点就介绍完了。接下来就是已经用过的节点了。首先右击图表，选择"Make Vector"选项，添加节点。添加后，按照以下内容设置数值。

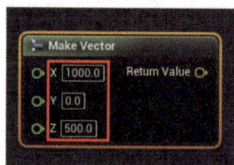

图7-149 添加"Make Vector"节点

添加变量的获得及设置节点

从"我的蓝图"中，将变量（组件）拖放到图表中，添加变量的获得及设置节点。这里最终需要准备的节点如下：

- HUD的获得节点
- Ball的设置节点
- counter的获得节点、设置节点

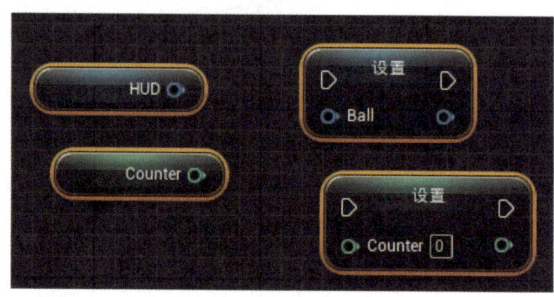

图7-150 添加变量的获得及设置节点

添加变量"Count Ball Num"的设置节点

右击图表，在未勾选"情境关联"的状态下，选择位于"CB_HUD"内的"Set Count Ball Num"选项。这样，用于修改HUD的变量Count Ball Num值的节点就添加完成了。

图7-151 添加Count Ball Num的"设置"节点

添加整型的"+"节点

右击图表，选择"Integer + Integer"选项，添加整型的加法运算节点。

图7-152 添加整型的"+"节点

确认已准备的节点！

至此，所有必要的节点都准备好了。共13个节点，请仔细确认，查看是否有遗漏。

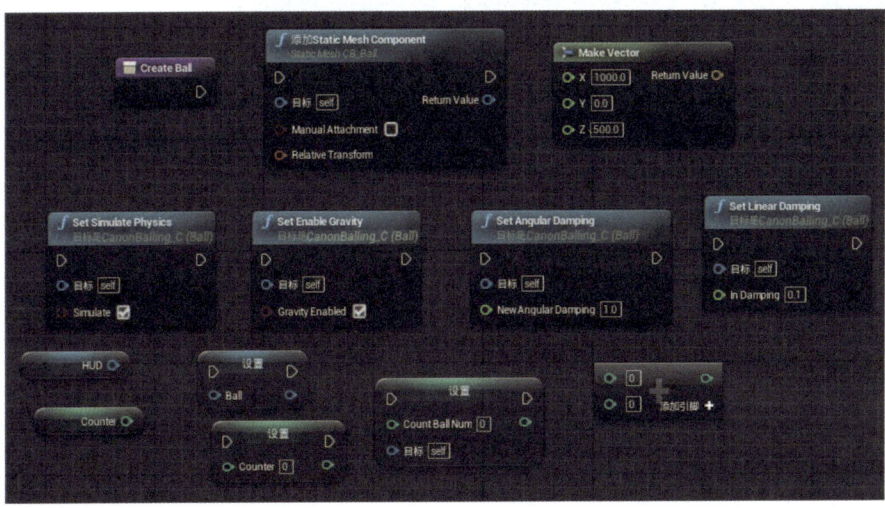

图7-153 准备好的节点

连接节点

接下来将准备好的节点连接起来。节点数量比较多，注意不要出错。

- 将"Create Ball"的exec输出项连接至"添加Static Mesh Component"的exec输入项。
- 将"Make Vector"的"Return Value"连接至"添加Static Mesh Component"节点的"Relative Transform"（会自动添加类型转换节点）。
- 将"添加Static Mesh Component"的exec输出项连接至Ball的"设置"节点的exec输入项。
- 将"添加Static Mesh Component"的"Return Value"连接至Ball的"设置"节点上的"Ball"。
- 勾选"添加Static Mesh Component"的"Manual Attachment"复选框。
- 将Ball的"设置"节点的exec输出项连接至"Set Simulate Physics"的exec输入项。
- 将"Set Simulate Physics"的exec输出项连接至"Set Enable Gravity"的exec输入项。

- 将"Set Enable Gravity"的exec输出项连接至"Set Angular Damping"的exec输入项。
- 将"Set Angular Damping"的exec输出项连接至"Set Linear Damping"的exec输入项。
- 将"Set Linear Damping"的exec输出项连接至Counter的"设置"节点的exec输入项。
- 将"Counter"连接至"+"的最上方输入项,另一个输入项输入"1"。
- 将"+"的输出项连接至Counter的"设置"节点上的"Counter"。
- 将Counter的"设置"的exec输入项连接至Counter Ball Num的"设置"的exec输入项。
- 将"Counter"连接至Count Ball Num的"设置"的"Count Ball Num"。

在这里进行的处理是,创建Ball的静态网格物体,设置变量Ball,在进行物理引擎关系设置后,修改变量counter和HUD的变量Count Ball Num。虽然在物理引擎的设置中,有很多未曾遇到过的节点,但都是细节面板上的设置内容,所以只要让节点名称与细节面板中的设置项目吻合的话,大致就能明白其作用。

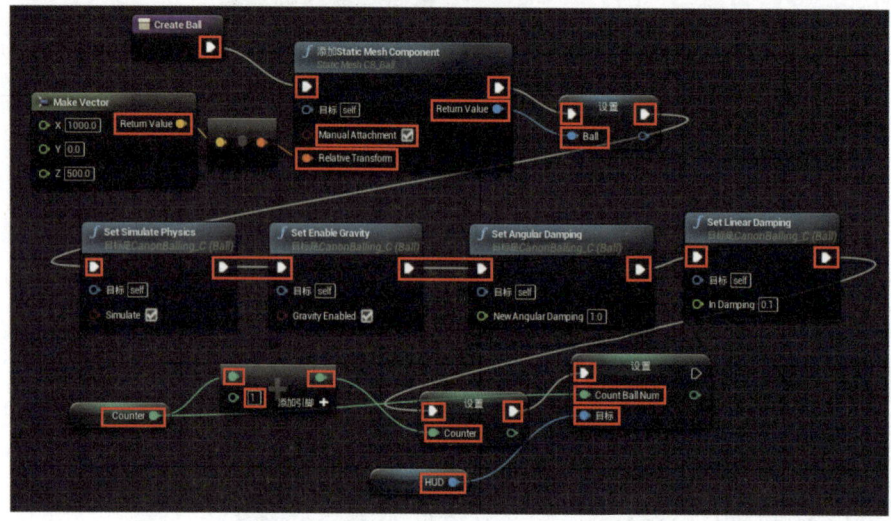

图7-154 连接节点。有很多连接,注意不要出错

创建"Create Boxes"函数

然后是"Create Boxes"函数。这个处理是在数组Boxes中,保管新的柱体部件,将其随机放置在画面中。

创建函数

首先,在"我的蓝图"中,单击"函数"右侧的"+"图标,新建函数,名称设置为"Create Boxes"。

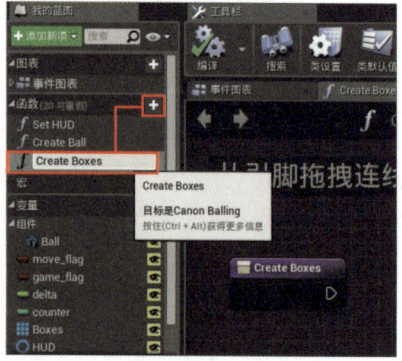

图7-155 创建函数"Create Boxes"

添加"ForEachLoop"节点

开始添加节点。首先是"ForEachLoop"节点（右击图表，输入"foreach"就出现了）。

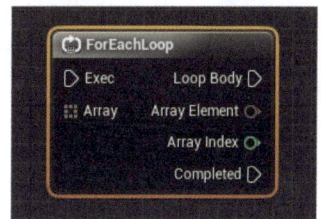

图7-156 添加ForEachLoop节点。该节点在未连接的状态下会显示错误，继续操作就会消失，不用担心

添加"添加Static Mesh Component"节点

将蓝图编辑器移开，从关卡编辑器的内容浏览器中，拖曳"CB_Box"图标，放到蓝图编辑器的图表内。这样就能添加"添加Static Mesh Component"节点。

这是用于创建CB_Box的节点。

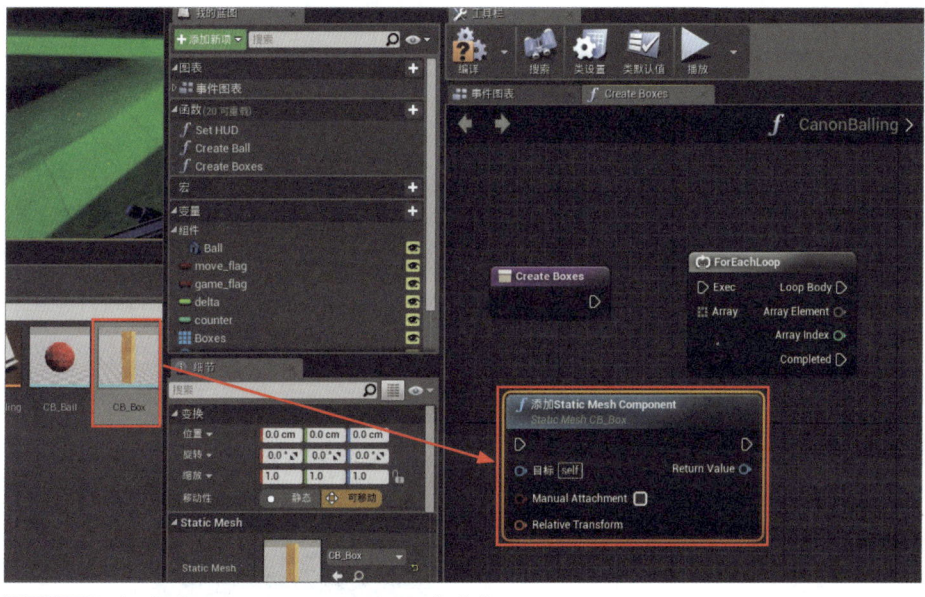

图7-157 添加"添加Static Mesh Component"节点

添加"Set Array Elem"节点

接下来添加"Set Array Elem"节点（右击图表，输入"array elem"就显示出来了）。该节点用来给数组设置值。

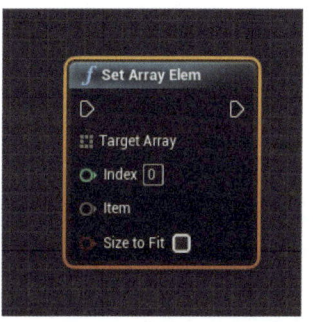

图7-158 添加Set Array Elem节点

添加"Make Vector"节点

添加"Make Vector"节点。添加后,将"Z"值设置为"500"。其他的输入项将会连接别的值,所以不需要设置。

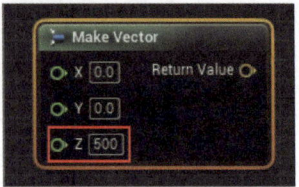

图7-159 添加Make Vector

添加"Random Float in Range"节点

添加"Random Float in Range"节点(右击图表,输入"random float"就能找到)。这是在指定范围内,随机读取浮点值的节点。

添加后,将"Min"设置为"5000",将"Max"设置为"7500"。

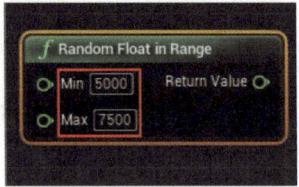

图7-160 添加Random Float in Range

再准备一个"Random Float in Range"节点

再添加一个"Random Float in Range"节点。也可以将新建的节点复制一次。添加后,将"Min"设置为"-1000",将"Max"设置为"1000"。

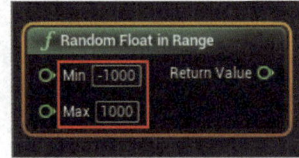

图7-161 再创建一个Random Float in Range

添加"Set Simulate Physics"节点

现在来添加物理引擎相关的节点"Set Simulate Physics"。但是!需要注意的是,该节点不同于刚才的Set Simulate Physics。这次要在未勾选"情境关联"的状态下检索"simulate",找到"Set Simulate Physics"选项,没有"(Ball)"的后缀。因为该节点不是用于Ball,而是其他部件也适用的通用节点。

添加后,勾选"Simulate"复选框。

图7-162 添加Set Simulate Physics

添加"Set Enable Gravity"节点

继续添加"Set Enable Gravity"。这个也是,右击图表,在未勾选"情境关联"时,检索"gravity",就能发现没有"(Ball)"后缀的选项。

添加完该节点后,勾选"Gravity Enabled"复选框。

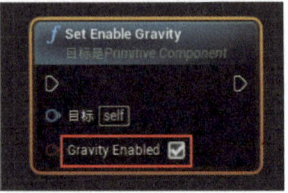

图7-163 添加Set Enable Gravity

添加变量Boxes的获得节点

从"我的蓝图"中,将变量"Boxes"拖曳到图表中,选择"获得"选项,添加节点用于读取Boxes的值。至此,所有节点就准备好了。

图7-164 添加Boxes节点

确认准备的节点

再次确认之前创建的节点。共准备了10个节点,看看齐全了吗?

图7-165 共准备了10个节点

连接节点

连接准备好的节点。这次连接的数量也很多,而且会有从一项连接多项的情况,很容易有遗漏,因此需要认真连接并仔细确认。

- 将"Create Boxes"的exec输出项连接至"ForEachLoop"的"Exec"输入项。
- 将"Boxes"连接至"ForEachLoop"的"Array"。
- 将"ForEachLoop"的"Loop Body"连接至"添加Static Mesh Component"的exec输入项。
- 将第1个"Random Float in Range"(Min:5000,Max:7500)连接至"Make Vector"的"X"。
- 将第2个"Random Float in Range"(Min:-1000,Max:1000)连接至"Make Vector"的"Y"。
- 将"Make Vector"的"Return Value"连接至"添加Static Mesh Component"的"Relative Transform"(会自动添加类型转换节点)。
- 将"添加Static Mesh Component"的exec输出项连接至"Set Array Elem"的exec输入项。
- 将"添加Static Mesh Component"的"Return Value"连接至"Set Array Elem"的"Item"。
- 勾选"添加Static Mesh Component"的"Manual Attachment"复选框。
- 将"Boxes"连接至"Set Array Elem"的"Target Array"。
- 将"ForEachLoop"的"Array Index"连接至"Set Array Elem"的"Index"。
- 将"Set Array Elem"的exec输出项连接至"Set Simulate Physics"的exec输入项。

- 将"添加Static Mesh Component"的"Return Value"连接至"Set Simulate Physics"的"目标"。
- 将"Set Simulate Physics"的exec输出项连接至"Set Enable Gravity"的exec输入项。
- 将"添加Static Mesh Component"的"Return Value"连接至"Set Enable Gravity"节点的"目标"。

在这里进行的处理是，生成CB_Box的静态网格物体，保管在数组Boxes中，然后随机设置位置。位置是使用随机数，生成Vector，用该Vector进行设置。

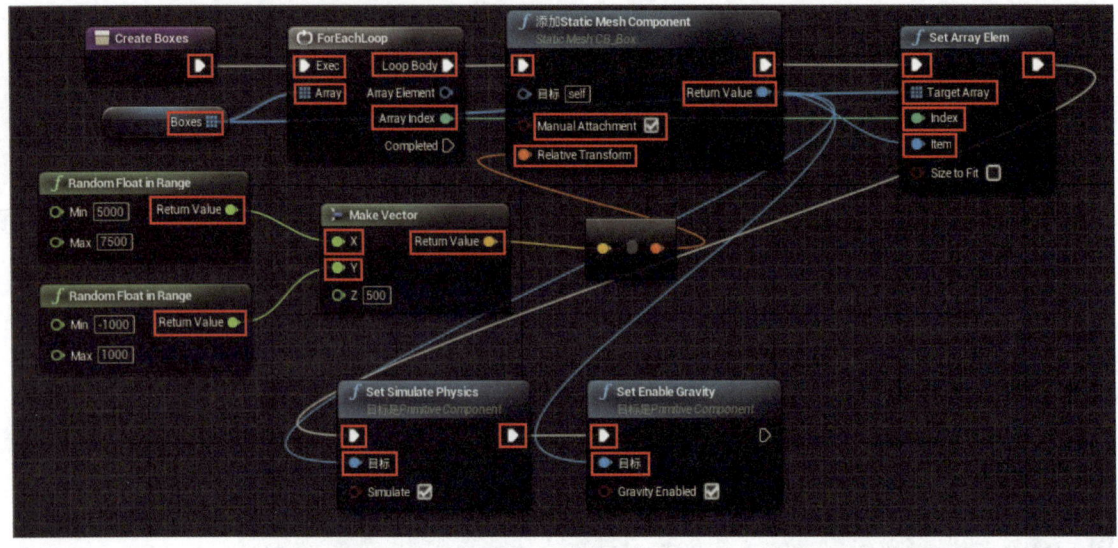

图7-166 连接节点

创建"Mouse Button Down"函数

接下来创建的是函数"Mouse Button Down"。这是当发出球时，控制力度的函数。在本游戏中，持续按住鼠标左键就会不断增加力度，松开后以释放时到达的力度来发出球。

创建函数

单击"我的蓝图"中"函数"右侧的"+"图标，创建新函数，命名为"Mouse Button Down"。

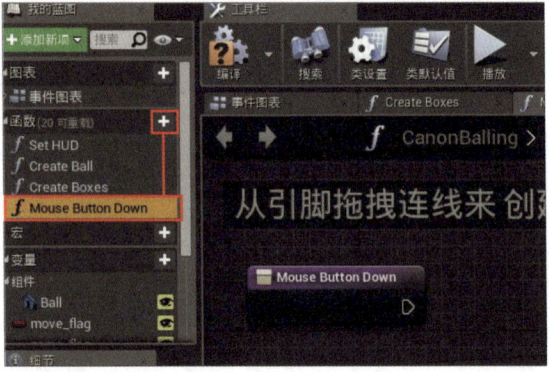

图7-167 创建Mouse Button Down函数

准备两个"分支"

让我们来创建节点吧。首先是"分支"节点（右击图表，输入"branch"就能显示）。这里需要准备两个。创建完成一个之后，再复制一次也可以。

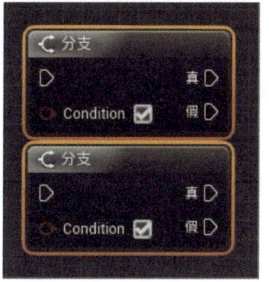

图7-168 准备两个分支

准备两个"Set Percent"

然后是"Set Percent"节点。右击图表，取消勾选"情境关联"复选框，输入"percent"，即可出现。创建完成后，可用复制等方法准备两个"Set Percent"节点。

该节点用于设置进度条（Progress Bar）的状态。指定0~1的实数，进度条也会相应地调整长度。

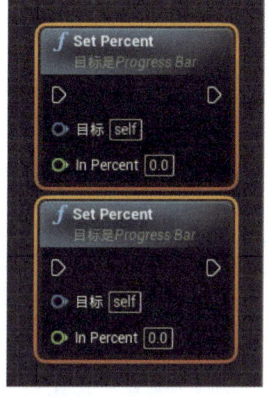

图7-169 准备两个Set Percent

添加"Is Input Key Down"

接下来添加"Is Input Key Down"节点（右击图表，在未勾选"情境关联"的状态下，输入"input key"即可显示）。该节点在前面讲解鼠标输入的部分就使用过。

放置完成后，将"Key"的值修改为"鼠标左键"。

图7-170 创建Is Input Key Down，将Key设置为"鼠标左键"

添加"Get Player Controller"

"Get Player Controller"节点用于获得玩家控制器（Player Controller）（右击图表，输入"player"即可找到）。该节点是通过"Is Input Key Down"使用的。添加完成后，确认一下"Player Index"输入项是否为"0"。

图7-171 添加Get Player Controller

添加"Power Bar"

创建用于获得CB_HUD的"Power Bar"的节点。右击图表，取消勾选"情境关联"复选框。输入"power bar"后，就会显示出"Get Power Bar"项目。选择此项。

图7-172 添加Power Bar节点

添加"Percent"

继续添加"Percent"节点。刚才的"Set Percent"用于设置进度条的值，而这个用于读取值。右击图表，取消勾选"情景关联"复选框，输入"percent"，就能找到"获得Percent"项目。选择此项。

图7-173 添加Percent节点

添加"+"与">"

准备计算关系的节点，"Float + Float"和"Float > Float"。分别右击图表，输入"+"和">"，就能发现。

图7-174 添加"+"和">"节点

准备变量"HUD"与"delta"的获得节点

最后，添加用于获得变量的节点，准备变量"HUD"和"delta"的获得节点。分别从"我的蓝图"中将变量项目拖曳并释放到图表中，选择"获得"选项。

图7-175 准备HUD和delta节点

确认已准备的节点

这样就将所有必要节点准备好了，共13个节点。请仔细确认是否有遗漏。

图7-176 已准备好的节点，共有13个

连接节点

连接已准备的节点。这次的连接也很多,请按照顺序认真连接,仔细确认。

- 将"Mouse Button Down"的exec输出项连接至第1个"分支"的exec输入项。
- 将"Get Player Controller"的"Return Value"连接至"Is Input Key Down"的"目标"。
- 将"Is Input Key Down"的"Return Value"连接至第1个"分支"的"Condition"。
- 将第1个"分支"的"真"连接至第1个"Set Percent"的exec输入项。
- 将"HUD"连接至"Power Bar"的"目标"。
- 将"Power Bar"连接至第1个"Set Percent"的"目标"。
- 将"Power Bar"连接至"Percent"的"目标"。
- 将"Percent"连接至"+"的其中一个输入项。
- 将"delta"连接到"+"的另一个输入项。
- 将"+"连接到第1个"Set Percent"的"In Percent"。
- 将第1个"Set Percent"的exec输入项连接至第2个"分支"的exec输入项。
- 将"+"连接至">"上方的输入项。
- 将">"下方的输入项设置为"1.0"。
- 将">"连接至第2个"分支"的"Condition"。
- 将第2个"分支"的"真"连接到第2个"Set Percent"的exec输入项。
- 将"Power Bar"连接至第2个"Set Percent"的"目标"。
- 将第2个"Set Percent"的"In Percent"设置为"1.0"。

该函数进行的操作是,首先检查鼠标左键是否被按下,被按下的话,HUD的Power Bar的percent就会增加一些。增加的量要使用变量delta。而且,由于Power Bar的取值范围是0~1之间的实数,当设置的Power Bar的值大于1的话,就会回到1。

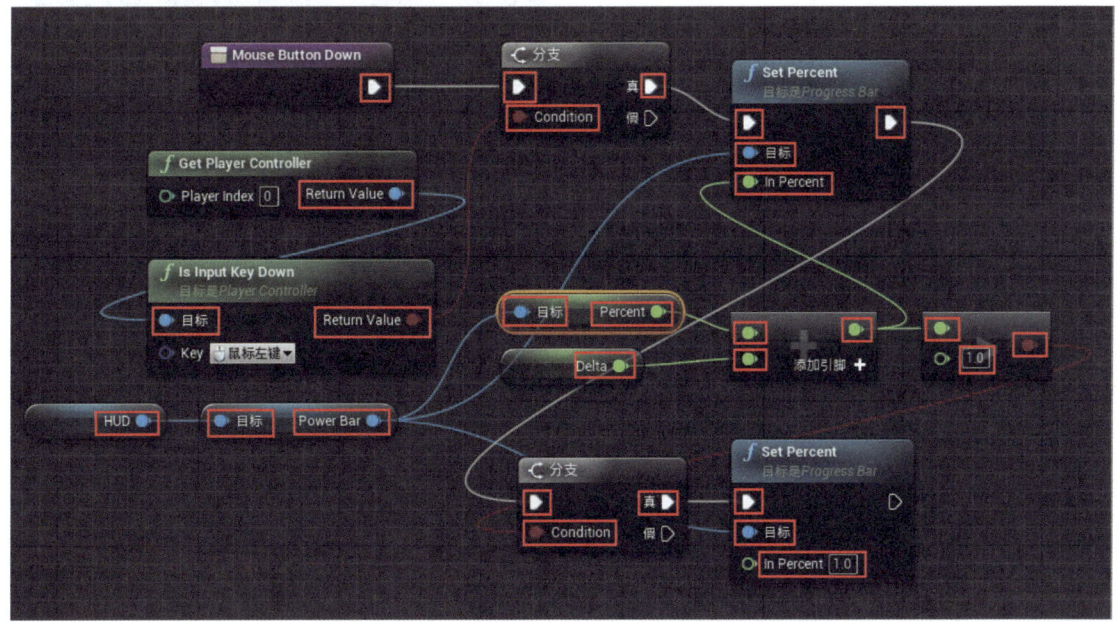

图7-177 连接节点,完成函数

创建"Mouse Button Up"函数

接下来创建的是"Mouse Button Up"函数，用于执行当鼠标松开时的处理。这个处理过程是当鼠标左键松开时，基于力度的数值来发出球。

创建函数

单击"我的蓝图"中"函数"右侧的"+"图标，创建新函数，命名为"Mouse Button Up"。

图7-178 准备函数Mouse Button Up

准备分支和玩家控制器相关的节点

首先需要准备的几个节点与刚才"Mouse Button Down"函数中使用的一样。需要添加以下几个节点，也可以直接从"Mouse Button Down"函数中复制&粘贴过来。

- 准备两个"分支"节点。
- 准备一个"Get Player Controller"节点。

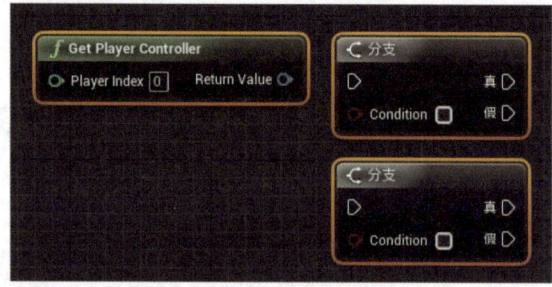

图7-179 准备2个分支和一个Get Player Controller

添加"Was Input Key Just Released"

接下来添加需要单独准备的节点。首先是"Was Input Key Just Released"节点。右击图表，在取消勾选"情境关联"的状态下，输入"was input key"，即可找到。放置好节点后，将"Key"的值修改为"鼠标左键"。

该节点是当Key指定的按键被松开的瞬间，立即返回一次真。之后，即使键一直被松开，值也不再为真，而是为假。这是在"松开的瞬间执行什么操作"的情况下使用的节点。

图7-180 添加Was Input Key Just Released

添加"Add Impulse (Ball)"

接下来添加的是"Add Impulse"。右击图表,勾选"情境关联"复选框,输入"Impulse",这样就能找到"Add Impulse (Ball)"选项。请注意!如果未勾选"情境关联"的话,就只显示没有带(Ball)的选项。

该节点能给有物理引擎的部件增加撞击。经过一定时间,"推动"部件的话,适合使用"Add Force",但是当某部件与其他部件碰撞时,瞬间施加的撞击力,就需要使用这个节点。

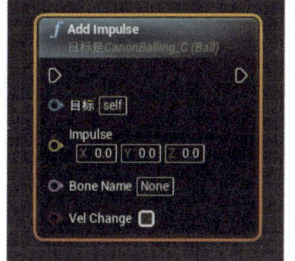

图7-181 添加Add Impulse (Ball)

添加"Make Vector"

准备用于显示冲击力强度的Vector。在这里使用"Make Vector"即可。

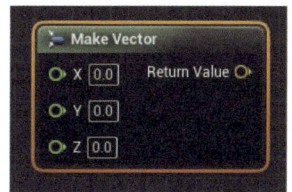

图7-182 添加Make Vector

准备"×"与"-"

创建计算节点。需要准备3个"Float*Float"、1个"Float-Float"节点。

图7-183 准备3个"×"、1个"-"节点

准备3个"Percent"

刚才也用到了"Percent",这是获得进度条的值的节点。需要准备3个"Percent"。右击图表,取消勾选"情境关联"复选框,输入"percent"就能找到"获得Percent"选项。添加完成后,通过复制,增加到3个。

图7-184 准备3个Percent

准备"Power Bar""Bar H""Bar V"

准备节点以获得进度条的值。需要准备"Power Bar""Bar H""Bar V"三个节点。都是右击图表,在未勾选"情境关联"的状态下,输入"bar",就能找到"获得Power Bar""获得Bar H""获得Bar V"选项。

图7-185 添加Power Bar、Bar H、Bar V

准备变量"HUD"与"move_flag"的获得节点

最后,准备变量的获得节点。从"我的蓝图"中,将"move_flag"和"HUD"拖曳并释放到图表内,选择"获得"选项,放置节点。

图7-186 添加"move_flag"与"HUD"的获得节点

确认已准备的节点!

此时,所有需要使用的节点都准备好了。这次节点数量也很多,共有19个!还有一些是同样的节点,需要仔细检查以免出错。

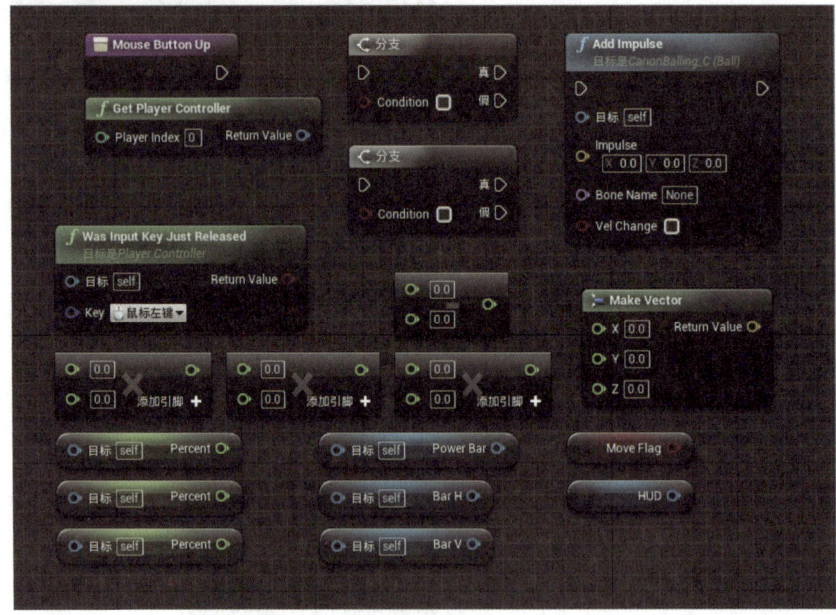

图7-187 已准备好的节点,共有19个

连接节点

接下来连接准备的节点，完成函数吧。请按照以下说明，连接节点。

- 将"Mouse Button Up"的exec输出项连接至第1个"分支"的exec输入项。
- 将"move_flag"连接至第1个"分支"的"Condition"。
- 将第1个"分支"的"假"连接至第2个"分支"的exec输入项。
- 将"Get Player Controller"的"Return Value"连接至"Was Input Key Just Released"的"目标"。
- 将"Was Input Key Just Released"的"Return Value"连接至第2个"分支"的"Condition"。
- 将第2个"分支"的"真"连接至"Add Impulse"的exec输入项。
- 将"HUD"连接至"Power Bar""Bar H""Bar V"的各个输入项。
- 将"Power Bar""Bar H""Bar V"分别连接至3个"Percent"的输入项。
- 将连接"Power Bar"的"Percent"连接至第1个"×"的一个输入项。另一个输入项的值设置为"10000000"。
- 将连接"Bar H"的"Percent"连接到"-"的上方输入项。在下方输入项内输入"0.5"。
- 将"-"连接到第2个"×"的其中一个输入项。另一个输入项内设置为"10000000"。
- 将连接到"Bar V"的"Percent"连接至第3个"×"的一个输入项。另一个输入项内输入"10000000"。
- 将连接"Power Bar"的第1个"×"连接至"Make Vector"的"X"。
- 将连接"Bar H"的第2个"×"连接至"Make Vector"的"Y"。
- 将连接"Bar V"的第3个"×"连接至"Make Vector"的"Z"。
- 将"Make Vector"的"Return Value"连接至"Add Impulse"的"Impulse"。

这个函数进行的操作是，当变量move_flag为真时，并且鼠标按键被松开的瞬间，对球体施加冲击。冲击力的大小通过"Make Vector"来准备。而该"Make Vector"是以Power Bar、Bar H、Bar V的各个Progress Bar的值为基础，来设置冲击力的大小的。

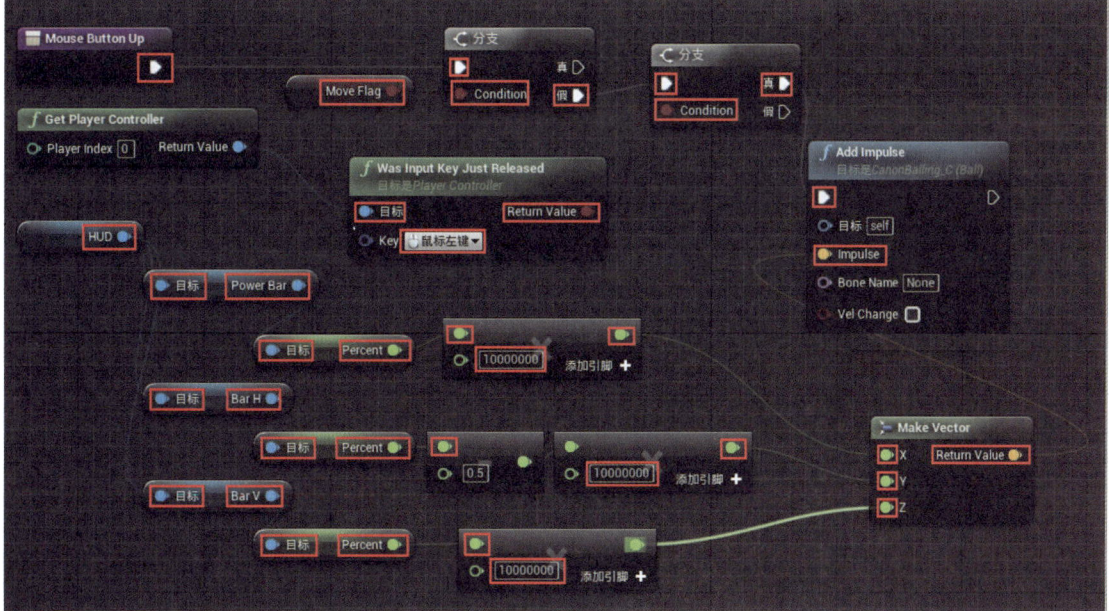

图7-188 连接节点。有很多节点是同样的，需要格外注意

创建 "Is Ball Stopped?" 函数

继续创建函数以检查球体是否停止。在"我的蓝图"中单击"函数"右侧的"+"图标,创建新函数,命名为"Is Ball Stopped?"。

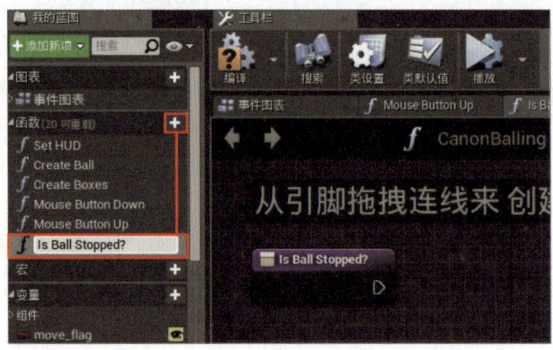

图7-189 创建"Is Ball Stopped?"函数

准备两个"分支"

添加节点。首先准备两个"分支"节点。添加一个之后,复制一次即可。

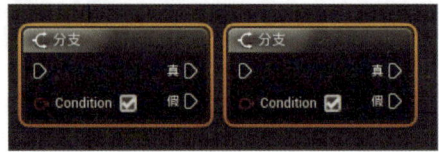

图7-190 准备两个分支

添加 "Get Physics Linear Velocity (Ball)"

然后准备"Get Physics Linear Velocity (Ball)"节点。右击图表,勾选"情境关联"后,输入"get physics"即可找到。确认最后是否带有(Ball)。如果未勾选"情境关联"的话,就只显示出不带(Ball)的。

该节点用于测量设置了物理引擎的部件前后左右上下的移动量。使用该节点,就能通过Vector测量出该部件以多大的力度移动。

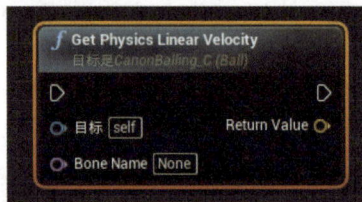

图7-191 添加"Get Physics Linear Velocity (Ball)"

添加 "DestroyComponent (Ball)"

"DestroyComponent (Ball)"节点用于破坏变量Ball的部件。也是右击图表,在勾选"情境关联"的状态下,输入"destroy",即可找到。要注意!如果"情境关联"为未勾选状态的话,就只有不带(Ball)的节点了。

图7-192 添加DestroyComponent (Ball)

添加"Set Percent"

这个节点已经出现多次了，用于设置进度条的值。右击图表，在"情境关联"为未勾选的状态下，输入"percent"，即可找到。

图7-193 添加Set Percent

添加"Break Vector"

"Break Vector"节点用于将Vector的值分解，从中分别取出X、Y、Z的值。也添加一个该节点吧。

图7-194 添加Break Vector

添加"+""＞"

这是计算关系的节点。分别添加"Float+Float"和"Float>Float"节点。

图7-195 添加"+"">"

准备3个"ABS"

"ABS"是用于测量绝对值的节点。右击图表，输入"abs"，就能找到"Absolute (float)"选项。放置好该节点后，通过复制以增加至3个。

图7-196 准备3个"ABS"

准备变量"move_flag"的获得和设置节点

各准备一个变量"move_flag"值的获得节点和设置节点。从"我的蓝图"中将"move_flag"拖曳并释放到图表中，分别选择"获得"、"设置"选项，创建节点。

图7-197 准备move_flag的获得与设置节点

准备变量"HUD"的获得节点和"Power Bar"的获得节点

添加变量"HUD"的获得节点和HUD"Power Bar"的获得节点。创建变量"HUD"的获得节点,只需从"我的蓝图"中将"HUD"拖曳并释放到图表中,选择"获得"选项。添加"Power Bar"的获得节点时,取消勾选"情境关联"后,输入"power bar",即可找到"获得Power Bar"选项。

图7-198 准备HUD和Power Bar节点

确认节点

至此,所有节点都准备好了。这次共有16个,请仔细确认以防出错。

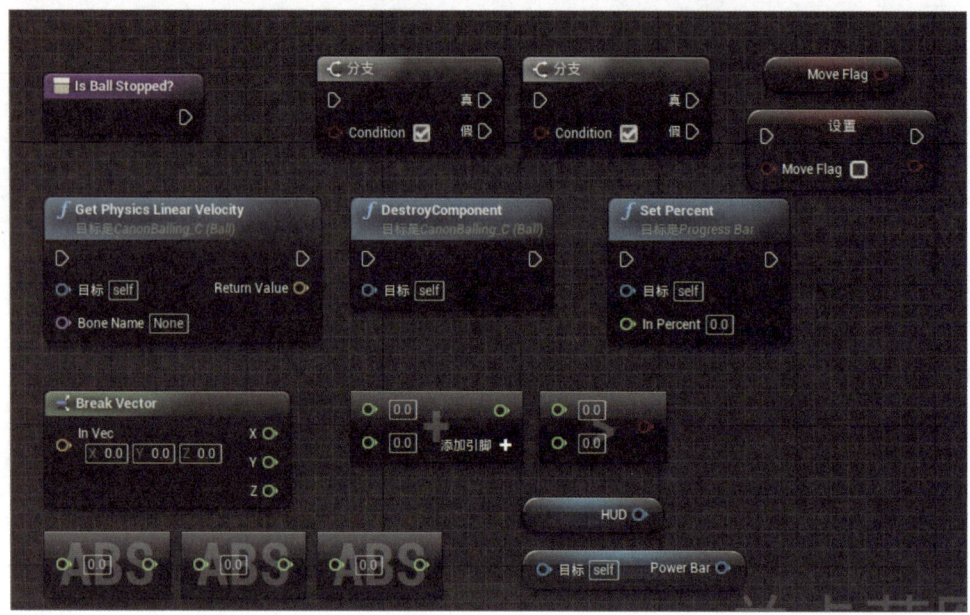

图7-199 这次共准备了16个节点

连接节点

将已放置的节点连接起来。这次使用两个分支来分别处理。要清楚地考虑处理流程,连接节点。
- 将"Is Ball Stopped?"的exec输出项连接至第1个"分支"的exec输入项。
- 将"move_flag"连接至第1个"分支"的"Condition"。
- 将第1个"分支"的"真"连接至"Get Physics Linear Velocity"的exec输入项。
- 将"Get Physics Linear Velocity"的exec输出项连接至第2个"分支"的exec输入项。
- 将"Get Physics Linear Velocity"的"Return Value"连接至"Break Vector"的"In Vec"。
- 将"Break Vector"的"X""Y""Z",分别连接至3个"ABS"。
- 单击"+"的"添加引脚"按钮,将输入项增加至3项。
- 将3个"ABS"分别连接至"+"的3个输入项。
- 将"+"连接至">"下方的输入项。上方输入项的值设置为"10"。
- 将">"连接至第2个"分支"的"Condition"。
- 将第2个"分支"的"真"连接至move_flag的"设置"的exec输入项。取消勾选"Move Flag"复选框。

- 将move_flag的"设置"的输出项连接至"DestroyComponent"的exec输入项。
- 将"DestroyComponent"的exec输出项连接至"Set Percent"的exec输入项。将"In Percent"设置为"0.0"。
- 将"HUD"连接至"Power Bar"的"目标"。
- 将"Power Bar"连接至"Set Percent"的"目标"。

这里的处理过程是,变量move_flag判断是否为真(即球是否在移动),为真的话,将球移动的值分为上下左右前后,分别测量并加总,判断该总和值是否小于10。如果小于10的话,就看做几乎是停止,就摧毁球。变量move_flag值为假,则Power Bar的值归0。

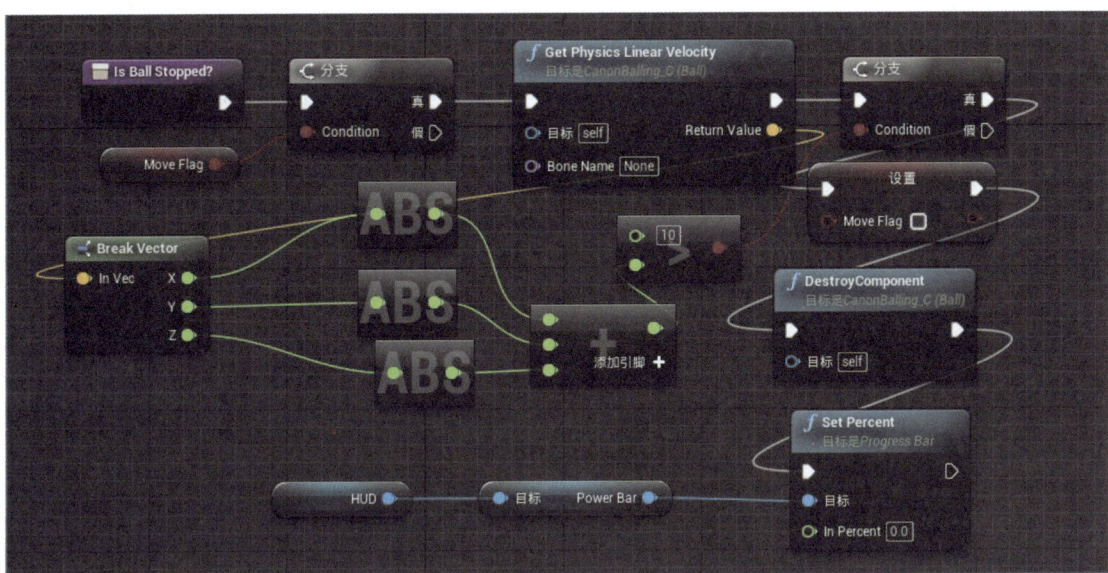

图7-200 将已准备的节点全部连接起来

创建"Check Boxes"函数

然后创建"Check Boxes"函数以检查已放置的柱体是否全部倒下。单击"我的蓝图"中"函数"右侧的"+"图标,创建新函数,命名为"Check Boxes"。

图7-201 创建Check Boxes函数

添加"ForEachLoop"

接下来创建节点。首先要创建的是"ForEachLoop"节点。使用此节点就能从保管柱体部件的数组Boxes中，依次取出柱体了。

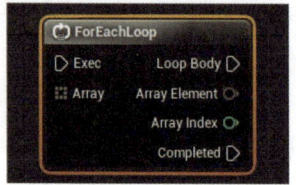

图7-202 添加ForEachLoop

添加"分支"

控制相关的节点，还需要准备一个"分支"节点。用于控制的节点只需这两个即可。

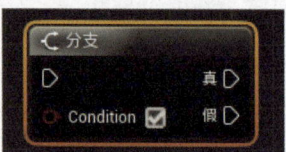

图7-203 准备分支

添加"GetWorldLocation"

"GetWorldLocation"节点用于测量该部件的世界坐标位置。右击图表，取消勾选"情境关联"，输入"world loc"后即可找到该选项。如果勾选"情境关联"的话，就只显示出"GetWorldLocation (Ball)"了。这次不是针对Ball，而是从数组中取出的柱体，所以不能用带有(Ball)的节点。

图7-204 添加"GetWorldLocation"

添加"Break Vector"

刚才使用过，这个节点用于分解Vector的值，分别取出X、Y、Z的值。此节点也只创建一个。

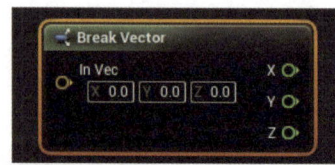

图7-205 添加Break Vector

添加">"

添加一个能添加值的"Float>Float"节点。这次运算相关的节点，只需这一个即可。

图7-206 添加">"节点

准备变量"Boxes"的获得节点

从"我的蓝图"中，将变量"Boxes"拖曳并释放到图表中，选择"获得"选项，添加"Boxes"节点。

图7-207 添加Boxes节点

创建局部变量"flag"

此外,还要准备一个只在Check Boxes函数中使用的变量(局部变量)。在"我的蓝图"中,单击"局部变量"处的"+"图标,即可创建局部变量,直接输入变量名"flag"。在细节面板中,将变量类型设置为"布尔型"。

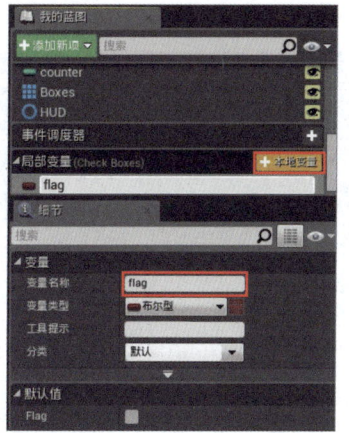

图7-208 创建局部变量flag

添加变量"flag"的获得和设置节点

从"我的蓝图"中,将局部变量"flag"拖曳并释放到图表中,准备一个"获得"节点,两个"设置"节点。设置节点可以创建一个之后,再复制一次即可。

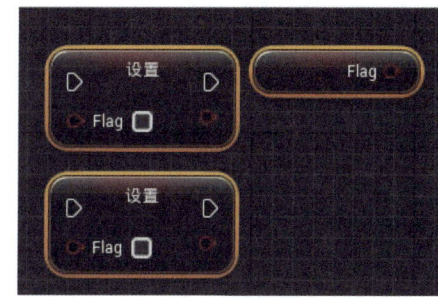

图7-209 准备局部变量flag的节点

添加输出值"Result"

最后,为函数准备"输出值"。这是显示为输出项的节点。从"我的蓝图"中,选择"Check Boxes"后,单击细节面板中位于"输出"下的"新"按钮。这样就能创建输出值的项目了。

设置项目名称为"Result"、变量类型为"布尔型"。

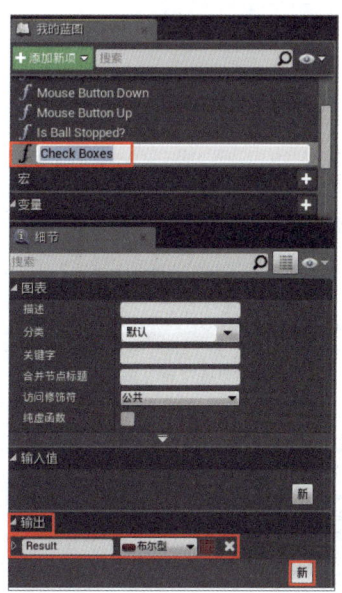

图7-210 添加输出值"Result"

确认已创建的节点

必要节点已经准备好了。这次共有11个节点，请仔细确认一下。

图7-211 共准备了11个节点

连接节点

接下来，连接节点。请按照如下方式进行操作。
- 将"Check Boxes"连接至flag的第1个"设置"的exec输入项。取消勾选"Flag"。
- 将flag的第1个"设置"连接至"ForEachLoop"的"Exec"。
- 将"Boxes"连接至"ForEachLoop"的"Array"。
- 将"ForEachLoop"的"Loop Body"连接至"分支"的exec输入项。
- 将"ForEachLoop"的"Array Element"连接至"GetWorldLocation"的"目标"。
- 将"GetWorldLocation"的"Return Value"连接至"Break Vector"的"In Vec"。
- 将"Break Vector"的"Z"连接至">"的上方输入项。将下方的输入项设置为"100"。
- 将">"连接至"分支"的"Condition"。
- 将"分支"的"真"连接至第2个flag的"设置"。取消勾选"Flag"。
- 将"ForEachLoop"的"Completed"连接至"返回节点"的exec输入项。
- 将"Flag"连接至"返回节点"的"Result"。

此函数进行的操作是，从数组Boxes中依次取出柱体，从显示其位置的Vector中取出Z的值。Z表示的是纵向的数值（高度），就会成为该部件的中心位置的高度。若此高度小于100，则判断此柱子已倒下。

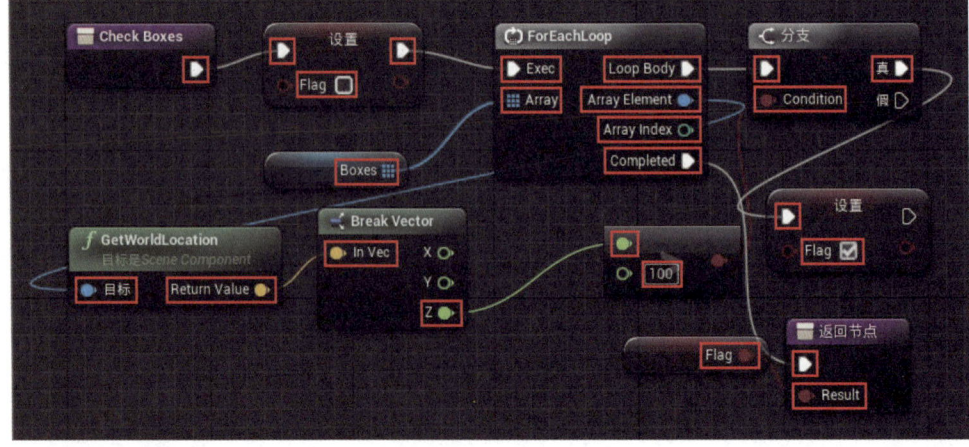

图7-212 连接所有节点

Column
使用ForEachLoop发生Target Array的错误时怎么办？
有的时候，明明正确连接了，却在ForEachLoop上出现"Target Array"不明的错误。这个貌似是蓝图目前的一个BUG。发生这样的问题时，请试着删除ForEachLoop，重新创建并连接。

创建"Mouse Move H"函数

然后创建的是"Mouse Move H"函数。这是有关鼠标横向移动时的处理。从"我的蓝图"中，利用"函数"右侧的"+"图标创建新函数。

在此之前我们一一说明了每个节点的创建过程，大家已经很熟悉如何创建了吧。接下来就不再对每个节点的创建进行说明，而是将函数中必要的节点汇总介绍。

创建必要的节点

请创建右表所示的节点。包括自动生成的"Mouse Move H"在内，共准备9个节点。

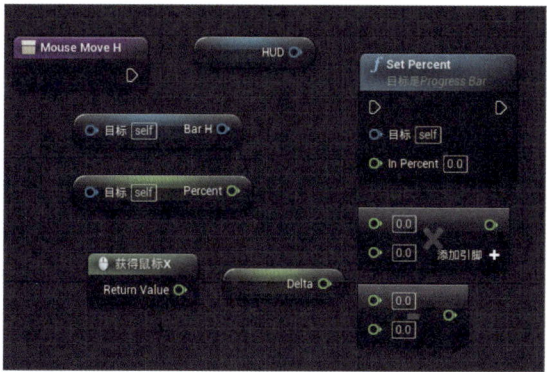

图7-213 Mouse Move H函数所用的节点，共需准备9个

获得鼠标X	右击图表，输入"mouse x"后即可出现
Set Percent	取消勾选"情境关联"后，查找该节点
Get Percent	节点上显示为"Percent"。这个也是取消勾选"情境关联"后，查找"Get Percent"
Get Bar H	节点上显示为"Bar H"。取消勾选"情景关联"后，查找"Get Bar H"
Float * Float Float - Float	运算关系节点只有这两个
HUD Delta	变量HUD、变量delta的获得节点

连接节点

连接已准备的节点。请分别按照如下描述操作。

- 将"Mouse Move H"连接至"Set Percent"。
- 将"HUD"连接至"Bar H"的"目标"。
- 将"Bar H"连接至"Percent"的"目标"。
- 将"Bar H"连接至"Set Percent"的"目标"。
- 将"Percent"连接至"-"上方的输入项。
- 单击"×"中的"添加引脚"按钮，将输入项增加至3个。
- 将"获得鼠标X"的"Return Value"连接至"×"的第1个输入项。
- 将"Delta"连接至"×"的第2个输入项。
- 将"×"的第3个输入项设置为"-0.05"。
- 将"×"连接至"-"下方的输入项。
- 将"-"连接至"Set Percent"的"In Percent"。

这里进行的操作是，获得鼠标的X轴移动的距离，以此为基础计算得出的值被Bar H的值减掉。虽然运用很多值进行乘法运算，但可以认为这是在调整增减的幅度。

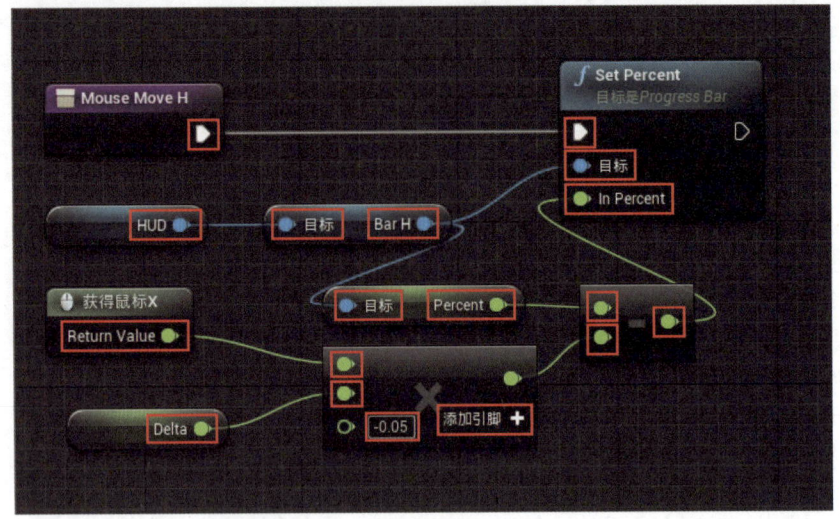

图7-214 连接节点，完成函数

创建"Mouse Move V"函数

然后，创建"Mouse Move V"函数，这是与鼠标的纵向移动有关的函数。在"我的蓝图"中，单击"函数"右侧的"+"图标，创建函数。

"Mouse Move V"函数的编程过程与"Mouse Move H"函数基本上一致。只有"获得鼠标Y"和"Bar V"两个节点有所不同。

创建必要的节点

创建右表所示节点。与"Mouse Move H"相同的节点，可以从"Mouse Move H"中复制并粘贴过来，操作更简单。

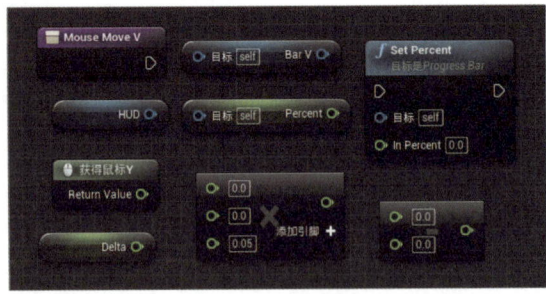

图7-215 准备节点。大部分节点可以从Mouse Move H函数复制并粘贴

获得鼠标Y	右击图表，输入"mouse y"后即可出现
Set Percent	关闭"情境关联"后，查找该节点
Percent	关闭"情境关联"后，查找"Get Percent"
Bar V	关闭"情境关联"后，查找"Get Bar V"
Float * Float Float - Float	运算关系节点只有这两个
HUD Delta	变量HUD、变量delta的获得节点

连接节点

连接已准备的节点。连接过程也基本上与"Mouse Move H"相同,并不太难。

- 将"Mouse Move V"连接至"Set Percent"。
- 将"HUD"连接至"Bar V"的"目标"。
- 将"Bar V"连接至"Percent"的"目标"。
- 将"Bar V"连接至"Set Percent"的"目标"。
- 将"Percent"连接至"-"上方的输入项。
- 单击"×"中的"添加引脚"按钮,将输入项增加至3个。
- 将"获得鼠标Y"的"Return Value"连接至"×"的第1个输入项。
- 将"Delta"连接至"×"的第2个输入项。
- 将"×"的第3个输入项设置为"0.05"。
- 将"×"连接至"-"下方的输入项。
- 将"-"连接至"Set Percent"的"In Percent"。

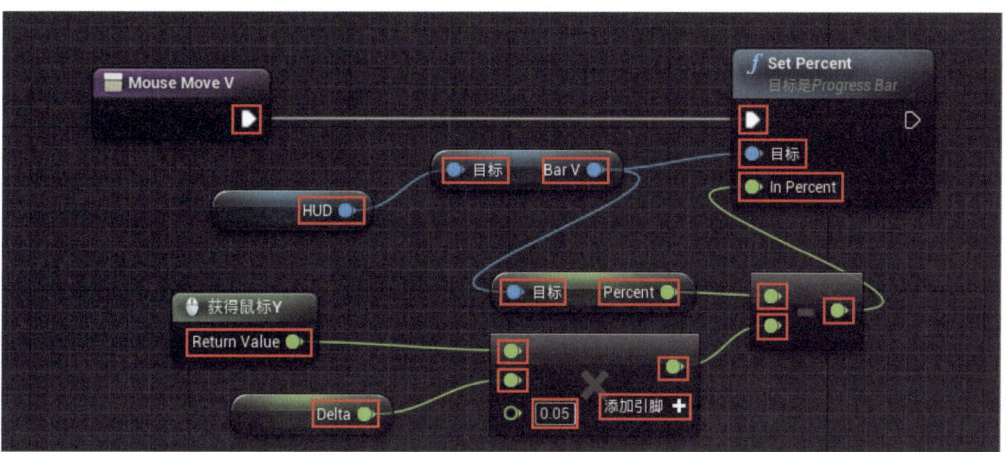

图7-216 连接节点

创建"End Game"函数

然后创建的是"End Game"函数。这是在游戏结束时进行的处理。该处理的过程很简单,我们就简要说明一下。

准备节点

- 信息文本的"设置"节点。关闭"情境关联"后,检索"Set Message Text"。
- 变量"game_flag"的设置节点。
- 变量"HUD"的获取节点。

连接节点

- 将"End Game"连接至信息文本的"设置"。将信息文本的"设置"的"Message Text"修改为"GAME END"。
- 将"HUD"连接至信息文本的"设置"的"目标"。
- 将Message Text的"设置"连接至game_flag的"设置"。取消勾选game_flag的"设置"上的"Game Flag"复选框。

图7-217 End Game函数。只有4个节点，操作很简单

创建"Change Camera Eye"函数

最后一个函数是"Change Camera Eye"函数，其作用是通过空格键来改变摄影机视角。该函数共需要9个节点，有点麻烦，首先认真放置好节点吧。

- 添加"分支"。
- 创建两个"SetActorLocationAndRotation"。关闭"情境关联"的话，即可出现。
- "Get Player Controller"。这个也需要关闭"情境关联"。
- "Is Input Key Down"。这个也需要关闭"情境关联"。添加后，将"Key"修改为"空格键"。
- "GetWorldLocation (Ball)"。关闭"情境关联"后，即可显示。没有(Ball)的"GetWorldLocation"不能用！
- "Vector + Vector"的加法运算。
- "Camera Actor"。从蓝图编辑器中，将"Camera Actor"拖曳并释放到图表中，以添加节点。

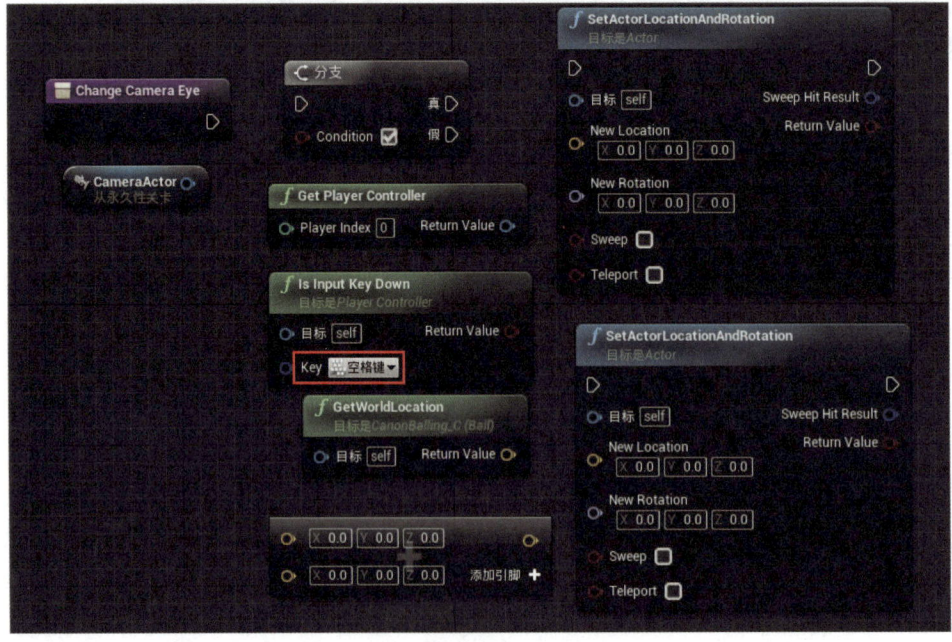

图7-218 已准备的节点，共有9个

连接节点

连接已准备的节点。请按照如下顺序连接起所有节点。

- 将"Change Camera Eye"连接至"分支"。
- 将"分支"的"真"连接至第1个"SetActorLocationAndRotation",将"假"连接至第2个"SetActorLocationAndRotation"。
- 将"CameraActor"分别连接至两个"SetActorLocationAndRotation"的"目标"。
- 将"Get Player Controller"连接至"Is Input Key Down"。
- 将"Is Input Key Down"连接至"分支"的"Condition"。
- 将"GetWorldLocation"连接至"+"的一个输入项。将另一个输入项设置为"X:-1000.0""Y:0.0""Z:300.0"。
- 将"+"连接至与"分支"的"真"相连的"SetActorLocationAndRotation"的"New Location"。

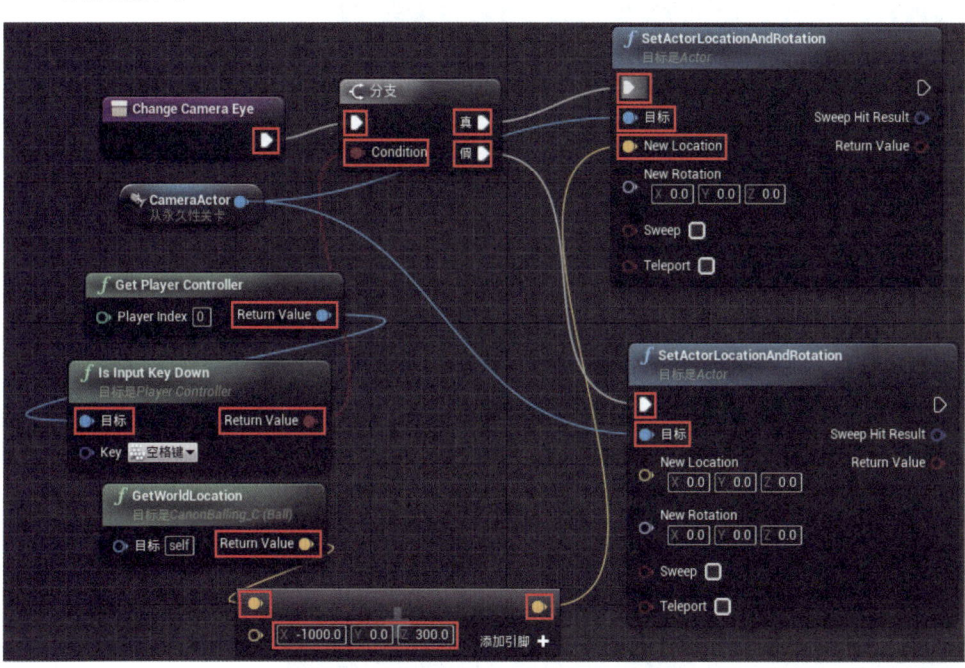

图7-219 连接节点

创建事件"Begin Play"

终于编辑完了所有函数。接下来,编辑事件的处理。在本游戏中,首先使用Begin Play事件进行初始化处理,然后使用Tick事件执行主要程序处理。

我们从Begin Play事件开始创建吧。打开"事件图表",按照如下所述,创建节点。因为大部分的程序处理,我们已经采用函数的方式准备好了,所以相对来说当前操作也比较简单。

- "事件BeginPlay"。这个是基础。
- "Set HUD"函数。从"我的蓝图"中,将"Set HUD"拖曳并释放到图表中。
- "Create Boxes"函数。这个也同样,采用拖曳并释放的方式放置。
- "Create Ball"函数。这个也同样操作。
- "Delay"。这是流程控制的节点。

- 信息文本的"设置"节点。右击图表，查找并选择"Set Message Text"选项。
- 变量"HUD"的获得节点。

图7-220 Begin Play事件的处理。准备7个节点

连接节点

连接节点。请按照以下顺序操作。
- 将"事件BeginPlay"连接至"Set HUD"。
- 将"Set HUD"连接至"Create Boxes"。
- 将"Create Boxes"连接至"Create Ball"。
- 将"Create Ball"连接至"Delay"。
- 将"Delay"的"Duration"修改为"5.0"。
- 将"Delay"连接至信息文本的"设置"节点。
- 将信息文本的"设置"节点的"Message Text"清空。
- 将"HUD"连接至信息文本的"设置"节点的"目标"。

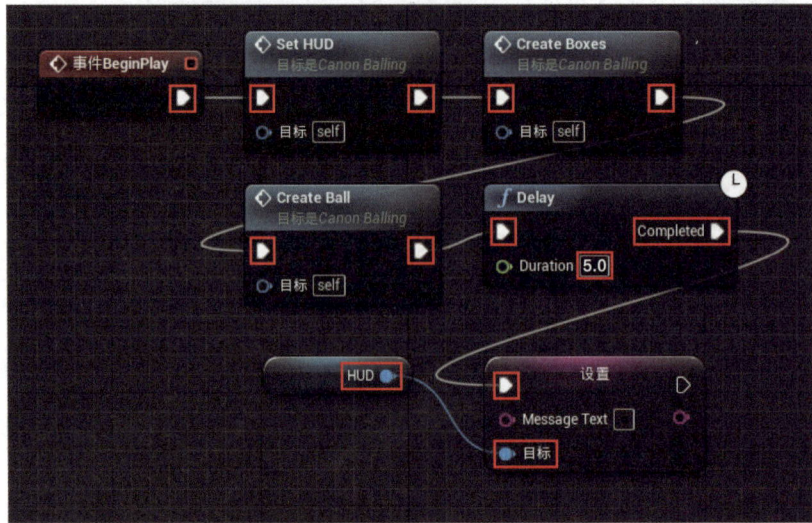

图7-221 连接节点。基本上依次调出函数即可

创建事件"Tick"

最后创建"Tick"事件的处理程序吧。右击"事件图表",添加节点。这次准备的节点很多,放置在与刚才的Begin Play稍远距离的位置吧。首先,创建主要程序部分。

- 添加"事件Tick"。
- 添加"分支"。
- 添加"序列"。
- 添加"Mouse Button Down"函数。
- 添加"Mouse Button Up"函数。
- 添加"Is Ball Stopped?"函数。
- 添加"Mouse Move H"函数。
- 添加"Mouse Move V"函数。
- 添加"Change Camera Eye"函数。
- 添加变量game_flag的获得节点。
- 添加变量delta的设置节点。

图7-222 Tick事件的前半部分,共准备了11个节点

连接节点

将已准备好的节点连接起来。请按照以下顺序操作。检查变量game_flag是否为真,然后利用序列,依次执行已准备好的函数处理。流程比较清晰易懂吧。

- 将"事件Tick"连接至"分支"。
- 将"分支"的"真"连接至变量delta的"设置"。
- 将"事件Tick"的"Delta"连接至变量delta的"Delta"。
- 将"Game Flag"连接至"分支"的"Condition"。
- 将变量delta的"设置"连接至"序列"。
- 单击"序列"中的"添加引脚"按钮,准备6个输出项(Then0~Then5)。
- 将"序列"的"Then0"连接至"Mouse Button Down"。
- 将"序列"的"Then1"连接至"Mouse Button Up"。
- 将"序列"的"Then2"连接至"Is Ball Stopped?"。
- 将"序列"的"Then3"连接至"Mouse Move V"。

- 将"序列"的"Then4"连接至"Mouse Move H"。
- 将"序列"的"Then5"连接至"Change Camera Eye"。

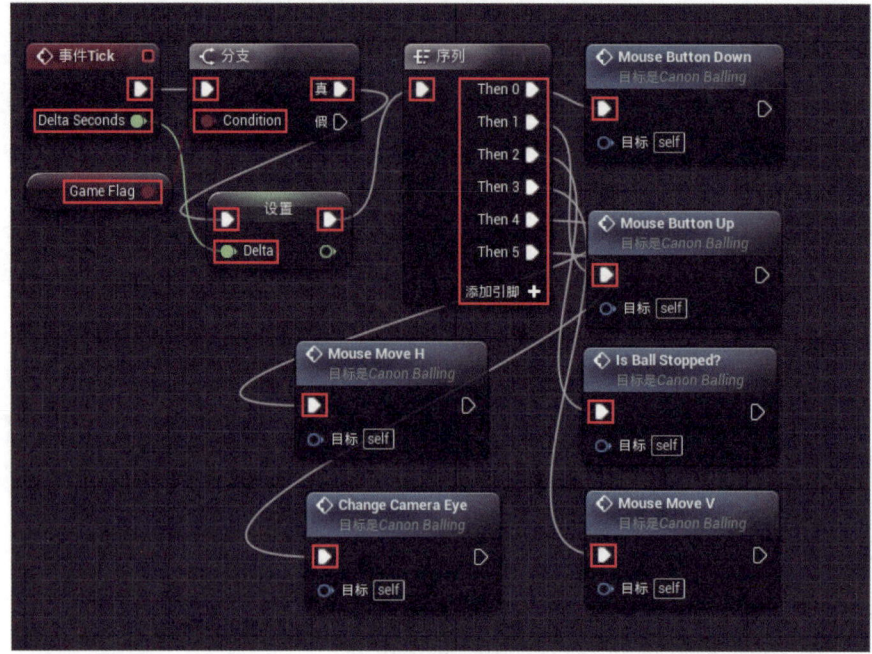

图7-223 连接放置好的节点

🅤 修改Mouse Button Up

为了能够根据函数Mouse Button Up的结果来执行处理，需要适当修改函数。

打开函数"Mouse Button Up"。从"我的蓝图"中选择"Mouse Button Up"，单击细节面板中"输出"下的"新"按钮，添加新输出值"Result"。变量类型保持"布尔型"。

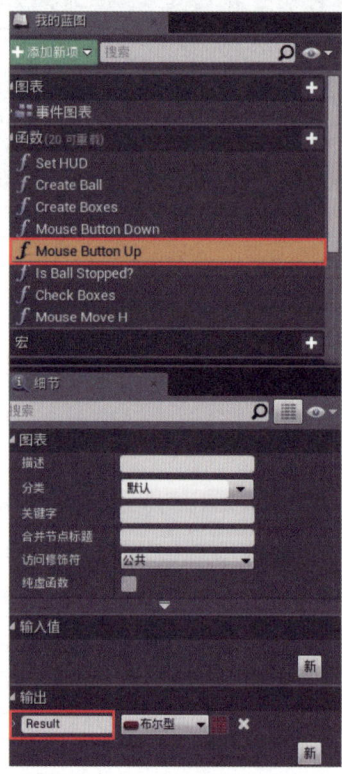

图7-224 为Mouse Button Up添加输出值

添加局部变量"flag"

单击"我的蓝图"中"局部变量"的"+"图标,添加名为"flag"的布尔型局部变量。

图7-225 添加局部变量flag

添加并连接节点

添加节点,并且将节点连接起来。请按照如下要求操作。

添加节点
- 添加局部变量"flag"的设置节点两个,获得节点一个。

连接节点
- 将第1个"分支"的"真"、第2个"分支"的"假"连接到第1个flag的"设置"。关闭该"设置"节点的"Flag"复选框。
- 将"Add Impulse"连接至第2个flag的"设置"。关闭该"设置"节点的"Flag"复选框。
- 将两个flag的"设置"连接至"返回节点"。
- 将"Flag"连接至"返回节点"的"Result"。

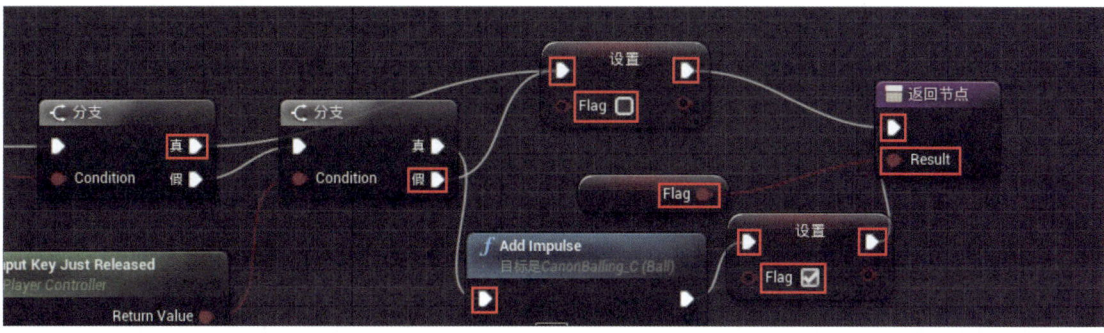

图7-226 连接已添加的节点

修改"事件图表"

回到"事件图表",删除"Mouse Button Up",重新创建。这样就添加上了带有"Result"的修改后节点了。然后,按照如下所述创建节点,并连接。

添加节点
- 添加"分支"。
- 添加"Delay"。
- 添加move_flag的"设置"节点。

连接节点
- 将"序列"的"Then1"连接至新的"Mouse Button Up"。

- 将"Mouse Button Up"连接至"分支"。
- 将"Mouse Button Up"的"Result"连接至"分支"的"Condition"。
- 将"分支"的"真"连接到"Delay"。将"Duration"设置为"1.0"。
- 将"Delay"连接至move_flag的"设置"。勾选"Move Flag"复选框。

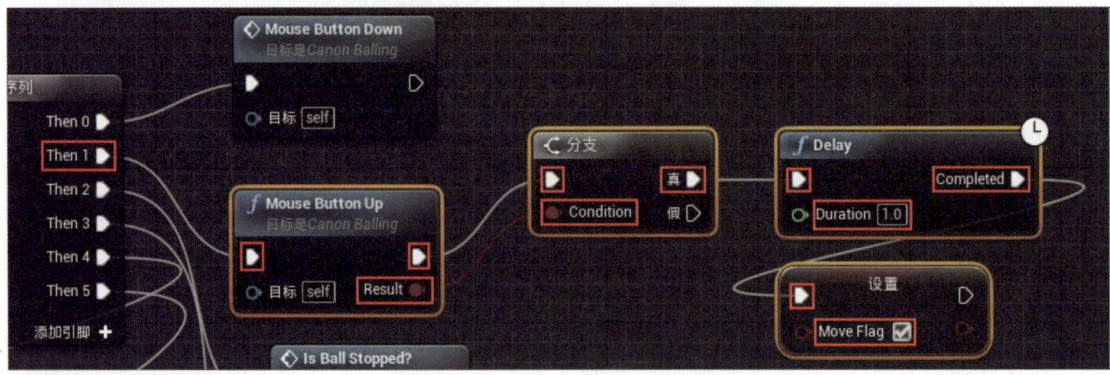

图7-227 重新创建Mouse Button Up，并添加节点

在"Is Ball Stopped?"函数内添加节点

然后是"Is Ball Stopped?"函数。请按如下所述，添加节点。

添加节点

- "Check Boxes"
- "分支"
- "Create Ball"
- "End Game"

连接节点

- 将"Set Percent"连接至"Check Boxes"。
- 将"Checks Boxes"连接至"分支"（两个输出项都连接上）。
- 将"分支"的"真"连接至"Create Ball"。
- 将"分支"的"假"连接至"End Game"。

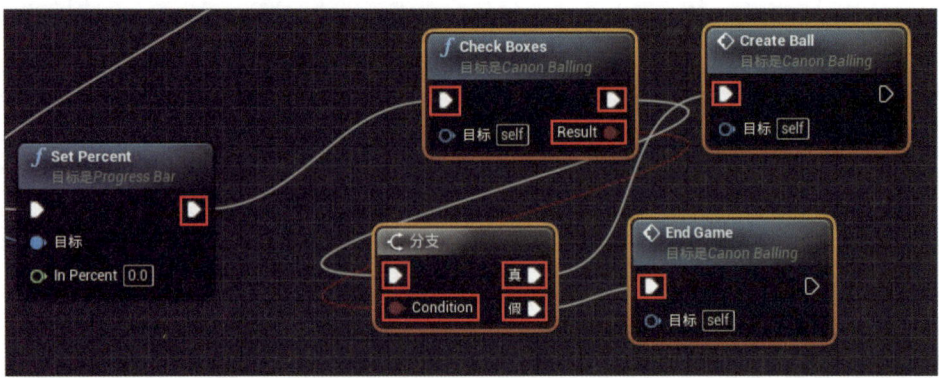

图7-228 添加并连接节点

终于完成了！

终于编辑完全部程序了！实际运行试试吧。右击场景，鼠标相关的输入就会传递到游戏中。上下移动鼠标的话，力度就有所变化。按住鼠标左键，力度增加，松开后就能发出球。按空格键的话，可以切换球的视角，场景看起来很大气。

实际运行之后，可以对游戏中放置的节点的数值等细节进行调整。通过不同的数值，可以调整游戏平衡。修改这些信息，一定能获得不同的游戏体验。

图7-229 完成游戏。只用鼠标和空格键就能操作。实际操作玩一下吧

本章重点知识

在本章我们学习操作了很多内容，新知识多到整理不清了。不过，本章一定要记住的知识点其实非常简单。

本章介绍的内容，全都忘了也没关系。

全部？是的，全部！就连HUD的创建都忘了也没关系。这一章属于"应用篇"。为了将程序设计得有正式游戏的样子，使用了很多便捷功能。介绍这些只是为了"知道会方便一些"，不知道也没关系。

当然，不知道的话就会有更多的东西做不到。如果不使用HUD，就无法将信息传递给玩家了。不过，如果真不知道的话，就设计不使用HUD的相应游戏呗，这也并非是不可能的。

当你将蓝图掌握到一定程度之后，再重新阅读本章内容吧。届时，一定能从中发现更多宝贵知识。

后记　今后应该怎样做？

到此为止，本书内容就结束了。然而今后的学习之路还很漫长，可能很多人有疑问"具体该如何学习呢？"。我简单概述一下方针，以期对这些读者有所帮助。

从头开始全部操作演练！

首先，将本书从头开始再通读一遍。此时，一定要"一边实际操作程序一边通读"。只是看文章的话，并不能实际掌握。很多知识需要实际操作才能明白。

改造游戏范例！

复习一遍之后，再试着将书中的游戏范例按照自己的设想去改造。首先从上下左右的移动和调整能量槽的参数等开始尝试吧。在示例的游戏中，是使用Tick序列让所需处理按照顺序执行的。也就是说，添加同样的序列，再添加独立处理的话，很容易就能进行功能强化了。例如，将球体的数量规定为"5个"，当全部用尽后则游戏结束等等。设置一些物品，如果球体碰撞到的话，则减少柱子的数量。应该会有很多可以调整改进的地方！

挑战独立创建游戏吧！

在对游戏进行很多改造尝试之后，可以试着挑战自己创建游戏。

你已经学会了游戏主要程序的构成、用函数准备每个功能的方法等基本技巧，可以自己试着编辑简单的游戏，不太复杂也没关系。

当你编辑的游戏成功运行之后，再一点点地在此基础上增加功能。也许有一天，原本简单的游戏就变成了功能强大的游戏！

制作游戏所靠的就是"经验"。不亲自编写程序，就无法有收获。虽然现在能做的还很简单，但是只要坚持下去，总有一天就能有所成就。

期待有朝一日与各位在游戏的世界相遇！

（日）掌田　津耶乃